“十三五”国家重点出版物出版规划项目
智能制造与装备制造业转型升级丛书

运动控制器与交流伺服系统的调试和应用

黄　风　编著

机 械 工 业 出 版 社

本书以三菱QD77运动控制器为例介绍了运动控制器的功能、运动程序的编制方法以及各种运动功能的实现和运动控制指令的使用；以三菱MR－J4交流伺服驱动系统为例介绍了交流伺服系统的工作原理，技术规格、连接和设置、参数的定义和设置以及整机的调试和振动的消除。本书还提供了多个交流伺服系统的应用案例，介绍了运动控制器与交流伺服系统在包装机械、印刷机械、电子机械、压力机，热处理机床和生产流水线上的实际应用。从解决方案到实际调试经验都有翔实的介绍。

本书以实用、现场操作为主，尽量让读者能够通过对本书的阅读学习循序渐进地掌握解决实际问题的方法。

本书适合自控工程技术人员、机床电气技术工程师、自动化机床设备操作工和维修工程师以及高校教师、本科及高职高专学生阅读。

图书在版编目（CIP）数据

运动控制器与交流伺服系统的调试和应用/黄风编著．—北京：机械工业出版社，2021.6

（智能制造与装备制造业转型升级丛书）

“十三五”国家重点出版物出版规划项目

ISBN 978-7-111-68331-5

Ⅰ.①运…　Ⅱ.①黄…　Ⅲ.①运动控制－控制器－调试方法②交流伺服系统－调试方法　Ⅳ.①TP24②TM921.54

中国版本图书馆CIP数据核字（2021）第100476号

机械工业出版社（北京市百万庄大街22号　邮政编码100037）
策划编辑：林春泉　责任编辑：林春泉　朱　林
责任校对：樊钟英　封面设计：鞠　杨
责任印制：李　昂
北京捷迅佳彩印刷有限公司印刷
2021年9月第1版第1次印刷
184mm×260mm·24印张·593千字
0 001—1 500册
标准书号：ISBN 978-7-111-68331-5
定价：119.00元

电话服务	网络服务
客服电话：010－88361066	机　工　官　网：www.cmpbook.com
010－88379833	机　工　官　博：weibo.com/cmp1952
010－68326294	金　　书　　网：www.golden－book.com
封底无防伪标均为盗版	机工教育服务网：www.cmpedu.com

前言

21 世纪的今天，自动化技术的发展可谓一日千里，各种新技术层出不穷，特别是在机床控制和驱动技术方面，昨日还是庞大的减速箱，今天却是配置伺服电动机和运动控制器，实现微米级的高精度加工了。交流伺服系统和运动控制器在制造业的方方面面已经得到广泛应用，成为自动化技术发展中一波巨大的浪潮，这一波浪潮在中国制造崛起的前夜来得恰是时候。

本书是作者大量工程实践的经验总结。有过失败，有过教训，有过成功，有过设计技术方案前的通盘规划，有过调试现场的思索和彷徨。

本书第 1 章介绍了迅猛发展的运动控制器的类型、应用领域和规模、发展趋势、市场前景预测等内容。

第 2 ~ 第 14 章以三菱 QD77 运动控制器为例详细地介绍了运动控制器的技术指标、连接配线、参数设置、基本运动程序和高级运动程序的设置方法，特别介绍了编制 PLC 程序的方法。运动控制器是一个数控系统，可以适用于现有的绝大部分运动机械。

第 15 ~ 第 20 章从实用的角度对交流伺服系统做了全面的介绍。在这些章节中详细地介绍了交流伺服系统的选型及使用方法，各参数的定义和设置，以及整机的调试方法和消除振动的方法，这些内容是作者对伺服控制理论的验证过程，具有很强的实用价值。

第 21 ~ 第 30 章详细介绍了运动控制器和交流伺服系统在各实际项目中的应用。这些项目都是作者实际设计和调试过的项目，其中的经验教训来之不易。作者经过认真总结，愿与读者分享。

如果本书能够给机床电气技术人员、调试工程师和自控工程从业人员和广大的读者一些帮助，即实现了作者写这本书的初衷。

作者

2021 年 4 月

目 录

第 1 章 迅猛发展的运动控制器与交流伺服系统技术

1.1 什么是运动控制和运动控制器

运动控制（Motion Control）通常是指在复杂条件下将预定的控制方案、规划指令转变成期望的机械运动，实现机械运动精确的位置控制、速度控制和转矩控制。

运动控制系统一般由控制器、功率放大器与驱动装置、电动机、负载及相关的传感器等构成。控制器下达指令，通过驱动器转化为能够控制电动机运行的电信号，驱动电动机旋转，带动工作机械运行，同时电动机和工作机械上的传感器将电动机及机械上的实时信息反馈给控制器，以便控制器实时加以调整，从而控制整个系统的稳定运行。

运动控制器是指以中央逻辑控制单元为核心、以传感器为检测元件、以电动机或动力装置和执行单元为控制对象的一种控制装置。

运动控制起源于早期的伺服控制。简单地说，运动控制就是对工作机械的位置、速度等进行实时的控制，使其按照设定的运动轨迹和参数进行运动。

早期的运动控制技术主要是伴随着数控技术、机器人技术和工厂自动化技术而发展起来的。早期的运动控制器实际上是可以独立运行的专用的控制器，往往无须另外的处理器和操作系统支持，可以独立完成运动控制功能和人机交互功能。这类控制器主要用于专门的数控机械和其他自动化设备，根据应用行业的工艺要求设计了相关的功能，用户只需按要求编写应用加工代码文件，将指令文件传输到控制器，控制器即可完成相关的动作。这类控制器往往不能离开其特定的工艺要求而跨行业应用，控制器的开放性仅仅取决于控制器的加工代码协议，用户不能根据应用要求而重组自己的运动控制系统。这就是专用的运动控制器。

专用的运动控制器因为其局限性和价格昂贵使其应用受到限制。

1.2 通用型运动控制器

随着制造业突飞猛进的发展，在纺织，包装、机床、医疗器械、工程机械等行业对运动控制系统有了极大的需求，所以通用型的运动控制器有了长足的发展。

通用型运动控制器在性能上也能够达到高速和高精度。通用型运动控制器充分利用 DSP（数字信号处理器）的计算能力，能够进行复杂的运动规划，高速实时多轴插补，误差补偿和更复杂的运动学和动力学计算，使得运动控制精度更高，速度更快，运动更加平稳。

1.2.1 通用型运动控制器的分类

目前，通用型运动控制器主要有以单片机或微处理器作为核心处理器、以专用芯片作为核心处理器、基于 PC 总线的以 DSP 和 FPGA（现场可编程门阵列）作为核心处理器 3 种形式。

1. 以单片机或微处理器作为核心处理器

这类运动控制器定位运动速度较慢，精度不高，成本相对较低。在一些只需要低速点位运动控制和轨迹要求不高的轮廓运动控制场合应用。

2. 以专用芯片作为核心处理器

这类运动控制器只能输出脉冲信号，工作于开环控制方式。这类控制器对单轴的点位控制是基本满足要求的，但不适合于多轴插补运动和高速轨迹插补控制的工作机械。这类控制器不能提供连续插补功能，也没有前瞻功能，特别不适合于有大量的小线段连续运动的场合（如模具加工），由于硬件资源的限制，这类控制器的圆弧插补算法通常采用逐点比较法，这样圆弧插补的精度不高。

3. 基于 PC 总线的以 DSP 和 FPGA 作为核心处理器

这类控制器是基于 PC 总线的以 DSP 和 FPGA 作为核心处理器的开放式运动控制器，这类运动控制器以 DSP 芯片作为运动控制器的核心处理器，以 PC 作为信息处理平台，运动控制器以插卡形式嵌入 PC，即“PC + 运动控制器”的模式。这样将 PC 的信息处理能力和开放式的特点与运动控制器的运动轨迹控制能力有机结合在一起，具有信息处理能力强、开放程度高、运动轨迹控制准确、通用性好的特点。这类控制器充分利用了 DSP 的高速数据处理能力和 FPGA 的超强逻辑处理能力。这类运动控制器通常具有多轴协调运动控制和复杂的运动轨迹规划、实时插补运算、误差补偿、伺服滤波算法，能够实现闭环控制。

1.2.2 通用型运动控制器具备的功能

1. 多轴插补、连续插补功能

通用型运动控制器提供的多轴插补功能在数控机械行业获得了广泛的应用。近年来，由于雕刻机市场，特别是模具雕刻机市场的快速发展，推动了运动控制器的连续插补功能的发展。在模具雕刻中存在大量的短小线段加工，要求微小线段间加工速度波动尽可能小，速度变化的拐点要平滑过渡，这样要求运动控制器有速度前瞻和连续插补的功能。这些功能原来仅仅是高端数控系统具有的功能，现在通用型运动控制器也具备这些功能。

2. 电子齿轮与电子凸轮功能

电子齿轮和电子凸轮不仅可以大大地简化机械设计，而且可以实现许多机械齿轮与凸轮难以实现的功能。电子齿轮可以实现多个运动轴按设定的齿轮比同步运动，这使得运动控制器在定长剪切和多轴套色印刷方面有很好的应用。另外，电子齿轮功能还可以实现一个运动轴以设定的齿轮比跟随一个函数，而这个函数由其他的几个运动轴的运动决定；一个轴也可以按设定的比例跟随其他两个轴的合成速度运行。

电子凸轮功能可以通过编程改变凸轮形状，无须修磨机械凸轮，这极大简化了加工工艺。这个功能使运动控制器在机械凸轮的淬火加工、异型玻璃切割和全电机驱动弹簧等领域有极好的应用。

3. 比较输出功能

在运动过程中，当机械运行位置到达设定的坐标点时，运动控制器输出一个或多个开关量，而运动过程不受影响。如在某种飞行检测中，运动控制器的比较输出功能使系统运行到设定的位置即启动快速摄像，而运动并不受影响，这极大地提高了效率，改善了图像质量。另外，在激光雕刻应用中，通用型运动控制器的这项功能也获得了很好的应用。

4. 探针信号锁存功能

通用型运动控制器可以锁存探针信号产生时刻的各运动轴的位置，这在热处理机床行业和磨床行业、测量行业都有重要的应用。

1.2.3 运动控制器系统的构成

一套运动控制器系统由以下部分构成：

1）运动控制器。运动控制器用以生成运动轨迹点和位置反馈环，可以在内部形成一个速度闭环。

2）驱动系统。驱动器或放大器用于将运动控制器的控制信号（通常是速度或转矩信号）转换为大功率的电流或电压信号。较先进的驱动系统可以构建闭合位置环和速度环，可获得更精确的位置控制。

3）执行机构。执行机构有液压泵、气缸、线性执行机构或伺服电动机，执行机构用于输出运动。

4）检测及反馈系统。反馈传感器如光电编码器、旋转变压器或霍尔效应设备等用以将执行器的实时位置反馈给控制器，以实现和位置控制环的闭合。

机械系统包括齿轮箱、轴、滚珠丝杠、齿形带、联轴器以及线性和旋转轴承。

1.3 运动控制器应用领域和发展趋势

1. 运动控制器在工业机器人领域的应用

工业机器人广泛应用于工业自动化领域，控制系统是机器人的核心部分，其功能强弱、性能优劣直接影响机器人的最终性能。针对常用的工业机器人控制需求，现在许多单位研发了多轴运动控制系统，采用PC+专用运动控制器的架构，以PC为上位机，完成人机交互和运动轨迹规划，重点设计了基于DSP和FPGA的专用运动控制器，其中DSP完成机器人运动控制任务的调度，实现对机器人关节空间的实时控制，FPGA则用于控制系统所需各功能接口的设计。实现了直角坐标空间的机器人轨迹规划和速度控制，具备直线和圆弧基本轨迹插补算法及S形曲线加减速算法，改善机器人前端运动的平稳性。

2. 运动控制器构建的开放式数控系统

可编程序控制器的功能已由传统的顺序逻辑控制延伸至模拟量控制、运动控制等高端领域。

在全自动端子机床中，以PLC基本CPU和运动控制CPU构建了双CPU多轴运动控制器。作为机床控制系统，多轴运动控制器具有良好的可扩展性和可靠性，易于开发。

传统的数控系统体系结构是一种封闭式的结构，这种结构既不能适应制造业市场的变化与竞争，也不能满足现代制造业向信息化和敏捷制造模式发展的需要，因此，数控系统体系结构开放化已成为必然趋势。

3. 运动控制器在风力发电机组中的应用

运动控制器在风机项目也得到了重要应用，使用嵌入式PLC的软运动控制器，使用软件实现原来硬件控制器所完成的实时控制功能，通过简单的调用软件块来实现复杂的运动控制。运动控制器可应用于大型风机变桨控制系统，实现了运动控制器在兆瓦级风机变桨控制系统上的二次开发。

4. 运动控制器在高速钻床上的应用

近年来，随着家用电器、IT、通信等行业的快速发展，我国的PCB行业得到了飞速发展，目前全球PCB产能的大部分都是在我国完成的，由于电子终端产品对PCB需求的不断增加，PCB行业在未来都会呈现一个非常好的发展趋势，有着非常好的市场前景。在PCB加工制造过程中，专用于钻孔的PCB高速数控钻床是一个非常重要的设备，其性能在很大程度上影响着PCB生产的速度和质量，PCB高速数控钻床上所使用的运动控制器在钻床性能的提升方面起着非常重要的作用，运动控制器在很大程度上影响着PCB数控钻床整体性能。

5. 运动控制器在工业CT系统上的应用

我国的工业CT技术发展迅速，工业CT是一种多轴运动系统，对位置精度和运动速度有很高的要求。随着工业CT技术及系统的快速发展和工程应用领域的不断扩大，对工业CT成像速度和成像精度的要求不断提高，系统越来越复杂，运动轴数越来越多，对运动控制的要求也越来越高。运动控制器是工业CT系统关键部分，其性能直接关系着工业CT系统功能和指标。早期的CT控制系统受到其硬件结构和控制方式的制约，难以在多轴同步时达到更高的精度和更快的扫描速度。现在采用运动控制器对分度、分层和平移三轴实现联动控制，在系统构成上采用以PLC为核心的控制器与主控计算机相结合的控制方式，主控计算机和独立轴只有通信要求，主要完成发送控制指令和检测状态信息，下位机是以PLC为核心的运动控制器，可对独立轴实时控制，从而使独立轴的控制从主控计算机中脱离出来，运动轴的增减不仅不影响系统结构的通用性，同时也降低了主控系统集成的复杂度。

6. 运动控制器在自动包装线系统上的应用

所有的自动包装生产流水线都有大量的机械运动控制要求。是运动控制器应用的主要领域。自动包装线使用运动控制器，大大提高了生产效率和产品质量。

7. 运动控制器在高速绕线机上的应用

运动控制器还被应用在高速绕线机上。利用运动控制器的高速、高精准的多轴插补特性，实现线圈的高速绕线与排线。利用运动控制器人性化的多种参数输入模式，能友好、有效地解决参数设置需求。利用运动控制器的强大的计算功能，可方便地实现设定参数与电机参数的转换。

8. 运动控制器在高速钥匙机床上的应用

运动控制器还应用在高速钥匙机床上，利用运动控制器高精准的直线插补功能，精确控制两轴伺服电动机运动，从而实现钥匙齿的轨迹加工。使用运动控制器的寄存器指令、运算指令，只需设置钥匙编号，系统即可自行计算钥匙齿的轨迹参数，运动控制器内可预存多组程序，满足不同种类钥匙的加工需求，实现一机多用，并且不同种类的钥匙加工模式互不影响。

9. 运动控制器在激光加工机床上的应用

运动控制器作为开放式数控系统也应用在激光切割设备和激光加工机床上。在三轴激光加工机床上采用由开放式运动控制卡+PC构成的“NC嵌入PC”结构的开放式数控系统，通过图形文件解析算法，获取图形文件的信息，并转换成运动控制程序。

10. 运动控制器在长臂架泵车上的应用

国产长臂架泵车普遍存在智能操控问题。使用运动控制器能够实现灵巧的机械臂运动，具有适合臂架精准随动操控的轨迹规划算法、臂架末端位置控制方法和非线性时滞补偿算法。

11. 运动控制器在交叉铺网机上的应用

非织造布工业被誉为纺织工业中的“朝阳工业”，近几年我国的非织造布行业发展迅速，但是我国生产非织造布的关键设备交叉铺网机的水平低于世界先进水平，已经成为我国非织造布行业发展的瓶颈，运动控制器应用在高速交叉铺网机后，在铺网小车的翻转控制中，采用先进的翻转方案，保证产品的质量，小车采用S形曲线加减速，实现高速平稳运行。现在交叉铺网机最高输入速度可达120m/min，输出速度为0.5～60m/min，控制定位精度<0.5mm，无须切边处理。

12. 运动控制器在橡胶机械上的应用

在橡胶机械—— 全钢载重子午线轮胎一次法三鼓成型机——设备组成中有使用三菱运动控制系统网络构架及三菱Q系列PLC、运动控制器、三菱伺服放大器、CC－LINK模块、SSCNET分配器及各种I/O模块、通信电缆等，应用伺服网络SSCNET技术组成多CPU的网络伺服控制系统的案例。

13. 在木工机械领域

我国木工机械行业近年来也有了长足的进步，木工机械GDP已经跃居世界第二位，特别是数控木工机械方面对运动控制产品的需求越来越大，运动控制器可以根据传送来的程序指令完成相应动作。一套智能木工机械设备，可实现钻孔、铣、切割、上下料和测量的有序结合，并引入了自动控制算法进行各加工单元的协调统一，大大提高了生产效率。

1.4 运动控制器是工业自动化领域新的潮流和支柱

运动控制技术是推动新的技术革命和新的产业革命的关键技术，运动控制技术能够快速发展有两大主因：其一是因为计算机、数字信号处理器、自动控制和网络技术的发展。其二是有庞大的市场需求。基于网络的开放式结构和嵌入式结构的通用运动控制器逐步成为自动化控制领域里的主导产品之一。作为现代化设备的核心控制部件，运动控制器的开放性、可靠性是衡量其是否能快速发展的关键。高速、高精度始终是运动控制技术追求的目标。充分利用DSP的计算能力，进行复杂的运动规划、高速实时多轴插补、误差补偿及更复杂的运动学、动力学计算，使得运动控制精度更高，速度更快，运动更加平稳。充分利用网络技术、FPGA技术等，使系统的结构更加合理和开放，通过网络连接方式减少系统的连线，提高系统的实用性和可靠性。运动控制器产品今后的发展基本上沿着上述两个方向走，但是专业化、个性化的运动控制器将是一个新的发展方向。

运动控制器的发展趋势向多轴化、网络化、开放式、智能化、可重构型等方向发展。

1）多轴化运动控制器。其内部存在PLC模块与MC（运动控制器）模块，可以实现高精度的工作，同时多轴化可以使其控制的内容更加丰富。多轴化运动控制系统，已广泛应用于包装、印刷、切割、数控机床、自动化仓库等领域。

2）网络化运动控制器。运动控制器的网络化体现在两个方面，一是运动控制器通过以太网技术与工控机或其他设备进行网络连接，实现网络互连。另外，运动控制器通过网络通信技术与驱动器或现场设备之间进行交互数据和通信。

3）开放式运动控制器。开放式运动控制器是新一代工业控制器，它可以应用于更广泛的领域，根据行业特点进行上位机的开发，实现上位机与控制器之间的互连，同时可以把不同厂家的部件集成在同一个平台上实现无缝集成，从而降低开发成本。

4）智能化运动控制器。这种类型的控制器具备自适应控制功能，例如根据载荷变化自动调整控制参数、自动选择控制模型、自整定、自动检测设备故障、自动修复等智能化功能。

5）可重构型运动控制器。这种类型的运动控制器可根据用户对控制器功能的实际需求分别从硬件和软件方面进行快速重构。运动控制器的硬件可重构，根据用户的实际需求对控制器的硬件结构进行动态调整；运动控制器的软件可重构，根据用户对控制器的功能模块的实际需求采用模块化方式进行增加、裁剪、修改和重构。

1.5 我国运动控制器行业的市场规模

由于制造业对运动控制器的强劲需求，我国通用运动控制器（GMC）市场容量在2020年已达到24.63亿美元，而CNC运动控制器市场规模达到28.65亿美金。

全世界运动控制器市场将保持4.4%的复合增长率，到2021年全球规模将超过134亿美元。

机床、纺织机械、橡塑机械、印刷机械和包装机械行业约占我国运动控制器市场的80%以上，现在和将来都会是运动控制器的主要市场。而食品饮料机械、烟草机械、医疗设备和科研设备行业对运动控制器的需求由于和人民生活紧密相关，这些终端消费一直处于稳定增长中，所以这一类机械行业对运动控制器的需求是稳定增长的。

运动控制器在电子和半导体行业中的应用一直在增长，由于国际上对电子制造业的庞大资金投入和终端消费的拉动，运动控制器在电子和半导体行业中的销售稳步上升。我国作为全世界较重要的电子制造业基地之一，电子制造、电子组装和半导体设备的需求和产量都在稳定增长，这些产业在相当长的时间内都不会大规模转移到其他成本更低的国家，所以今后几年运动控制器在电子和半导体行业的销售还会保持较快增长。

随着机械制造OEM厂商对运动控制器产品越来越熟悉，运动控制器一直在拓展它的应用领域和范围，在一些非传统的细分行业取得了突破。虽然这些行业只占了运动控制器市场很小的一部分，但这些领域将成为未来的赢利增长点，也为很多中小型公司提供了市场机会。比如说风力变桨距控制系统、油田抽油机、火焰切割机、硅片切割机、追日系统、弹簧机和植毛机等。

1.6 焊接生产线控制系统的解决方案

1.6.1 焊接生产线的工作要求

某工厂的电池焊接生产线布置如图1-1所示，工作要求如下：

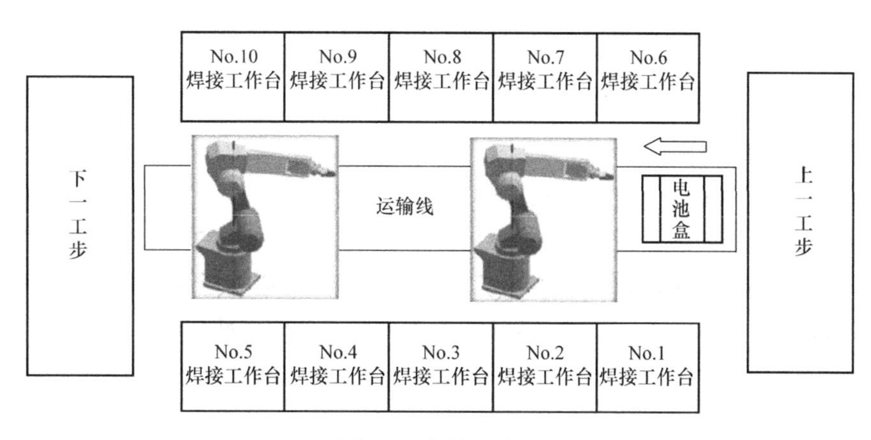

图1-1 焊接生产线

1）电池焊接生产线配置10个焊接工作台。每个工作台均为小型龙门结构，各自都有4个运动轴，要求其中3个轴能够做插补运行。

2）10个焊接工作台对称布置。中间有2条运输线执行进料和出料。

3）由2台机器人执行对焊接工作台的上料和下料。

4）每个工作台都有输入信号16个、输出信号16个。

5）要求配置触摸屏和监视器，能够实时监测焊接工作状态。

6）每个工作台都可放置两套“电池盒”，每盒有电池30~80个，电池型号有10种。

7）每个电池焊接工作时间为（含行程）3s。

8）如果焊接质量不合格，必须具备单点重新焊接、停机检查、重新起动等功能。

9）如果电池型号发生变化，只需要在触摸屏上写入程序号就可执行新的程序。能够预置10个程序。

1.6.2 解决方案

1. 数控系统方案

由于焊接工作台要求插补运行，可以考虑采用数控系统作为每一个工作台的控制系统。采用一中型PLC做总控制系统。总控制系统统一控制各焊接工作台的焊机动作、机器人的动作、运输线的动作以及连接触摸屏、监视器。

这种方案的优点是各工作台运动程序的编制方便，可以存储大量运动程序，运动控制系统相对独立，即使某一工作台的数控系统发生故障，也不影响其他工作台的正常运行。缺点是硬件成本高。

2. 小型PLC +通用伺服系统方案

每一个工作台控制系统采用一套“小型PLC +通用伺服系统”，采用一中型PLC做总控制系统。总控制系统统一控制各焊接工作台的焊机动作、机器人的动作、运输线的动作以及连接触摸屏、监视器。

现在很多小型PLC也具备4轴脉冲控制功能，能够直接发出脉冲控制伺服系统。有些小型PLC具备2~3轴插补功能。这种配置是一套控制系统需要一台PLC +4套伺服系统。优点是将PLC直接作为“运动控制器”，减少了对“运动控制器”的要求。缺点是运动控制程序编程复杂，难于预先编制10套运动程序；没有手轮接口；运动控制功能不完善；硬件成本也不低。

3. 运动控制器+伺服系统方案

由于本项目运动轴为42个，机器人为2台、输入/输出点数为200~240点，如果考虑采用运动控制器+伺服系统方案，可以较好地满足项目要求。

以三菱QD77运动控制器（以下简称QD77）为例，一台QD77可以控制16轴，使用3台运动控制器就可以实现48轴的运动控制。QD77有强大的运动控制功能，可以实现4轴插补及多轴同时起动、同步运行等功能。QD77易于编制复杂的运动程序，也可以预置50个运动程序。

更重要的是QD77可以直接安装在三菱中大型QPLC上，QD77本身只负责执行“运动程序”，而输入/输出、模拟量控制、连接触摸屏、进行网络通信、对机器人进行控制的功能全部由QPLC完成。这样具有极好的技术经济性指标，既有数控系统的完善运动控制功能，也有PLC系统的逻辑控制柔性。

经过综合比较3个方案，决定采用运动控制器+伺服系统方案，其主要硬件配置见表1-1。

表1-1 主要硬件配置表

序号	名 称	型号	数量	备注
1	PLC	QPLC CPU	1	包含基板、电源、CPU、输入/输出模块
2	运动控制器	QD77MS16	3	共计控制轴数为48
3	伺服驱动器	MR-J4-70B	40	
4	伺服驱动器	MR-J4-200B	2	
5	伺服电动机	HG-KR73	40	功率为0.75kW
6	伺服电动机	HG-SR153	2	功率为1.5kW
7	伺服系统用电缆		42	套
8	触摸屏		1	

这个项目样例说明了运动控制器和交流伺服系统的应用重要性。可以说凡是有运动要求的机械都可能会用到运动控制器和交流伺服系统，运动控制器和交流伺服系统因为其优秀的运动控制功能已经成为工业自动控制领域中一个独立的重要分支。

第 2 章 运动控制器技术性能及选型

在第 1 章中可以看到大量的伺服电动机必须要有运动控制系统进行运动控制。现在的运动控制系统可以控制伺服系统做插补运行、多轴运行、单轴运行、按生产节拍做顺序运行，以适应工作机械千变万化的要求。本书以一款中端的运动控制器—三菱 QD77 运动控制器为基础，介绍运动控制器的功能、参数、运动程序编制方法、PLC 程序编制方法。（本书若不做特殊说明，论及运动控制器性能时，均指三菱 QD77 运动控制器，简称 QD77。论及伺服系统时，均指三菱 MR－J4 伺服系统，简称 MR－J4。）本章要学习 QD77 技术规格、系统配置和配线、QD77 与普通 PLC 的连接和信号交换。

2.1 QD77 运动控制器技术规格和功能

1. 技术规格

QD77 运动控制器技术规格和功能见表 2-1。

表 2-1 QD77 运动控制器技术规格和功能

内容	QD77MS2	QD77MS4	QD77MS16
控制轴数	2 轴	4 轴	16 轴
运算周期	0.88ms/1.77ms		
插补功能	2 轴直线插补 2 轴圆弧插补	2 轴、3 轴、4 轴直线插补 2 轴圆弧插补	
控制方式	PTP（Point To Point，点对点）控制、轨迹控制（直线、圆弧均可设置）、速度控制、速度/位置切换控制、位置/速度切换控制、速度/转矩切换控制		
控制单位	mm、in①、degree（°）、pls②		
定位数据	600 点/轴		
执行数据的备份功能	参数、定位数据、块启动数据均可通过闪存保存（无电池）		
定位方式	PTP 控制：增量方式/绝对方式； 速度/位置切换控制：增量方式/绝对方式； 位置/速度切换控制：增量方式； 轨迹控制：增量方式/绝对方式		
定位范围	绝对方式时 ● －214748364.8～214748364.7μm ● －21474.83648～21474.83647in ● 0～359.99999degree ● －2147483648～2147483647pls		

（续）

内容	QD77MS2	QD77MS4	QD77MS16
速度指令	0. 01 ~20000000. 00mm/min 0. 001 ~2000000. 000in/min 0. 001 ~2000000. 000（degree/min） 1 ~1000000000pls/s		
加减速时间	1 ~8388608ms		
紧急停止减速时间	1 ~8388608ms		
输入/输出占用点数	32 点（I/O 分配：智能功能模块 32 点）		

① in =0. 0254m。

② 1pls 表示 1 个脉冲，全书余同。

2. 对技术性能指标的详细解释

1）控制轴数。指运动控制器能够直接管理的伺服轴，是运动控制器最重要的技术指标。为了适应不同的工作机械要求，QD77 有下列型号：

① QD77MS2—2 轴型；

② QD77MS4—4 轴型；

③ QD77MS16—16 轴型。

在构建一个控制系统时，首先要计算工作机械的轴数（有多少伺服电动机），根据工作机械的轴数选择 QD77 的型号。如在第 1 章的项目中，共计有 42 个运动轴，所以要选用 QD77MS16（16 轴运动控制器）3 台，这样可以使控制轴数达 48 个。

2）插补功能。插补是运动控制的专有名词，实际上是指运动轴的联动运行。能够实现的插补轴数越多，就能够走出越复杂的运动轨迹。所以插补轴数也是评价运动控制器的主要指标。QD77 具有 4 轴插补功能和 2 轴圆弧插补功能，现在中高端的数控系统也只具有 4 轴插补功能，5 轴插补系统就是高级数控系统。所以 QD77 在运动控制器中，属于中高端系列。

3）控制方式。QD77 具有下列运动控制方式：

① 位置控制——点对点运动。

② 轨迹控制（直线、圆弧）。

③ 速度控制。

④ 速度/位置切换控制。

⑤ 位置/速度切换控制。

⑥ 速度/转矩切换控制。

在选型时，要根据工作机械的工艺要求，对照控制功能检查 QD77 能否满足要求。注意其中速度/位置切换控制、位置/速度切换控制、速度—转矩切换控制，比数控系统更方便，特别适用于一些专机的工作要求。

4）定位数据。600 点/轴，即每一轴可以预置 600 点的定位数据供使用，这可以满足大多数工作机械的要求。

5）执行数据的备份功能。参数、定位数据、块启动数据均可通过闪存保存（无须用电池），这样可以预先编制大量工作程序，到时即可调用。

6）定位范围。

绝对方式：－214748364.8～214748364.7μm；

增量方式：－214748364.8～214748364.7μm。

7）速度指令。

0.01～20000000.00mm/min。

2.2 主要功能和技术名词解释

1）回原点功能：QD77具备多种回原点方式，同时还具备高速回原点功能。

2）自动模式—基本定位控制功能：基本定位控制功能是简单的运动控制，每一轴可设置600个定位点，可以直接指令点到点的运动。

3）自动模式—高级定位控制功能：高级定位控制功能指为适应复杂的工作程序，将一组定位点的运动合成一个运动块，对运动块给出各种运动条件，从而实现程序的选择分支、循环等程序结构。

4）JOG功能：JOG功能就是点动功能。

5）微动功能：微动功能是手动功能的一种，可以设置运动控制器在一个扫描周期内的移动距离。

6）手轮运行功能：使用手轮脉冲驱动伺服轴的功能，可以接受多种脉冲格式。

7）速度控制：以速度作为控制对象，使伺服轴以设置的速度运行的功能，像变频器一样，还可以控制多台伺服电动机做速度插补。

8）转矩控制：以转矩作为控制对象，使伺服轴以设置的转矩运行的功能，常用在张力控制等项目上。

9）速度/位置切换控制：控制伺服电动机先以速度控制运行，在收到切换信号后，再以位置控制运行，热处理机械有这类工作要求。

10）位置/速度切换控制：控制伺服电动机先以位置控制运行，在收到切换信号后，再以速度控制运行。

11）速度/转矩切换控制：控制伺服电动机先以速度控制运行，在收到切换信号后，再以转矩控制运行，卷绕型机械有这类工作要求。

12）补偿功能：补偿功能有反向间隙补偿、行程误差补偿等功能。

13）限制功能：限制功能是指速度限制、转矩限制等功能。

更多的功能在第13章有详细介绍。

第3章 运动控制器安装配线及外部信号连接

3.1 系统配置与配线

3.1.1 运动控制器在控制系统中的位置

QD77运动控制器不能够单独运行，只能作为一个智能模块在QPLC系统中运行（这样使得QD77运动控制器有良好的经济性）。因此在配置运动控制器系统时，必须首先配置QPLC系统。这样配置的优势是：运动控制器只负责处理运动程序，而输入/输出、模拟控制、触摸屏连接和网络连接等功能，就直接利用了QPLC强大的功能，如图3-1所示。

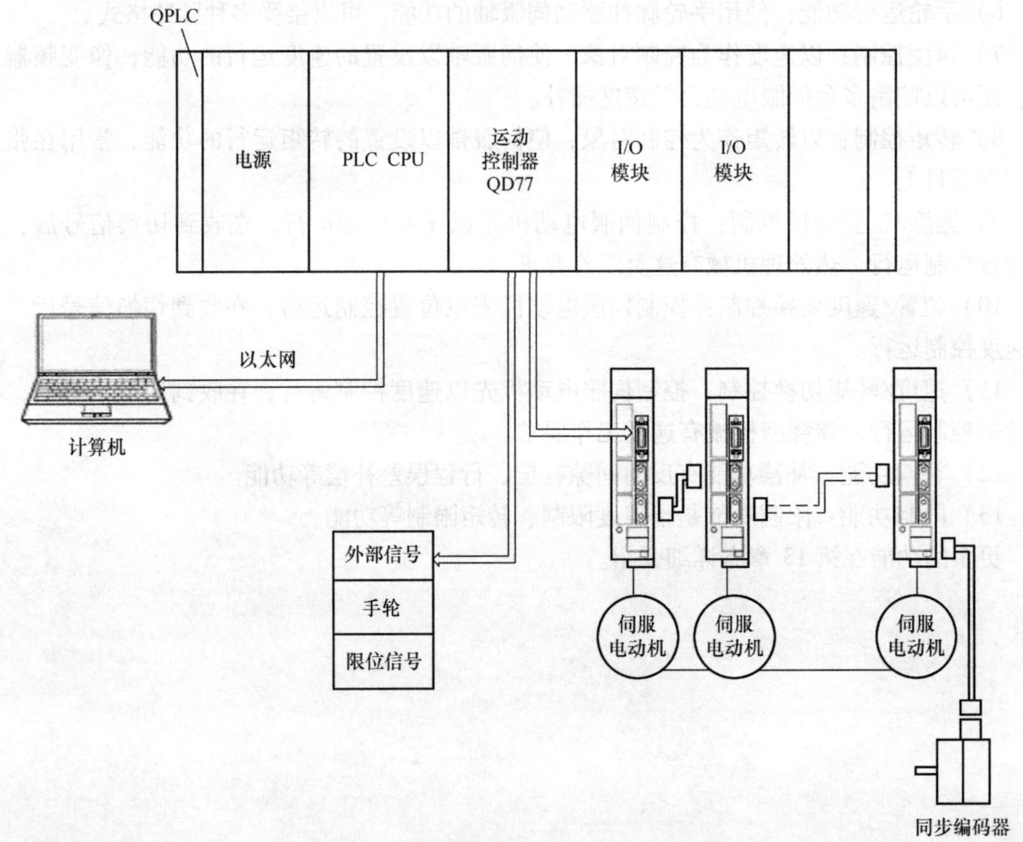

图3-1 运动控制器在控制系统中的位置

说明：

1）QD77 配置在 QPLC 系统中，最多可连接 64 个模块，因此理论上可以满足多轴的运动控制。

2）QD77 与伺服系统连接采用高速伺服通信网络总线，光缆连接既简单又抗干扰。

3.1.2　QD77 内部规定的输入/输出信号

1. QD77 与 QPLC 的通信

QD77 与 PLC CPU 之间是通过基板总线通信的。QD77 占用 32 点输入/32 点输出，如图 3-2 所示。QD77 是作为一个智能模块安装在 PLC CPU 模块的右侧第 1 个位置（在本书以下的各案例中，都做这样的设定），QPLC 的其他模块根据需要配置。

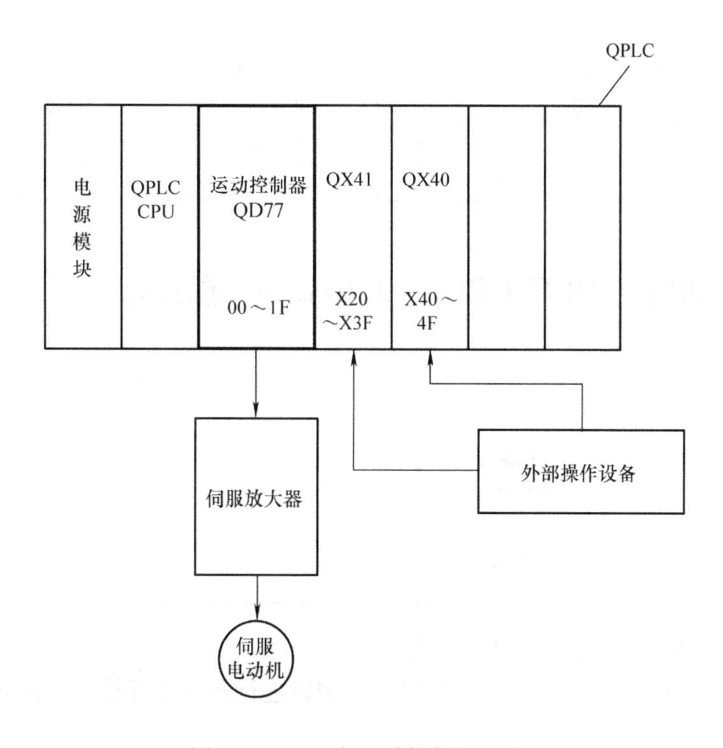

图 3-2　QPLC 与运动控制器的关系

2. QD77 占用的输入/输出信号

由于 QD77 安装在 QPLC CPU 模块右边的第 1 个位置，是排在 QPLC CPU 模块右边的第 1 个智能模块，按照 QPLC 的规定，QD77 占用 32 点输入和 32 点输出，具体分布为 X00～X1F，Y00～Y1F。

X00～X1F：运动控制器的工作状态，信号流向为运动控制器→PLC CPU。

Y00～Y1F：运动控制器的功能，信号流向为 PLC CPU→运动控制器。由 PLC CPU 驱动的这些软元件功能见表 3-1。这些信号是通过基板总线与 QPLC CPU 通信的，所以无须接线。

表 3-1　输入/输出软元件的功能

<table>
<tr><td colspan="2" rowspan="2"></td><td colspan="4">软元件</td><td rowspan="2">用途</td><td rowspan="2">ON 时的功能</td></tr>
<tr><td>轴 1</td><td>轴 2</td><td>轴 3</td><td>轴 4</td></tr>
<tr><td rowspan="16">软元件</td><td rowspan="7">输入</td><td colspan="4">X0</td><td>准备完毕</td><td>QD77 准备完毕</td></tr>
<tr><td colspan="4">X1</td><td>同步标志</td><td>可以访问 QD77 缓存区</td></tr>
<tr><td>X4</td><td>X5</td><td>X6</td><td>X7</td><td>M 指令选通信号</td><td>已经发出了 M 指令</td></tr>
<tr><td>X8</td><td>X9</td><td>XA</td><td>XB</td><td>出错检测信号</td><td>检测到错误发生</td></tr>
<tr><td>XC</td><td>XD</td><td>XE</td><td>XF</td><td>BUSY 信号</td><td>运行中的信号</td></tr>
<tr><td>X10</td><td>X11</td><td>X12</td><td>X13</td><td>启动完毕信号</td><td>启动完毕</td></tr>
<tr><td>X14</td><td>X15</td><td>X16</td><td>X17</td><td>定位完毕信号</td><td>定位完毕</td></tr>
<tr><td rowspan="9">输出</td><td colspan="4">Y0</td><td>PLC CPU 就绪信号</td><td>PLC CPU 准备完毕</td></tr>
<tr><td colspan="4">Y1</td><td>全部轴伺服 ON 指令</td><td>全部轴伺服为 ON</td></tr>
<tr><td>Y4</td><td>Y5</td><td>Y6</td><td>Y7</td><td>停止运行指令</td><td>轴停止运行</td></tr>
<tr><td>Y8</td><td>Y9</td><td>YA</td><td>YB</td><td>正转 JOG 启动</td><td>正转 JOG 启动</td></tr>
<tr><td>YC</td><td>YD</td><td>YE</td><td>YF</td><td>反转 JOG 启动</td><td>反转 JOG 启动</td></tr>
<tr><td>Y10</td><td>Y11</td><td>Y12</td><td>Y13</td><td>自动启动指令</td><td>自动启动</td></tr>
<tr><td>Y14</td><td>Y15</td><td>Y16</td><td>Y17</td><td>禁止执行指令</td><td>禁止执行</td></tr>
</table>

3.2　运动控制器与 PLC CPU 之间的输入/输出信号

3.2.1　输入信号

1. 输入信号 X0——运动控制器准备完毕

<table>
<tr><td>软元件号</td><td colspan="2">信号用途和功能</td></tr>
<tr><td>X0</td><td>准备完毕</td><td>ON：准备完毕
OFF：准备未完毕</td></tr>
</table>

说明：本信号表示运动控制器准备完毕。

1）当 PLC 就绪信号 Y0 由 OFF→ON 时，控制器进行参数设置检查，无异常则将本信号置为 ON，如图 3-3 所示。

2）PLC 就绪信号 Y0 = OFF 时，X0 = OFF。

3）发生看门狗定时器出错时，X0 = OFF。

4）本信号可用于顺控程序中的互锁条件等。

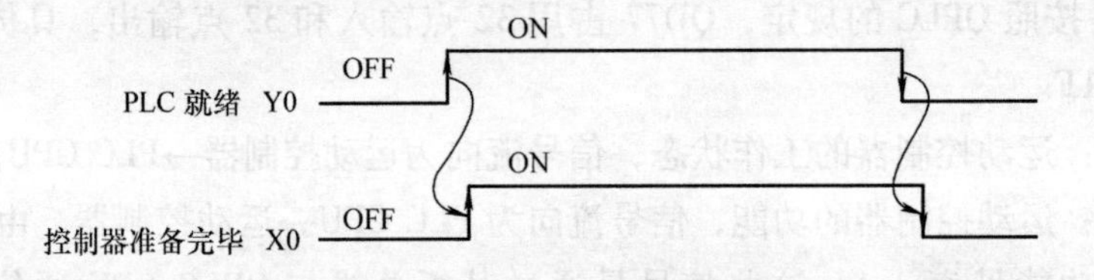

图 3-3　准备完毕 X0 的动作时序图

2. 输入信号 X1——同步标志

软元件号	信号用途和功能	
X1	同步标志	OFF：禁止访问模块 ON：允许访问模块

说明：在 PLC 上电后，如果运动控制器允许 PLC CPU 对其缓存区进行读写，则 X1 = ON，称之为同步，表示 PLC CPU 和运动控制器之间可以进行正常的读写。

3. 输入信号 X4 ~ X7——M 指令选通信号

软元件号		信号用途和功能
X4	轴 1	OFF：未发出 M 指令 ON：发出 M 指令
X5	轴 2	
X6	轴 3	
X7	轴 4	

说明：（以 1 轴为例）

本信号是 M 指令选通信号，表示在运动程序中发出了 M 指令。

1）如果运动程序中有 M 指令，在 WITH 模式下，如果定位启动 = ON，X4 = ON，在 AFTER 模式下，定位完毕 = ON，X4 = ON。

2）根据 Cd. 7M 代码 OFF 指令，Cd. 7 = 1，X4 = OFF。

3）不使用 M 指令时，X4 = OFF。

4）在做连续轨迹运行时，即使未能使 X4 = OFF，也会继续定位，但是会发出报警。

5）PLC 就绪信号 Y0 变为 OFF 时，X4 = OFF。

6）在 X4 = ON 状态下发出启动指令，会发生出错报警。

4. 输入信号 X8 ~ XB——出错检测信号

软元件号		信号用途和功能
X8	轴 1	OFF：无出错报警 ON：检测到有错误发生
X9	轴 2	
XA	轴 3	
XB	轴 4	

说明：本信号功能为检测出错及报警。如果有参数设置错误、运行错误、伺服放大器错误时，X8 = ON（1 轴为例）。

5. 输入信号 XC ~ XF——启动运行中（BUSY）信号

软元件号		信号用途和功能
XC	轴 1	OFF：不在启动运行中 ON：启动运行中
XD	轴 2	
XE	轴 3	
XF	轴 4	

说明：

1）BUSY 信号表示运动控制器的运动工作状态。

2）在定位启动、回原点启动及 JOG 启动时为 ON，在定位停止后为 OFF（连续定位运行中保持为 ON 不变）。

3）在单步运行停止时为 OFF。

4）手轮运行时，在 Cd. 21 = ON 时，本信号为 ON。

参看第 13 章各功能指令的时序图。

6. 输入信号 X10 ~ X13——启动完毕信号

软元件号		信号用途和功能	
X10 X11 X12 X13	轴 1 轴 2 轴 3 轴 4	启动完毕	OFF：启动未完毕 ON：启动完毕

说明：当定位启动信号 Y10 = ON，运动控制器开始执行定位运行时，X10 = ON。表示定位启动已经执行完成，如图 3-4 所示。

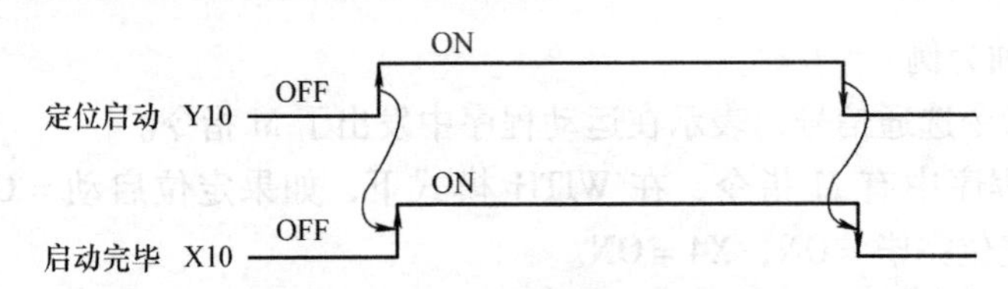

图 3-4　启动完毕信号动作时序图

7. 输入信号 X14 ~ X17——定位完毕信号

软元号		信号用途和功能	
X14 X15 X16 X17	轴 1 轴 2 轴 3 轴 4	定位完毕	OFF：定位未完毕 ON：定位完毕

说明：

1）本信号是表示定位动作执行完毕的信号。本信号为 ON 的时间由参数“Pr. 40”设置，如果设置“Pr. 40 = 0”，则本信号不为 ON。

2）本信号为 ON 时，如果发出定位启动信号，则本信号变为 OFF。

3）在速度控制或定位过程停止时，本信号不变为 ON。

3.2.2　输出信号

1. 输出信号 Y0——PLC CPU 就绪信号

软元件号	信号用途和功能	
Y0	PLC CPU 就绪	OFF：PLC CPU 未就绪 ON：PLC CPU 就绪

说明：本信号表示 PLC CPU 初始化完成，PLC CPU 正常。

1）向运动控制器发出 PLC CPU 正常信号，设置 Y0 = ON。

2）除使用测试功能时，在定位、回原点、JOG、手轮运行、速度/转矩切换控制模式时设置 Y0 = ON。

3）更改数据（参数）时，根据项目设置 Y0 = OFF。

4）在 Y0 从 OFF→ON 时，运动控制器进行以下处理：

① 进行参数设置范围检查。

② 将准备完毕信号 XO 置为 ON。

5）Y0 从 ON→OFF 时，运动控制器进行以下处理：

① 将 OFF 时间设置为 100ms 以上。

② 准备完毕信号 XO = OFF。

③ 停止运行中的轴。

④ 各轴的 M 指令选通信号[X4 ~ X7] = OFF，在 Md. 25 有效 M 指令中存储“0”。

6）写参数、定位数据（No. 1 ~600）到闪存时，设置 Y0 = OFF。

2. 输出信号 Y1——全部轴伺服 ON 指令

软元件号	信号用途和功能
Y1	全部轴伺服 ON

说明：本信号指令全部伺服驱动器执行伺服 ON/OFF。参看第 13 章各功能指令时序图。

3. 输出信号 Y4 ~ Y7——停止运行指令

软元件号		信号用途和功能
Y4	轴 1	OFF：无轴停止运行指令 ON：有轴停止运行指令
Y5	轴 2	
Y6	轴 3	
Y7	轴 4	

说明（以 1 轴为例）：

1）指令 Y4 = ON，停止回原点运行、定位运行、JOG 运行、微动运行、手轮运行、速度/转矩控制等。

2）在定位运行中指令 Y4 = ON，定位运行将处于“停止中”状态（并不退出定位运行模式）。

3）做插补运行时，如果 1 轴 Y4 = ON，插补运行的全部轴均减速停止。

4. 输出信号 Y8 ~ YF——JOG 启动指令

软元件号		信号用途和功能
Y8	轴 1	正转 JOG 启动
Y9	轴 1	反转 JOG 启动
YA	轴 2	正转 JOG 启动
YB	轴 2	反转 JOG 启动
YC	轴 3	正转 JOG 启动
YD	轴 3	反转 JOG 启动
YE	轴 4	正转 JOG 启动
YF	轴 4	反转 JOG 启动

说明（以 1 轴为例）：

1）Y8 = ON 时，JOG 启动运行，Y8 = OFF，减速停止。

2）做微动运行且设置了微移动量时，Y8 = ON，在 1 个运算周期内，运行一个微移动量。

5. 输出信号 Y10 ~ Y13——自动启动指令

软元件号		信号用途和功能
Y10	轴 1	OFF：无定位自动启动指令 ON：有定位自动启动指令
Y11	轴 2	
Y12	轴 3	
Y13	轴 4	

说明：

1）对回原点、自动运行发出启动指令（相当于自动模式的启动指令）。

2）自动启动信号在上升沿时有效，进行启动。

3）如果在 BUSY = ON 状态，设置自动启动信号为 ON，则报警。

6. 输出信号 Y14 ~ Y17——禁止执行指令

软元件号		信号用途和功能
Y14	轴 1	OFF：未发出禁止执行指令 ON：发出禁止执行指令
Y15	轴 2	
Y16	轴 3	
Y17	轴 4	

说明：

在定位启动信号为 ON 而且禁止执行标志为 ON 时，不能进行定位启动。该指令还可用于预读启动功能。

3.3 与外部设备的接口

3.3.1 外部信号

QD77 本身有一组外部信号（在 QD77 前端），如图 3-5 所示。这组外部信号的功能已经被定义（限位、切换信号、手轮），不需要编制 PLC 程序，只要外部信号开关为 ON 或 OFF，相应的功能即有效。表 3-2 是外部信号接口的各引脚功能。

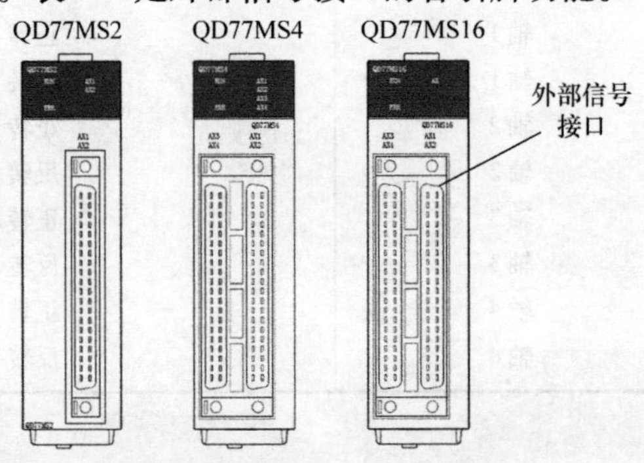

图 3-5 QD77 前端的外部信号接口

表 3-2 外部信号接口各引脚功能

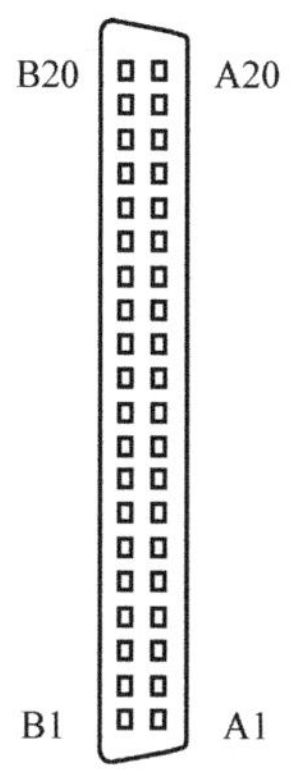

B20 A20 B1 A1

AX2		AX1	
轴 2		轴 1	
引脚号	名称	引脚号	名称
1B20	HB	1A20	5V
1B19	HA	1A19	5V
1B18	HBL	1A18	HBH
1B17	HAL	1A17	HAH
1B16	无连接	1A16	无连接
1B15	5V	1A15	5V
1B14	SG	1A14	SG
1B13	无连接	1A13	无连接
1B12		1A12	
1B11		1A11	
1B10		1A10	
1B9		1A9	
1B8	EMI. COM	1A8	EMI
1B7	COM	1A7	COM
1B6	COM	1A6	COM
1B5	DI2	1A5	DI1
1B4	STOP	1A4	STOP
1B3	DOG	1A3	DOG
1B2	RLS	1A2	RLS
1B1	FLS	1A1	FLS

3.3.2 输入信号

1. 输入信号的功能

输入信号的详细功能见表 3-3。在实际工程应用中，这些信号都会被使用到。

表 3-3 输入信号的详细功能

信号名称	引脚号	功　能
手轮用电源输出（DC +5V）（5V）	1A20 1A19	手轮用电源
上限位 FLS	1A1 1B1	接正限位开关
下限位 RLS	1A2 1B2	接负限位开关
DOG（近点狗）	1A3 1B3	DOG 开关是专用于回原点时的原点检测开关 通过上升沿检测 DOG 开关的 OFF→ON 通过下降沿检测 DOG 开关的 ON→OFF
停止信号（STOP）	1A4 1B4	停止指令 本信号为 ON 时，控制器停止定位运行
外部指令信号/切换信号	（DI1）1A5 （DI2）1B5	在速度/位置切换、位置/速度切换中作为切换信号，也可以作为来自于外部的定位启动、速度更改指令、跳越指令、标记检测指令的输入信号使用，用“ Pr. 42”定义及设置功能
公共端（COM）	1A6、1A7 1B6、1B7	输入信号的公共端

（续）

信号名称	引脚号	功　能
紧急停止输入信号（EMI）	1A8	本信号用于对全部轴执行紧急停止 EMI = ON，紧急停止有效 EMI = OFF，解除紧急停止
紧急停止输入信号公共端（EML COM）	1B8	
手轮用电源（DC +5V）	1A15 1B15	手轮用电源（DC +5V）
手轮用电源（GND）（SG）	1A14 1B14	手轮用电源（GND）

2. 输入信号的接线

输入信号的接线如图 3-6 所示。注意：

1）使用了外部电源：DC 24V。

2）可以使用源型接法也可以使用漏型接法，图 3-6 中为源型接法。

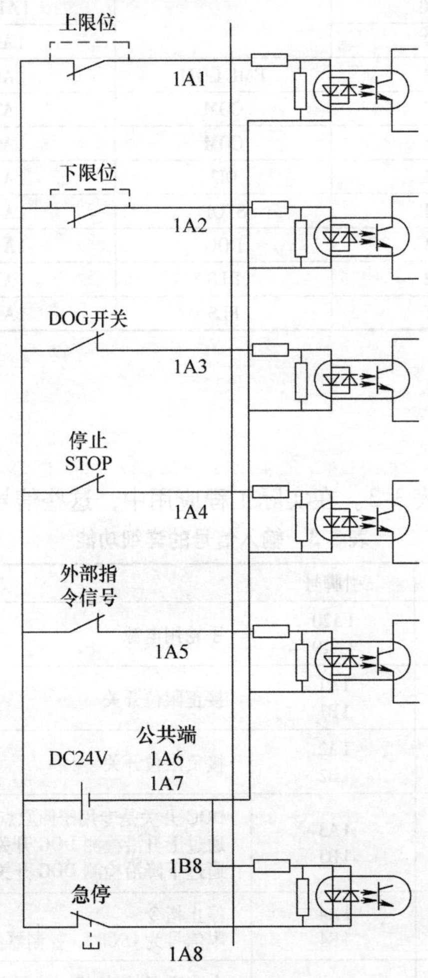

图 3-6　输入信号接线图

3. 外部电路设计

外部电路的设计如图 3-7 和图 3-8 所示。主要分清 PLC、伺服系统、控制回路所使用的电压等级。设计急停回路时，在出现危险和紧急状态时，能够及时切断主电路。对外部电路的设计图的说明如下：

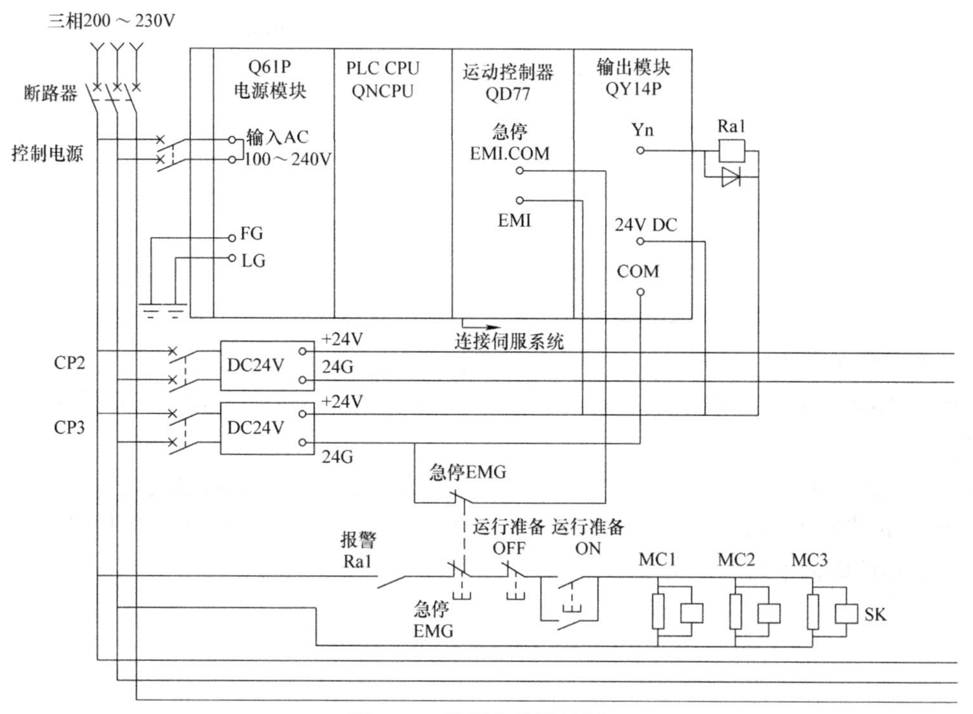

图 3-7 外部电路设计图 1

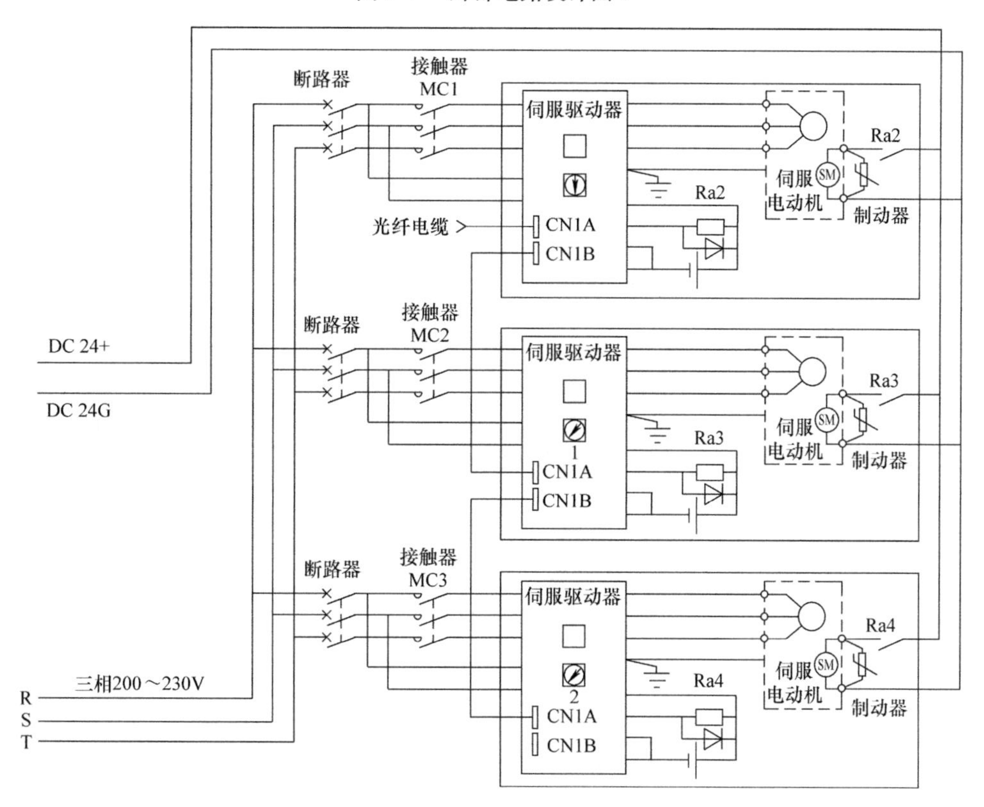

图 3-8 外部电路设计图 2

（1）电源等级

主电路的电源等级务必仔细查对各硬件的说明。在图 3-7 和图 3-8 中，

1）QPLC 电源模块使用的是单相 220V。

2）伺服驱动器主电路使用三相 220V。

3）伺服驱动器控制电路使用单相 220V。

4）伺服电动机制动器使用 DC24V。

（2）急停电路

1）急停开关直接接在 QD77 的 EMI 端。使用 DC24V 电源。但不能与伺服电动机制动器共用 DC24V 电源。如果制动器电源电压不足，会导致制动器无法正常打开，如图 3-8 所示。

2）在急停电路中串有伺服驱动器主电路的接触器线圈 MC1、MC2、MC3。如果急停有效，MC1、MC2、MC3 线圈失电，则 MC1、MC2、MC3 接触器触点为 OFF，伺服驱动器主电路断电。

3）在急停电路中串有故障报警触点 Ra1。故障报警触点 Ra1 由输出模块 QY41P 的输出 Yn 控制，Yn 代表了 QPLC 中引起报警的所有因素。Ra1 触点是常闭触点，动作时断开。

4）急停电路的电压等级是单相 220V。

第 4 章 运动控制器的参数

本章介绍了运动控制器的参数内容及设置。运动控制器的参数主要规定运动控制器的性能，可以在 PLC 程序中设置，也可以通过软件设置。

4.1 参数

运动控制器的重要参数见表 4-1。

表 4-1 运动控制器的重要参数

参数号	参 数 名 称	参数号	参 数 名 称
Pr. 1	指令单位	Pr. 27	加速时间 3
Pr. 2	电动机编码器分辨率（每转的脉冲数）	Pr. 28	减速时间 1
Pr. 3	每转移动量	Pr. 29	减速时间 2
Pr. 4	单位倍率	Pr. 30	减速时间 3
Pr. 5	脉冲方式	Pr. 31	JOG 速度限制
Pr. 6	旋转方向	Pr. 32	JOG 加速时间选择
Pr. 7	启动偏置速度	Pr. 33	JOG 减速时间选择
Pr. 8	速度限制值	Pr. 34	加减速曲线选择
Pr. 9	加速时间常数	Pr. 35	S 曲线比率
Pr. 10	减速时间常数	Pr. 36	急停减速时间
Pr. 11	间隙补偿量	Pr. 37	急停选择 1
Pr. 12	软限位上限	Pr. 38	急停选择 2
Pr. 13	软限位下限	Pr. 39	急停选择 3
Pr. 14	软限位限制对象	Pr. 40	定位完毕信号输出时间
Pr. 15	软限位有效/无效选择	Pr. 41	圆弧插补误差允许范围
Pr. 16	定位精度（定位宽度）	Pr. 42	外部指令功能选择
Pr. 17	转矩限制值	Pr. 43	回原点模式
Pr. 18	M 指令 ON 输出时间点	Pr. 44	回原点方向
Pr. 19	速度切换模式	Pr. 45	原点地址
Pr. 20	插补速度指定方法	Pr. 46	回原点速度
Pr. 21	速度控制时的进给（位置）当前值处理	Pr. 47	爬行速度
Pr. 22	输入信号逻辑选择	Pr. 48	任意位置回原点功能
Pr. 24	手轮脉冲方式选择	Pr. 50	近点狗置 ON 后的移动量
Pr. 25	加速时间 1	Pr. 51	回原点加速时间选择
Pr. 26	加速时间 2	Pr. 52	回原点减速时间选择

（续）

参数号	参 数 名 称	参数号	参 数 名 称
Pr. 53	原点移位量	Pr. 82	急停有效/无效选择
Pr. 54	回原点转矩限制值	Pr. 83	degree 轴速度 10 倍指定
Pr. 55	回原点未完时的动作设置	Pr. 84	伺服 OFF→ON 时的重启允许值范围设置
Pr. 56	原点移位时的速度	Pr. 89	手轮脉冲输入类型选择
Pr. 57	回原点重试时的停留时间	Pr. 90	速度/转矩切换控制模式动作设置
Pr. 80	外部信号选择	Pr. 95	外部指令信号选择
Pr. 81	速度位置功能选择		

在 GX－WORKS2 编程软件上设置参数如图 4-1 ~ 图 4-3 所示。参数可以在软件上直接设置，也可以通过编制 PLC 程序设置，编程软件中的参数和项目名称及设置仅供参考，参数名称以文中为准。

项目	轴1
基本参数1	根据机械设备和相应电机，在系统启动时进行设置（根据可编程控制器就绪信号启用）。
单位设置	3:pulse
每转的脉冲数	9000 pulse
每转的移动量	9000 pulse
单位倍率	1:x1倍
脉冲输出模式	1:CW/CCW模式
旋转方向设置	0:通过正转脉冲输出增加当前值
启动时偏置速度	0 pulse/s
基本参数2	根据机械设备和相应电机，在系统启动时进行设置。
速度限制值	36000 pulse/s
加速时间0	1000 ms
减速时间0	100 ms
详细参数1	与系统配置匹配，系统启动时设置（通过可编程控制器就绪信号启用）。
齿隙补偿量	0 pulse
软件行程限位上限值	34000 pulse
软件行程限位下限值	-1000 pulse
软件行程限位选择	1:对进给机械值进行软件限位
启用/禁用软件行程限位设置	0:启用
指令到位范围	100 pulse
转矩限制设定值	300 %
M代码ON信号输出时序	0:WITH模式
速度切换模式	0:标准速度切换模式
插补速度指定方法	0:合成速度
速度控制时的进给当前值	0:不进行进给当前值的更新
输入信号逻辑选择:下限限位	1:正逻辑
输入信号逻辑选择:上限限位	1:正逻辑
输入信号逻辑选择:驱动器模块就绪	0:负逻辑
输入信号逻辑选择:停止信号	0:负逻辑
输入信号逻辑选择:外部指令	0:负逻辑

图 4-1　在 GX－WORKS2 软件中设置基本参数

项目	轴1
输入信号逻辑选择:外部指令	0:负逻辑
输入信号逻辑选择:零点信号	0:负逻辑
输入信号逻辑选择:近点信号	0:负逻辑
输入信号逻辑选择:手动脉冲发生器输入	0:负逻辑
输出信号逻辑选择:指令脉冲信号	1:正逻辑
输出信号逻辑选择:偏差计数器清除	0:负逻辑
手动脉冲发生器输入选择	0:A相/B相模式(4倍频)
速度·位置功能选择	0:速度·位置切换控制(INC模式)
详细参数2	**与系统配置匹配,系统启动时设置(必要时设置)。**
加速时间1	1000 ms
加速时间2	1000 ms
加速时间3	1000 ms
减速时间1	100 ms
减速时间2	100 ms
减速时间3	100 ms
JOG速度限制值	36000 pulse/s
JOG运行加速时间选择	0:1000
JOG运行减速时间选择	1:100
加减速处理选择	0:梯形加减速处理
S字比率	100 %
快速停止减速时间	100 ms
停止组1快速停止选择	0:通常的减速停止
停止组2快速停止选择	0:通常的减速停止
停止组3快速停止选择	1:急停止
定位完成信号输出时间	300 ms
圆弧插补间误差允许范围	100 pulse
外部指令功能选择	0:外部定位启动

图 4-2 在 GX－WORKS2 软件中设置详细参数

原点回归基本参数	**设置用于进行原点回归控制所需要的值(通过可编程控制器就绪信号启用)。**
原点回归方式	5:计数型②
原点回归方向	1:负方向(地址减少方向)
原点地址	0 pulse
原点回归速度	3000 pulse/s
爬行速度	2800 pulse/s
原点回归重试	0:不通过限位开关重试原点回归
原点回归详细参数	**设置用于进行原点回归控制所需要的值。**
原点回归停留时间	0 ms
近点DOG ON后的移动量设置	200 pulse
原点回归加速时间选择	0:1000
原点回归减速时间选择	1:100
原点移位量	650 pulse
原点回归转矩限制值	300 %
偏差计数器清除信号输出时间	11 ms
原点移位时速度指定	1:爬行速度
原点回归转重试时停留时间	0 ms

图 4-3 在 GX－WORKS2 软件中设置回原点参数

4.2 参数的详细解释

在 GX－WORKS2 软件自带的 QD77 设置界面中，有参数设置部分，已经包含了 QD77 的所有参数。本节对 QD77 参数做具体解释。

4.2.1 基本参数1

1. 基本参数1简介

基本参数1包含必须设置的最重要的参数，见表4-2。

表4-2 基本参数1

参数号	参 数 名 称
Pr. 1	指令单位
Pr. 2	电动机编码器分辨率（每转的脉冲数）
Pr. 3	每转移动量
Pr. 4	单位倍率
Pr. 5	脉冲方式
Pr. 6	旋转方向
Pr. 7	启动偏置速度

2. 对参数的详细解释

参数号	参数名称	设置值设置范围	初始值	缓存器地址			
				轴1	轴2	轴3	轴4
Pr. 1	指令单位	0：毫米（mm） 1：英寸（in） 2：度 deg（°） 3：脉冲（pls）	3	$0+150n$①			

① 各轴号的缓存器地址指各轴参数在运动控制器中缓存区的地址。
计算式中 n = 轴号 −1。
例如：轴1的地址 $=0+150\times(1-1)=0$；
轴2的地址 $=0+150\times(2-1)=150$；
轴3的地址 $=0+150\times(3-1)=300$。
以下各参数类同。

1）Pr. 1为指令单位。指令单位可设置为毫米、英寸、度、脉冲，各轴可以分别设置指令单位。

2）Pr. 2为电动机编码器的每转脉冲数，即电动机编码器分辨率，要根据编码器规格设置。

参数号	参数名称	设置值设置范围	初始值	缓存器地址			
				轴1	轴2	轴3	轴4
Pr. 2	电动机编码器分辨率（每转的脉冲数）	1～65535	20000	$2+150n$、$3+150n$			

3）Pr. 3为电动机旋转一圈机械的移动量，在直连（1:1）的丝杠机械系统中，即为螺距。如果有减速机，则 Pr. 3 $=\dfrac{\text{螺距}}{\text{减速比}}$。

参数号	参数名称	设置值设置范围	初始值	缓存器地址			
				轴1	轴2	轴3	轴4
Pr. 3	每转移动量	根据螺距和减速比设置 Pr. 3 = $\frac{螺距}{减速比}$	20000	4 + 150*n*、5 + 150*n*			

4）Pr. 4 为单位放大倍数，用于计算电子齿轮比。

参数号	参数名称	设置值设置范围	初始值	缓存器地址			
				轴1	轴2	轴3	轴4
Pr. 4	单位放大倍率	1:1 倍 10:10 倍 100:100 倍 1000:1000 倍	1	1 + 150			

5）Pr. 5 用于选择脉冲输出格式。有 4 种脉冲输出格式可选，参见第 18 章。

参数号	参数名称	设置值设置范围	初始值	缓存器地址			
				轴1	轴2	轴3	轴4
Pr. 5	脉冲输出格式	0：pls/SIGN 1：CW/CCW 2：A 相/B 相（4 倍） 3：A 相/B 相（1 倍）	1				

6）Pr. 6 为旋转方向、正向表示当前值增加的方向，负向表示当前值减少的方向。

参数号	参数名称	设置值设置范围	初始值	缓存器地址			
				轴1	轴2	轴3	轴4
Pr. 6	旋转方向	0：正向 1：负向	0				

7）Pr. 7 为启动偏置速度，是指电机起动时的速度。电机在零速起动容易造成起动不平稳，特别是步进电机在低速时更容易造成不平稳，所以要设置起动时的速度。

参数号	参数名称	设置值设置范围	初始值	缓存器地址			
				轴1	轴2	轴3	轴4
Pr. 7	启动偏置速度		0	6 + 150*n*、7 + 150*n*			

4.2.2 基本参数 2

1. 基本参数简介

基本参数 2 包含了速度限制参数和加减速时间常数，参数见表 4-3。

表 4-3 基本参数 2

参数号	参 数 名 称
Pr. 8	速度限制值
Pr. 9	加速时间常数
Pr. 10	减速时间常数

2. 对参数的详细解释

1）Pr. 8 是速度限制值。实际运行速度被限制小于此值。为保证机械运行安全，这是一个必设的重要参数。同时，速度限制值也是设置加减速时间常数的基准，如图 4-4 所示。

<table>
<tr><th rowspan="2">参数号</th><th rowspan="2">参数名称</th><th rowspan="2">设置值设置范围</th><th rowspan="2">初始值</th><th colspan="4">缓存器地址</th></tr>
<tr><th>轴 1</th><th>轴 2</th><th>轴 3</th><th>轴 4</th></tr>
<tr><td>Pr. 8</td><td>速度限制值</td><td>1 ~ 1000000 脉冲/s</td><td>200000</td><td colspan="4">10 + 150n、11 + 150n</td></tr>
</table>

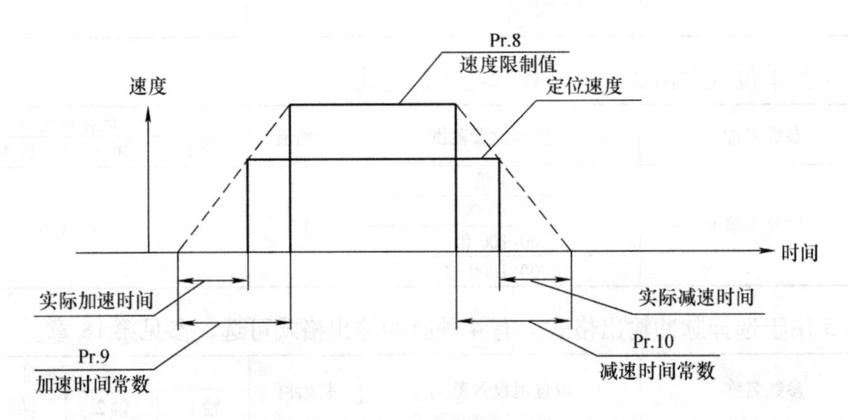

图 4-4　加减速时间常数示意图

2）Pr. 9 是加速时间常数。定义为从零速加速到速度限制值的时间。

<table>
<tr><th rowspan="2">参数号</th><th rowspan="2">参数名称</th><th rowspan="2">设置值设置范围</th><th rowspan="2">初始值</th><th colspan="4">缓存器地址</th></tr>
<tr><th>轴 1</th><th>轴 2</th><th>轴 3</th><th>轴 4</th></tr>
<tr><td>Pr. 9</td><td>加速时间常数</td><td>1 ~ 8388608ms</td><td>1000</td><td colspan="4">12 + 150n、13 + 150n</td></tr>
</table>

Pr. 10 是减速时间常数。定义为从速度限制值减速到零速的时间。

加减速时间常数的定义是这个数据是常量（因为定义了加速到达的速度—Pr. 8 速度限制值）。虽然实际运行中指令（定位）速度千变万化，但加减速到指令（定位）速度的时间都以这个常数为基准计算得出，如图 4-4 所示。不要混淆加减速时间常数与加减速时间的概念。

<table>
<tr><th rowspan="2">参数号</th><th rowspan="2">参数名称</th><th rowspan="2">设置值设置范围</th><th rowspan="2">初始值</th><th colspan="4">缓存器地址</th></tr>
<tr><th>轴 1</th><th>轴 2</th><th>轴 3</th><th>轴 4</th></tr>
<tr><td>Pr. 10</td><td>减速时间常数</td><td>1 ~ 8388608ms</td><td>1000</td><td colspan="4">14 + 150n、15 + 150n</td></tr>
</table>

4.2.3　详细参数 1

详细参数 1 见表 4-4，这是常用参数，根据使用需要设置。

表 4-4　详细参数 1

参数号	参 数 名 称
Pr. 11	间隙补偿量
Pr. 12	软限位上限
Pr. 13	软限位下限
Pr. 14	软限位限制对象
Pr. 15	软限位有效/无效选择
Pr. 16	定位精度（定位宽度）
Pr. 17	转矩限制值

（续）

参数号	参数名称
Pr. 18	M 指令 ON 输出时间点
Pr. 19	速度切换模式
Pr. 20	插补速度指定方法
Pr. 21	速度控制时的进给（位置）当前值处理
Pr. 22	输入信号逻辑选择
Pr. 24	手轮脉冲方式选择
Pr. 80	外部信号功能选择
Pr. 81	速度位置功能选择
Pr. 82	急停有效/无效选择

间隙补偿量如图 4-5 所示。也称为反向间隙补偿。在回原点完成后，间隙补偿量才有效。

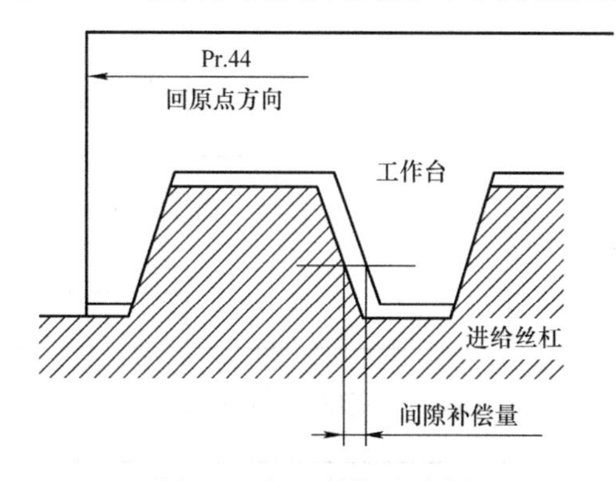

图 4-5　间隙补偿量示意图

参数号	参数名称	设置值设置范围	初始值	缓存器地址			
				轴 1	轴 2	轴 3	轴 4
Pr. 11	间隙补偿量		0	17 + 150			

软限位是用数值设置的行程限位，是相对硬行程限位开关而言的，如图 4-6 所示。软限位要根据实际行程范围进行设置。

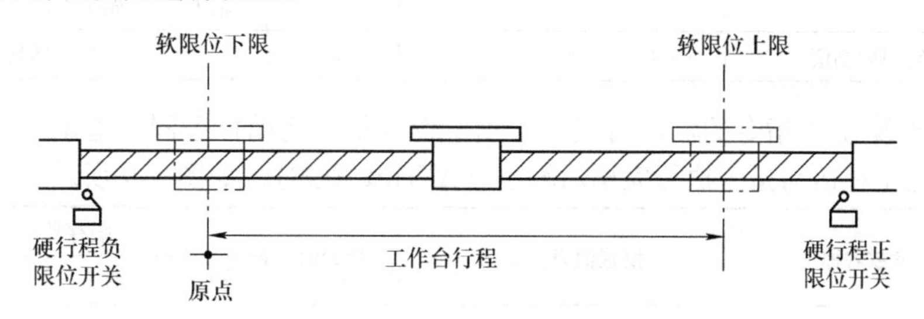

图 4-6　软限位示意图

参数号	参数名称	设置值设置范围	初始值	缓存器地址			
				轴 1	轴 2	轴 3	轴 4
Pr. 12	软限位上限	随指令单位而定	2147483647	18 + 150n、19 + 150n			

参数号	参数名称	设置值设置范围	初始值	缓存器地址			
				轴 1	轴 2	轴 3	轴 4
Pr. 13	软限位下限	随指令单位而定	-2147483648	20+150*n*、21+150*n*			

参数号	参数名称	设置值设置范围	初始值	缓存器地址			
				轴 1	轴 2	轴 3	轴 4
Pr. 15	软限位有效/无效选择	0：有效 1：无效	0	23+150*n*			

在理论上，只有滞留脉冲=0才算定位完成。但在实际运行中，只要滞留脉冲小于某一数值就可以认定是定位完成。Pr. 16用于规定定位精度（也称为定位宽度），如图4-7所示。

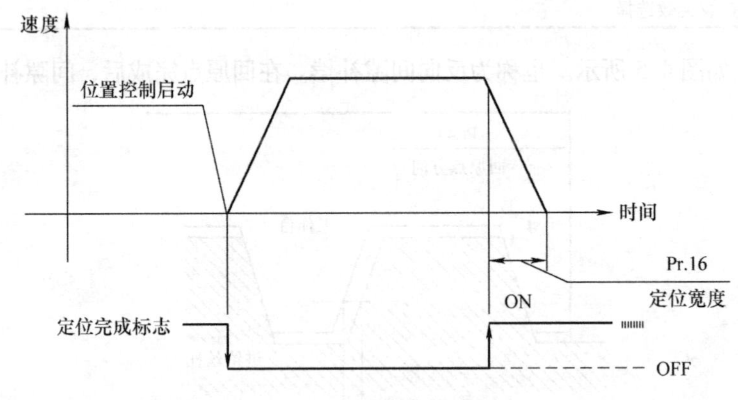

图4-7 定位精度示意图

参数号	参数名称	设置值设置范围	初始值	缓存器地址			
				轴 1	轴 2	轴 3	轴 4
Pr. 16	定位精度（定位宽度）		100	24+150*n*、25+150*n*			

为防止伺服电机输出过大转矩损坏设备，用参数Pr. 17设置转矩限制值，以额定转矩的百分比进行设置。

参数号	参数名称	设置值设置范围	初始值	缓存器地址			
				轴 1	轴 2	轴 3	轴 4
Pr. 17	转矩限制值	1~1000（%）	300	26+150*n*			

Pr. 18用于设置M指令的输出时间点。用于设置是随运动指令同时输出（WITH模式）（见图4-8）还是在运动指令执行完毕后输出（AFTER模式），如图4-9所示。

参数号	参数名称	设置值设置范围	初始值	缓存器地址			
				轴 1	轴 2	轴 3	轴 4
Pr. 18	M指令ON 输出时间点	0：WITH模式 1：AFTER模式	0	27+150*n*			

注意：图4-8中，在定位启动（Y0）=ON后，就输出M指令。

注意：在图4-9中，在定位完毕（Y14）=ON后，才输出M指令。

Pr. 19用于设置连续的2个定位过程中，2个定位速度的切换时间点。

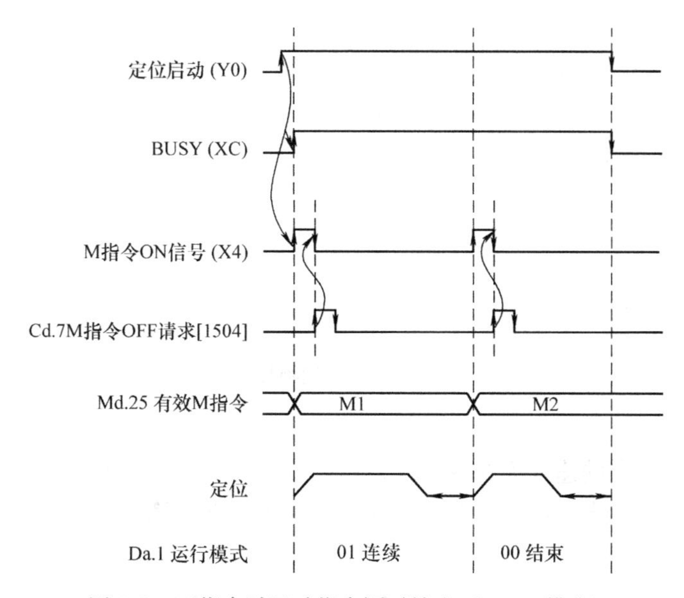

图 4-8　M 指令随运动指令同时输出（WITH 模式）

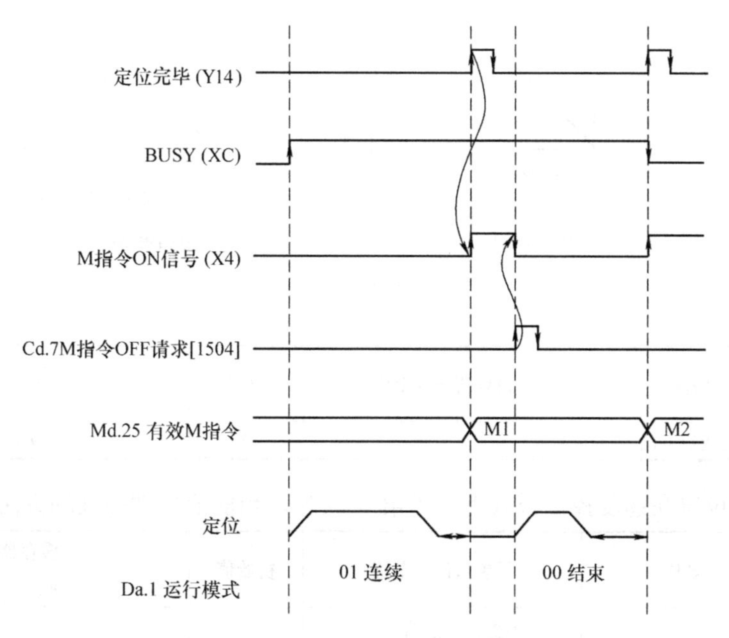

图 4-9　M 指令在运动指令执行完毕后输出（AFTER 模式）

<table>
<tr><th rowspan="2">参数号</th><th rowspan="2">参数名称</th><th rowspan="2">设置值设置范围</th><th rowspan="2">初始值</th><th colspan="4">缓存器地址</th></tr>
<tr><th>轴 1</th><th>轴 2</th><th>轴 3</th><th>轴 4</th></tr>
<tr><td>Pr. 19</td><td>速度切换模式</td><td>0：标准切换
1：提前切换</td><td>0</td><td colspan="4">28 + 150n</td></tr>
</table>

Pr. 19 =0 标准切换——在执行下一个定位数据时切换速度；

Pr. 19 =1 提前切换——在当前定位数据执行完毕后立即切换速度，如图 4-10 所示。

进行直线插补/圆弧插补时，用 Pr. 20 设置是指定合成速度还是指定基准轴速度。如

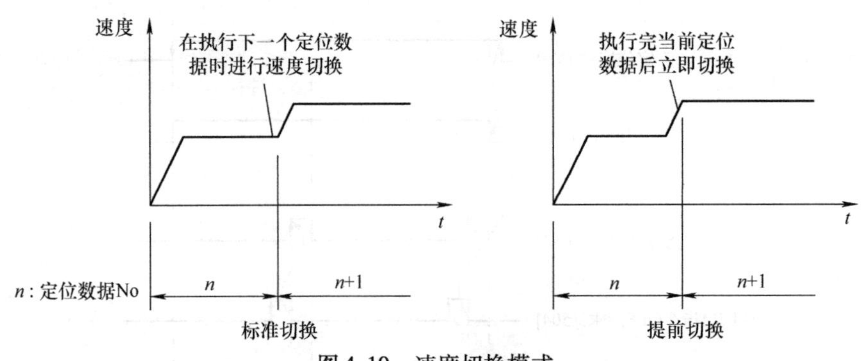

图 4-10　速度切换模式

图 4-11所示。

0：合成速度。设定的速度为合成速度，由控制器计算各轴的速度。

1：基准轴速度。设定的速度为基准轴速度，由控制器计算另一个轴的速度。

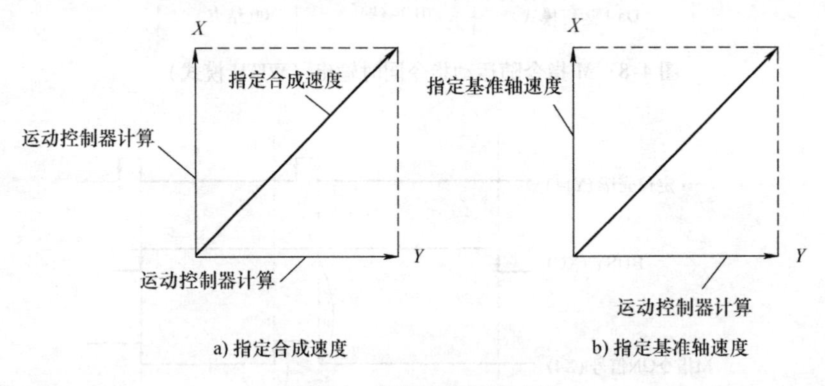

图 4-11　插补速度指定方法

参数号	参数名称	设置值设置范围	初始值	缓存器地址			
				轴 1	轴 2	轴 3	轴 4
Pr. 20	插补速度指定方法		0	29 + 150n			

Pr. 21 用于设置在速度控制模式下，进给（位置）当前值处理的处理方法。

参数号	参数名称	设置值设置范围	初始值	缓存器地址			
				轴 1	轴 2	轴 3	轴 4
Pr. 21	速度控制时的进给（位置）当前值处理	0：不更新当前值 1：更新当前值 2：当前值清为零	0	30 + 150n			

Pr. 22 用于设置输入信号的逻辑。各输入信号见表 4-5 所示。

参数号	参数名称	设置值设置范围	初始值	缓存器地址			
				轴 1	轴 2	轴 3	轴 4
Pr. 22	输入信号逻辑选择	0：负逻辑 1：正逻辑	0	31 + 150n			

正逻辑：信号 = ON 有效。负逻辑：信号 = OFF 有效。

表 4-5 Pr. 22 对应的输入信号

bit15	bit14	bit13	bit12	bit11	bit10	bit9	bit8	bit7	bit6	bit5	bit4	bit3	bit2	bit1	bit0

位	输入信号
bit0	上限位
bit1	下限位
bit2	禁用
bit3	停止
bit4	外部指令切换
bit5	禁用
bit6	DOG 信号
bit7	禁用
bit8	手轮输入
bit9 ~ bit15	禁用

参数号	参数名称	设置值设置范围	初始值	缓存器地址			
				轴 1	轴 2	轴 3	轴 4
Pr. 24	手轮脉冲方式选择	0：A 相/B 相 4 倍频 1：A 相/B 相 2 倍频 2：A 相/B 相 1 倍频 3：PLS/SIGN	0	33			

Pr. 81 用于选择在“速度/位置切换后，位置控制是增量（INC）模式还是绝对（ABS）模式。

参数号	参数名称	设置值设置范围	初始值	缓存器地址			
				轴 1	轴 2	轴 3	轴 4
Pr. 81	速度位置功能选择	0：速度/位置切换控制（INC 模式） 2：速度/位置切换控制（ABS 模式）	0	34 + 150n			

参数号	参数名称	设置值设置范围	初始值	缓存器地址			
				轴 1	轴 2	轴 3	轴 4
Pr. 82	急停有效/无效选择	0：有效 1：无效	0	35			

4.2.4 详细参数 2

详细参数 2 见表 4-6。

表 4-6 详细参数 2

参数号	参数名称
Pr. 25	加速时间 1
Pr. 26	加速时间 2
Pr. 27	加速时间 3
Pr. 28	减速时间 1
Pr. 29	减速时间 2

（续）

参数号	参数名称
Pr. 30	减速时间 3
Pr. 31	JOG 速度限制
Pr. 32	JOG 加速时间选择
Pr. 33	JOG 减速时间选择
Pr. 34	加减速曲线选择
Pr. 35	S 曲线比率
Pr. 36	急停减速时间
Pr. 37	急停选择 1
Pr. 38	急停选择 2
Pr. 39	急停选择 3
Pr. 40	定位完毕信号输出时间
Pr. 41	圆弧插补误差允许范围
Pr. 42	外部指令功能选择
Pr. 83	degree 轴速度 10 倍指定
Pr. 84	伺服 OFF→ON 时的重启允许值范围设置
Pr. 89	手轮脉冲输入类型选择
Pr. 90	速度/转矩切换控制模式动作设置
Pr. 95	外部指令信号选择

Pr. 25 ~ Pr. 27：在定位运行时，从零速加速到速度限制值 Pr. 8 的时间。这些参数提供了多种加速时间选择。

Pr. 28 ~ Pr. 30：在定位运行时，从速度限制值 Pr. 8 减速到零速的时间。

参数号	参数名称	设置值设置范围	初始值	缓存器地址			
				轴 1	轴 2	轴 3	轴 4
Pr. 25	加速时间 1	1 ~ 8388608（ms）	1000	36 + 150*n*、37 + 150*n*			

参数号	参数名称	设置值设置范围	初始值	缓存器地址			
				轴 1	轴 2	轴 3	轴 4
Pr. 28	减速时间 1	1 ~ 8388608（ms）	1000	42 + 150*n*、43 + 150*n*			

Pr. 31 用于设置 JOG 运行时的最高速度。JOG 速度限制值应设置为小于 Pr. 8 速度限制值，超出速度限制值 Pr. 8 时，将发生报警。

参数号	参数名称	设置值设置范围	初始值	缓存器地址			
				轴 1	轴 2	轴 3	轴 4
Pr. 31	JOG 速度限制		20000	48 + 150*n*、49 + 150*n*			

参数号	参数名称	设置值设置范围	初始值	缓存器地址			
				轴 1	轴 2	轴 3	轴 4
Pr. 32	JOG 加速时间选择	0：Pr. 9 加速时间常数 1：Pr. 25 加速时间 1 2：Pr. 26 加速时间 2 3：Pr. 27 加速时间 3	0	50 + 150*n*			

参数号	参数名称	设置值设置范围	初始值	缓存器地址			
				轴 1	轴 2	轴 3	轴 4
Pr. 33	JOG 减速时间选择	0：Pr. 10 减速时间常数 1：Pr. 28 减速时间 1 2：Pr. 29 减速时间 2 3：Pr. 30 减速时间 3	0	51 + 150n			

参数号	参数名称	设置值设置范围	初始值	缓存器地址			
				轴 1	轴 2	轴 3	轴 4
Pr. 34	加减速曲线选择	0：梯形直线加减速 1：S 曲线加减速	0	52 + 150n			

参数号	参数名称	设置值设置范围	初始值	缓存器地址			
				轴 1	轴 2	轴 3	轴 4
Pr. 36	急停减速时间	1 ~ 8388608ms	1000	54 + 150n、55 + 150n			

参数号	参数名称	设置值设置范围	初始值	缓存器地址			
				轴 1	轴 2	轴 3	轴 4
Pr. 40	定位完毕信号输出时间	0 ~ 65535ms	300	59 + 150n			

Pr. 41 设置的圆弧插补允许误差范围如图 4-12 所示。

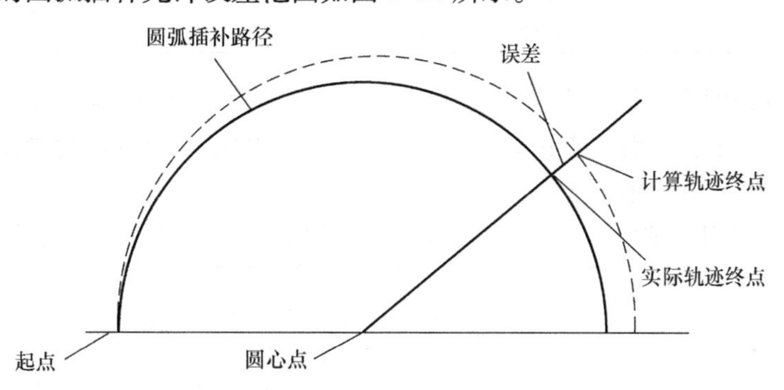

图 4-12 圆弧插补允许误差范围示意图

参数号	参数名称	设置值设置范围	初始值	缓存器地址			
				轴 1	轴 2	轴 3	轴 4
Pr. 41	圆弧插补允许误差范围		100	60 + 150n、61 + 150n			

在控制器的外部接口端子中有外部指令功能选择端子，Pr. 42 参数用于设置这个端子的功能。

参数号	参数名称	设置值设置范围	初始值	缓存器地址			
				轴 1	轴 2	轴 3	轴 4
Pr. 42	外部指令功能选择	0：外部定位启动 1：外部速度更改 2：速度/位置及位置/速度切换 3：跳越 4：高速输入	0	62 + 150n			

4.2.5 回原点参数1

回原点参数见表4-7。

表4-7 回原点参数表

参数号	参数名称
Pr. 43	回原点模式
Pr. 44	回原点方向
Pr. 45	原点地址
Pr. 46	回原点速度
Pr. 47	爬行速度
Pr. 48	任意位置回原点功能

Pr. 43 用于选择回原点模式，有5种模式可选，参看第10章。

参数号	参数名称	设置值设置范围	初始值	缓存器地址			
				轴1	轴2	轴3	轴4
Pr. 43	回原点模式	0：近点狗式（DOG） 4：计数式1 5：计数式2 6：数据设置式 7：基准点信号检测式		070 + 150*n*			

Pr. 44 用于选择回原点运行方向。以位置当前值增加为正方向，以位置当前值减少为负方向。如图4-13所示，一般原点设置在上限位或下限位附近，当原点设置在下限位附近时，设置 Pr. 44 =1，朝负方向回原点。

当原点设置在上限位附近时，设置 Pr. 44 =0，朝正方向回原点。参看第10章。

参数号	参数名称	设置值设置范围	初始值	缓存器地址			
				轴1	轴2	轴3	轴4
Pr. 44	回原点方向	0：正方向（地址增加方向） 1：负方向（地址减少方向）	0	71 + 150*n*			

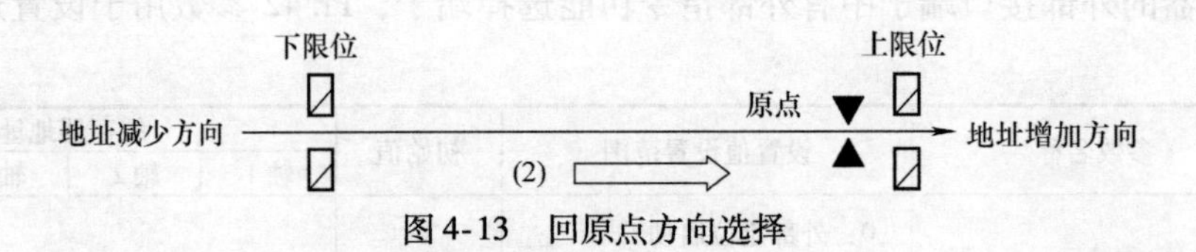

图4-13 回原点方向选择

Pr. 45 用于设置（ABS 方式）的原点地址。

参数号	参数名称	设置值设置范围	初始值	缓存器地址			
				轴1	轴2	轴3	轴4
Pr. 45	原点地址			72 + 150*n*、73 + 150*n*			

Pr. 46 用于设置回原点的速度。应设置回原点的速度小于 Pr. 8 速度限制值且大于爬行速度。

如图 4-14 所示，爬行速度为从回原点速度开始减速至停止之前的低速度，即 DOG 开关 =0N后的低速度。

参数号	参数名称	设置值设置范围	初始值	缓存器地址			
				轴 1	轴 2	轴 3	轴 4
Pr. 46	回原点速度		1	74 +150n、75 +150n			

参数号	参数名称	设置值设置范围	初始值	缓存器地址			
				轴 1	轴 2	轴 3	轴 4
Pr. 47	爬行速度		1	76 +150n、77 +150n			

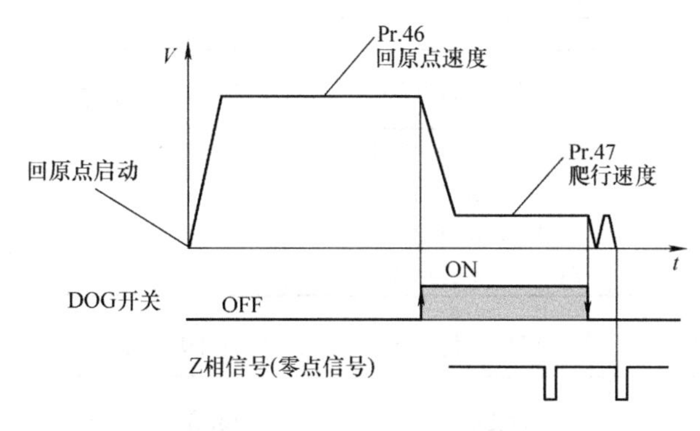

图 4-14　回原点速度示意图

Pr. 48 用于设置任意位置回原点功能是否有效，参见 13. 2. 1 节。

参数号	参数名称	设置值设置范围	初始值	缓存器地址			
				轴 1	轴 2	轴 3	轴 4
Pr. 48	任意位置回原点功能	0：无效 1：有效	0				

4. 2. 6　回原点参数 2

回原点详细参数见表 4-8。

表 4-8　回原点详细参数表

参数号	参 数 名 称
Pr. 50	近点狗 ON 后的移动量
Pr. 51	回原点加速时间选择
Pr. 52	回原点减速时间选择
Pr. 53	原点移位量
Pr. 54	回原点转矩限制值
Pr. 55	回原点未完成时的动作
Pr. 56	原点移位时的速度
Pr. 57	回原点重试时停留时间

对参数的详细说明

Pr.50 用于设置回原点方式为计数式（1）、（2）时，在 DOG 信号变为 ON 时至原点为止的移动量。

参数号	参数名称	设置值设置范围	初始值	缓存器地址			
				轴 1	轴 2	轴 3	轴 4
Pr.50	近点狗 ON 后的移动量		0	80 +150n、81 +150n			

参数号	参数名称	设置值设置范围	初始值	缓存器地址			
				轴 1	轴 2	轴 3	轴 4
Pr.51	回原点加速时间选择	0：Pr.9 加速时间常数 1：Pr.25 加速时间 1 2：Pr.26 加速时间 2 3：Pr.27 加速时间 3	0	82 +150n			

参数号	参数名称	设置值设置范围	初始值	缓存器地址			
				轴 1	轴 2	轴 3	轴 4
Pr.52	回原点减速时间选择	0：Pr.10 减速时间常数 1：Pr.28 减速时间 1 2：Pr.29 减速时间 2 3：Pr.30 减速时间 3	0				

Pr.53 用于设置执行原点移位功能时的移动量，参见 19.2.2 节。

参数号	参数名称	设置值设置范围	初始值	缓存器地址			
				轴 1	轴 2	轴 3	轴 4
Pr.53	原点移位量		0	84 +150n、85 +150n			

Pr.54 用于设置回原点时到达爬行速度后的转矩限制值。

参数号	参数名称	设置值设置范围	初始值	缓存器地址			
				轴 1	轴 2	轴 3	轴 4
Pr.54	回原点转矩限制值		0				

参数号	参数名称	设置值设置范围	初始值	缓存器地址			
				轴 1	轴 2	轴 3	轴 4
Pr.55	回原点未完成时的动作	0：不执行定位控制 1：执行定位控制	0	87 +150n			

Pr.56 用于选择执行原点移位时的速度，参看 13.2.2 节。

参数号	参数名称	设置值设置范围	初始值	缓存器地址			
				轴 1	轴 2	轴 3	轴 4
Pr.56	原点移位时的速度	0：回原点速度 1：爬行速度	0	88 +150n			

Pr.57 用于设置任意位置回原点时的停留时间，参见 13.2.1 节。

参数号	参数名称	设置值设置范围	初始值	缓存器地址			
				轴 1	轴 2	轴 3	轴 4
Pr.57	回原点重试时的停留时间	0 ~ 65535（ms）	0	89 +150n			

第 5 章 运动控制器的基本定位运动控制

运动控制器的主要功能就是定位。在数控系统中，编制运动程序是使用 G 指令，QD77 的定位数据的设置方法是最基础、最底层的方法——将运动数据设置在缓存器内。学习了 QD77 的定位数据设置方法后，可以对其他运动控制器、数控系统有更深刻的认识。

5.1 QD77 的定位数据

5.1.1 点到点的定位流程

一个轴单独的点到点的运动流程如图 5-1 所示。从 No. 1 点到 No. 2 点的运动，必须设置 No. 1 点和 No. 2 点的定位位置、运动速度、加减速时间、运行模式等内容，这些数据就称为定位数据。

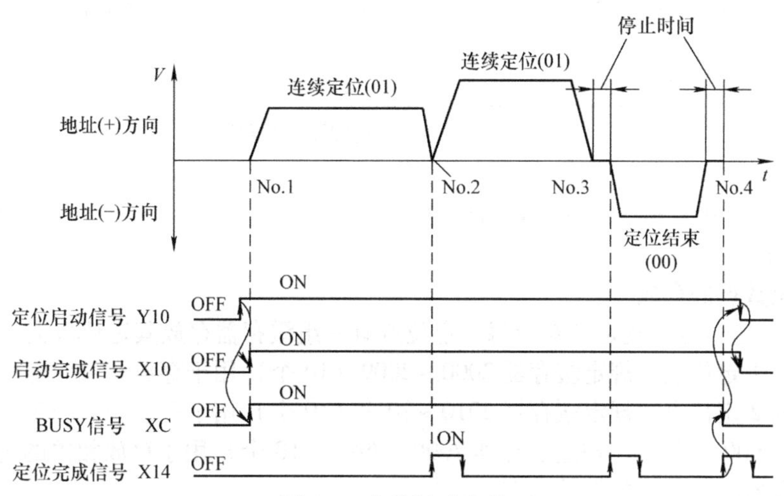

图 5-1 定位运动流程

QD77 规定：

1）每一轴可设置 600 个定位点。

2）每一定位点 有 10 个定位数据。

3）用一组（10 个）缓存寄存器储存 一个定位点的定位数据（速度、定位位置和加减速时间）。(这样 600 点将占用 6000 个缓存器地址)

在 12.2 节控制器规定了各轴定位启动信号。如轴 1 为 Y10，当设置了定位点编号（1 ~ 600）后，只要 Y10 = ON ，第 1 轴就按预先设置的定位点启动运行。这是单轴运行的情况。

5.1.2 定位数据的内容存放和设置

1. 定位数据的内容和储存位置

定位数据的内容和缓存器地址如图 5-2 所示（以第 1 轴为例）。

定位数据No.1	缓存器地址
定位标识符 Da.1～Da.5	2000+6000n
Da.10-M指令	2001+6000n
Da.9-停留时间	2002+6000n
Da.8-指令速度	2004+6000n 2005+6000n
Da.6-移动量	2006+6000n 2007+6000n
Da.7-圆弧地址	2008+6000n 2009+6000n

定位数据No.2	缓存器地址
定位标识符 Da.1～Da.5	2010+6000n
Da.10-M指令	2011+6000n
Da.9-停留时间	2012+6000n
Da.8-指令速度	2014+6000n 2015+6000n
Da.6-移动量	2016+6000n 2017+6000n
Da.7-圆弧地址	2018+6000n 2019+6000n

定位数据No.600	缓存器地址
定位标识符 Da.1～Da.5	7990+6000n
Da.10-M指令	7991+6000n
Da.9-停留时间	7992+6000n
Da.8-指令速度	7994+6000n 7995+6000n
Da.6-移动量	7996+6000n 7997+6000n
Da.7-圆弧地址	7998+6000n 7999+6000n

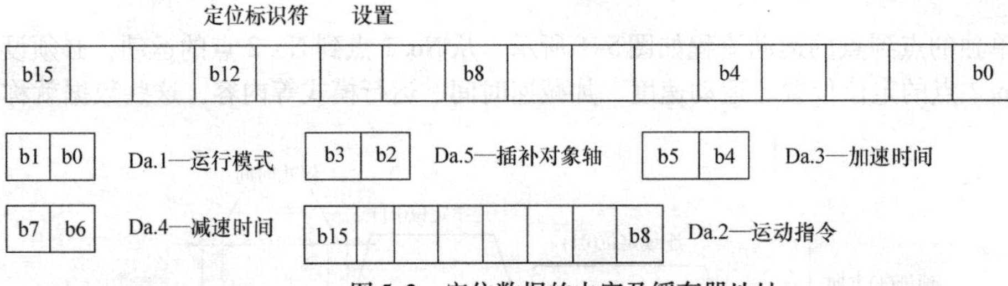

图 5-2 定位数据的内容及缓存器地址

2. 定位数据的设置

定位运动数据用“标识符 Da. 1 ~ Da. 10”表示。控制器规定一组缓存器存放一个点的定位数据，如图 5-2 所示。

(1) 定位数据的存放

对 1 ~ 600#定位点，规定了对应每一定位点有一组缓存器存放其定位数据。规定如下：

1）对 No. 1 定位点，规定缓存器 2000 ~ 2009（10 个）用于存放相关的定位数据。

2）对 No. 2 定位点，规定缓存器 2010 ~ 2019（10 个）用于存放相关的定位数据。

3）对 No. 600 定位点，规定缓存器 7990 ~ 7999（10 个）用于存放相关的定位数据。

(2) 缓存器存放定位数据的内容

以 1 轴第 1 定位点为例：

1）以缓存器 2000 存放定位标识符；

2）以缓存器 2001 存放 M 指令—以标识符 Da. 10 表示；

3）以缓存器 2002 存放停留时间—以标识符 Da. 9 表示；

4）以缓存器 2004、2005 存放指令速度—以标识符 Da. 8 表示；

5）以缓存器 2006、2007 存放定位地址、移动量—以标识符 Da. 6 表示；

6）以缓存器 2008、2009 存放圆弧地址—以标识符 Da. 7 表示；

(3) 缓存器的不同 bit（位）代表不同的数据

以 1 轴第 1 定位点为例：以缓存器 2000 存放定位标识符其中。

1）bit0 ~ bit1 存放运行模式—以标识符 Da. 1 表示；

2）bit8 ~ bit15 存放运动指令—以标识符 Da. 2 表示；

3）bit4 ~ bit5 存放加速时间编号—以标识符 Da. 3 表示；

4）bit6 ~ bit7 存放减速时间编号—以标识符 Da. 4 表示；

5）bit2 ~ bit3 存放插补轴号—以标识符 Da. 5 表示。

在编制 PLC 程序时，只需要使用 TO 指令对这些缓存器进行设置即可。实际上，应该在 QD77 设置软件上进行设置更方便。但在实时修改时，还是要编制 PLC 程序。

5.2 对定位数据的解释

5.2.1 运行模式——Da. 1

运行模式主要定义定位点与定位点之间的关系。定位点与定位点之间的关系有以下 3 种。

1. 独立定位控制

这种定位模式的实质是在本定位单节结束后不执行下一定位单节，是一个独立的运动单节。

如果只需要做单点定位或在一连串连续的定位运动后要结束时，可以用此独立定位控制做连续定位运动的结束单节，如图 5-3 所示。

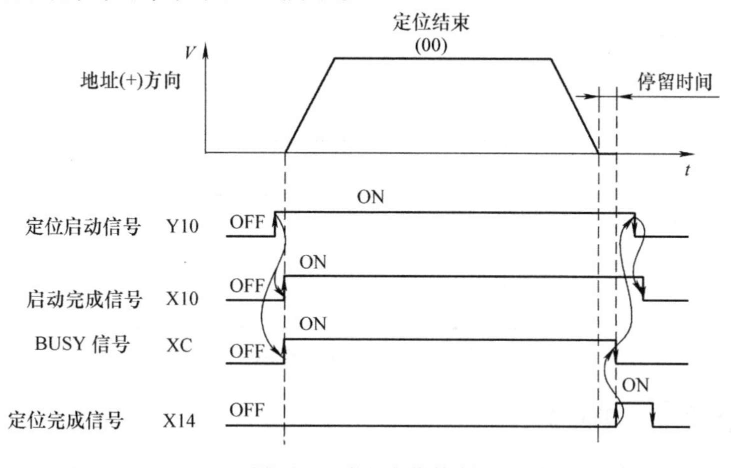

图 5-3 独立定位控制

2. 连续定位控制

连续定位的运行特点是连续执行点到点的定位。在执行完本定位点的定位后，速度减到零（注意这是与连续路径运行的区别），然后执行下一定位点的动作，直到出现定位结束单节，如图 5-4 所示。

在连续定位控制运行时，如果下一定位点不是定位结束单节，系统就按定位点的顺序连续运行，到达第 600 点后又从第 1 点开始运行，直到定位结束单节 为止。正是利用这一特性，可以构成连续运动程序。

3. 连续轨迹控制

1）连续轨迹控制的运行特点是在执行本定位点的定位与执行下一定位点的动作之间，速度并不减到零（注意这是与连续定位控制的区别），而是从当前速度段加速或减速到下一速度段。其运动轨迹看起来是连续的，所以称为连续轨迹控制，如图 5-5 所示。

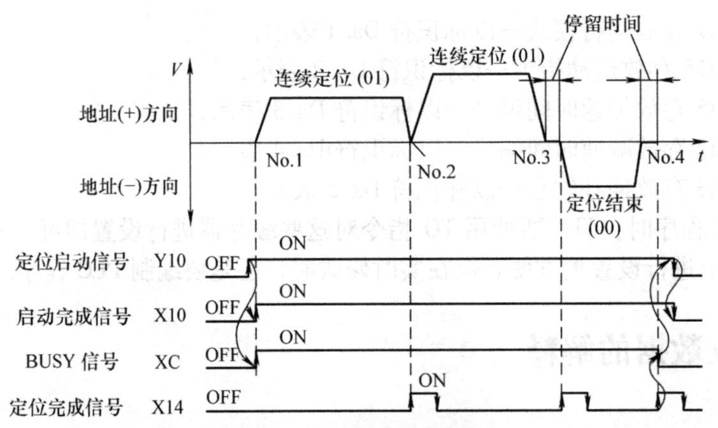

图 5-4　连续定位控制

2）在连续轨迹控制运行时，如果下一定位点不是定位结束单节，系统就按定位点的顺序连续运行，到达第 600 点后又从第 1 点开始运行，直到定位结束单节为止。

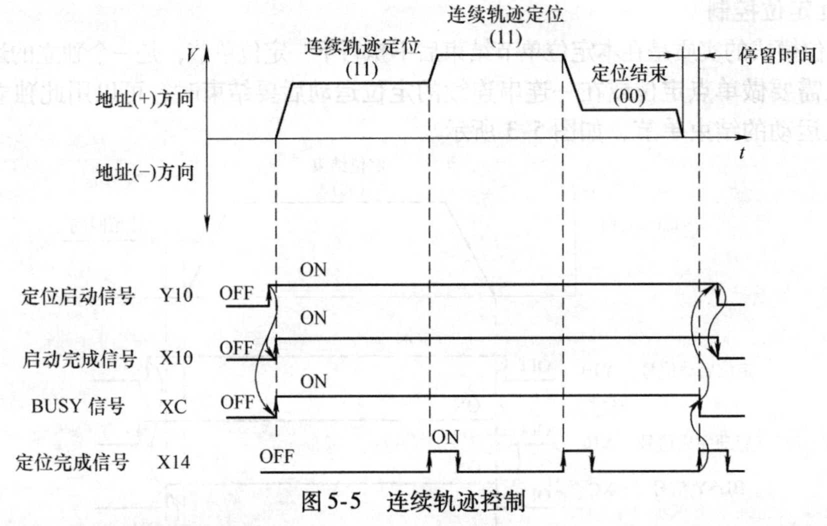

图 5-5　连续轨迹控制

5.2.2　运动指令——Da.2

运动指令即直线定位、直线插补、圆弧插补、速度控制等，这是定位运动的主要内容。QD77 运动控制器可执行的运动指令见表 5-1。

表 5-1　运动指令

	设置值	指令说明	PLC 程序设置值		设置值	指令说明	PLC 程序设置值
Da. 2	01h	ABS 直线 1	01H	Da. 2	0Ch	定长进给 2	0CH
	02h	INC 直线 1	02H		0Dh	ABS 圆弧插补	0DH
	03h	定长进给 1	03H		0Eh	INC 圆弧插补	0EH
	04h	正转速度 1	04H		0Fh	ABS 圆弧（右）	0FH
	05h	反转速度 1	05H		10h	ABS 圆弧（左）	10H
	06h	正转速度/位置	06H		11h	INC 圆弧（右）	11H
	07h	反转速度/位置	07H		12h	INC 圆弧（左）	12H
	08h	正转位置/速度	08H		13h	正转速度 2	13H
	09h	反转位置/速度	09H		14h	反转速度 2	14H
	0Ah	ABS 直线 2	0AH		15h	ABS 直线 3	15H
	0Bh	INC 直线 2	0BH		16h	INC 直线 3	16H

（续）

	设置值	指令说明	PLC 程序设置值		设置值	指令说明	PLC 程序设置值
Da. 2	17h	定长进给 3	17H	Da. 2	1Eh	反转速度 4	1EH
	18h	正转速度 3	18H		80h	NOP	80H
	19h	反转速度 3	19H		81h	更改当前值	81H
	1Ah	ABS 直线 4	1AH		82h	JUMP	82H
	1Bh	INC 直线 4	1BH		83h	LOOP	83H
	1Ch	定长进给 4	1CH		84h	LEND	84H
	1Dh	正转速度 4	1DH				

5.2.3 加速时间编号——Da. 3

加速时间必须在参数中做具体设置。设置 Da. 3 就是选取某一参数设置的时间有效。

0：使用 Pr. 9 设置的时间。

1：使用 Pr. 25 设置的时间。

2：使用 Pr. 26 设置的时间。

3：使用 Pr. 27 设置的时间。

5.2.4 减速时间编号——Da. 4

减速时间必须在参数中做具体设置。设置 Da. 4 就是选取某一参数设置的时间有效。

0：使用 Pr. 10 设置的时间。

1：使用 Pr. 28 设置的时间。

2：使用 Pr. 29 设置的时间。

3：使用 Pr. 30 设置的时间。

5.2.5 设置在 2 轴插补运行的“对方轴”——Da. 5

在插补运行时，本轴为基准轴，与基准轴共同进行插补运行的另外 1 轴称为对方轴。

设置数据如下：

0：选择轴 1 为对方轴。

1：选择轴 2 为对方轴。

2：选择轴 3 为对方轴。

3：选择轴 4 为对方轴。

注意：Da. 1 ~ Da. 5 的数据设置在一个缓存器内。以第 1 轴第 1 点为例：Da. 1 ~ Da. 5 的数据设置在缓存器 2000 内。

5.2.6 设置定位地址/移动量——Da. 6

做定位运行的目的是定位到某个位置。如果是做绝对位置运行，就要设定绝对位置地址；如果是做增量指令运行，就要设定移动量。

设置方法：Da. 6 的数据设置在两个缓存器内。以第 1 轴第 1 点为例：Da. 6 的数据设置在缓存器 2006、2007 内。

5.2.7 设置圆弧地址——Da.7

圆弧地址只是执行圆弧形插补运动时需要设置的数据。

(1) 圆弧地址的种类（见图5-6）

1）当用中间点指定执行圆弧插补时，设置中间点（通过点）地址为圆弧地址。

2）当用圆心点指定执行圆弧插补时，设置圆弧的圆心点地址为圆弧地址。

3）当不执行圆弧插补时，Da.7 圆弧地址中设置的值无效。

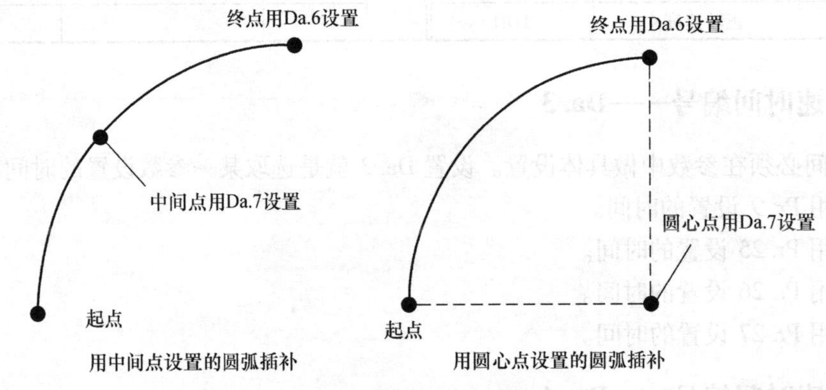

图5-6 圆弧插补数据设置

(2) 设置方法

注意：Da.7 的数据设置在两个缓存器内。以第1轴第1点为例：Da.7 的数据设置在缓存器2008、2009内。

5.2.8 设置指令速度——Da.8

Da.8 用于设置定位运行的指令速度。

设置注意事项：

1）如果设置的指令速度超过 Pr.8 速度限制值，则会以速度限制值运行。

2）如果指令速度设置为 -1，则以前一个定位数据编号设置的速度运行。

3）Da.8 的数据设置在两个缓存器内。以第1轴第1点为例：Da.8 的数据设置在缓存器2004、2005内。

5.2.9 设置停留时间或 JUMP 指令的跳转目标点——Da.9

Da.9 用于设置停留时间或执行 JUMP 指令时的跳转目标点。

1. 设置停留时间

根据不同的运动指令，如果2个程序段之间有停留时间，用 Da.9 设置停留时间。当用于设置停留时间时，根据 Da.1 运行连续性和停留时间的设置内容如图5-7、图5-8、图5-9所示。

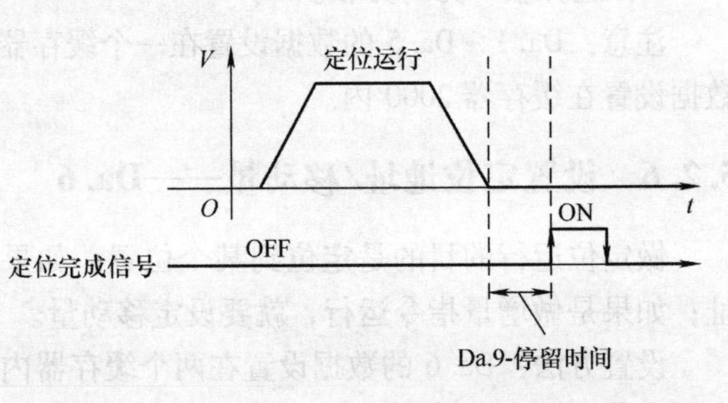

图5-7 定位结束单节

1）Da. 1 =00 定位结束单节：将定位结束至定位完成信号变为 ON 为止的时间设置为 Da. 9 停留时间，如图 5-7 所示。

2）Da. 1 =01 连续定位单节：将定位结束至下一定位启动的时间设置为 Da. 9 停留时间，如图 5-8 所示。

3）Da. 1 =11 连续轨迹运行设置值无效，如图 5-9 所示。

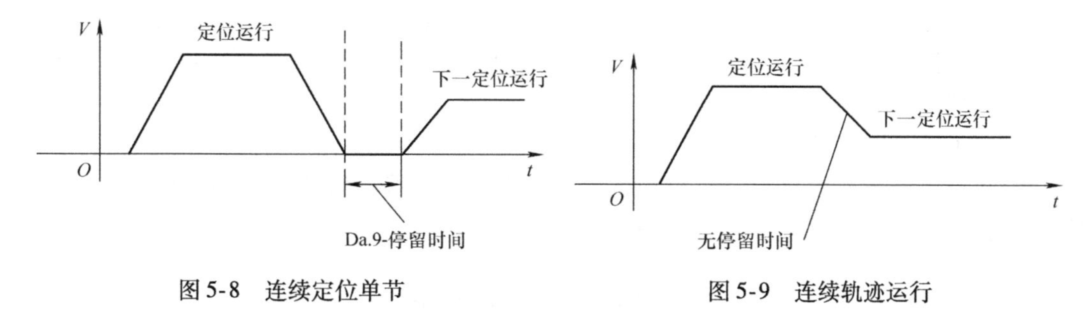

图 5-8　连续定位单节　　　　图 5-9　连续轨迹运行

2. 设置跳转指令 JUMP 的跳转目标——定位点

当运动指令为 JUMP 指令时，Da. 9 用于设置 JUMP 指令跳转目标的定位点编号。设置内容见表 5-2。

表 5-2　Da. 9 的设置内容

Da. 9 设置值	设置项目	设定范围
JUMP 指令：82H	定位点编号	1 ~ 600
除 JUMP 指令以外	停留时间	0 ~ 65535ms

注意：Da. 9 的数据设置在 1 个缓存器内。以第 1 轴第 1 点为例：Da. 9 的数据设置在缓存器 2002 内。

5. 2. 10　设置 M 指令/条件数据编号/循环执行次数——Da. 10

根据运动指令的不同，Da. 10 设置的对象也不同。

1）设置 M 指令：在没有循环指令 LOOP /LEND 或跳转指令时，Da. 10 用于设置 M 指令。

2）设置条件数据编号：如果使用了跳转指令 JUMP 指令，Da. 10 用于设置跳转指令的条件数据编号。

3）设置循环执行次数：如果使用了 LOOP /LEND 指令，则 Da. 10 用于设置循环执行次数。

4）设置内容：不同情况下的设置内容见表 5-3。

表 5-3　Da. 10 的设置内容

Da. 10 设置值	设置项目	设定范围
JUMP 指令：82H	条件数据编号	0 ~ 10
除 JUMP 指令以外	M 代码	0 ~ 65535
LOOP：83H	循环执行次数	1 ~ 65535

注意：Da. 10 的数据设置在 1 个缓存器内。以第 1 轴第 1 点为例：Da. 10 的数据设置在

缓存器 2001 内。

5.3 定位数据的使用要点

在基本定位控制中：

1）1 个定位点数据有 10 种指标，用 Da. 1 ~ Da. 10 表示，这些指标就是定位数据。

2）1 个定位点数据占用 10 个缓存器，但不是每 1 种指标占用一个缓存器，有些指标占用 2 个缓存器。

3）每 1 轴可以设置 600 个定位点。

4）可以使用 PLC 程序设置定位数据。但强力推荐在编程软件“GX - WORKS2”中设置所有的定位数据及参数，如图 5-10 所示。

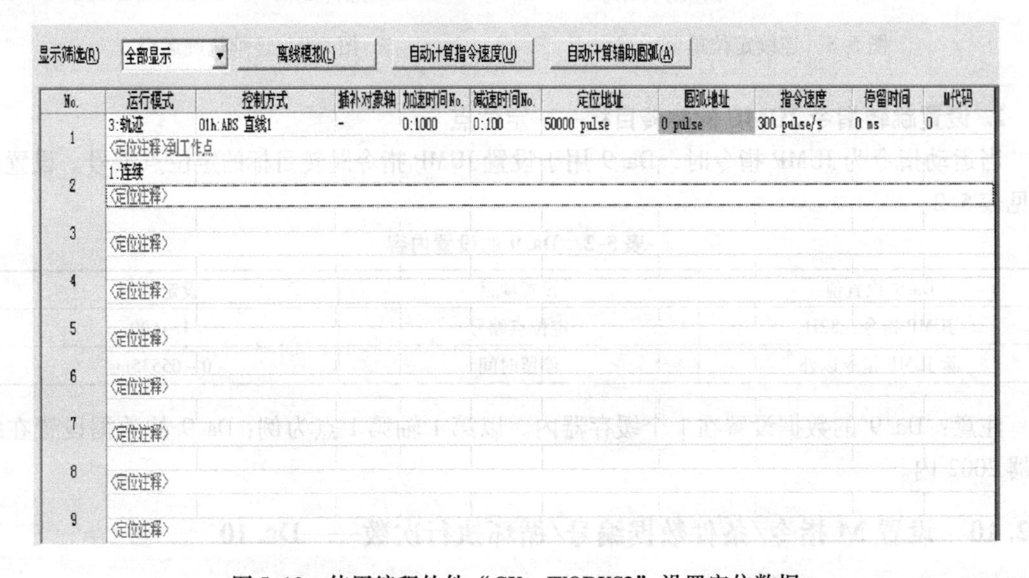

图 5-10 使用编程软件“GX - WORKS2”设置定位数据

第 6 章 运动控制器的运动控制型指令

QD77 运动控制器提供了丰富的运动指令，运动指令的多少和复杂程度代表了一个运动控制器的性能。本章详细介绍运动指令。

6.1 运动指令

运动指令一览表见表 6-1。在表中，列出了 QD77 运动控制器的全部运动指令以及运动指令对应的设置值。GX－WORKS2 设置值表示使用 GX－WORKS2 软件时对应的设置值，PLC 程序设置值表示使用 PLC 梯形图程序进行设置时对应的设置值，其实设置值是相同的。

表 6-1　运动指令一览表

	GX－WORKS2 设置值	指令说明	PLC 程序设置值
Da. 2	01h	ABS 直线 1	01H
	02h	INC 直线 1	02H
	03h	定长进给 1	03H
	04h	正转速度 1	04H
	05h	反转速度 1	05H
	06h	INC 正转速度/位置	06H
	07h	INC 反转速度/位置	07H
	08h	ABS 正转位置/速度	08H
	09h	ABS 反转位置/速度	09H
	0Ah	ABS 直线 2	0AH
	0Bh	INC 直线 2	0BH
	0Ch	定长进给 2	0CH
	0Dh	ABS 圆弧插补	0DH
	0Eh	INC 圆弧插补	0EH
	0Fh	ABS 圆弧右	0FH
	10h	ABS 圆弧左	10H
	11h	INC 圆弧右	11H
	12h	INC 圆弧左	12H
	13h	正转速度 2	13H
	14h	反转速度 2	14H
	15h	ABS 直线 3	15H
	16h	INC 直线 3	16H
	17h	定长进给 3	17H

（续）

	GX - WORKS2 设置值	指令说明	PLC 程序设置值
Da. 2	18h	正转速度 3	18H
	19h	反转速度 3	19H
	1Ah	ABS 直线 4	1AH
	1Bh	INC 直线 4	1BH
	1Ch	定长进给 4	1CH
	1Dh	正转速度 4	1DH
	1Eh	反转速度 4	1EH
	80h	NOP	80H
	81h	更改当前值	81H
	82h	JUMP	82H
	83h	LOOP	83H
	84h	LEND	84H

6.2 运动指令详解

6.2.1 1 轴直线控制

1. ABS 1 轴直线运动（ABS—绝对位置型，以下同）

1）定义：令 1 轴根据绝对位置做直线运动。

如图 6-1 所示，定位位置（终点位置）用绝对位置表示。

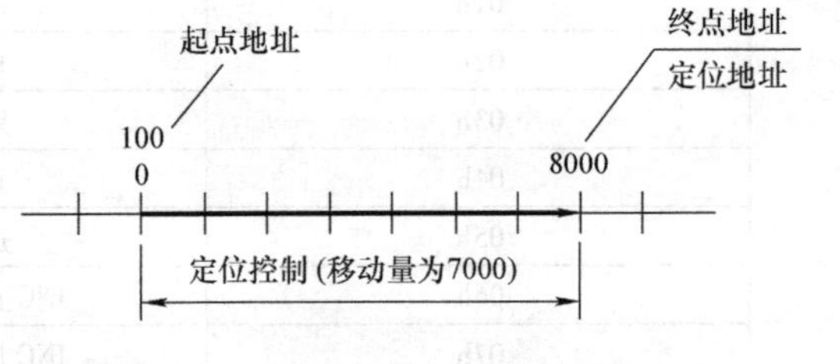

图 6-1 1 轴根据绝对位置做直线运动

2）设置：设置 Da. 2 = 1，ABS 直线 1。

以表 6-2 设置为例，第 1 轴 No. 1 点缓存器 2000 = 0110H。

表 6-2 1 轴根据绝对位置做直线运动设置样例

设置项目		设置内容
Da. 1	运行模式（运行连续性）	00
Da. 2	运动指令	01—ABS 1 轴直线定位
Da. 3	加速时间编号	1—指定 Pr. 25 设置值
Da. 4	减速时间编号	0—指定 Pr. 10 设置值
Da. 5	插补对方轴	无须设置

2. INC 1 轴根据相对位置做直线运动（INC—相对位置增量型，以下同）

1）定义：令 1 轴根据相对位置执行增量型直线运动，运动方向由移动量符号确定。如图 6-2 所示，定位位置（终点位置）用移动量确定。

2）设置：以表 6-3 设置为例，则第 1 轴 No. 1 点缓存器 2000 = 0210H。

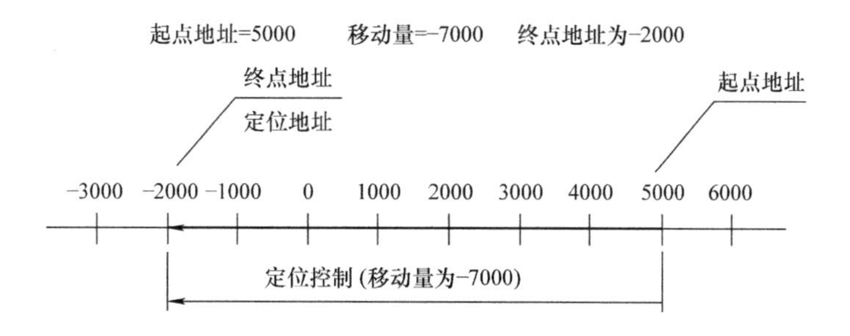

图 6-2　1 轴根据相对位置做直线运动

表 6-3　1 轴根据相对位置做直线运动设置样例

设置项目		设置内容
Da. 1	运行模式	00
Da. 2	运动指令	02—INC 1 轴直线定位
Da. 3	加速时间编号	1—指定 Pr. 25 设置值
Da. 4	减速时间编号	0—指定 Pr. 10 设置值
Da. 5	插补对方轴	无须设置

图 6-3 是在 GX－WORKS2 软件上设置 1 轴根据相对位置做直线运动的样例。

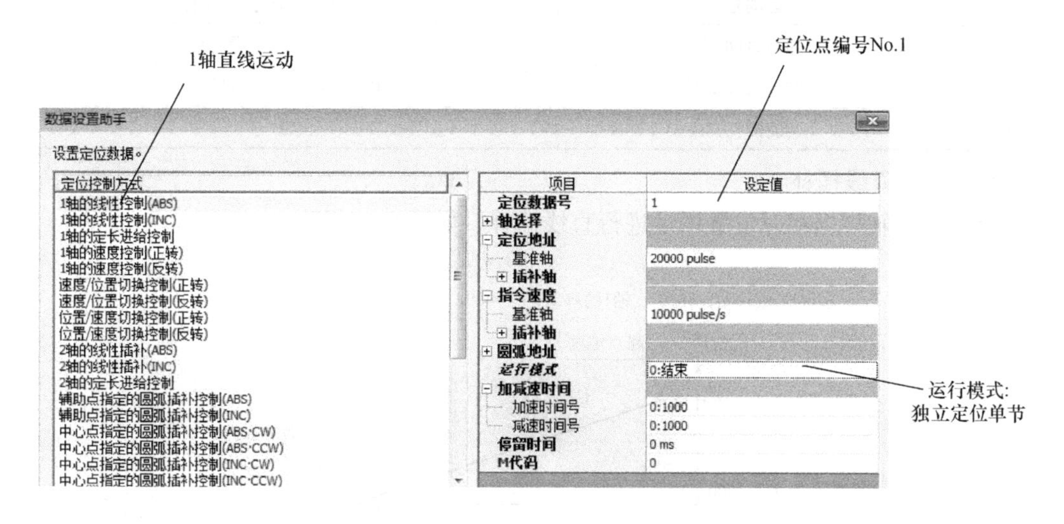

图 6-3　在软件上设置 1 轴根据相对位置做直线运动

6.2.2　2 轴直线插补

1. ABS 2 轴直线插补

1）定义：2 轴根据绝对位置进行直线插补，如图 6-4 所示。

2）设置：以表 6-4 设置为例，第 1 轴 No. 1 点缓存器 2000＝0A1FH，以第 2 轴为插补对方轴。

起点地址(1000，1000)，终点地址(10000，4000)
起点地址
轴2
终点地址
定位地址
4000
8000
1000
轴1
0
1000
5000
10000
轴1的移动量为10000−1000=9000

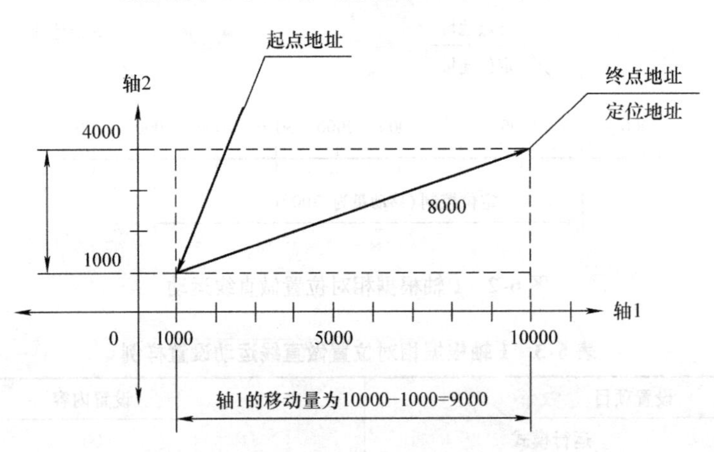

图6-4　2轴根据绝对位置进行直线插补

表6-4　2轴根据绝对位置进行直线插补设置样例

设置项目		设置内容
Da. 1	运行模式	00
Da. 2	运动指令	0A—ABS 2 轴直线插补
Da. 3	加速时间编号	1—指定 Pr. 25 设置值
Da. 4	减速时间编号	0—指定 Pr. 10 设置值
Da. 5	插补对方轴	2

2. INC 2 轴直线插补

1）定义：2 轴根据相对位置增量进行直线插补，如图 6-5 所示。

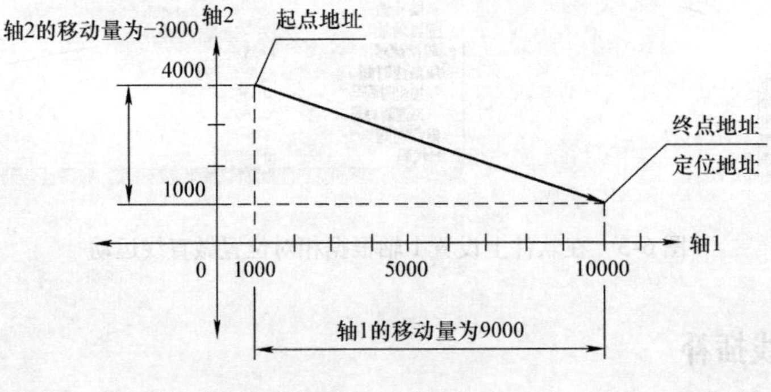

起点地址(1000，1000)，轴1的移动量为9000，轴2的移动量为−3000
轴2的移动量为−3000
轴2
起点地址
4000
终点地址
定位地址
1000
轴1
0
1000
5000
10000
轴1的移动量为9000

图6-5　INC 2 轴直线插补

2）设置：以表 6-5 设置为例，第 1 轴 No. 1 点缓存器 2000 = 0B1FH，以第 2 轴为插补对方轴。

表 6-5　2 轴 INC 直线插补设置样例

设置项目		设置内容
Da. 1	运行模式	00
Da. 2	运动指令	0B—INC 2 轴直线插补
Da. 3	加速时间编号	1—指定 Pr. 25 设置值
Da. 4	减速时间编号	0—指定 Pr. 10 设置值
Da. 5	插补对方轴	2

6.2.3　3 轴直线插补

1. ABS 3 轴直线插补

1）定义：3 轴根据绝对位置进行直线插补，如图 6-6 所示。

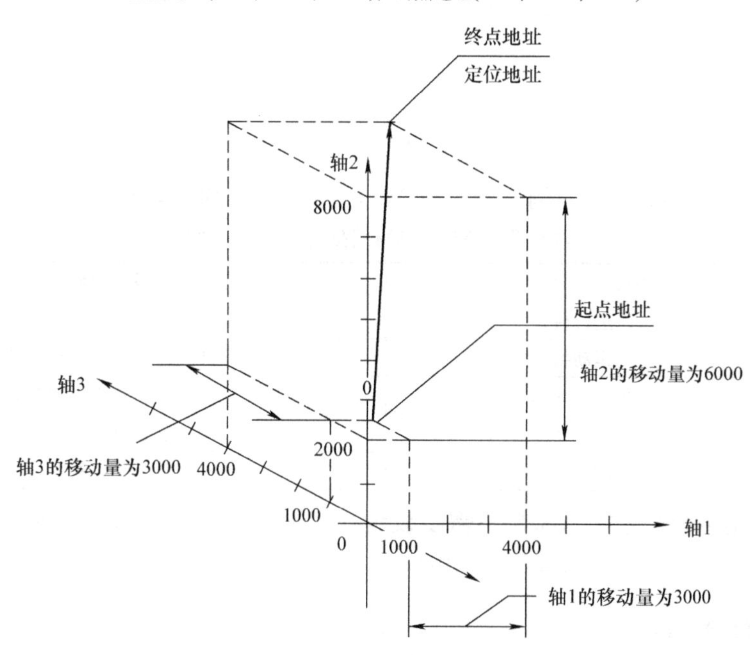

图 6-6　ABS 3 轴直线插补

2）设置：以表 6-6 设置为例，第 1 轴 No. 1 点缓存器 2000 = 1510H。

表 6-6　ABS 3 轴直线插补设置样例

设置项目		设置内容
Da. 1	运行模式	00
Da. 2	运动指令	0B—ABS 3 轴直线插补
Da. 3	加速时间编号	1—指定 Pr. 25 设置值
Da. 4	减速时间编号	0—指定 Pr. 10 设置值
Da. 5	插补对方轴	无须设置

在 ABS 3 轴插补设置中，Da. 5 不需要设置。如果轴 1 为基准轴，则轴 2、轴 3 为插补（对方）轴，所以设置缓存器 2000 = 1510H。

2. INC 3 轴直线插补

1）定义：3 轴根据相对位置进行增量直线插补，如图 6-7 所示。

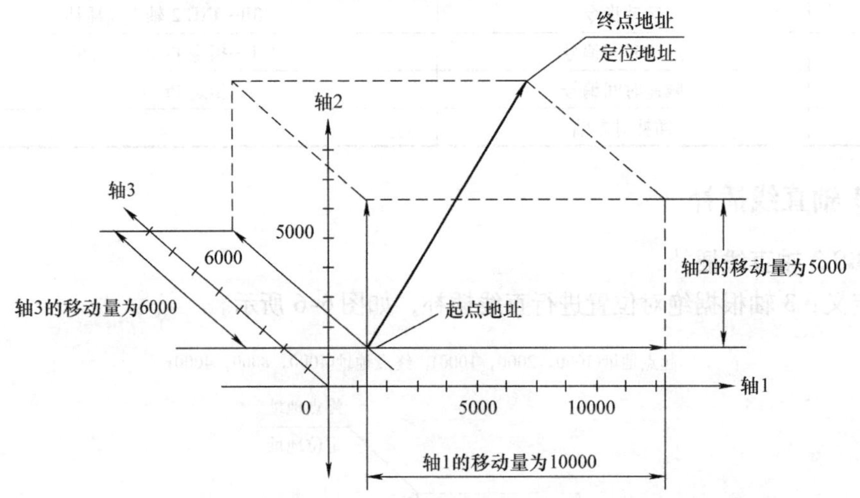

图 6-7 INC 3 轴直线插补

2）设置：以表 6-7 设置为例，第 1 轴 No. 1 点缓存器 2000 = 1610H。

表 6-7 INC 3 轴直线插补的设置样例

设置项目		设置内容
Da. 1	运行模式	00
Da. 2	运动指令	16—INC 3 轴直线插补
Da. 3	加速时间编号	1—指定 Pr. 25 设置值
Da. 4	减速时间编号	0—指定 Pr. 10 设置值
Da. 5	插补对方轴	无须设置

在 INC 3 轴插补设置中，Da. 5 不需要设置。如果轴 1 为基准轴，则轴 2、轴 3 为插补（对方）轴，所以设置缓存器 2000 = 1610H。

6.2.4 4 轴直线插补

1. ABS 4 轴直线插补

1）定义：4 轴根据绝对位置进行插补运行。

2）设置：基准轴为轴 1；插补轴为轴 2、轴 3、轴 4；Da. 2 = 1A。

以表 6-8 设置为例，第 1 轴 No. 1 点缓存器 2000 = 1A10H，以第 2 轴、第 3 轴、第 4 轴为插补对方轴。

表 6-8 ABS 4 轴直线插补的设置样例

设置项目		设置内容
Da. 1	运行模式	00
Da. 2	运动指令	1A—ABS 4 轴直线插补
Da. 3	加速时间编号	1—指定 Pr. 25 设置值
Da. 4	减速时间编号	0—指定 Pr. 10 设置值
Da. 5	插补对方轴	无须设置

在 ABS 4 轴插补设置中，Da. 5 不需要设置。如果轴 1 为基准轴，则轴 2、轴 3 、轴 4 为插 补（对方）轴。所以设置缓存器 2000 = 1A10H。

2. INC 4 轴直线插补

1）定义：4 轴根据增量值进行插补运行。

2）设置：基准轴为轴 1；插补轴为轴 2、轴 3、轴 4；Da. 2 = 1B。

以表 6-9 设置为例，第 1 轴 No. 1 点缓存器 2000 = 1B10H。以第 2 轴、第 3 轴、第 4 轴为插补对方轴。

表 6-9　INC 4 轴直线插补的设置样例

设置项目		设置内容
Da. 1	运行模式	00
Da. 2	运动指令	1B—INC　4 轴直线插补
Da. 3	加速时间编号	1—指定 Pr. 25 设置值
Da. 4	减速时间编号	0—指定 Pr. 10 设置值
Da. 5	插补对方轴	无须设置

在 INC4 轴插补设置中，Da. 5 不需要设置。如果轴 1 为基准轴，则轴 2、轴 3 、轴 4 为插 补（对方）轴，所以设置缓存器 2000 = 1B10H。各插补轴的移动量要分别设置。

6.2.5　定长进给

1. 1 轴定长进给

1）定义：1 轴根据设置的定长进给数据做直线运动，每次进给一个固定的距离，这个定长进给数据由 Da. 6 设置。但每次运行前均需要设置进给当前位置 Md. 20 = 0，如图 6-8 所示。

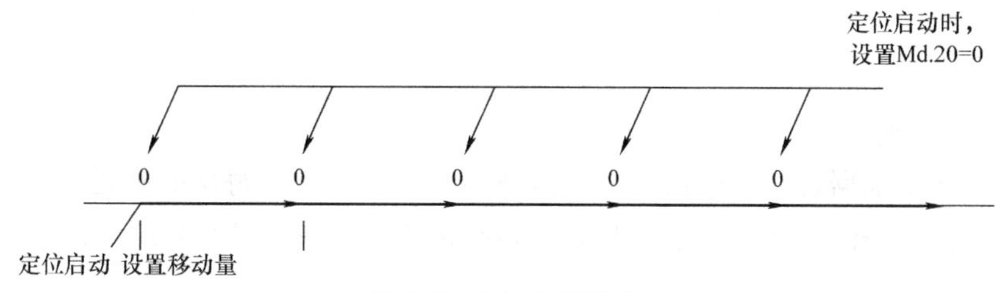

图 6-8　1 轴定长进给

2）设置：Da. 2 = 03H。

以表 6-10 设置为例，第 1 轴 No. 1 点缓存器 2000 = 0310H。

表 6-10　1 轴定长进给设置样例

设置项目		设置内容
Da. 1	运行模式	00
Da. 2	运动指令	03—1 轴定长进给
Da. 3	加速时间编号	1—指定 Pr. 25 设置值
Da. 4	减速时间编号	0—指定 Pr. 10 设置值
Da. 5	插补对方轴	无须设置
Da. 6	定长移动量	8000. 0μm

2. 2 轴定长进给

1）定义：2 轴根据设置的固定进给数据做直线插补运动。这种运行模式是每次插补运行一个固定的距离，这个固定进给数据由 Da. 6 设置。但每次运行前均需要设置进给当前位置 Md. 20 =0，如图 6-9 所示。

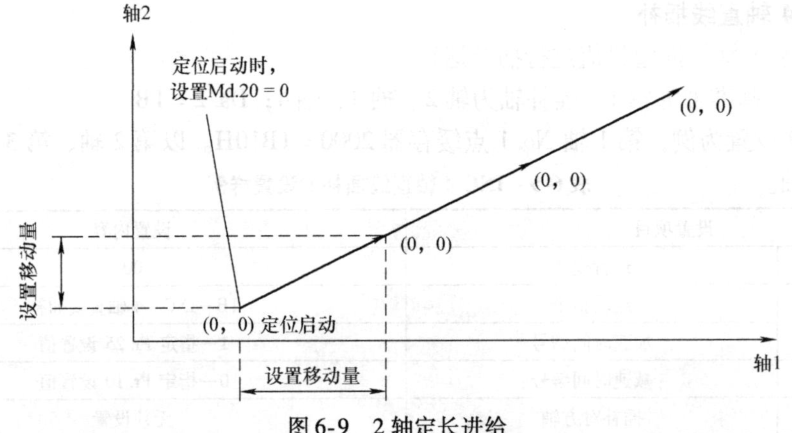

图 6-9　2 轴定长进给

2）设置：Da. 2 =0CH，轴 1 为基准轴，轴 2 为插补对方轴。

以表 6-11 设置为例，第 1 轴 No. 1 点缓存器 2000 =0C1FH。

表 6-11　2 轴定长进给设置样例

设置项目		设置内容
Da. 1	运行模式	00
Da. 2	运动指令	0C—2 轴定长进给
Da. 3	加速时间编号	1—指定 Pr. 25 设置值
Da. 4	减速时间编号	0—指定 Pr. 10 设置值
Da. 5	插补对方轴	轴 2
Da. 6	定长移动量	8000. 0μm

3. 3 轴定长进给

1）定义：3 轴根据设置的定长进给数据做直线插补运动，每次插补运动一个固定的距离，这个定长进给数据由 Da. 6 设置。但每次运行前均需要设置进给当前位置 Md. 20 =0，如图 6-10 所示。

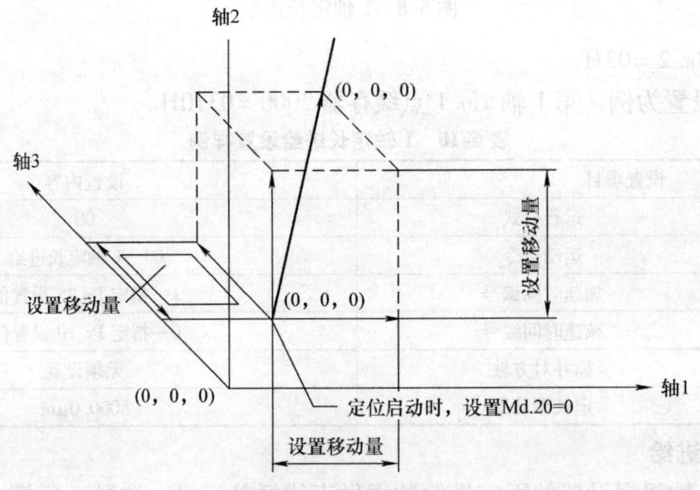

图 6-10　3 轴定长进给

2）设置：Da. 2 =17H，轴 1 为基准轴。轴 2、轴 3 为插补对方轴。

以表 6-12 设置为例，第 1 轴 No. 1 点缓存器 2000 =1710H。以第 2 轴、第 3 轴为插补对方轴。在 3 轴定长插补设置中，Da. 5 不需要设置。如果轴 1 为基准轴，则轴 2、轴 3 为插补（对方）轴。所以设置缓存器 2000 =1710H。各插补轴的移动量要分别设置。

表 6-12 3 轴定长进给设置样例

设置项目		设置内容
Da. 1	运行模式	00
Da. 2	运动指令	17—3 轴定长进给
Da. 3	加速时间编号	1—指定 Pr. 25 设置值
Da. 4	减速时间编号	0—指定 Pr. 10 设置值
Da. 5	插补对方轴	无须设置
Da. 6	定长移动量	10000. 0μm

4. 4 轴定长进给

1）定义：4 轴根据设置的固定进给数据做插补运动，每次插补运动一个固定的距离，这个固定进给数据由 Da. 6 设置。但每次运行前均需要设置进给当前位置 Md. 20 =0。

2）设置：Da. 2 =1CH，轴 1 为基准轴，轴 2、轴 3、轴 4 为插补对方轴。

以表 6-13 设置为例，则第 1 轴 No. 1 点缓存器 2000 =1C10H，以第 2 轴、第 3 轴，第 4 轴为插补对方轴。在 4 轴定长插补设置中，Da. 5 不需要设置。如果轴 1 为基准轴，则轴 2、轴 3、轴 4 为插补（对方）轴。所以设置缓存器 2000 =1C10H。各插补轴的移动量要分别设置。

表 6-13 4 轴定长进给设置样例

设置项目		设置内容
Da. 1	运行模式	00
Da. 2	运动指令	1C—4 轴定长进给
Da. 3	加速时间编号	1—指定 Pr. 25 设置值
Da. 4	减速时间编号	0—指定 Pr. 10 设置值
Da. 5	插补对方轴	无须设置
Da. 6	定长移动量	10000. 0μm

6. 2. 6 圆弧插补

1. ABS（辅助点）圆弧插补

1）定义：基于绝对位置，对起点、终点、辅助点 3 点构成的圆弧进行插补。终点由 Da. 6 设置，辅助点由 Da. 7 设置，如图 6-11 所示。

2）设置：轴 1 为基准轴，轴 2 为插补轴，Da. 2 =0DH。

以表 6-14 设置为例，第 1 轴 No. 1 点缓存器 2000 =0D1FH，以第 2 轴为插补对方轴。

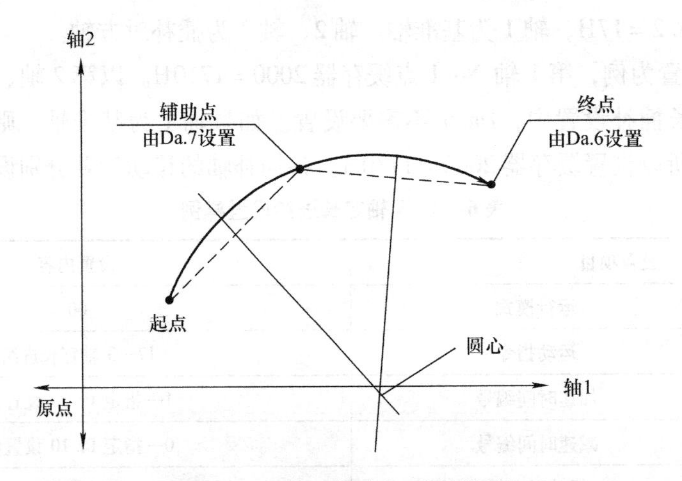

图 6-11　ABS（辅助点）圆弧插补

表 6-14　ABS（辅助点）圆弧插补设置样例

设置项目		设置内容
Da. 1	运行模式	00
Da. 2	运动指令	0D—ABS（辅助点）圆弧插补
Da. 3	加速时间编号	1—指定 Pr. 25 设置值
Da. 4	减速时间编号	0—指定 Pr. 10 设置值
Da. 5	插补对方轴	轴 2
Da. 6	终点地址	8000μm、6000μm

2. INC（辅助点）圆弧插补

1）定义：基于相对位置，对起点、终点、辅助点 3 点构成的圆弧进行插补。终点由 Da. 6 设置，辅助点由 Da. 7 设置。其中终点位置、辅助点位置均是以起点为基准的相对位置，如图 6-12 所示。

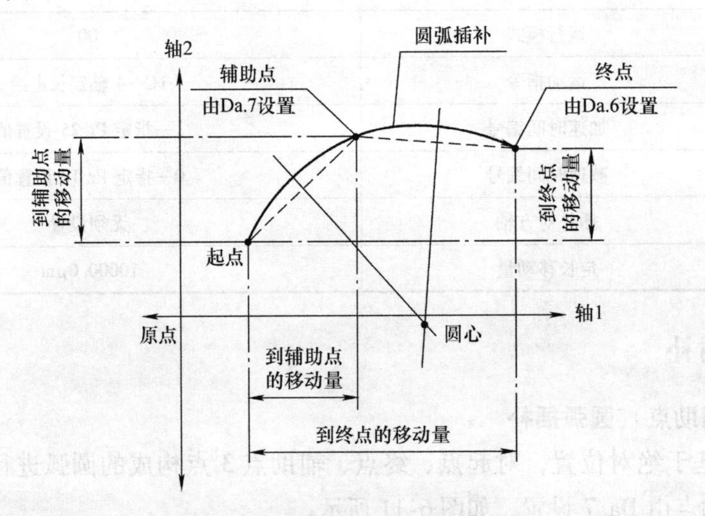

图 6-12　INC（辅助点）圆弧插补

2）设置：轴 1 为基准轴，轴 2 为插补轴，Da. 2 =0EH。

以表6-15设置为例，第1轴No.1点缓存器2000=0E1FH，以第2轴为插补对方轴。

表6-15　INC（辅助点）圆弧插补设置样例

设置项目		设置内容
Da.1	运行模式	00
Da.2	运动指令	0E—INC（辅助点）圆弧插补
Da.3	加速时间编号	1—指定Pr.25设置值
Da.4	减速时间编号	0—指定Pr.10设置值
Da.5	插补对方轴	轴2
Da.6	终点地址	8000μm、6000μm

3. 指定圆心、指定路径的圆弧插补（ABS右、ABS左）

圆弧插补的分类见表6-16 。

表6-16　ABS圆弧插补的分类

控制方式	旋转方向	圆弧中心角	插补路径
ABS圆弧右	右	0°<θ<360°	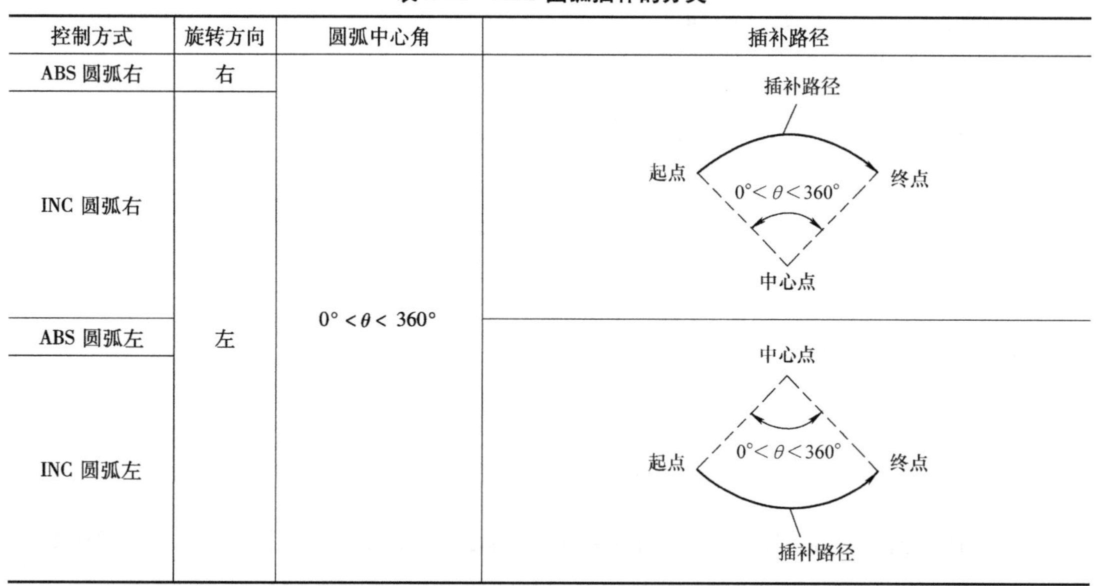
INC圆弧右	左		
ABS圆弧左			
INC圆弧左			

1）定义：基于绝对位置，对起点、终点、圆心3点构成的圆弧进行插补，并指定圆弧运动轨迹的方向。终点由Da.6设置，圆心由Da.7设置。其中终点位置、圆心位置均是绝对位置，如图6-13所示。

2）设置：轴1为基准轴，轴2为插补轴，Da.2=0FH时为ABS右，Da.2=10H时为ABS左。

以表6-17设置为例，如果是右旋，则第1轴No.1点缓存器2000=0F1FH，以第2轴为插补对方轴；如果是左旋，则第1轴No.1点缓存器2000=101FH，以第2轴为插补对方轴。

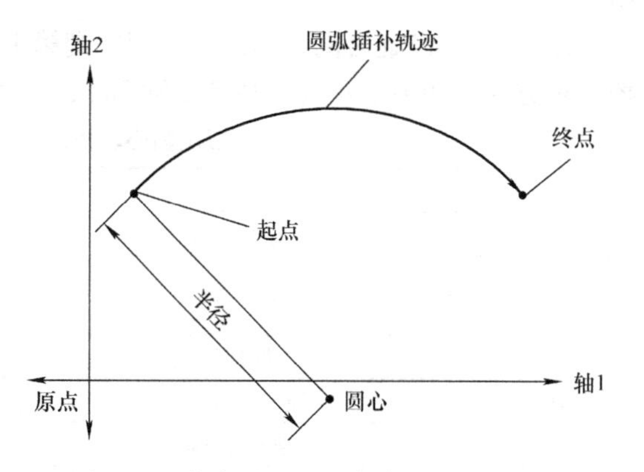

图6-13　指定圆心、指定路径的圆弧插补

表 6-17 指定圆心、指定路径的圆弧插补设置样例

设置项目		设置内容
Da. 1	运行模式	00
Da. 2	运动指令	0F—ABS 左圆弧插补 10—ABS 右圆弧插补
Da. 3	加速时间编号	1—指定 Pr. 25 设置值
Da. 4	减速时间编号	0—指定 Pr. 10 设置值
Da. 5	插补对方轴	轴 2
Da. 6	终点地址	8000μm、6000μm
Da. 7	圆弧地址	4000μm、3000μm

4. 指定圆心、指定路径的圆弧插补（INC 右、INC 左）

1）定义：基于相对位置，对起点、终点、圆心 3 点构成的圆弧进行插补，并指定圆弧运动轨迹的方向。终点由 Da. 6 设置，圆心由 Da. 7 设置。其中终点位置、圆心位置均是以起点为基准的相对位置，如图 6-14 所示。

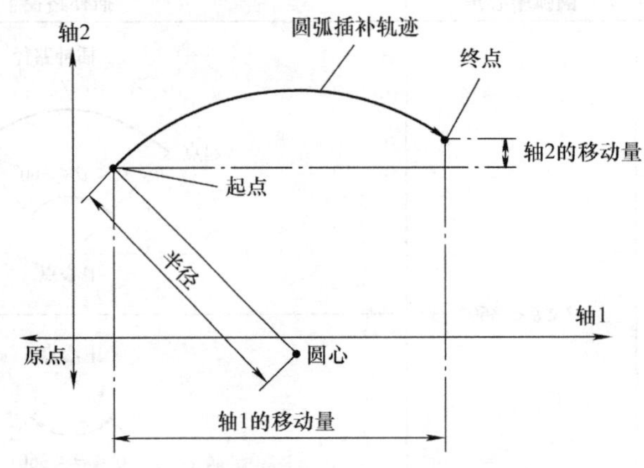

图 6-14 指定圆心、指定路径的 INC 圆弧插补

2）设置：轴 1 为基准轴，轴 2 为插补轴，Da. 2 = 11H 时为 INC 右，Da. 2 = 12H 时为 INC 左。

以表 6-18 设置为例，如果是右旋，则第 1 轴 No. 1 点缓存器 2000 = 111FH，以第 2 轴为插补对方轴；如果是左旋，则第 1 轴 No. 1 点缓存器 2000 = 121FH，以第 2 轴为插补对方轴。

表 6-18 指定圆心、指定路径的 INC 圆弧插补设置样例

设置项目		设置内容
Da. 1	运行模式	00
Da. 2	运动指令	11—INC 右圆弧插补 12—INC 左圆弧插补
Da. 3	加速时间编号	1—指定 Pr. 25 设置值
Da. 4	减速时间编号	0—指定 Pr. 10 设置值
Da. 5	插补对方轴	轴 2
Da. 6	终点地址	8000μm、6000μm
Da. 7	圆弧地址	4000μm、3000μm

6.2.7　速度控制

1. 1轴速度控制

1）定义：令1个轴按设置的速度运行，如图6-15所示。

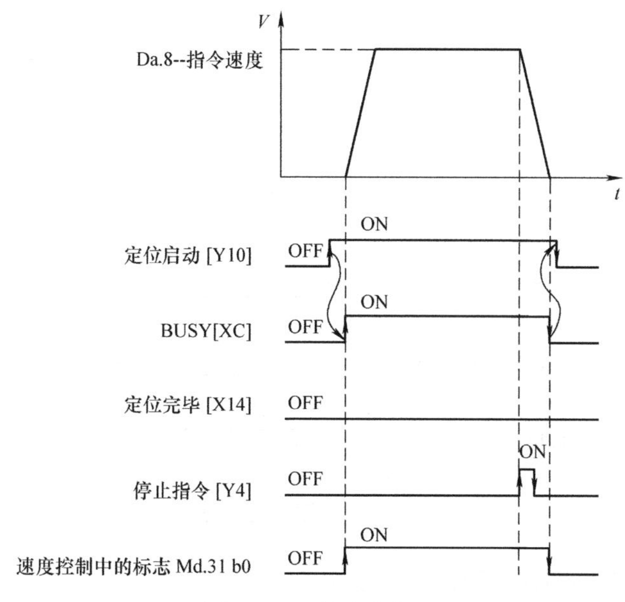

图6-15　1轴速度控制

注意：以轴1为例，启动信号=Y10，停止指令=Y4。

2）设置：Da.2=04H代表正转，Da.2=05H代表反转。

以表6-19设置为例，如果是正转，则第1轴No.1点缓存器2000=0410H；如果是反转，则第1轴No.1点缓存器2000=0510H。

表6-19　1轴速度控制设置样例

设置项目		设置内容
Da.1	运行模式	00
Da.2	运动指令	04—1轴速度控制 正转 05—1轴速度控制 反转
Da.3	加速时间编号	1—指定Pr.25设置值
Da.4	减速时间编号	0—指定Pr.10设置值
Da.5	插补对方轴	无须设置
Da.8	指令速度	600mm/min

2. 2轴速度控制

1）定义：令2个轴按设置的速度运行，如图6-16所示。由于是插补控制，所以2轴有同样的加减速时间。各轴的运行速度可以设置不同，但是，速度之间有“联动”关系。

注意：以轴1为例，启动信号=Y10，停止信号=Y4或Y5中任意一个。

2）速度控制运行中的当前值：在速度控制中，各轴的当前位置如何表示？这也是实际使用中常遇到的问题。QD77提供了3种方式：（通过参数设置来选择这3种方式）

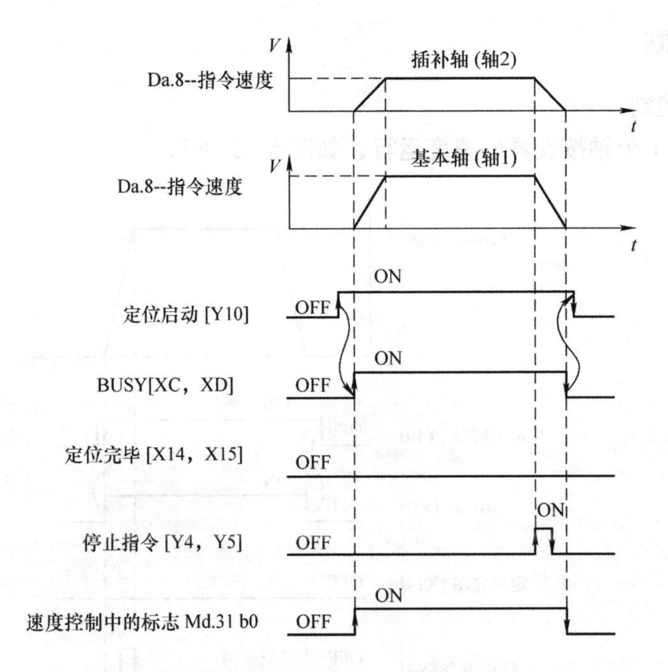

图 6-16　2 轴速度控制

① 保持速度控制开始时的当前位置数据。

② 实时更新当前位置数据。

③ 将当前位置数据清零，即设置当前位置 =0，如表 6-20 和图 6-17 所示。

表 6-20　当前值的处理

Pr. 21	Md. 20　进给当前值
0	保持速度控制开始时的数值
1	实时更新当前值
2	当前值清零

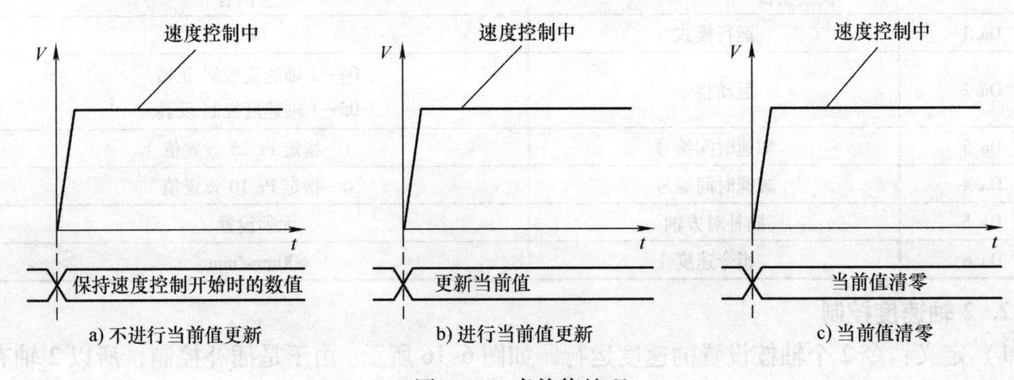

图 6-17　当前值处理

3）各轴速度之间的关系：如果某轴速度超过其速度限制值，则该轴按速度限制值运行，而与其有插补关系的轴按比例降低其运动速度（这就是插补关系）。

4）设置：Da. 2 = 13H 代表正转，Da. 2 = 14H 代表反转。

以表 6-21 设置为例，如果正转，则第 1 轴 No. 1 点缓存器 2000 = 131FH；如果反转，则第 1 轴 No. 1 点缓存器 2000 = 141FH。

表 6-21　2 轴速度控制设置样例

设置项目		设置内容
Da. 1	运行模式	00
Da. 2	运动指令	13—2 轴速度控制正转 14—2 轴速度控制反转
Da. 3	加速时间编号	1—指定 Pr. 25 设置值
Da. 4	减速时间编号	0—指定 Pr. 10 设置值
Da. 5	插补对方轴	轴 2
Da. 8	指令速度	6000mm/min，3000mm/min

3. 3 轴速度控制

1）定义：令 3 个轴按设置的速度做联动运行，如图 6-18 所示。由于是联动控制，所以 3 个轴有同样的加减速时间。各轴的运行速度可以设置不同，但是速度之间有联动关系。

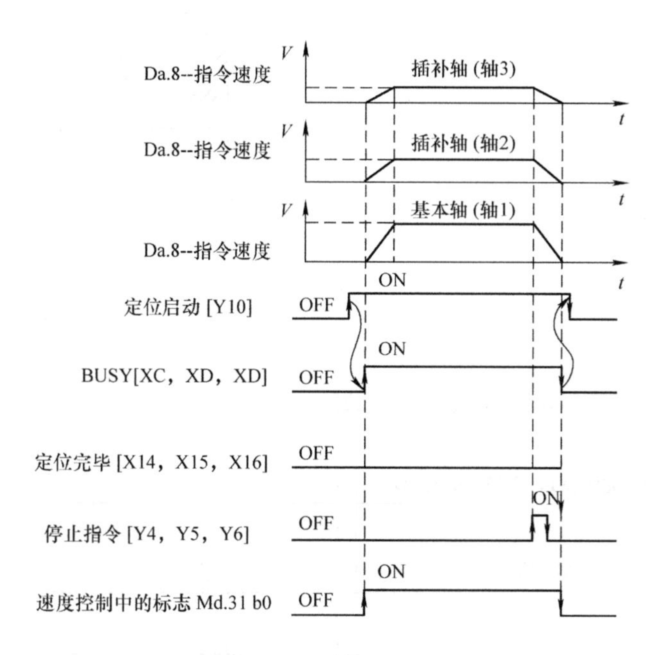

图 6-18　3 轴速度控制

注意：以轴 1 为例，启动信号 = Y10，停止信号 = Y4 或 Y5、Y6 中任意一个。

2）各轴速度之间的关系：如果某轴速度超过其速度限制值，则该轴按速度限制值运行。而与其有插补关系的轴按比例降低其运动速度（这就是插补关系）。

3）设置：Da. 2 = 18H 代表正转，Da. 2 = 19H 代表反转。

以表 6-22 设置为例，如果正转，则第 1 轴 No. 1 点缓存器 2000 = 1810H；如果反转，则第 1 轴 No. 1 点缓存器 2000 = 1910H。

表 6-22　3 轴速度控制设置样例

设置项目		设置内容
Da. 1	运行模式	00
Da. 2	运动指令	18—3 轴速度控制正转 19—3 轴速度控制反转
Da. 3	加速时间编号	1—指定 Pr. 25 设置值
Da. 4	减速时间编号	0—指定 Pr. 10 设置值
Da. 5	插补对方轴	无须设置
Da. 8	指令速度	6000mm/min、3000mm/min、2000mm/min

6.2.8　速度/位置切换控制

1.（增量型 INC）速度/位置切换控制

1）定义：速度/位置切换控制即电机先做速度控制运行，在接收到切换信号后，转为位置控制运行。

增量型 INC 则是指在做位置控制运行时，定位距离以切换点为基准进行计算，由 Da. 6 设置，运行时序如图 6-19 所示。

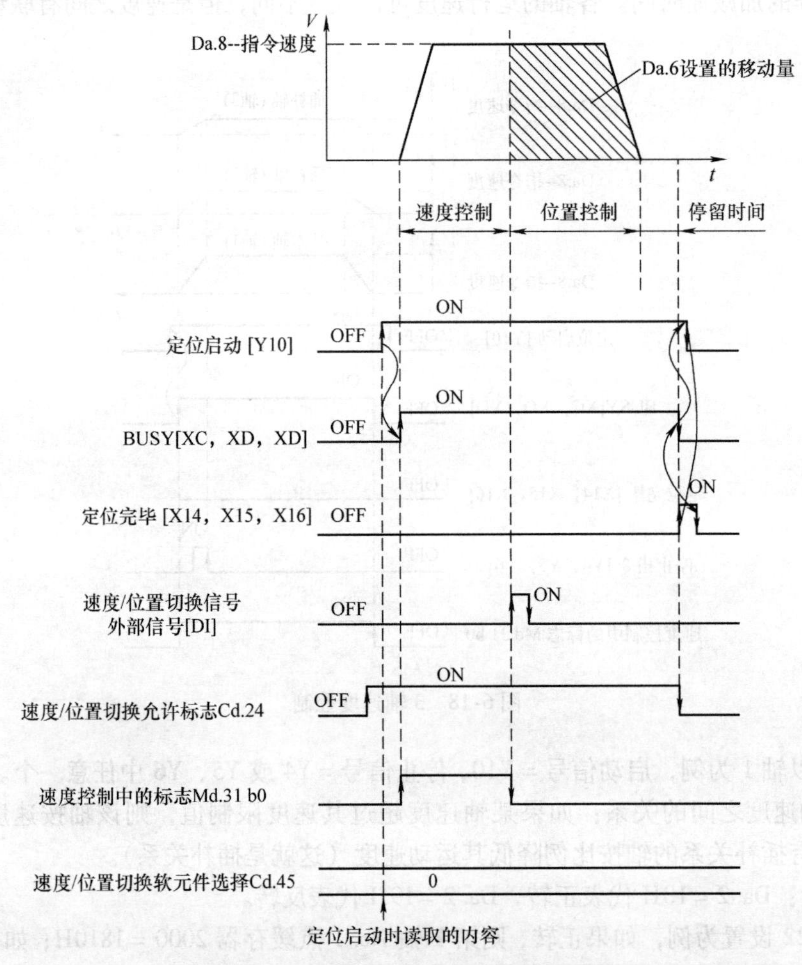

图 6-19　增量型 INC 速度/位置切换控制

2）速度/位置切换信号的选择：在速度/位置切换模式中，切换信号的选择是很重要的。切换信号有以下几种方式：

① 外部信号（外部信号有专用端子）。

② 近点狗 DOG 信号。

③ 控制接口 Cd. 46 信号。

选择哪种方式由控制接口 Cd. 45 的数值决定（可以由 PLC 程序设置），如

Cd. 45 =0：选择用外部信号；

Cd. 45 =1：选择用近点狗 DOG 信号；

Cd. 45 =2：选择用控制接口 Cd. 46 信号。

另外，使用速度/位置切换模式时，必须将 Cd. 24 允许切换（控制接口）设置为 ON，即 Cd. 24 = ON。

3）动作案例。

① 电机运行到 90°，在此时切换信号 = ON；

② 增量运行移动量 =270°；

③ 实际运行情况是，在 90°位置再运行 270°，停止位置如图 6-20 所示。

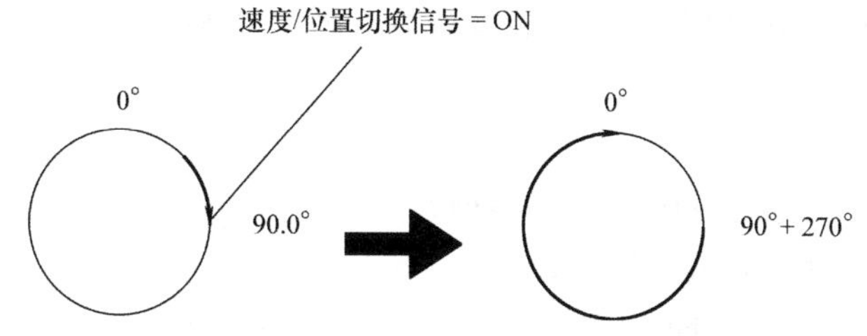

图 6-20　增量型 INC 速度/位置切换控制样例

4）位置移动量的更改：在速度/位置切换模式中，可以根据实际工作要求，更改定位距离。但是只能在速度控制运行段进行更改，进入定位运行段以后，就不能够更改了。更改的数值存放在控制接口 Cd. 23 中，更改数据需要编制 PLC 程序，如图 6-21 所示。

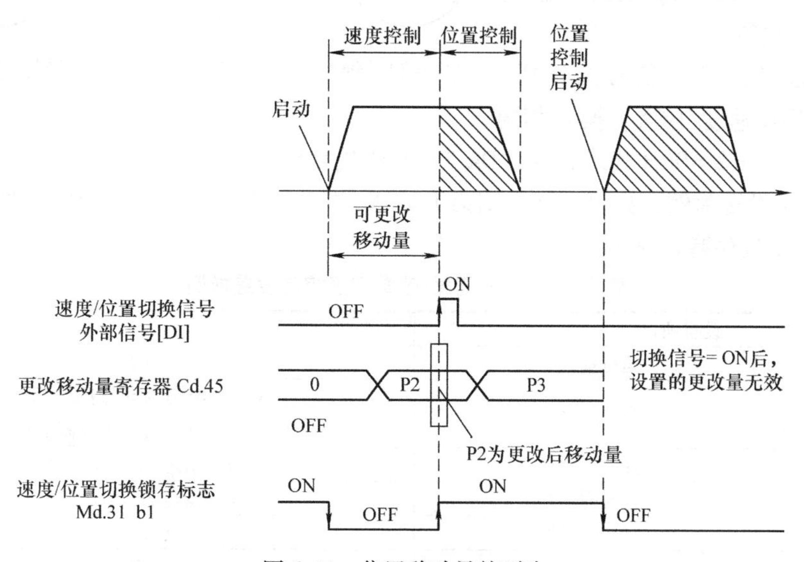

图 6-21　位置移动量的更改

5）设置：Da. 2 = 06H 代表正转，Da. 2 = 07H 代表反转。

以表6-23设置为例，如果正转，则第1轴 No. 1 点缓存器2000 = 0610H；如果反转，则第1轴 No. 1 点缓存器2000 = 0710H。

表6-23　增量型INC速度/位置切换控制设置样例

设置项目		设置内容
Da. 1	运行模式	00
Da. 2	运动指令	06—速度位置控制正转 07—速度位置控制反转
Da. 3	加速时间编号	1—指定 Pr. 25 设置值
Da. 4	减速时间编号	0—指定 Pr. 10 设置值
Da. 5	插补对方轴	无须设置
Da. 6	定位地址	10000μm

2.（绝对位置型ABS）**速度/位置切换控制**

1）定义：速度/位置切换控制即电机先做速度控制运行，在接收到切换信号后，转为位置控制运行。绝对位置型ABS则是指在做定位控制运行时，定位距离以绝对位置进行计算，由Da. 6设置。（绝对位置型）速度/位置切换控制只在参数Pr. 81 = 2时有效。Da. 2的设置与INC速度/位置切换控制相同。

注意：绝对位置型ABS其定位距离的单位只能够设置为度（°），不能够设置成其他单位。

2）动作案例。

① 电机运行到90°，在此时切换信号 = ON；

② 按绝对位置运行的移动量 = 270°；

③ 实际定位位置在270°，停止位置如图6-22。

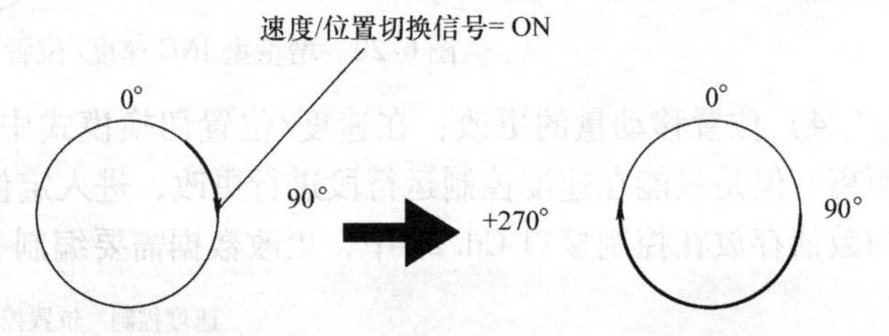

图6-22　绝对位置型ABS速度/位置切换控制运行样例

3）当前值：在绝对位置型ABS速度/位置切换控制中，对当前值的设置只能够设置Pr. 21 = 1，实时更新当前值，否则就报警。

4）速度/位置切换信号的选择：与（增量型INC速度/位置切换）相同。

5）设置：Da. 2 = 06H 代表正转，Da. 2 = 07H 代表反转。

以表6-24设置为例，如果正转，则第1轴 No. 1 点缓存器2000 = 0610H；如果反转，则第1轴 No. 1 点缓存器2000 = 0710H。

表6-24　ABS速度/位置切换控制设置样例

设置项目		设置内容
Da. 1	运行模式	00
Da. 2	运动指令	06—ABS速度位置控制正转 07—ABS速度位置控制反转
Da. 3	加速时间编号	1—指定 Pr. 25 设置值
Da. 4	减速时间编号	0—指定 Pr. 10 设置值
Da. 5	插补对方轴	无须设置
Da. 6	定位地址	270

6.2.9 位置/速度切换控制

1）定义：位置/速度切换控制即电机先做定位控制运行，在接收到切换信号后，转为速度控制运行。定位位置由 Da. 6 设置，速度由 Da. 8 设置。运动时序图如图 6-23 所示。

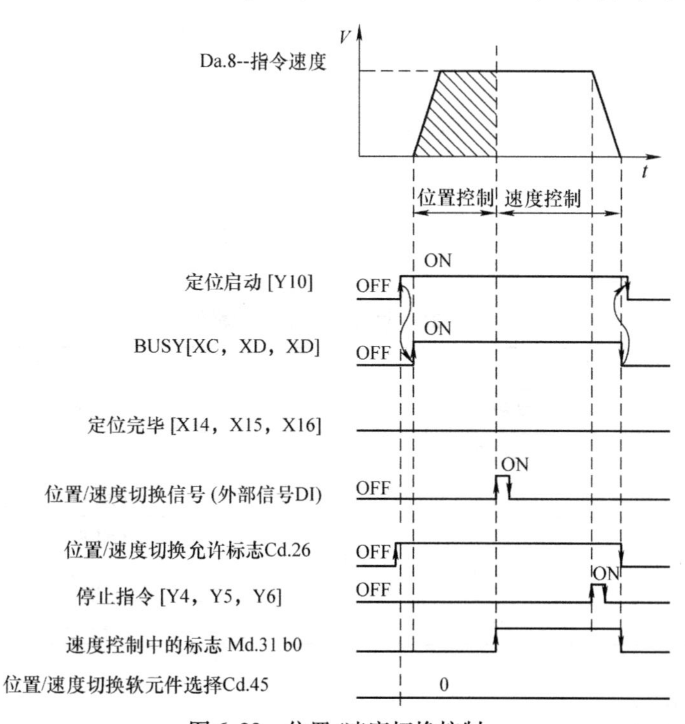

图 6-23 位置/速度切换控制

2）切换信号：与 14. 2 节相同。

3）设置：Da. 2 = 08H 代表正转，Da. 2 = 09H 代表反转。

以表 6-25 设置为例，如果正转，则第 1 轴 No. 1 点缓存器 2000 = 0810H；则第 1 轴 No. 1 点缓存器 2000 = 0910H。

表 6-25 位置 – 速度切换控制设置样例

设置项目		设置内容
Da. 1	运行模式	00
Da. 2	运动指令	08—ABS 速度位置控制正转 09—ABS 速度位置控制反转
Da. 3	加速时间编号	1—指定 Pr. 25 设置值
Da. 4	减速时间编号	0—指定 Pr. 10 设置值
Da. 5	插补对方轴	无须设置
Da. 6	定位地址	10000μm

6.2.10 更改当前值

1）定义：将状态接口 Md. 20 表示的当前值更改为由 Da. 6 设置的数值。更改时对应的轴必须处于停止状态，如图 6-24 所示。

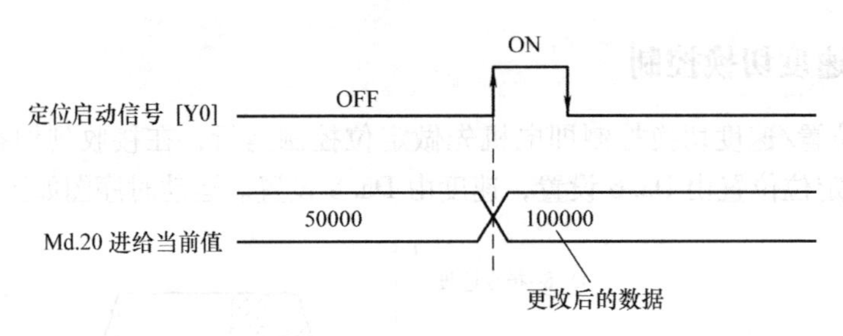

图 6-24　更改当前值

2）设置：Da. 2 = 81H。

以表 6-26 设置为例，第 1 轴 No. 1 点缓存器 2000 = 8100H。注意，更改后的数据为 10000。

表 6-26　更改当前值设置样例

设置项目		设置内容
Da. 1	运动模式	00
Da. 2	运动指令	81—当前值更改
Da. 3	加速时间编号	1—指定 Pr. 25 设置值
Da. 4	减速时间编号	0—指定 Pr. 10 设置值
Da. 5	插补对方轴	无须设置
Da. 6	定位地址	10000μm

6. 2. 11　NOP 指令

1）定义：NOP 指令是非执行指令。如果在定位点数据中设置了 NOP 指令，就表示本定位点无执行内容，直接移动到下一定位点，可以作为程序中的预留点。

2）设置：Da. 2 = 80H。

以表 6-27 设置为例，第 1 轴 No. 1 点缓存器 2000 = 8000H。

表 6-27　NOP 指令设置样例

设置项目		设置内容
Da. 1	运行模式	00
Da. 2	运动指令	80—NOP
Da. 3	加速时间编号	1—指定 Pr. 25 设置值
Da. 4	减速时间编号	0—指定 Pr. 10 设置值
Da. 5	插补对方轴	无须设置

6. 2. 12　JUMP 指令

1）定义：在执行连续定位或连续轨迹运行时，进行跳转。跳转目标的定位点编号由 Da. 9 设置。

2）跳转条件及动作。

① 无条件跳转：在无条件跳转模式下，只要执行 JUMP 指令就跳转到指定定位点，如图 6-25 所示。

② 有条件跳转：在有条件跳转模式下，是否执行 JUMP 指令取决于条件是否满足。条件在高级定位控制中设置。由 Da. 10 设置条件数据编号。如果条件满足就跳转到目标定位点。目标定位点由 Da. 9 设置。如果条件不满足就执行下一定位点，如图 6-26 所示。

3）应用限制：跳转目标必须是连续定位点或连续轨迹点。

4）设置：Da. 2 =82H。

以表 6-28 设置为例，第 1 轴 No. 1 点缓存器 2000 =8200H。

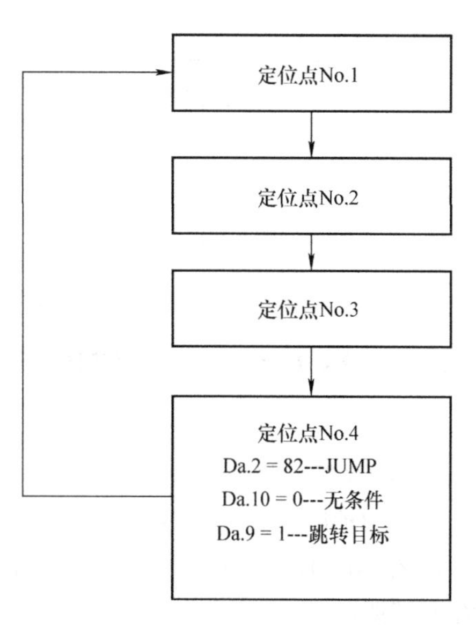

图 6-25 无条件跳转示意图

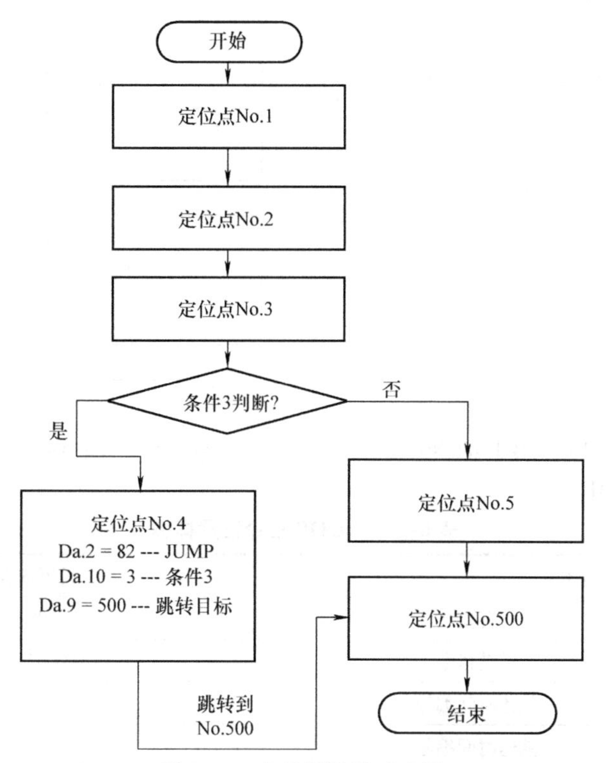

图 6-26 有条件跳转示意图

表 6-28 JUMP 指令设置样例

设置项目		设置内容
Da. 1	运行模式	00
Da. 2	运动指令	82—JUMP

（续）

设置项目		设置内容
Da. 3	加速时间编号	无须设置
Da. 4	减速时间编号	无须设置
Da. 9	跳转目标	500

注意：在 Da. 9 中设置了跳转目标定位点编号 =500，即跳转到第 500 号定位点。

6.2.13　LOOP 指令和 LEND 指令

1）定义：LOOP 指令和 LEND 指令用于构成循环指令。

① LOOP 指令标志着循环开始，并且在 Da. 10 设置循环次数，如图 6-27所示。

② LEND 指令是循环结束标志。

2）应用限制。

① 循环次数不能设置为 0，否则会报警。

② 不能够进行嵌套。

3）设置：Da. 2 =83H 代表 LOOP，Da. 2 =84H 代表 LEND。

以表 6-29 设置为例，第 1 轴 No. 1 点缓存器 2000 =8300H。

注意：在 Da. 10 中设置了循环次数 =500。

以表 6-30 设置为例，第 1 轴 No. 1 点缓存器 2000 =8400H。

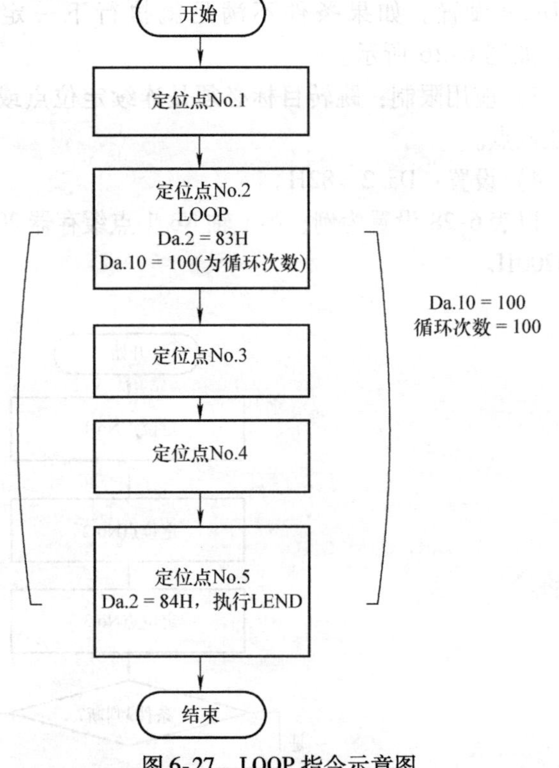

图 6-27　LOOP 指令示意图

表 6-29　LOOP 指令设置样例

设置项目		设置内容
Da. 1	运行模式	00
Da. 2	运动指令	83H—LOOP
Da. 3	加速时间编号	无须设置
Da. 4	减速时间编号	无须设置
Da. 10	循环次数	500

表 6-30　LEND 指令设置样例

设置项目		设置内容
Da. 1	运行模式	00
Da. 2	运动指令	84H—LEN

（续）

设置项目		设置内容
Da. 3	加速时间编号	无须设置
Da. 4	减速时间编号	无须设置
Da. 10	循环次数	无须设置

6.3　运动指令的简明分类

QD77 具备的运动指令可归纳为以下几类：

1）定位插补类：有 1 ~4 轴的线性插补、定长插补和圆弧插补。

2）速度联动控制：有 1 ~4 轴的速度联动控制。

3）程序结构类：有跳转指令和循环指令。

指令共计 34 种。

第7章 运动控制器的高级运动控制

本章介绍了高级运动的程序编制方法，学习如何设置运动块，如何编制与高级定位控制相关的PLC程序。

7.1 高级运动控制的定义

基本定位控制只能够适应比较简单的运动控制项目。对于复杂的运动控制项目，例如程序结构复杂，有较多的程序分支、循环等要求时，QD77提供了高级定位控制功能。

高级定位控制是以运动块为控制对象、对应复杂运动控制过程的控制方法。

7.2 运动块的定义

在高级运动控制中，首先定义了运动块的概念。

在基本运动控制中，已经定义了每1轴有600个定位点。600个定位点是否连续运行要视其设置，但实际应用中不太可能一次运行600点。某一轴可能运行一段程序（几个点）后，便执行其他轴的运行了，再运行后一段程序。因此，将每轴中从启动到结束的一个程序段（可能含有N个点）命名为运动块。

QD77规定每轴可以设置50个运动块。经过适当的设置后，可以设置指定某运动块运行。而运动块又能够设置从某一定位点开始运行。这样就能够方便地搭建程序结构。图7-1是运动块与定位点之间的关系。注意运动块与定位点都是对一个轴而言的。

表7-1是运动块的设置样例。特别要注意运动块运行连续性的设置。

表7-2是运动块定位点数据的设置样例。注意运动块可以设置多个定位点，可以设置运动块中起始定位点的编号。

图7-2表示了按表7-2的设置进行的运动，共有5个运动块。

第1运动块有1个定位点No.1；

第2运动块有3个定位点No.2、No.3、No.4；

第3运动块有2个定位点No.5、No.6；

第4运动块有1个定位点No.10；

第5运动块有1个定位点No.15。

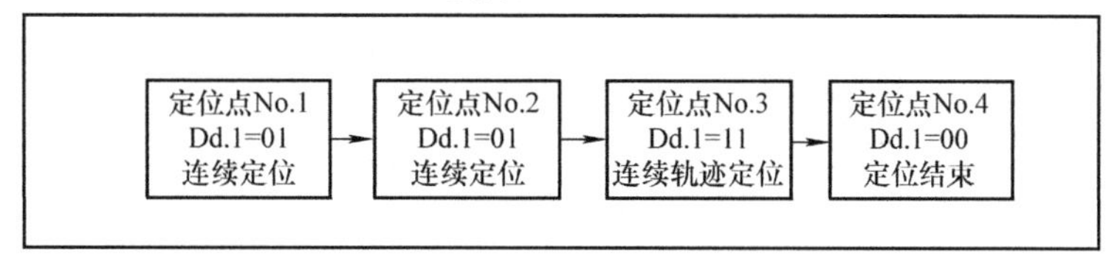

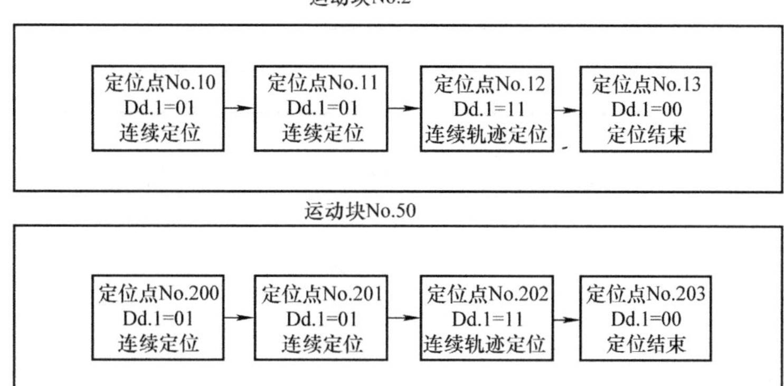

图 7-1 运动块与定位点的关系

表 7-1 运动块设置样例

运动块编号	Da. 11 - 运行连续性	Da. 12 定位点编号	Da. 13 特殊启动指令	Da. 14 条件数据编号
1	1—连续运行	1	0—块启动	
2	1—连续运行	2	0—块启动	
3	1—连续运行	5	0—块启动	
4	1—连续运行	10	0—块启动	
5	0—结束	15	0—块启动	

表 7-2 定位点的设置及其所属的运动块

定位点编号	Da. 1 - 运行连续性	所属运动块
1	00—定位结束	运动块 1
2	11—连续轨迹	运动块 2
3	01—连续定位	
4	00—定位结束	
5	11—连续轨迹	运动块 3
6	00—定位结束	
10	00—定位结束	运动块 4
15	00—定位结束	运动块 5

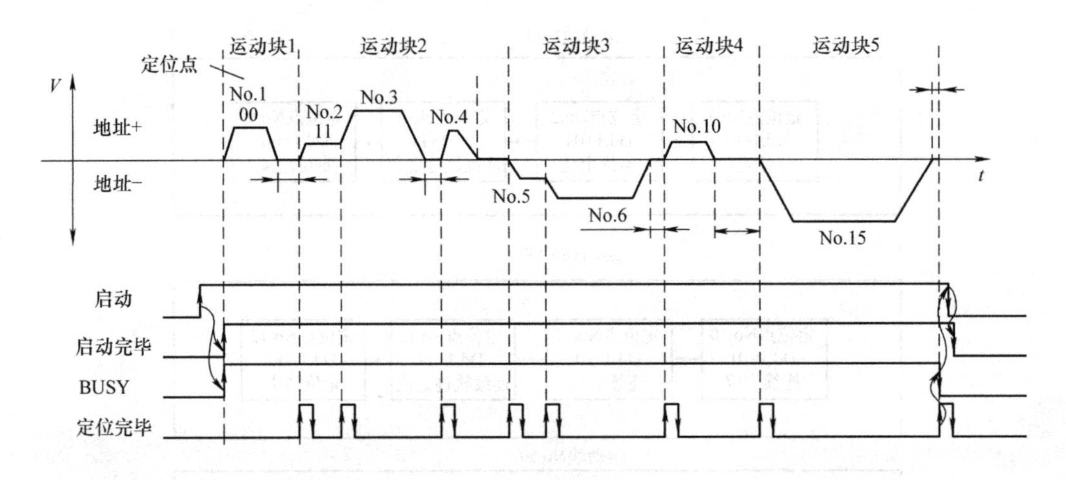

图 7-2　运动块示意图

7.3　程序区的定义

程序区可以理解为缓存区内存放程序的大区。就像一个大的社区一样。在 QD77 缓存内划分了 5 个这样的大区，每个大区规定了编号，大区编号为 7000 ~ 7004。程序区在缓存区的位置如图 7-3 所示。

每一个这样的大区都对轴 1 ~ 轴 4（轴 16）的 50 个运动块分配了对应的缓存器。这样实际上每个轴的运动块都可以达到 250 个。

QD77 控制器缓存区

程序区　7000
程序区　7001
程序区　7002
程序区　7003
程序区　7004

图 7-3　程序区在缓存区的位置

在每个程序区内：

1）对每个轴可以预先设置 50 个运动块。

2）每个运动块可以设置更丰富的运行条件（如运动块的条件启动、循环运行等）。

3）运动块的运动内容直接使用定位点的数据。可以将任意一定位点数据设置到运动块中，这样运动顺序就不受定位点 1 ~ 600 点顺序的控制。

4）定位点 1 ~ 600 点设置的连续定位模式、连续轨迹模式构成的连续运动程序仍然有效，将其视为一个运动块的内容，即一个运动块可以包含连续 N 个点的运动内容。

程序区的编号从 7000 ~ 7004，这主要是为了扩大运动程序的存放空间。所以编制运动程序时，首先要设置大区号，再设置运动块编号，最后设置定位点编号。

程序区与运动块的关系如图 7-4 ~ 图 7-6 所示。（以 4 轴为例）

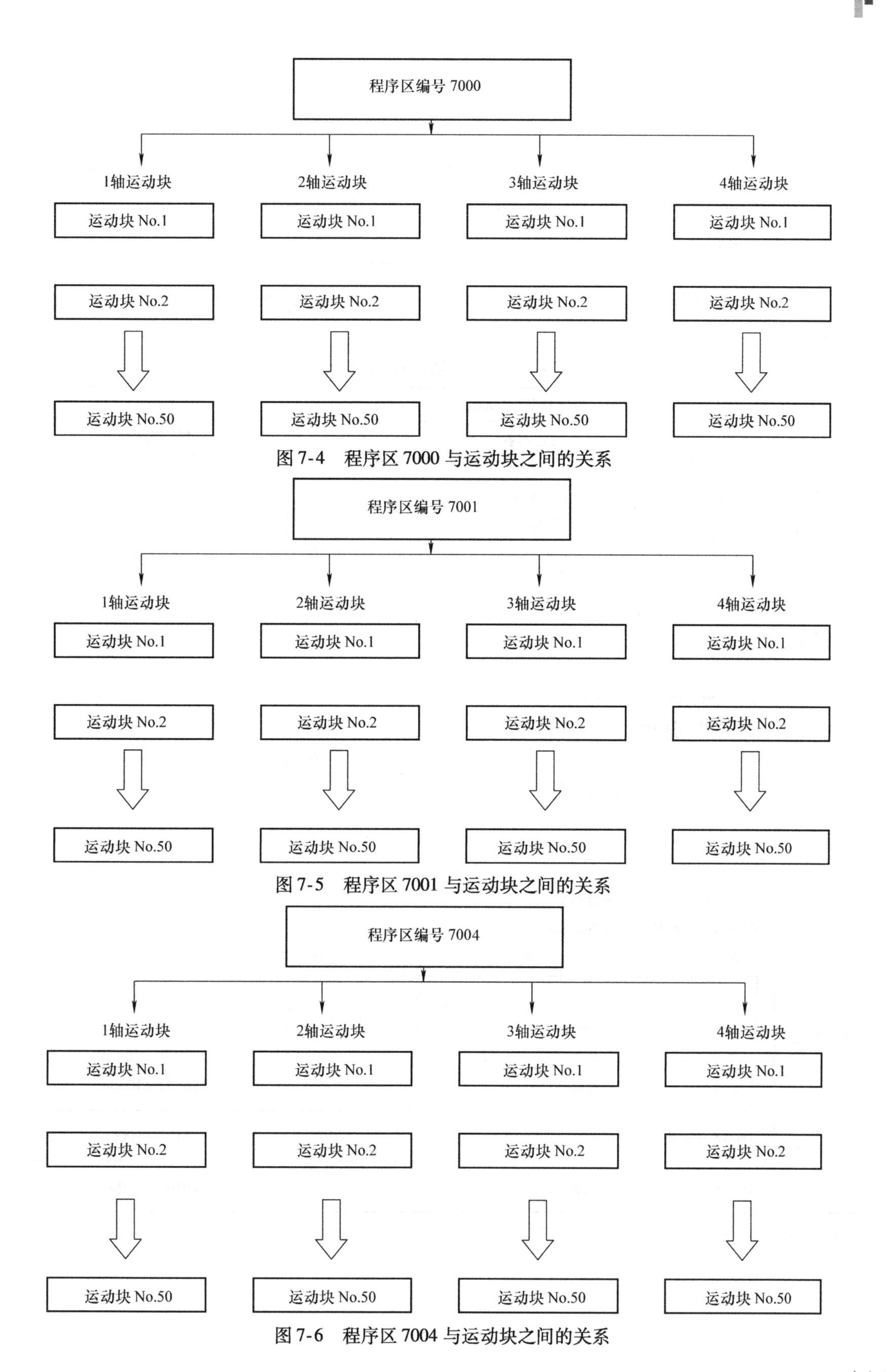

图 7-4 程序区 7000 与运动块之间的关系

图 7-5 程序区 7001 与运动块之间的关系

图 7-6 程序区 7004 与运动块之间的关系

7.4 运动块数据的设置

运动块的运动数据要预先设置。高级运动控制实际上是对运动块运动数据的设置。

运动数据的设置内容用标识符 Da. 11 ~ Da. 19。注意 Da. 11 ~ Da. 19 只是对运动块数据的设置，不要与定位点的数据 Da. 1 ~ Da. 10 混淆了。

Da. 11 ~ Da. 19 各自对应的缓存地址如表 7-3 ~ 表 7-5 所示，每一种运动块数据都有对应的缓存器。表 7-3 是程序区号 7000/运动块号 No. 1 对应的缓存器。随轴号不同，缓存器号各不相同。

表 7-3 程序区号 7000/运动块号 No. 1 对应的缓存器

程序区号 7000	运动块号 No. 1	
	设置内容	缓存器地址
启动数据	b15：Da. 11——块运行连续性 b14 ~ b0：Da. 12——定位点编号 b15 … b0	26000 + 1000n
	b15 ~ b8：Da. 13——特殊启动指令 b7 ~ b0：Da. 14——条件数据编号 b15 … b7 … b0	26050 + 1000n
条件数据	b7 ~ b0：Da. 15——条件对象 b15 ~ b8：Da. 16——条件运算符 b15 … b7 … b0	26100 + 1000n
	Da. 17——条件运算用地址	26102 + 1000n
	Da. 18——条件运算用数据	26103 + 1000n
	Da. 19——条件运算用数据	26104 + 1000n

注：n = 轴号 - 1，下文同。

表7-4是程序区号7000/运动块号No.2对应的缓存器，随轴号不同，缓存器号各不相同。

表7-4　程序区号7000/运动块号No.2对应的缓存器

程序区号　7000　　运动块号No.2		
	设置内容	缓存器地址
启动数据	b15：Da.11——块运行连续性 b14～b0：Da.12——定位点编号 b15　　　　b0	26001＋1000n
	b15～b8：Da.13——特殊启动指令 b7～b0：Da.14——条件数据编号 b15　　　b7　　　b0	26051＋1000n
条件数据	b7～b0：Da.15——条件对象 b15～b8：Da.16——条件运算符 b15　　　b7　　　b0	26110＋1000n
	Da.17——条件运算用地址	26112＋1000n
	Da.18——条件运算用数据	26113＋1000n
	Da.19——条件运算用数据	26104＋1000n

表7-5是程序区号7004/运动块号No.50对应的缓存器。各轴对应的缓存器各不相同。

表7-5　程序区号7004/运动块号No.50对应的缓存器

程序区号　7004　　运动块号No.50		
	设置内容	缓存器地址
启动数据	b15：Da.11——块运行连续性 b14～b0：Da.12——定位点编号 b15　　　　b0	26849＋1000n
	b15～b8：Da.13——特殊启动指令 b7～b0：Da.14——条件运算编号 b15　　　b7　　　b0	26899＋1000n

（续）

程序区号　7004　　运动块号 No. 50		
	设置内容	缓存器地址
条件数据	b7 ~ b0：　Da. 15——条件对象 b15 ~ b8：　Da. 16——条件运算符 b15　　　　b7　　　　b0	26950 + 1000n
	Da. 17——条件运算用地址	26952 + 1000n
	Da. 18——条件运算用数据	26953 + 1000n
	Da. 19——条件运算用数据	26954 + 1000n

表 7-3、表 7-4、表 7-5 表明在各程序区对应各轴的 50 个运动块都分配了缓存器，也就说明了程序区和运动块的关系。

程序区与运动块和定位点之间的关系就像仓库区、库房、货架之间的关系。

7.4.1　启动数据的设置

启动数据包含 Da. 11 ~ Da. 14，是对运动块的块运行连续性和启动对象进行设置。其定义如下：

1. Da. 11——块运行连续性

定义执行完当前运动块后是停止还是继续执行下一运动块；

Da. 11 = 0 为停止；

Da. 11 = 1 为继续执行下一运动块。

2. Da. 12——定位点编号

第 12 章中已经设置的 600 点定位点的编号 01H ~ 258H（1 ~ 600）。

由于可以设置定位点编号，就实现了更柔性化的运动控制，这是很关键的。编程时首先考虑启动某一运动块，再考虑启动某一定位点。

3. Da. 13——启动方式设置

启动方式 Da. 13 可以设置的内容见表 7-6。

表 7-6　启动方式 Da. 13 的设置内容

Da. 13	设置值
Da. 13 = 0H	正常启动
Da. 13 = 1H	条件启动
Da. 13 = 2H	等待启动
Da. 13 = 3H	同时启动
Da. 13 = 4H	循环启动
Da. 13 = 5H	循环条件
Da. 13 = 6H	NEXT 启动

1）Da. 13 = 0H——正常启动。这是常规启动，无须做条件判断。

2）Da. 13 = 1H——条件启动。当设定的条件 = ON 时，执行当前运动块，如果条件 = OFF，跳过当前运动块，执行下一运动块，如图 7-7 所示。

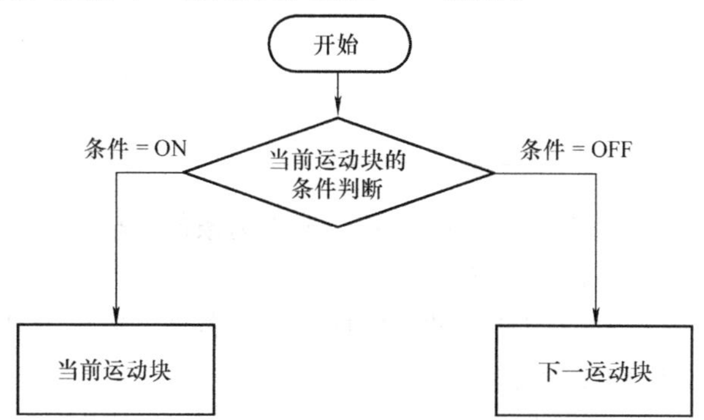

图 7-7 Da. 13 = 1H 时条件启动的流程图

3）Da. 13 = 2H——等待启动。当条件 = ON 时，执行当前运动块，当条件 = OFF 时，系统就一直等待直到条件 = ON，执行当前运动块、等待启动的流程如图 7-8 所示。注意等待启动与条件启动的区别。

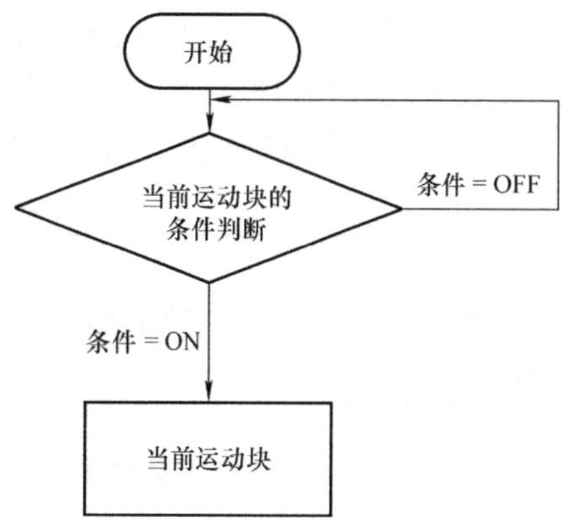

图 7-8 Da. 13 = 2H 时等待启动的流程图

4）Da. 13 = 3H——同时启动。同时执行指定轴的启动，最多可以 4 轴同时启动。

4. Da. 14——Da13 的条件设置数据。

7.4.2 条件数据的设置

1. 启动条件设置

在运动程序中，作为判断条件使用。

1）开关量信号的 ON/OFF；

2）数据的大小；

3）某轴的运行状态。

本节对启动条件做一下说明，而启动条件构成了连续运动的节点。QD77 提供了 1 组缓存器组成条件。（每组 8 个缓存器）也就是说，每个运动块均可以设置不同的条件作为本运动块的启动条件，通过编制 PLC 程序向这些缓存器设置内容。启动条件数据由 Da. 15 ~ Da. 19 构成，以下详细解释。

2. 条件的详细设置说明

Da. 15 的设置内容与各启动方式的关系见表 7-7。

表 7-7 Da. 15 设置值与启动方式的关系

Da. 15 设置值	高级定位控制				基本定位控制
	条件启动	等待启动	同时启动	FOR	JUMP 指令
01 软元件 X	Yes	Yes	No	Yes	Yes
02 软元件 Y	Yes	Yes	No	Yes	Yes

（续）

Da. 15 设置值	高级定位控制				基本定位控制
	条件启动	等待启动	同时启动	FOR	JUMP 指令
03 缓存器（1 字）	Yes	Yes	NO	Yes	Yes
04 缓存器（2 字）	Yes	Yes	NO	Yes	Yes
05 轴运动状态	NO	NO	Yes	NO	NO

1）Da. 15 =01H——以输入信号 X 的 ON/OFF 作为条件。输入信号的地址编号由 Da. 18 设置，ON/OFF 条件选择由 Da. 16 设置。

2）Da. 15 =02H——以输出信号 Y 的 ON/OFF 作为条件。输出信号的地址编号由 Da. 18 设置，ON/OFF 条件选择由 Da. 16 设置。

3）Da. 15 =03H——以缓存器［1 个字（WORD）］中的数值作为条件。缓存器的编号由 Da. 17 设置，比较数据由 Da. 18 设置，运算规则由 Da. 16 设置。

4）Da. 15 =04H——以缓存器（2 个字）中的数值作为条件。缓存器的编号由 Da. 17 设置，比较数据由 Da. 18 设置，运算规则由 Da. 16 设置。

样例：当缓存器 800 的数值≥1000 时，条件 = ON，见表 7-8。

表 7-8　条件运算样例 1

Da. 15	Da. 16	Da. 17	Da. 18	Da. 19
条件对象	条件运算符	地址编号	参数 1	参数 2
04H 缓存器（2 个字）	04H** ≥P1	800	1000	—

5）Da. 15 =05H——以某轴的运动状态作为启动条件。设定对方轴和定位数据编号，见表 7-9，当第 2 轴的 No. 3 点启动时，条件 = ON。

表 7-9　条件运算样例 2

Da. 15	Da. 16	Da. 17	Da. 18	Da. 19
条件对象	条件运算符	地址编号	参数 1	参数 2
05H 以某轴的运动状态作为启动条件	20H 指定轴 2	—	0003H 设置定位点编号 =3	—

3. 条件的运算规则

1）Da. 16 =01H ~06H 规定了缓存器数据与参数设定值 Da. 18 的比较运算规则。

2）Da. 16 =07H ~08H 规定了以输入信号 X、输出信号 Y 的 ON/OFF 作为条件。

3）Da. 16 =10H ~ E0H 规定了以各轴的运动状态作为条件。

4）Da. 17——仅仅用于以缓存器的数据作为条件时，Da. 15 =03H ~04H 设置缓存器的地址。

5）Da. 18——用于设置与缓存器的数据进行比较的数值 P1 以及轴 1、轴 2 的定位点编号。

6）Da. 19——用于设置与缓存器的数据进行比较的数值 P2 以及轴 3、轴 4 的定位点编号。

Da. 15 与 Da. 16 ~ Da. 19 之间的关系见表 7-10。

表 7-10 条件运算设置

<table>
<tr><th>Da. 15</th><th>Da. 16</th><th>Da. 17</th><th>Da. 18</th><th>Da. 19</th></tr>
<tr><td>01H 软元件 X</td><td rowspan="2">07H DEV = ON
08H DEV = OFF</td><td></td><td>0 ~ 1F H</td><td rowspan="2"></td></tr>
<tr><td>02H 软元件 Y</td><td></td><td>0 ~ 1F H</td></tr>
<tr><td>03H 缓存器（1 字）</td><td>01H ** = P1</td><td rowspan="6">缓存器地址</td><td rowspan="6">P1 数值</td><td rowspan="6">P2 数值</td></tr>
<tr><td rowspan="5">04H 缓存器（2 字）</td><td>02H ** ≠P1</td></tr>
<tr><td>03H ** ≤P1</td></tr>
<tr><td>04H ** ≥P1</td></tr>
<tr><td>05H P1≤ ** ≤P2</td></tr>
<tr><td>06H P2≤ ** ≤P1</td></tr>
<tr><td rowspan="15">05H 轴运动状态</td><td>10H 指定轴 1</td><td rowspan="15"></td><td rowspan="15">低位：轴 1 定位点编号
高位：轴 2 定位点编号</td><td rowspan="15">低位：轴 3 定位点编号
高位：轴 4 定位点编号</td></tr>
<tr><td>20H 指定轴 2</td></tr>
<tr><td>30H 指定轴 1、轴 2</td></tr>
<tr><td>40H 指定轴 3</td></tr>
<tr><td>50H 指定轴 1、轴 3</td></tr>
<tr><td>60H 指定轴 2、轴 3</td></tr>
<tr><td>70H 指定轴 1、轴 2、轴 3</td></tr>
<tr><td>80H 指定轴 4</td></tr>
<tr><td>90H 指定轴 1、轴 4</td></tr>
<tr><td>A0H 指定轴 2、轴 4</td></tr>
<tr><td>B0H 指定轴 1、轴 2、轴 4</td></tr>
<tr><td>C0H 指定轴 3、轴 4</td></tr>
<tr><td>D0H 指定轴 1、轴 3、轴 4</td></tr>
<tr><td>E0H 指定轴 2、轴 3、轴 4</td></tr>
</table>

7.4.3 设置样例

1. 以输入信号 XC 的 OFF 作为条件

其中 Da. 15 = 01H、Da. 16 = 08H、Da. 18 = 0CH，见表 7-11。

表 7-11 设置样例 1

Da. 15	Da. 16	Da. 17	Da. 18	Da. 19
01H 软元件 X	08H DEV = OFF		0CH	

Da. 18 设定了输入信号 X 的地址编号 = 0CH，即 XC。

2. 以数据值作为条件

例：当缓存器 800、801 内的数据大于 1000 时，条件：ON。

设置 Da. 15 = 04H—以 2 字缓存器内的数据为条件；

Da. 16 = 04H——进行比较运算（大于等于）；

Da. 17 = 800——缓存器地址 = 800；

Da. 18 = 1000——用于比较的数据 1000。

设置内容见表 7-12。

表 7-12 设置样例 2

Da. 15	Da. 16	Da. 17	Da. 18	Da. 19
04H 缓存器（2 字）	04H** ≥P1	800	1000	

3. 以某一轴的运动状态作为条件

设置以第 2 轴的定位点 No. 3 启动作为条件。

Da. 15 = 05H——以某轴的某定位点的运动状态为条件；

Da. 16 = 02H——设置轴号为第 2 轴；

Da. 18 = 03H——设置定位点为 No. 3。

设置内容见表 7-13。

表 7-13 设置样例 3

Da. 15	Da. 16	Da. 17	Da. 18	Da. 19
05H 轴及定位数据 No.	02H 指定轴 2		高位：03H	

7.4.4 多轴同时启动

多轴同时启动比较简单的设置方法是：通过指令接口 Cd. * 进行设置。

1. 设置

指令接口中设置启动要求的数据见表 7-14。

表 7-14 多轴同时启动指令

设置项目	项目说明	设定值	缓存器地址
Cd. 3	工作模式	9004	1500
Cd. 30	轴 1 定位点编号		1541
Cd. 31	轴 2 定位点编号		1542
Cd. 32	轴 3 定位点编号		1543
Cd. 33	轴 4 定位点编号		1544

1）Cd. 3 为工作模式选择指令。设置 Cd. 3 = 9004，即为多轴同时启动模式。

2）在 Cd. 30 中设置轴 1 的定位点编号；

3）在 Cd. 31 中设置轴 2 的定位点编号；

4）在 Cd. 32 中设置轴 3 的定位点编号；

5）在 Cd. 33 中设置轴 4 的定位点编号；

设置完毕后，触发启动信号，即可执行多轴同时启动。

2. 设置样例

以轴 1 为启动轴，轴 2、轴 4 为同时启动轴，设置内容见表 7-15。

表 7-15　多轴同时启动指令设置样例

设置项目	项目说明	设定值	缓存器地址
Cd. 3	工作模式	9004	1500
Cd. 30	轴 1 定位点编号	100	1541
Cd. 31	轴 2 定位点编号	200	1542
Cd. 32	轴 3 定位点编号	0	1543
Cd. 33	轴 4 定位点编号	300	1544

在以上设置中，轴 3 的数据为 0，表示轴 3 不参加同时启动。轴 1 的启动信号 Y10 = ON，则轴 1、轴 2、轴 4 同时启动，而且各轴的定位点都已经设置完毕了。

7.4.5　无条件循环

1）定义：如果要执行几个运动块的循环操作，就要使用循环指令。即设置 Da. 13 = 4，由 Da. 14 设置循环次数。循环起点为 Da. 13 = 4 的运动块，循环终点为 Da. 13 = 6 的运动块。循环次数由 Da. 14 设置。如果 Da. 14 = 10，则为无限循环，如图 7-9 所示。

2）设置样例：循环运行设置见表 7-16。

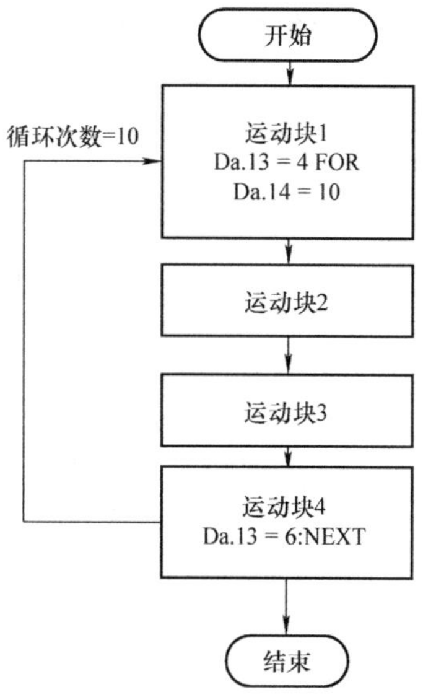

图 7-9　循环运行的设置

表 7-16　循环运行设置样例

运动块编号	Da. 11 块运动类型	Da. 12 定位点编号	Da. 13 启动形式	Da. 14 循环次数
1	1：连续		4：FOR	10
2	1：连续		0：启动	
3	1：连续		0：启动	
4	0：结束		6：NEXT	

经过表 7-16 设置后，就可以如图 7-9 这样进行循环操作，这种循环运行是无条件的。

7.4.6　有条件循环

1）定义：如果要执行运动块的有条件循环操作，就要使用有条件循环指令。即 Da. 13 = 5，由 Da. 14 设置循环条件编号。

循环起点为 Da. 13 = 5 的运动块，循环终点为 Da. 13 = 6 的运动块。

2）设置样例：条件循环设置见表 7-17。

表 7-17　条件循环设置样例

轴 1 运动块	Da. 11 块运动类型	Da. 12 定位点编号	Da. 13 启动形式	Da. 14 循环次数
第 1 块	1：连续		5：FOR	3
第 2 块	1：连续		0：启动	
第 3 块	1：连续		0：启动	
第 4 块	0：结束		6：NEXT	

注意：在 Da. 14 中现在设置的是循环次数。经过如表 7-17 所示的设置，就能够按图 7-10进行有条件的循环。

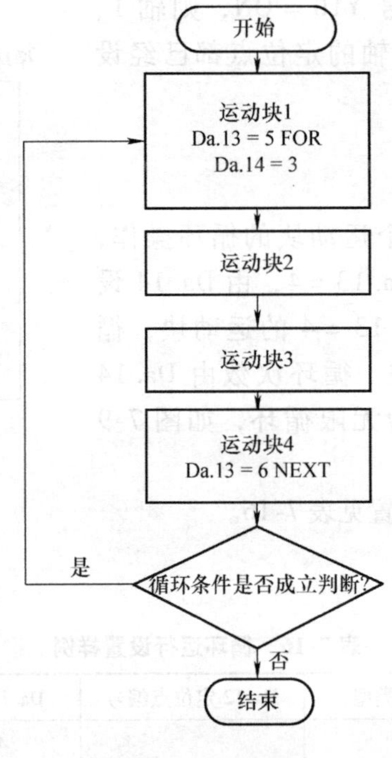

图 7-10　有条件循环

7.5　高级定位的 PLC 程序编制

1. 编程原则

编制高级定位启动的 PLC 程序必须遵循以下 3 原则：

1）设置大区号：在 7000 ~ 7004 之间选择一个编号，表示当前动作为高级定位控制；

2）设置运动块编号 NO.（注意是运动块，不是定位点）；每一轴有 50 个运动块，选择其中一个编号（定位点编号由 Da. 12 设置）；

3）编制各轴的运动顺序；

4）触发启动信号。

2. 编制高级定位启动的 PLC 程序

高级定位启动的 PLC 程序如图 7-11 所示。

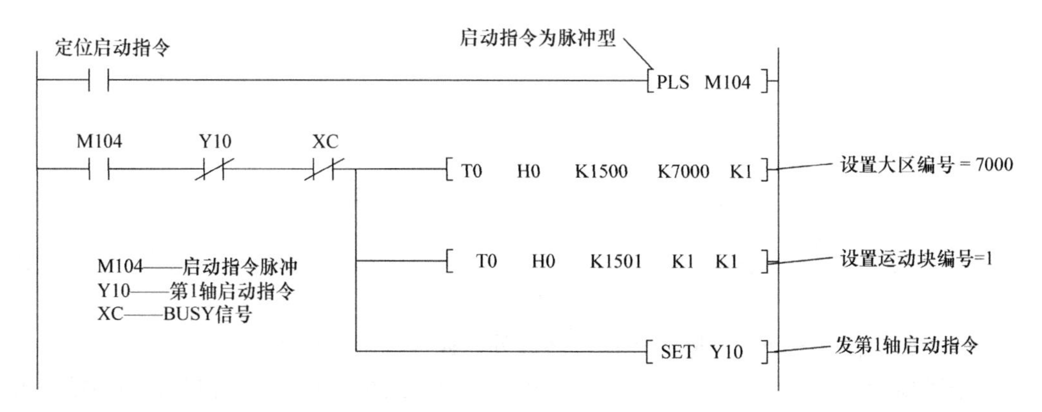

图 7-11 高级定位启动的 PLC 程序

更详细的 PLC 程序编制方法参看第 14 章。

第 8 章 运动控制器的功能型控制指令

对于一个运动控制器而言，除了运动程序以外，还有许多与操作相关的功能型指令，这些指令赋予了控制器丰富的功能，本章将要介绍这些指令的功能以及如何编制相关的 PLC 程序。

QD77 控制器用 Cd. * 标识符来表示控制指令。每一种控制指令都有一个缓存器与其对应。执行该指令就是向缓存器设置相应的数值—设置 1 或设置 0。所以 Cd. * 指令也可以视作接口。

8.1 系统控制指令

1. Cd. 1——闪存写入请求

控制指令	指令功能	设置值	默认值	缓存器地址
Cd. 1	将参数、伺服参数写入闪存		0	1900

设置：Cd. 1 =1 时，写参数到闪存。该指令执行完成后，Cd. 1 =0（自动变为 0）。如果在 PLC 程序中修改了某些参数而无效，则必须执行该指令。而且执行该指令时，必须使控制器处于 READY OFF 状态。

2. Cd. 2——参数初始化

控制指令	指令功能	设置值	出厂值	缓存器地址
Cd. 2	将所有参数值返回出厂值		0	1901

设置：Cd. 2 =1 时参数初始化。该指令执行完成后，Cd. 2 =0（自动变为 0）。

3. Cd. 41——设置 Md. 48 减速开始标志为有效还是无效

控制指令	指令功能	设置值	出厂值	缓存器地址
Cd. 41	设置 Md. 48 减速开始标志为有效还是无效		0	1905

Cd. 41 =0 时，Md. 48 减速开始标志为无效；

Cd. 41 =1 时，Md. 48 减速开始标志为有效。

4. Cd. 44——设置外部信号有效或无效

控制指令	指令功能	设置值	出厂值	缓存器地址
Cd. 44	设置外部信号有效或无效			1928

说明：外部信号例如每一轴的上下限位、近点狗信号等，如果需要暂时使这些信号无效（调试时经常需要使某些信号无效），使用该指令可以实现这些要求。Cd. 44 缓存器各位（bit）对应一个外部信号。使用该指令时，设置参数 Pr. 80 =2。

缓存器		存储内容	初始值
1928	b0	轴 1 上限位（FLS）	Pr. 22 = 负逻辑 0 = OFF 1 = ON Pr. 22 = 正逻辑 0 = ON 1 = OFF
	b1	轴 1 下限位（PLS）	
	b2	轴 1 近点狗（DPC）	
	b3	轴 1 停止（STOP）	
	b4	轴 2 上限位（FLS）	
	b5	轴 2 下限位（PLS）	
	b6	轴 2 近点狗（DPC）	
	b7	轴 2 停止（STOP）	
	b8	轴 3 上限位（FLS）	
	b9	轴 3 下限位（PLS）	
	b10	轴 3 近点狗（DPC）	
	b11	轴 3 停止（STOP）	
	b12	轴 4 上限位（FLS）	
	b13	轴 4 下限位（PLS）	
	b14	轴 4 近点狗（DPC）	
	b15	轴 4 停止（STOP）	

5. Cd. 137——切换无放大器运行模式

控制指令	指令功能	设置值	出厂值	缓存器地址
Cd. 137	切换无放大器运行模式			1926

设置：Cd. 137 = ABCDh 时，从普通模式切换到无放大器模式；
Cd. 137 =0000h 时，从无放大器模式切换到普通模式。

8.2 轴运动控制指令

1. Cd. 3——工作模式选择

控制指令	指令功能	设置值	出厂值	缓存器地址			
				轴 1	轴 2	轴 3	轴 4
Cd. 3	设置运动模式、设置定位点编号（相当于工作模式选择）	Cd. 3 =1 ~600：定位点编号 Cd. 3 = 7000 ~ 7004：设定程序区号（选择高级定位运动） Cd. 3 =9001：回原点 Cd. 3 =9002：高速回原点 Cd. 3 =9003：更改当前值 Cd. 3 =9004：多轴的同时启动	0	1500	1600	1700	1800

这是最重要的一条指令，该指令相当于工作模式选择。通过 Cd. 3 指令可以选择基本定位、高级定位、回原点、更改当前值、多轴同时启动各种模式。

2. Cd. 4——设置运动块编号

控制指令	指令功能	设置值	出厂值	缓存器地址			
				轴 1	轴 2	轴 3	轴 4
Cd. 4	设置运动块编号	Cd. 4 = 1 ~ 50	0	1501	1601	1701	1801

Cd. 3 和 Cd. 4 指令数据最为重要，由此决定了定位运动的内容。注意各轴均有对应的缓存器。

3. Cd. 5——清除故障报警

控制指令	指令功能	设置值	默认值	缓存器地址			
				轴 1	轴 2	轴 3	轴 4
Cd. 5	清除轴出错检测、轴出错编号、轴警告检测和轴警告编号	Cd. 5 = 1 时，清除故障报警	0	1502	1602	1702	1802

在该指令执行完毕后，系统自动设置 Cd. 5 = 0，因此可以用此功能检测该指令执行情况。

4. Cd. 6——重新启动

控制指令	指令功能	设置值	默认值	缓存器地址			
				轴 1	轴 2	轴 3	轴 4
Cd. 6	无论何种原因系统停止运动，当设置 Cd. 6 = 1 时，均从停止点开始运行	Cd. 6 = 1 时重新启动	0	1503	1603	1703	1803

注意该指令是从停止点开始启动运行。在该指令执行完毕后，系统自动设置 Cd. 6 = 0，因此可以用此功能检测该指令执行情况。

5. Cd. 7——M 指令 OFF

控制指令	指令功能	设置值	默认值	缓存器地址			
				轴 1	轴 2	轴 3	轴 4
Cd. 7	M 指令 OFF		0	1504	1604	1704	1804

Cd. 7 = 1 时，M 指令为 OFF；在 M 指令置 OFF 后，Cd. 7 = 0。Cd. 7 即 M 指令执行完成。利用 M 指令完成条件执行该指令，表示 M 指令执行完毕，可以进行下一步运动程序。

6. Cd. 8——外部指令有效无效选择

控制指令	指令功能	设置值	默认值	缓存器地址			
				轴 1	轴 2	轴 3	轴 4
Cd. 8	选择外部指令是否有效	Cd. 8 = 0 时外部指令无效；Cd. 8 = 1 时外部指令有效	0	1505	1605	1705	1805

7. Cd. 9——设置新当前值

控制指令	指令功能	设置值	默认值	缓存器地址			
				轴 1	轴 2	轴 3	轴 4
Cd. 9	当 Cd. 3 =9003 时执行更改当前值操作，向 Cd. 9 中设置的数值即为新的当前值	设定范围根据参数 Pr. 1 确定	0	1506 1507	1606 1607	1706 1707	1806 1807

8. Cd. 10——设置新加速时间

控制指令	指令功能	设置值	默认值	缓存器地址			
				轴 1	轴 2	轴 3	轴 4
Cd. 10	在变速运行期间，要更改加速时间，向 Cd. 10 写入新的加速时间	设置范围为 0 ~ 8388608ms	0	1508 1509	1608 1609	1708 1709	1808 1809

9. Cd. 11——设置新减速时间

控制指令	指令功能	设置值	默认值	缓存器地址			
				轴 1	轴 2	轴 3	轴 4
Cd. 11	在变速运行期间，要更改减速时间时，向 Cd. 11 写入新的减速时间	设置范围为0 ~ 8388608ms	0	1510 1511	1610 1611	1710 1711	1810 1811

10. Cd. 12——选择是否允许对加减速时间进行修改

控制指令	指令功能	设置值	默认值	缓存器地址			
				轴 1	轴 2	轴 3	轴 4
Cd. 12	在变速运行期间，选择是否允许对加减速时间进行修改	Cd. 12 =0 时允许修改 Cd. 12 =1 时禁止修改	0	1512	1612	1712	1812

11. Cd. 13——设置速度倍率

控制指令	指令功能	设置值	默认值	缓存器地址			
				轴 1	轴 2	轴 3	轴 4
Cd. 13	设置速度倍率	设定值为速度的百分数（1% ~300%）	0	1513	1613	1713	1813

12. Cd. 14——设置新速度值

控制指令	指令功能	设置值	默认值	缓存器地址			
				轴 1	轴 2	轴 3	轴 4
Cd. 14	在变速运行期间，设置新速度值		0	1514 1515	1614 1615	1714 1715	1814 1815

13. Cd. 15——指令设定的新速度有效

控制指令	指令功能	设置值	默认值	缓存器地址			
				轴 1	轴 2	轴 3	轴 4
Cd. 15	在 Cd. 14 设定新速度后，使新速度有效	Cd. 15 = 1 时设定的新速度有效	0	1516	1616	1716	1816

在该指令执行完毕后，系统自动设置 Cd. 15 = 0，可以用此功能检测该指令执行情况。

14. Cd. 16——设置微动移动量

控制指令	指令功能	设置值	默认值	缓存器地址			
				轴 1	轴 2	轴 3	轴 4
Cd. 16	设置微动移动量	设置范围由参数 Pr. 1 确定	0	1517	1617	1717	1817

15. Cd. 17——设置 JOG 速度

控制指令	指令功能	设置值	默认值	缓存器地址			
				轴 1	轴 2	轴 3	轴 4
Cd. 17	设置 JOG 速度	设置范围由参数 Pr. 1 确定	0	1518 1519	1618 1619	1718 1719	1818 1819

16. Cd. 18——中断请求

控制指令	指令功能	设置值	默认值	缓存器地址			
				轴 1	轴 2	轴 3	轴 4
Cd. 18	在连续运行期间，执行中断	Cd. 18 = 1 时请求执行中断	0	1520	1620	1720	1820

在该指令执行完毕后，系统自动设置 Cd. 18 = 0，可以用此功能检测该指令执行情况。

17. Cd. 19——强制回原点请求标志从 ON→OFF

控制指令	指令功能	设置值	默认值	缓存器地址			
				轴 1	轴 2	轴 3	轴 4
Cd. 19	强制回原点请求标志从 ON→OFF	Cd. 19 = 1 时强制回原点请求标志从 ON→OFF	0	1521	1621	1721	1821

在该指令执行完毕后，系统自动设置 Cd. 19 = 0，可以用此功能检测该指令执行情况。

18. Cd. 20——设置手轮脉冲放大倍率

控制指令	指令功能	设置值	默认值	缓存器地址			
				轴 1	轴 2	轴 3	轴 4
Cd. 20	设置手轮脉冲放大倍率	设置范围为 1 ~ 100	1	1522 1523	1622 1623	1722 1723	1822 1923

19. Cd. 21——设置允许或禁止使用手轮

控制指令	指令功能	设置值	默认值	缓存器地址			
				轴 1	轴 2	轴 3	轴 4
Cd. 21	设置允许或禁止使用手轮	Cd. 21 = 0 时禁止使用手轮 Cd. 21 = 1 时允许使用手轮	0	1524	1624	1724	1824

20. Cd. 22——设置新的转矩限制值

控制指令	指令功能	设置值	默认值	缓存器地址			
				轴 1	轴 2	轴 3	轴 4
Cd. 22	设置新的转矩限制值	设置范围参看参数 Pr. 17	0	1525	1625	1725	1825

注：参看第 24 章。

21. Cd. 23——在速度/位置切换控制模式下设置新的位移值

控制指令	指令功能	设置值	默认值	缓存器地址			
				轴 1	轴 2	轴 3	轴 4
Cd. 23	在速度/位置切换控制模式下，当需要更改位移值时设置新的位移值到 Cd. 23	设置范围参考参数 Pr. 1	0	1526 1527	1626 1627	1726 1727	1826 1827

22. Cd. 24——设置是否允许使用外部信号进行速度/位置切换

控制指令	指令功能	设置值	默认值	缓存器地址			
				轴 1	轴 2	轴 3	轴 4
Cd. 24	设置是否允许使用外部信号进行速度/位置切换	Cd. 24 = 0 时，不允许 Cd. 24 =1 时，允许	0	1528	1628	1728	1828

23. Cd. 25——在位置/速度切换控制模式下设置新的速度值

控制指令	指令功能	设置值	默认值	缓存器地址			
				轴 1	轴 2	轴 3	轴 4
Cd. 25	在位置/速度切换控制模式下设置新的速度值		0	1530 1531	1630 1631	1730 1731	1830 1831

24. Cd. 26——设置是否允许使用外部信号进行位置/速度切换

控制指令	指令功能	设置值	默认值	缓存器地址			
				轴 1	轴 2	轴 3	轴 4
Cd. 26	设置是否允许使用外部信号进行位置/速度切换	Cd. 26 = 0 时，不允许 Cd. 26 =1 时，允许	0	1532	1628	1728	1828

25. Cd. 27——设置新的定位值

控制指令	指令功能	设置值	默认值	缓存器地址			
				轴 1	轴 2	轴 3	轴 4
Cd. 27	在定位控制运行时，当需要更改定位数值时，设置新的定位值	设置范围参考参数 Pr. 1	0	1534 1535	1634 1635	1734 1735	1834 1835

26. Cd. 28——设置新的速度值

控制指令	指令功能	设置值	默认值	缓存器地址			
				轴 1	轴 2	轴 3	轴 4
Cd. 28	在定位控制运行时，当需要更改速度时，设置新的速度值	设置范围参考参数 Pr. 1	0	1534 1535	1634 1635	1734 1735	1834 1835

27. Cd. 29——设置是否允许更改定位数据

控制指令	指令功能	设置值	默认值	缓存器地址			
				轴 1	轴 2	轴 3	轴 4
Cd. 29	设置在定位控制运行期间是否允许更改定位数据	Cd. 29 = 0 时，不允许 Cd. 29 = 1 时，允许	0	1538	1638	1738	1838

28. Cd. 30——设置多轴同时启动时轴 1 的启动点数据编号

控制指令	指令功能	设置值	默认值	缓存器地址			
				轴 1	轴 2	轴 3	轴 4
Cd. 30	设置多轴同时启动时轴 1 启动点数据编号	设置范围为 1 ~ 600	0	1540	1640	1740	1840

29. Cd. 31——设置多轴同时启动时，轴 2 的启动点数据编号

控制指令	指令功能	设置值	默认值	缓存器地址			
				轴 1	轴 2	轴 3	轴 4
Cd. 31	设置多轴同时启动时，轴 2 启动点数据编号	设置范围为 1 ~ 600	0	1541	1641	1741	1841

30. Cd. 32——设置多轴同时启动时轴 3 的启动点数据编号

控制指令	指令功能	设置值	默认值	缓存器地址			
				轴 1	轴 2	轴 3	轴 4
Cd. 32	设置多轴同时启动时轴 3 启动点数据编号	设置范围为 1 ~ 600	0	1542	1642	1742	1842

31. Cd. 33——设置多轴同时启动时轴 4 的启动点数据编号

控制指令	指令功能	设置值	默认值	缓存器地址			
				轴 1	轴 2	轴 3	轴 4
Cd. 33	设置多轴同时启动时轴 4 启动点数据编号	设置范围为 1 ~600	0	1543	1643	1743	1843

32. Cd. 34——设置单步运行停止方式

控制指令	指令功能	设置值	默认值	缓存器地址			
				轴 1	轴 2	轴 3	轴 4
Cd. 34	设置单步运行停止方式	Cd. 34 = 0 时为减速点停止；Cd. 34 = 1 时为单步执行完毕停止	0	1544	1644	1744	1844

33. Cd. 35——设置单步模式是否有效

控制指令	指令功能	设置值	默认值	缓存器地址			
				轴 1	轴 2	轴 3	轴 4
Cd. 35	设置单步模式是否有效	Cd. 35 = 0 时，单步模式无效；Cd. 35 = 1 时，单步模式有效	0	1545	1645	1745	1845

34. Cd. 36——设置是否连续单步运行

控制指令	指令功能	设置值	默认值	缓存器地址			
				轴 1	轴 2	轴 3	轴 4
Cd. 36	设置是否连续单步运行	Cd. 36 = 0 时，结束单步运行；Cd. 36 = 1 时，连续单步运行	0	1546	1646	1746	1846

35. Cd. 37——跳越指令

控制指令	指令功能	设置值	默认值	缓存器地址			
				轴 1	轴 2	轴 3	轴 4
Cd. 37	跳越	Cd. 37 = 1 时，执行跳越	0	1547	1647	1747	1847

该指令执行完毕后，控制器自动设置 Cd. 37 = 0。

36. Cd. 38——设置示教数据写入的对象

控制指令	指令功能	设置值	默认值	缓存器地址			
				轴 1	轴 2	轴 3	轴 4
Cd. 38	设置示教数据写入的对象	Cd. 38 = 0 时，示教数据写入定位地址；Cd. 38 = 1 时，示教数据写入圆弧地址	0	1548	1648	1748	1848

37. Cd. 39——设置示教数据写入的定位点编号

控制指令	指令功能	设置值	默认值	缓存器地址			
				轴 1	轴 2	轴 3	轴 4
Cd. 39	设置示教数据写入的定位点编号	1 ~600	0	1549	1649	1749	1849

38. Cd. 40——设置以角度单位 deg（°）做 ABS 运行时的方向

控制指令	指令功能	设置值	默认值	缓存器地址			
				轴 1	轴 2	轴 3	轴 4
Cd. 40	设置以角度单位 deg（°）做 ABS 运行时的方向	Cd. 40 = 0 时，就近定位；Cd. 40 = 1 时，ABS 顺时针；Cd. 40 = 2 时，ABS 逆时针	0	1550	1650	1750	1850

39. Cd. 43——设置同时启动的轴数和各轴编号

控制指令	指令功能	设置值	默认值	缓存器地址			
				轴 1	轴 2	轴 3	轴 4
Cd. 43	设置同时启动的轴数和各轴编号			4339	4439	4539	4639

设置方法

H □ □ □ □

同时启动的轴数 2～4：2～4轴

同时启动对象轴编号3 0～F

同时启动对象轴编号2 0～F

同时启动对象轴编号1 0～F

40. Cd. 45——选择进行速度/位置切换的软元件

控制指令	指令功能	设置值	默认值	缓存器地址			
				轴 1	轴 2	轴 3	轴 4
Cd. 45	选择进行速度/位置切换的软元件			1566	1666	1766	1866

设置方法：

1）进行速度/位置切换。Cd. 45 = 0，使用外部信号；Cd. 45 = 1，使用近点狗信号；Cd. 45 =2，使用 Cd. 46 信号。

2）进行位置/速度切换。Cd. 45 = 0，使用外部信号；Cd. 45 = 1，使用近点狗信号；Cd. 45 =2，使用 Cd. 46 信号。

41. Cd. 46——速度/位置切换

控制指令	指令功能	设置值	默认值	缓存器地址			
				轴 1	轴 2	轴 3	轴 4
Cd. 46	速度/位置切换			1567	1667	1767	1867

设置方法：

1）进行速度/位置切换：Cd. 46 =0 时，不切换；Cd. 46 =1 时，切换。

2）进行位置/速度切换：Cd. 46 =0 时，不切换；Cd. 46 =1 时，切换。

42. Cd. 100——伺服 OFF 指令

控制指令	指令功能	设置值	默认值	缓存器地址			
				轴 1	轴 2	轴 3	轴 4
Cd. 100	伺服 OFF 指令	Cd. 100 = 0 时，伺服 ON；Cd. 100 = 1 时伺服 OFF		1551	1651	1751	1851

注：在全部轴 ON，指令某一轴伺服 OFF 的时候使用。

43. Cd. 101——设置转矩输出值

控制指令	指令功能	设置值	默认值	缓存器地址			
				轴 1	轴 2	轴 3	轴 4
Cd. 101	设置转矩输出值，以额定转矩为基准设置百分比		0	1552	1652	1752	1852

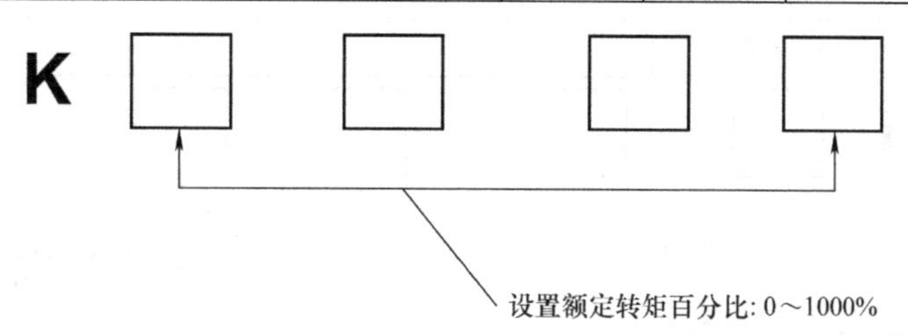

Cd. 101 =0，以参数 Pr. 17 转矩限制值运行。通过设置 Cd. 101 可以在 PLC 程序内随时更改转矩值。

44. Cd. 108——增益切换指令

控制指令	指令功能	设置值	默认值	缓存器地址			
				轴 1	轴 2	轴 3	轴 4
Cd. 108	切换增益		0	1559	1659	1759	1859

Cd. 108 =0 时，切换增益指令为 OFF；Cd. 108 =1 时，切换增益指令为 ON。

如果在伺服驱动器一侧设置了不同的增益，则用该指令进行切换。

45. Cd. 112——正反转转矩限制设置

控制指令	指令功能	设置值	默认值	缓存器地址			
				轴 1	轴 2	轴 3	轴 4
Cd. 112	设置正反转转矩限制值是相同还是不同		0	1563	1663	1763	1863

设置：Cd. 112 =0 时，正反转转矩限制值相同。

Cd. 112 =1 时，正反转转矩限制值不同。

46. Cd. 113——设置更改后的反转转矩值

控制指令	指令功能	设置值	默认值	缓存器地址			
				轴 1	轴 2	轴 3	轴 4
Cd. 113	设置更改后的反转转矩值			1564	1664	1764	1864

设置：如果 Cd. 112 =1，表示正反转转矩限制值设置不同。将更改后的反转转矩值设置在 Cd. 113 内，以额定转矩的百分比设置。

47. Cd. 130——写入伺服参数

控制指令	指令功能	设置值	默认值	缓存器地址			
				轴 1	轴 2	轴 3	轴 4
Cd. 130	将修改后的参数写入控制器			1554	1654	1754	1854

设置：如果在 Cd. 131、Cd. 132 修改了参数，则用该指令将修改后的参数写入。

48. Cd. 131——设置需要修改的伺服参数号

控制指令	指令功能	设置值	默认值	缓存器地址			
				轴 1	轴 2	轴 3	轴 4
Cd. 131	设置需要修改的伺服参数号			1555	1655	1755	1855

H

写入模式
0表示写入RAM
参数组
参数号设置
01H～40H

设置：如果需要修改参数时，设置该参数号。

49. Cd. 132——设置修改后的伺服参数值

控制指令	指令功能	设置值	默认值	缓存器地址			
				轴1	轴2	轴3	轴4
Cd. 132	设置修改后的伺服参数值			1556 1557	1656 1657	1756 1757	1856 1857

50. Cd. 133——半闭环/全闭环控制切换请求

控制指令	指令功能	设置值	默认值	缓存器地址			
				轴1	轴2	轴3	轴4
Cd. 133	半闭环/全闭环控制切换		0	1558	1658	1758	1858

设置：Cd. 133 =0 时为半闭环控制；Cd. 133 =1 时为全闭环控制。

51. Cd. 136——PI/PID 控制切换请求

控制指令	指令功能	设置值	默认值	缓存器地址			
				轴1	轴2	轴3	轴4
Cd. 136	对伺服驱动器切换 PI/PID 控制		0	1565	1665	1765	1865

设置：Cd. 136 =1 时切换到 PID 控制。

52. Cd. 138——控制模式切换指令

控制指令	指令功能	设置值	默认值	缓存器地址			
				轴1	轴2	轴3	轴4
Cd. 138	由 Cd. 139 选择控制模式，Cd. 138 予以确认			1574	1674	1774	1874

设置：Cd. 138 =1 时切换控制模式。

53. Cd. 139——选择控制模式

控制指令	指令功能	设置值	默认值	缓存器地址			
				轴1	轴2	轴3	轴4
Cd. 139	选择控制模式		0	1575	1675	1775	1875

设置：Cd. 139 =0 时为位置控制模式；Cd. 139 =10 时为速度控制模式；Cd. 139 =20 时为转矩控制模式；Cd. 139 =30 时为挡块控制模式。

54. Cd. 140——设置速度控制模式时的指令速度

控制指令	指令功能	设置值	默认值	缓存器地址			
				轴1	轴2	轴3	轴4
Cd. 140	设置速度控制模式时的指令速度		0	1576	1676	1776	1876

55. Cd. 141——设置速度控制模式时的加速时间

控制指令	指令功能	设置值	默认值	缓存器地址			
				轴 1	轴 2	轴 3	轴 4
Cd. 141	设置从 0 到 Pr. 8 速度限制值的加速时间	设置范围为 1 ~ 65535	1000	1578	1678	1778	1878

56. Cd. 142——设置速度控制模式时的减速时间

控制指令	指令功能	设置值	默认值	缓存器地址			
				轴 1	轴 2	轴 3	轴 4
Cd. 142	设置从 Pr. 8 速度限制值到 0 的减速时间	设置范围：1 ~ 65535	1000	1579	1679	1779	1879

57. Cd. 143——设置转矩控制模式时的指令转矩

控制指令	指令功能	设置值	默认值	缓存器地址			
				轴 1	轴 2	轴 3	轴 4
Cd. 143	设置转矩控制模式时的指令转矩，以额定转矩的百分比设置		0	1580	1680	1780	1880

58. Cd. 144——设置转矩控制模式时加速到 Pr. 17 转矩限制值的时间常数

控制指令	指令功能	设置值	默认值	缓存器地址			
				轴 1	轴 2	轴 3	轴 4
Cd. 144	设置转矩从 0 到 Pr. 17 转矩限制值的时间常数	0 ~ 65535	1000	1581	1681	1781	1881

59. Cd. 145——设置转矩控制模式时从 Pr. 17 转矩限制值减速到“0”的时间常数

控制指令	指令功能	设置值	默认值	缓存器地址			
				轴 1	轴 2	轴 3	轴 4
Cd. 145	设置转矩从 Pr. 17 转矩限制值到 0 的时间常数	0 ~ 65535		1582	1682	1782	1882

60. Cd. 146——设置转矩控制模式时的速度限制值

控制指令	指令功能	设置值	默认值	缓存器地址			
				轴 1	轴 2	轴 3	轴 4
Cd. 146	设置转矩控制模式时的速度限制值		1	1584	1684	1784	1884

8.3 扩展轴控制指令

1. Cd. 180——轴运动停止指令

控制指令	指令功能	设置值	默认值	缓存器地址			
				轴 1	轴 2	轴 3	轴 4
Cd. 180	Cd. 180 = 1 时所有运动（回原点、JOG、自动运行）全部停止		0	30100	30110	30120	30130

设置：Cd. 180 = 1 时，轴停止信号有效。

2. Cd. 181——JOG 正转启动

控制指令	指令功能	设置值	默认值	缓存器地址			
				轴 1	轴 2	轴 3	轴 4
Cd. 181	JOG 正转启动	Cd. 181 = 1 时正转启动		30101	30111	30121	30131

3. Cd. 182——JOG 反转启动

控制指令	指令功能	设置值	默认值	缓存器地址			
				轴 1	轴 2	轴 3	轴 4
Cd. 182	JOG 反转启动	Cd. 182 = 1 时反转启动		30102	30112	30122	30132

4. Cd. 183——禁止执行指令

控制指令	指令功能	设置值	默认值	缓存器地址			
				轴 1	轴 2	轴 3	轴 4
Cd. 183	禁止执行启动指令	Cd. 183 = 1 时禁止执行启动动作		30103	30113	30123	30133

第 9 章 运动控制器的工作状态监视接口

所有的控制器都有表示控制器自身工作状态的功能。QD77 控制器的工作状态信号，例如处于自动模式中、处于定位运行工作中 BUSY、定位完毕这些信号是经常被使用的。因此，在 QD77 控制器中，提供了工作状态接口，由 Md. * 表示，Md. * 是标识符。每一工作状态都有一对应的缓存器，只要读出该缓存器的数据，就可以知道某一种工作状态。读出工作状态要在 PLC 程序中进行相应的编程。

9.1 系统状态的监视信号

1. Md. 1——测试模式中标志

工作状态项目	内容	出厂值	缓存器地址
			全轴通用
Md. 1	表示系统当前是否处于测试模式	0	1200

Md. 1 =0 时为不处于测试模式；

Md. 1 =1 时为处于测试模式

2. Md. 3——启动信息

工作状态项目	内容	出厂值	缓存器地址			
			轴 1	轴 2	轴 3	轴 4
Md. 3	存储启动信息。包括重启标志、启动源、被启动的轴	0000H	1212			

b15　b12　b8　b4　b0

b7 ~ b0：已经启动的轴号 1 ~ 16；
b9 ~ b8：　启动源；
b9 ~ b8 =00：PLC 启动；
b9 ~ b8 =01：外部信号；
b9 ~ b8 =10：GX WORKS2；
b14 ~ b10：未使用
b15：重启标志
b15 =0：重启 OFF；
b15 =1：重启 ON；
说明：
1）重启标志：暂停之后是否重启；
2）启动源：由何种设备输入了启动信号；
3）启动轴：被启动的轴号

3. Md.4——启动编号

工作状态项目	内容	出厂值	缓存器地址			
			轴1	轴2	轴3	轴4
Md.4	存储启动编号 不同的工作模式有不同的编号，参考表9-1	0000H	1213			

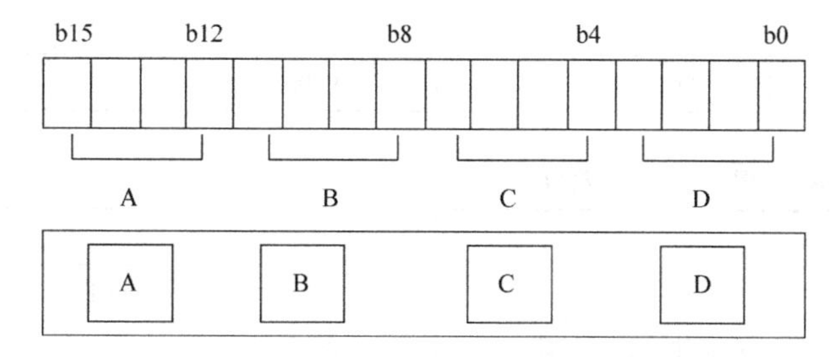

表9-1 工作模式对应的编号

内容	储存值				参考十进制
	A	B	C	D	
定位运行	0	0	0	1	001
	0	2	5	8	600
	1	B	5	8	7000
	1	B	5	9	7001
	1	B	5	A	7002
	1	B	5	B	7003
	1	B	5	C	7004
JOG运行	2	3	3	2	9010
手轮运行	2	3	3	3	9011
回原点	2	3	2	9	9012
高速回原点	2	3	2	A	9001
更改当前值	2	3	3	B	9002
同时启动	2	3	2	C	9003
同步控制	2	3	3	C	9004
位置/速度切换控制	2	3	4	6	9030
位置/转矩切换控制	2	3	4	7	9031
速度/转矩切换控制	2	3	4	8	9032
转矩/速度切换控制	2	3	4	9	9033
速度/位置切换控制	2	3	4	A	9034
转矩/位置切换控制	2	3	4	B	9035

4. Md. 54—启动时间（年、月）

工作状态项目	内容	出厂值	缓存器地址			
			轴 1	轴 2	轴 3	轴 4
Md. 54	存储启动时间，如年、月	0000H	1440			

5. Md. 5——启动时间：（日，时）

工作状态项目	内容	出厂值	缓存器地址			
			轴 1	轴 2	轴 3	轴 4
Md. 5	存储启动时间，如日，时	0000H	1214			

6. Md. 6——启动时间：（分，秒）

工作状态项目	内容	出厂值	缓存器地址			
			轴 1	轴 2	轴 3	轴 4
Md. 6	存储启动时间，如分、秒	0000H	1215			

7. Md. 7——报警信息

工作状态项目	内容	出厂值	缓存器地址			
			轴 1	轴 2	轴 3	轴 4
Md. 7	存储报警信息	0000H	1216			

8. Md. 9——出现故障的轴号

工作状态项目	内容	出厂值	缓存器地址			
			轴 1	轴 2	轴 3	轴 4
Md. 9	存储出现故障的轴号	0	1293			

9. Md. 10——故障代码

工作状态项目	内容	出厂值	缓存器地址			
			轴 1	轴 2	轴 3	轴 4
Md. 10	存储故障代码	0	1294			

10. Md. 57——伺服驱动器上显示的故障代码

工作状态项目	内容	出厂值	缓存器地址			
			轴 1	轴 2	轴 3	轴 4
Md. 57	存储伺服驱动器 LED 显示的故障代码	0	31300			

11. Md. 61——伺服驱动器运行报警编号

工作状态项目	内容	出厂值	缓存器地址			
			轴 1	轴 2	轴 3	轴 4
Md. 61	存储驱动器运行报警编号	0	31333			

12. Md. 55——轴出错发生时间（年、月）

工作状态项目	内容	出厂值	缓存器地址			
			轴 1	轴 2	轴 3	轴 4
Md. 55	存储轴出错发生时间（年、月）	0	1456			

13. Md. 11——轴出错发生时间（日、时）

工作状态项目	内容	出厂值	缓存器地址			
			轴 1	轴 2	轴 3	轴 4
Md. 11	存储轴出错发生时间（日、时）	0	1295			

14. Md. 12——轴出错发生时间（分、秒）

工作状态项目	内容	出厂值	缓存器地址			
			轴 1	轴 2	轴 3	轴 4
Md. 12	存储轴出错发生时间（分、秒）	0	1296			

15. Md. 50——急停状态

工作状态项目	内容	出厂值	缓存器地址			
			轴 1	轴 2	轴 3	轴 4
Md. 50	存储急停状态	0	1431			
Md. 50 =0 时为急停输入 ON； Md. 50 =1 时为急停输入 OFF						

16. Md. 51——无驱动器运行模式状态

工作状态项目	内容	出厂值	缓存器地址			
			轴 1	轴 2	轴 3	轴 4
Md. 51	存储无驱动器运行模式状态	0	1432			
Md. 51 =0 时为普通模式状态； Md. 51 =1 时为无驱动器运行模式						

17. Md. 53——SSCNET 的连接状态

工作状态项目	内容	出厂值	缓存器地址			
			轴 1	轴 2	轴 3	轴 4
Md. 53	存储 SSCNET 的连接状态	0	1433			
Md. 53 =1 时为有连接断开的轴						

9.2 轴运动状态的监视信号

1. Md. 20——进给当前值

工作状态项目	内容	出厂值	缓存器地址			
			轴 1	轴 2	轴 3	轴 4
Md. 20	① 存储进给当前值 ② 回原点时存储的是原点地址	0000H	800 801	900 901	1000 1001	1100 1101

2. Md. 21——以机械坐标系表示的进给当前值

工作状态项目	内容	出厂值	缓存器地址			
			轴 1	轴 2	轴 3	轴 4
Md. 21	存储以机械坐标系表示的进给当前值，相当于绝对坐标	0000H	802 803	902 903	1002 1003	1102 1103

说明：

1）不受更改当前值指令的影响，保持当前坐标值。

2）在进行速度控制时，Md. 21 = 0；

3）定长进给启动时，Md. 21 不被清零。

4）单位为°时，不以 0 ~ 360°环形计数，而以累计值计数。

3. Md. 22——进给速度

工作状态项目	内容	出厂值	缓存器地址			
			轴 1	轴 2	轴 3	轴 4
Md. 22	存储进给速度（指令速度）	0000H	804 805	904 905	1004 1005	1104 1105

4. Md. 23——轴故障代码

工作状态项目	内容	出厂值	缓存器地址			
			轴 1	轴 2	轴 3	轴 4
Md. 23	存储轴故障代码	0	806	906	1006	1106

5. Md. 24——轴报警代码

工作状态项目	内容	出厂值	缓存器地址			
			轴 1	轴 2	轴 3	轴 4
Md. 24	存储轴报警代码，报警属于轻微故障	0	807	907	1007	1107

6. Md. 25——有效 M 指令

工作状态项目	内容	出厂值	缓存器地址			
			轴 1	轴 2	轴 3	轴 4
Md. 25	存储有效 M 指令	0	808	908	1008	1108

（续）

工作状态项目	内容	出厂值	缓存器地址			
			轴 1	轴 2	轴 3	轴 4

显示：

十进制

M 指令
0～65535

当 PLC 就绪信号［Y0］变为 OFF 时，Md. 25 = 0

7. Md. 26——轴运动状态

工作状态项目	内容	出厂值	缓存器地址			
			轴 1	轴 2	轴 3	轴 4
Md. 26	存储轴运动状态	0	809	909	1009	1109

工作状态项目	Md. 26	轴运动状态
轴运动状态如下所示	Md. 26 = −2	步进待机中
	Md. 26 = −1	出错中
	Md. 26 = 0	待机中
	Md. 26 = 1	停止中
	Md. 26 = 2	插补中
	Md. 26 = 3	JOG 运行中
	Md. 26 = 4	手轮运行中
	Md. 26 = 5	分析中
	Md. 26 = 6	特殊启动待机中
	Md. 26 = 7	原点复位中
	Md. 26 = 8	位置控制中
	Md. 26 = 9	速度控制中
	Md. 26 = 10	速度/位置切换控制的速度控制中
	Md. 26 = 11	速度/位置切换控制的位置控制中
	Md. 26 = 12	位置/速度切换控制的位置控制中
	Md. 26 = 13	位置/速度切换控制的速度控制中
	Md. 26 = 15	同步控制中
	Md. 26 = 20	伺服未连接/伺服电源 OFF
	Md. 26 = 21	伺服 OFF
	Md. 26 = 30	控制模式切换中
	Md. 26 = 31	速度控制模式中
	Md. 26 = 32	转矩控制模式中
	Md. 26 = 33	挡块控制模式中

8. Md. 27——当前速度

工作状态项目	内容	出厂值	缓存器地址			
			轴 1	轴 2	轴 3	轴 4
Md. 27	存储当前执行的定位点的（Da. 8）指令速度		810 811	910 911	1010 1011	1110 1111

9. Md. 28——轴进给速度

工作状态项目	内容	出厂值	缓存器地址			
			轴 1	轴 2	轴 3	轴 4
Md. 28	存储各轴中实际指令速度	0	812 813	912 913	1012 1013	1112 1113

10. Md. 29——速度/位置切换控制切换为位置控制后的移动量

工作状态项目	内容	出厂值	缓存器地址			
			轴 1	轴 2	轴 3	轴 4
Md. 29	在速度/位置切换控制中切换为位置控制后，存储实际移动量	0	814 815	914 915	1014 1015	1114 1115

11. Md. 30——外部信号状态

工作状态项目	内容	出厂值	缓存器地址			
			轴 1	轴 2	轴 3	轴 4
Md. 30	存储外部信号的 ON/OFF 状态		816	916	1016	1116
项目	内容					定义
bit0	下限位					0 为 OFF，1 为 ON
bit1	上限位					
bit2	未使用					
bit3	停止信号					
bit4	外部指令信号/切换信号					
bit5	未使用					
bit6	DOG 信号					
bit7	未使用					

说明如下。

bit0：速度控制中标志。控制器处于速度控制中时，bit0 = ON。

bit1：速度/位置切换锁存标志。速度/位置切换控制中限制移动量可否变更的互锁信号。在执行速度/位置切换控制，切换为位置控制时，bit1 = ON；执行下一个定位数据、JOG 运行、手轮运行时，bit1 = OFF。

bit2：到达“定位完成范围”标志。当滞留脉冲到达定位完成范围以内时，bit2 = ON。在运行模式为连续轨迹控制时不变为 ON。在各运算周期中进行检查，在速度控制中不进行检查。在插补运行时仅启动轴标志变为 ON，启动时所有轴变为 OFF。

12. Md. 31——各种信号标志状态

<table>
<tr><th rowspan="2">工作状态项目</th><th rowspan="2">内容</th><th rowspan="2">出厂值</th><th colspan="4">缓存器地址</th></tr>
<tr><th>轴 1</th><th>轴 2</th><th>轴 3</th><th>轴 4</th></tr>
<tr><td>Md. 31</td><td>存储各种信号标志状态</td><td>0008H</td><td>817</td><td>917</td><td>1017</td><td>1117</td></tr>
<tr><td>bit0</td><td colspan="2">处于速度控制中</td><td colspan="4" rowspan="16">0 为 OFF
1 为 ON</td></tr>
<tr><td>bit1</td><td colspan="2">速度/位置切换锁存标志</td></tr>
<tr><td>bit2</td><td colspan="2">进入定位完成范围标志</td></tr>
<tr><td>bit3</td><td colspan="2">回原点请求标志</td></tr>
<tr><td>bit4</td><td colspan="2">回原点完成标志</td></tr>
<tr><td>bit5</td><td colspan="2">位置/速度切换锁存标志</td></tr>
<tr><td>bit6</td><td colspan="2"></td></tr>
<tr><td>bit7</td><td colspan="2"></td></tr>
<tr><td>bit8</td><td colspan="2"></td></tr>
<tr><td>bit9</td><td colspan="2">轴报警控制</td></tr>
<tr><td>bit10</td><td colspan="2">速度更改为 0</td></tr>
<tr><td>bit11</td><td colspan="2"></td></tr>
<tr><td>bit12</td><td colspan="2">M 指令选通信号</td></tr>
<tr><td>bit13</td><td colspan="2">出错检测</td></tr>
<tr><td>bit14</td><td colspan="2">启动完毕信号</td></tr>
<tr><td>bit15</td><td colspan="2">定位完毕信号</td></tr>
</table>

bit3：回原点请求标志。上电后（未建立原点）时，bit3 = ON；回原点完成时，bit3 = OFF。

bit4：回原点完成标志。在回原点完成时，bit4 = ON；运行开始时，bit4 = OFF。

bit5：位置/速度切换锁存标志。bit5 为位置/速度切换控制中的指令速度可否变更的互锁信号。在切换为速度控制时，bit5 = ON；在执行下一个定位、JOG 运行、手轮运行时，bit5 = OFF。

bit9：轴报警检测。在检测到“轴报警时”时，bit9 = ON。

bit10：速度更改为 0 标志。当更改速度值 =0，bit10 = ON，否则 bit10 = OFF。

bit12：M 指令选通信号。当发出 M 指令时，bit12 = ON。

bit13：出错检测。发生轴出错时，bit13 = ON，复位后，bit13 = OFF。

bit14：启动完毕信号。定位启动完成，bit14 = ON。

bit15：定位完毕信号。定位完成时，bit15 = ON；插补控制时，仅基准轴信号为 ON。

13. Md. 32——定位运行时的目标值（Da. 6 定位地址）

工作状态项目	内容	出厂值	缓存器地址			
			轴1	轴2	轴3	轴4
Md. 32	存储定位运行时的目标值（Da. 6 定位地址）	0	818	918	1018	1118
			819	919	1019	1119

14. Md. 33——实际指令速度

工作状态项目	内容	出厂值	缓存器地址			
			轴1	轴2	轴3	轴4
Md. 33	实际指令速度为执行了速度倍率调节后的指令速度	0	82	92	102	112
			0	0	0	0
			82	92	102	112
			1	1	1	1

说明：

1）定位运行时，为实际指令速度。定位完成后 Md. 33 =0。

2）位置插补时，在基准轴存储实际指令速度，插补轴 =0。

3）速度插补时，在基准轴和插补轴分别存储实际指令速度。

4）JOG 运行时，存储 JOG 速度。

5）手轮运行时，Md. 33 =0

15. Md. 35——转矩值

工作状态项目	内容	出厂值	缓存器地址			
			轴1	轴2	轴3	轴4
Md. 35	在不同状态下存储不同的转矩值	0	826	926	1026	1126

存储内容：

1）在定位启动、JOG 运行启动、手轮运行时，存储 Pr. 17 转矩限制值或 Cd. 101 转矩输出值。

2）运行中在使用 Cd. 22 转矩更改值时，存储 Cd. 22 值。

3）回原点时，存储 Pr. 17 转矩限制值或 Cd. 101 转矩输出值。但是，达到爬行速度后存储 Pr. 54 限制值。

16. Md. 36——特殊启动的内容

工作状态项目	内容	出厂值	缓存器地址			
			轴1	轴2	轴3	轴4
Md. 36	启动形式	0	827	927	1027	1127
00	正常运动块启动					
01	条件启动					
02	等待启动					
03	同时启动					
04	循环启动（根据循环次数循环）					
05	循环启动（根据循环条件循环）					
06	NEXT 循环结束					

17. Md. 37——条件数据编号和循环次数

工作状态项目	内容	出厂值	缓存器地址			
			轴 1	轴 2	轴 3	轴 4
Md. 37	存储特殊启动的条件数据编号和循环次数	0	828	928	1028	1128

	数据	存储数据
00	无	
01	条件启动编号 No.	1 ~ 10
02		
03		
04		
05	循环次数	0 ~ 255
06	无	

18. Md. 38——定位数据编号

工作状态项目	内容	出厂值	缓存器地址			
			轴 1	轴 2	轴 3	轴 4
Md. 38	存储定位数据编号	0	829	929	1029	1129

19. Md. 39——速度限制中标志

工作状态项目	内容	出厂值	缓存器地址			
			轴 1	轴 2	轴 3	轴 4
Md. 39	存储速度限制中标志	0	830	930	1030	1130
Md. 39 = 0 时，不在速度限制中；Md. 39 = 1 时，在速度限制中						

20. Md. 40——速度更改处理中标志

工作状态项目	内容	出厂值	缓存器地址			
			轴 1	轴 2	轴 3	轴 4
Md. 40	Md. 40 = 1 时，表示当前处于速度更改状态	0	83 1	93 1	103 1	113 1
定位控制中进行速度更改时，Md. 40 = 1；速度更改处理完成后，Md. 40 = 0						

21. Md. 41——剩余循环次数（FOR—NEXT 循环）

工作状态项目	内容	出厂值	缓存器地址			
			轴 1	轴 2	轴 3	轴 4
Md. 41	在 FOR—NEXT 循环中，存储剩余循环次数	0	832	932	1032	1132
在 FOR—NEXT 循环运行时，Md. 41 存储剩余循环次数。在循环结束后，Md. 41 = -1，如果是无限循环，Md. 41 = 0						

22. Md. 42——剩余循环次数（LOOP—LEND 循环）

工作状态项目	内容	出厂值	缓存器地址			
			轴 1	轴 2	轴 3	轴 4
Md. 42	在 LOOP—LEND 循环中，存储剩余循环次数	0	833	933	1033	1133

23. Md. 43——当前执行的运动块编号

工作状态项目	内容	出厂值	缓存器地址			
			轴 1	轴 2	轴 3	轴 4
Md. 43	存储当前执行中的运动块编号（1～50）	0	834	934	1034	1134

24. Md. 44——当前执行的定位点编号

工作状态项目	内容	出厂值	缓存器地址			
			轴 1	轴 2	轴 3	轴 4
Md. 44	存储当前执行的定位点编号	0	835	935	1035	1135

25. Md. 45——当前执行的程序区编号

工作状态项目	内容	出厂值	缓存器地址			
			轴 1	轴 2	轴 3	轴 4
Md. 45	存储当前执行的程序区编号	0	836	936	1036	1136

26. Md. 46——最后执行的定位数据编号

工作状态项目	内容	出厂值	缓存器地址			
			轴 1	轴 2	轴 3	轴 4
Md. 46	存储最后执行的定位数据编号	0	837	937	1037	1137

27. Md. 47——定位数据的详细内容

工作状态项目	内容	出厂值	缓存器地址			
Md. 47	当前执行的定位数据的详细内容					
标识符	项目		轴 1	轴 2	轴 3	轴 4
Da. 1～Da. 5	定位标识符	0	838	938	1038	1138
Da. 10	M 指令		839	939	1039	1139
Da. 9	停留时间		840	940	1040	1140
Da. 8	指令速度		841	941	1041	1141
Da. 6	定位地址		842	942	1042	1142
Da. 7	圆弧地址		843	943	1043	1143

28. Md. 48——减速开始标志

工作状态项目	内容	出厂值	缓存器地址			
			轴 1	轴 2	轴 3	轴 4
Md. 48	存储减速开始标志	0	899	999	1099	1199
Md. 48 = 1 时，表示减速开始						

29. Md. 100——回原点移动量

工作状态项目	内容	出厂值	缓存器地址			
			轴 1	轴 2	轴 3	轴 4
Md. 100	存储回原点移动量	0	848 849	948 949	1048 1049	1148 1149

30. Md. 101——实际当前值

工作状态项目	内容	出厂值	缓存器地址			
			轴 1	轴 2	轴 3	轴 4
Md. 101	实际当前值 = 进给当前值 - 偏差计数器值	0	850 851	950 951	1050 1051	1150 1151

31. Md. 102——偏差计数器值

工作状态项目	内容	出厂值	缓存器地址			
			轴 1	轴 2	轴 3	轴 4
Md. 102	偏差计算器值 = 进给当前值 - 实际当前值（单位为脉冲）	0	85 2 85 3	95 2 95 3	105 2 105 3	115 2 115 3

32. Md. 103——电动机转数

工作状态项目	内容	出厂值	缓存器地址			
			轴 1	轴 2	轴 3	轴 4
Md. 103	存储电动机转数，单位为 r/min	0	85 4 85 5	95 4 95 5	105 4 105 5	115 4 115 5

33. Md. 104——电动机电流值

工作状态项目	内容	出厂值	缓存器地址			
			轴 1	轴 2	轴 3	轴 4
Md. 104	存储电动机电流值，实际值为额定电流的百分数	0	85 6	95 6	105 6	115 6

34. Md. 107——设置不当的参数编号

工作状态项目	内容	出厂值	缓存器地址			
			轴 1	轴 2	轴 3	轴 4
Md. 107	如果某个参数设置错误，在 Md. 107 中存储出错的参数编号	0	87 0	97 0	107 0	117 0

35. Md. 108——伺服系统工作状态

工作状态项目	内容	出厂值	缓存器地址			
			轴 1	轴 2	轴 3	轴 4
Md. 108	伺服系统工作状态	0	876	976	1076	1176

说明：伺服系统有以下工作状态：

1）零点通过：只要通过编码器零点一次，Md. 108（低位）bit0 = 1；

2）零速度中：电机速度小于伺服参数零速度以下时，Md. 108（低位）bit3 = 1；

3）速度限制中：转矩控制模式下处于速度限制中时，Md. 108（低位）bit4 = 1；

4）PID 控制中：伺服放大器处于 PID 控制中时，Md. 108（低位）bit8 = 1；

5）就绪 ON：显示就绪 ON/OFF 状态，Md. 108（高位）bit0 = 1/0；

6）伺服 ON：显示伺服 ON/OFF 状态，Md. 108（高位）bit1 = 1/0；

7）控制模式：显示伺服放大器的控制模式。

- 位置控制模式，Md. 108（高位）bit2 = 0，bit3 = 0；
- 速度控制模式，Md. 108（高位）bit2 = 1，bit3 = 0；
- 转矩控制模式，Md. 108（高位）bit2 = 0，bit3 = 1；

8）伺服系统报警中：伺服报警发生时，Md. 108（高位）bit7 = 1；

9）到达定位精度：滞留脉冲小于伺服参数的设置值时，Md. 108（高位）bit12 = 1；

10）转矩限制中：伺服放大器处于转矩限制中时，Md. 108（高位）bit13 = 1；

11）绝对位置丢失：伺服放大器处于绝对位置消失中时，Md. 108（高位）bit14 = 1；

12）报警中：伺服放大器处于报警中时，Md. 108（高位）bit15 = 1。

36. Md. 120——反转转矩限制值

工作状态项目	内容	出厂值	缓存器地址			
			轴 1	轴 2	轴 3	轴 4
Md. 120	存储反转转矩限制值	0	891	991	1091	1191

37. Md. 122——指令速度

工作状态项目	内容	出厂值	缓存器地址			
			轴 1	轴 2	轴 3	轴 4
Md. 122	存储速度控制模式中的指令速度	0	892 893	992 993	1092 1093	1192 1193

38. Md. 123——指令转矩

工作状态项目	内容	出厂值	缓存器地址			
			轴 1	轴 2	轴 3	轴 4
Md. 123	存储转矩控制模式中的指令转矩	0	894	994	1094	1194

第10章

回原点及点动模式

本章介绍使用运动控制器做JOG运行和回原点运行的方法，运动控制器有极其丰富的功能，JOG运行和回原点运行是最简单又必不可少的运行模式，通过学习设置JOG速度，编制PLC程序，设置必需的参数，使运动控制器驱动伺服系统动作，达到初步认识运动控制器的目的。

10.1 JOG运行

10.1.1 JOG运行的定义

JOG是点动。在JOG运行中，当JOG正转启动信号或JOG反转启动信号为ON时，在ON期间，控制器将指令脉冲不断地输出到伺服放大器，使电动机按设定的方向旋转。

10.1.2 JOG运行的执行步骤（见图10-1）

1）设置相关参数和检查安全条件。相关参数见表10-2，安全条件至少包括限位和急停必须有效，工作台运行区间无障碍，工作台润滑良好。

2）设置JOG运行的速度。JOG运行速度由QD77内的指令型软元件Cd.17设置，设置方法是由PLC程序写入。见14.4.2节图14-8所示。

3）设置JOG运行的加减速时间。JOG运行的加减速时间由参数Pr.32和参数Pr.33设置。

4）发出PLC就绪=ON，全部轴伺服ON=ON指令。

5）发出JOG正转启动或JOG反转启动指令。各轴的JOG正转启动、JOG反转启动信号是由运动控制器内部规定，对于QD77：

① JOG正转启动信号：Y8、Y9、YA、YB；

② JOG反转启动信号：YC、YD、YE、YF。

只要编制PLC程序驱动相应的Y接口，就可以启动JOG运行。

JOG运行的时序图如图10-2所示。

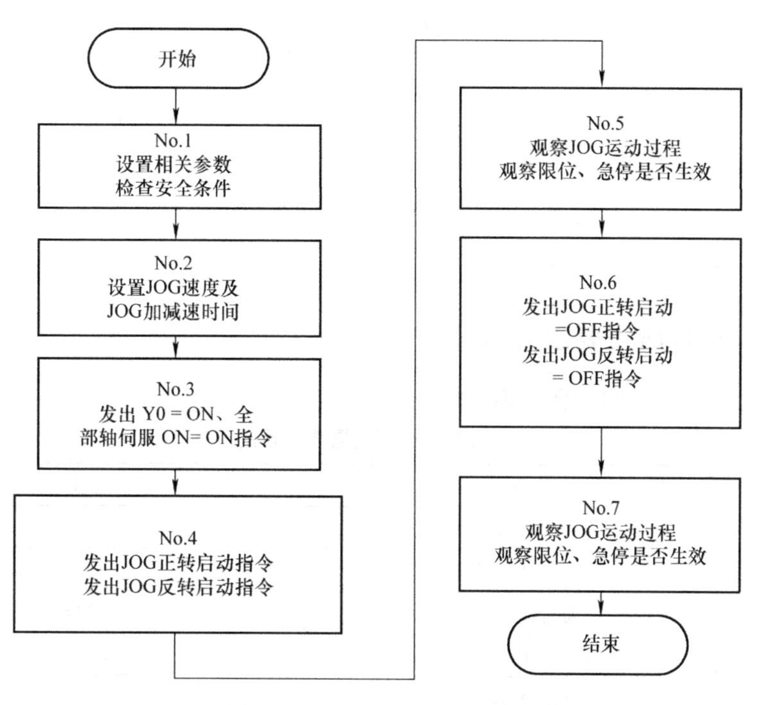

图 10-1 JOG 运行的执行步骤

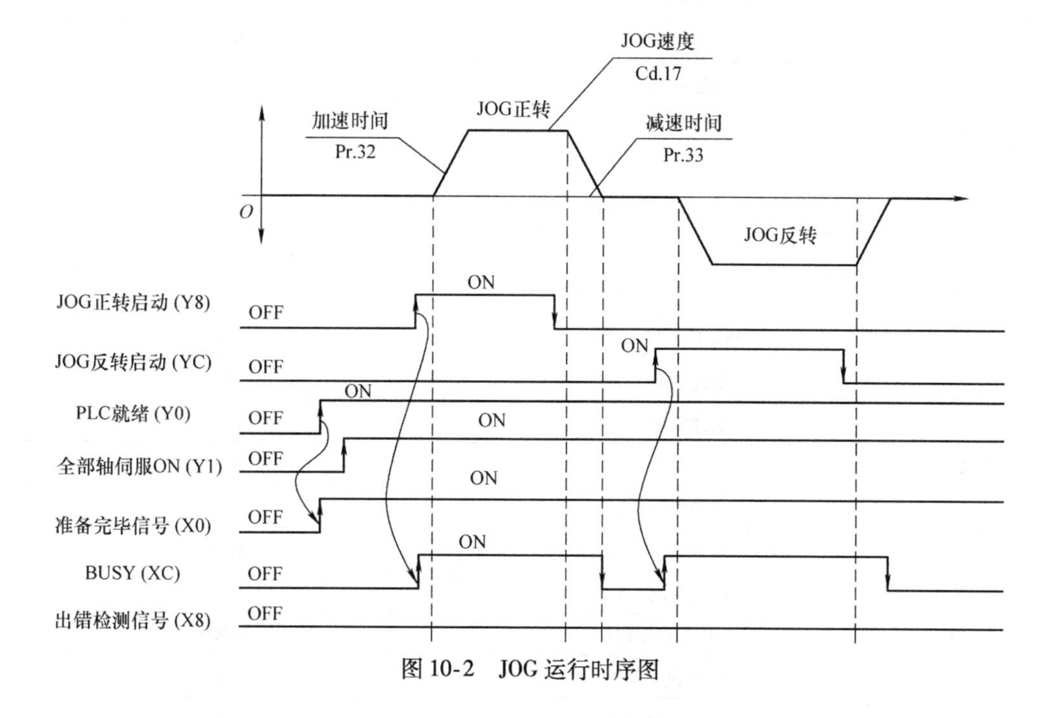

图 10-2 JOG 运行时序图

6）观察 JOG 动作过程。观察 JOG 运行的速度、运行方向是否与设置的相同，以及限位和急停是否有效。

7）发出 JOG 正转启动 = OFF 或 JOG 反转启动 = OFF 指令。观察 JOG 动作是否停止。JOG 动作过程（正转为例）见表 10-1。

表 10-1　JOG 运行的动作过程

顺序	动作
1	启动信号 Y8 = ON，以设定的加速时间加速到 JOG 速度，BUSY 信号从 OFF→ON
2	保持 JOG 速度运行，注意观察电动机运行方向及位置
3	如果启动信号 Y8 = OFF，以设定的减速时间减速到零速度
4	停止后，BUSY 信号从 ON→OFF

10.1.3　JOG 运行所需要设置的参数

JOG 运行所需要设置的参数见表 10-2。

表 10-2　JOG 运行所需要设置的参数

参数号	内容	设置值
Pr. 1	单位	3pls
Pr. 2	每转脉冲数/pls	20000
Pr. 3	每转移动量/pls	20000
Pr. 4	单位倍率	1（1 倍）
Pr. 7	启动时的偏置速度	0
Pr. 8	速度限制值/(pls/S)	200000
Pr. 9	加速时间 0/ms	1000
Pr. 10	减速时间 0/ms	1000
Pr. 11	间隙补偿量/pls	0
Pr. 12	软限位上限/pls	2147483647
Pr. 13	软限位下限/pls	-2147483647
Pr. 14	软限位有效/无效选择	0（进给当前值）
Pr. 15	软限位有效/无效选择	0（有效）
Pr. 17	转矩限制值（%）	300
Pr. 25	加速时间 1/ms	1000
Pr. 26	加速时间 2/ms	1000
Pr. 27	加速时间 3/ms	1000
Pr. 28	减速时间 1/ms	1000
Pr. 29	减速时间 2/ms	1000
Pr. 30	减速时间 3/ms	1000
Pr. 31	JOG 速度限制值	20000
Pr. 32	JOG 加速时间选择	0
Pr. 33	JOG 减速时间选择	0
Pr. 34	加减速曲线选择	0（梯形）
Pr. 35	S 曲线比率（%）	100
Pr. 36	急停减速时间/ms	1000

（续）

参数号	内容	设置值
Pr. 37	停止组 1 急停选择	0　减速停止
Pr. 38	停止组 2 急停选择	0　减速停止
Pr. 39	停止组 3 急停选择	0　减速停止
Pr. 40	定位完毕信号输出时间/ms	

其中，有通用设置，有 JOG 运行的专用设置。表 10-3 是必需的专用设置。

表 10-3　JOG 运行专用设置

参数号	内容	设置值
Pr. 31	JOG 速度限制值	20000
Pr. 32	JOG 加速时间选择	0
Pr. 33	JOG 减速时间选择	0

当然在 JOG 运行前要按表 10-2 进行检查。

10.1.4　JOG 运行的 PLC 程序的编制

编制 PLC 程序的内容见表 10-4。

表 10-4　编制 PLC 程序的内容

设置项目	设置内容	设置值	缓存器地址
Cd. 16	微动移动量/mm	0	1517
Cd. 17	JOG 速度/(mm/min)	1000	1518
			1519

1）启动条件，JOG 启动的条件见表 10-5。

表 10-5　JOG 启动的条件

信号名称		信号状态		软元件
内部接口信号	PLC 就绪信号	ON	PLC 准备完毕	Y0
	准备完毕	ON	QD77 准备完毕	X0
	全部轴伺服 ON	ON	全部轴伺服 ON	Y1
	同步用标志	ON	可以访问 QD77 缓存器	X1
	轴停止信号	OFF	轴停止信号 OFF	Y4 ~ Y7
	启动完毕信号	OFF	启动完毕信号 OFF	X10 ~ X13
	BUSY 信号	OFF	BUSY 信号 OFF	XC ~ XF
	出错检测信号	OFF	无出错轴	X8
	M 指令 ON 信号	OFF	M 指令 ON 信号 OFF	X4
外部信号	急停	ON	无急停	
	停止	OFF	停止信号 OFF	
	正限位	ON	不超程	
	负限位	ON	不超程	

2）运行时序图。运行时序图如图 10-2 所示。

3）PLC 程序。JOG 启动的 PLC 程序如图 10-3 所示。

在编制 PLC 程序时，有下列内容：

① 设置 JOG 速度。

② 设置启动条件。

③ 发出启动指令并互锁。

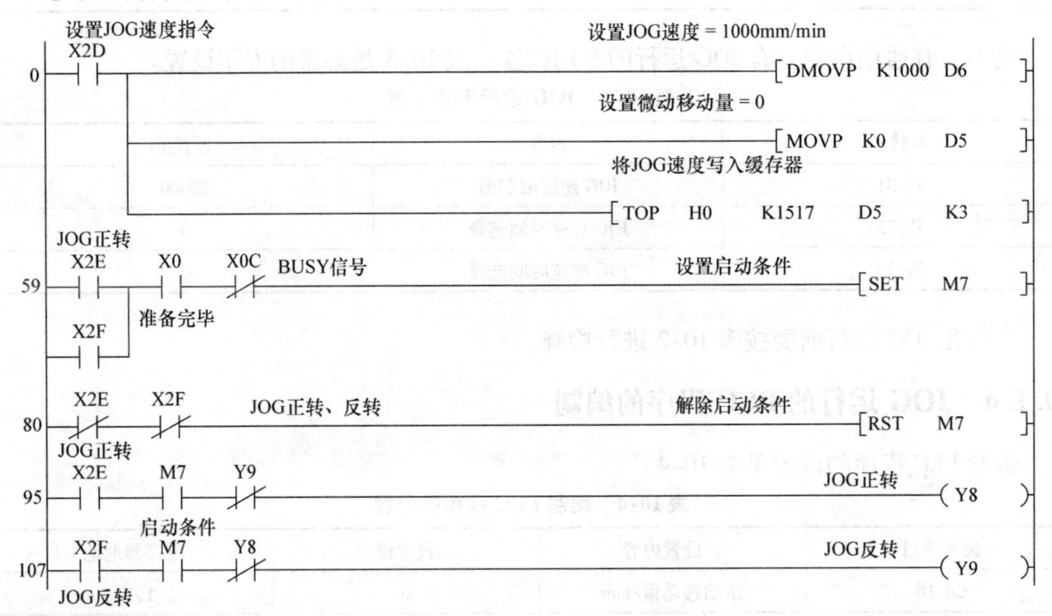

图 10-3　JOG 启动的 PLC 程序

注意：在 PLC 程序的第 0 步是设置 JOG 运行的速度；在第 95 步是发出 JOG 正转启动指令（Y8 = ON）；在第 107 步是发出 JOG 反转启动指令（Y9 = ON）。

10.2　微动运行

10.2.1　微动运行的定义

微动运行是 QD77 控制器特有的功能，它是指在 QD77 的一个运算周期内（0.88 ~ 1.77ms），使电机运行一个微动移动量的功能。这个微动移动量由指令型接口 Cd.16 设置。

微动功能可以理解为 JOG 模式下的点动微定长运行，用于精密的位置调整。

注意：

① 微动运行不进行加减速处理，但可以进行间隙补偿。

② Cd.16 应该设置为不等于 0。

微动运行的时序图如图 10-4 所示。

1）发出 PLC 就绪信号 = ON；

2）发出全轴伺服 ON（Y1） = ON；

3）等待准备完毕信号（X0） = ON；

4）JOG 正转启动 Y8 = ON，启动微动运行；

5）BUSY（工作中） = ON；

6）移动一段微动移动量；

7）微动运行结束。定位完毕信号 X14 = ON。

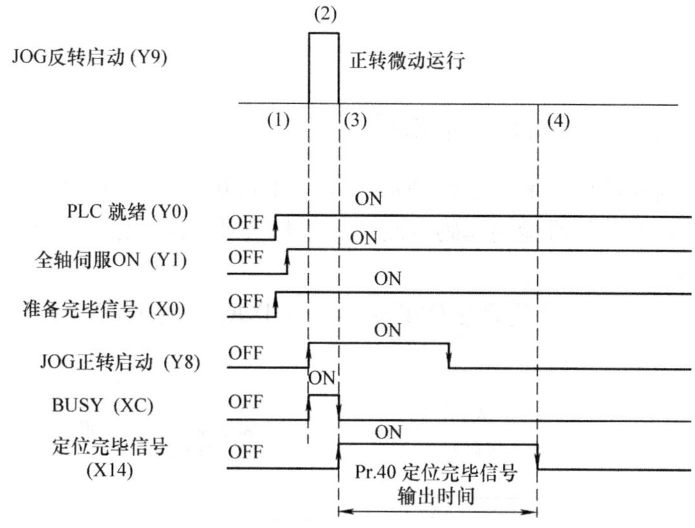

图 10-4　微动运行的时序图

10.2.2　微动运行的 PLC 程序的编制

微动运行的执行步骤和所需要的参数设置与 JOG 运行相同。

1）设置微动移动量；

2）设置启动条件；

3）启动。

PLC 程序编制如图 10-5 所示。

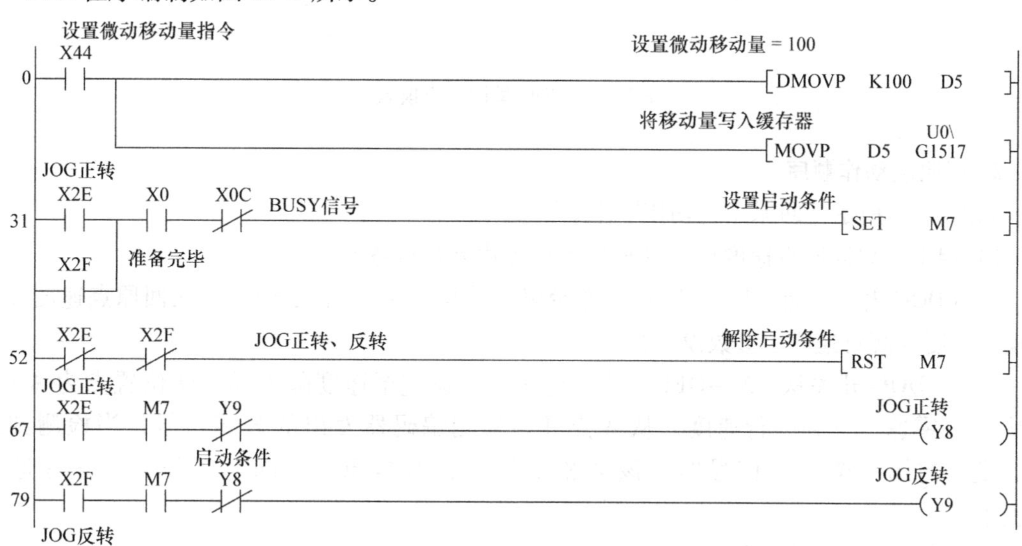

图 10-5　微动运行 PLC 程序

注意：在 PLC 程序的第 0 步，是设置微动运行的移动量，程序中的设置值 = 100。在第 67 步，发出 JOG 正转启动指令（Y8 = ON）。在第 79 步，发出 JOG 反转启动指令（Y9 = ON）。当前执行的是微动运行，要注意观察移动量和方向。

10.3 回原点运行

10.3.1 回原点的一般过程和技术术语

最普通的回原点方式是配置一原点 DOG 开关。电机在回原点过程中，根据原点 DOG 开关的 ON/OFF 状态减速，然后检测编码器发出的 Z 相信号以建立原点，如图 10-6 所示。

1. 回原点过程

如图 10-6 所示，（DOG 开关为常 OFF 接法）以 DOG 开关从 ON→OFF 后的第 1 个 Z 相信号作为原点。

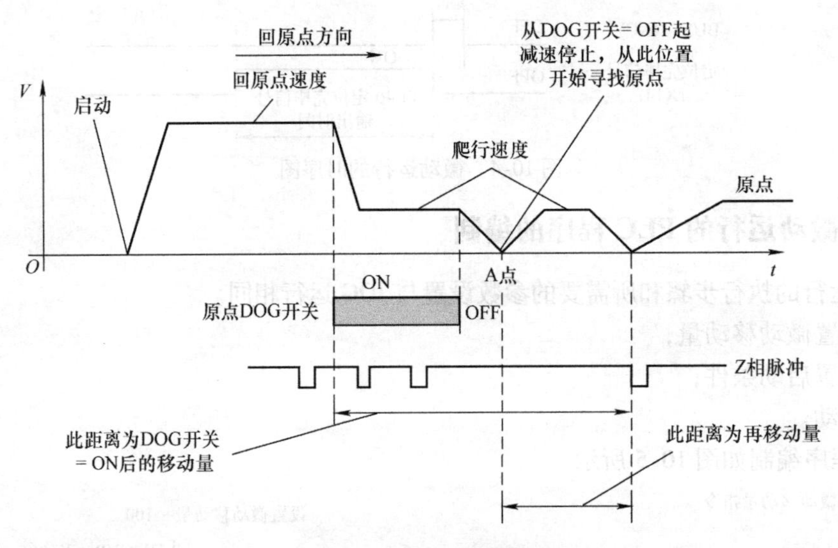

图 10-6 DOG 型回原点模式

2. 回原点动作顺序

如图 10-6 所示，回原点的动作顺序如下：

1）启动，以回原点速度运行（回原点速度由参数设置）。

2）（DOG 开关为常 OFF 接法）工作台碰上挡块，DOG 开关 = ON，从回原点速度降低到爬行速度（爬行速度由参数设置）。

3）当 DOG 开关从 ON→OFF，从爬行速度减速直至速度降为零。此位置点为 A 点，又从 A 点零速上升到爬行速度，从 A 点开始检测编码器发出的 Z 相信号，当检测到编码器发出的第 1 个 Z 相信号时，该 Z 相信号位置就是原点。同时工作台停止在原点位置上。

3. 回原点模式工作流程

回原点执行步骤如图 10-7 所示。

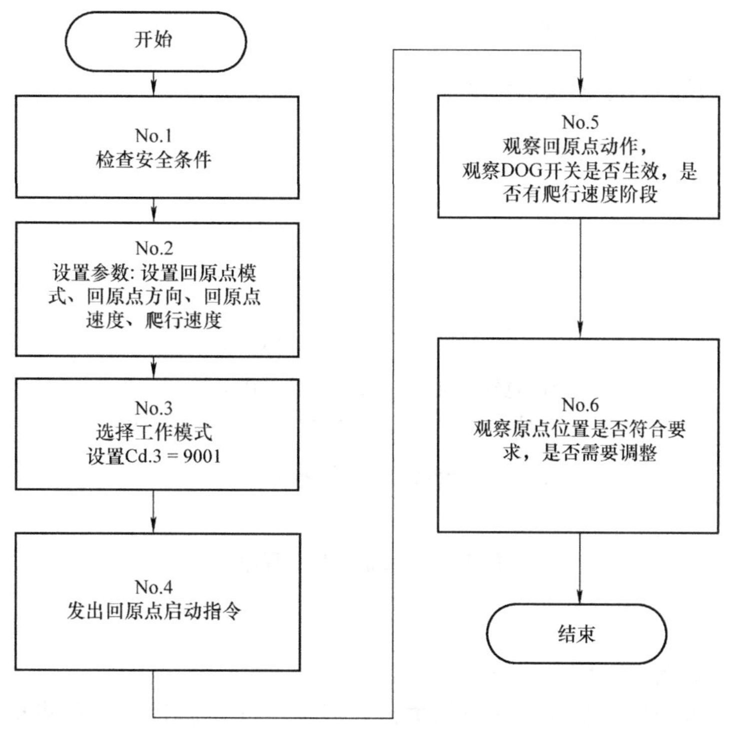

图 10-7　回原点执行步骤

1）检查安全条件

保证急停开关有效、限位开关有效，检测 DOG 开关信号是否有效，工作台运行区间无障碍，机床润滑条件良好。

2）设置回原点参数

回原点参数见表 10-6。其中回原点模式、回原点速度、回原点方向、爬行速度是必须设置的。

3）发出 PLC 就绪 = ON，全轴伺服 ON = ON 指令。

4）发出回原点启动指令（各轴分别启动）。

5）注意观察回原点速度、回原点方向、爬行速度是否有效，DOG 开关是否安装到位，DOG 信号是否进入控制器。

10.3.2　回原点参数的设置

执行回原点操作前，必须设置的参数见表 10-6。

表 10-6　回原点参数表

参数号	参数名称	设置样例
Pr. 43	回原点模式	Pr. 43 =0　DOG 模式
Pr. 44	回原点方向	Pr. 44 =0　正方向
Pr. 45	原点地址	
Pr. 46	回原点速度	Pr. 46 =20000pls/min
Pr. 47	爬行速度	Pr. 46 =1000pls/min

参数的定义及设置方法见第4章。

10.3.3 编制回原点的PLC程序

回原点PLC程序如图10-8所示。

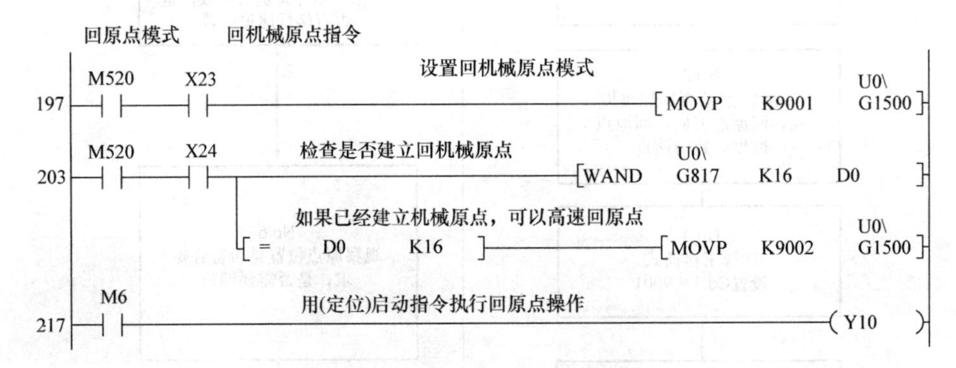

图10-8　回原点PLC程序

说明如下：

1）选择回原点模式，M520 = ON。

2）如果是上电开机，要首先执行回原点。X23 = ON 选择回机械原点模式 Cd.3 = 9001（第197步）。

3）发出定位启动指令（Y10 = ON），执行回原点操作（第217步）。

第 11 章 手轮模式

本章介绍了手轮模式等内容，包括脉冲格式、手轮的连接、参数设置以及编制与手轮运行相关的 PLC 程序。

11.1 手轮模式概述

手轮模式是一种特殊运行模式，在手轮模式下，伺服系统只接收手轮发出的脉冲信号，根据脉冲指令运行。手轮模式常用于调试初期的各轴位置的精密调整。

手轮的步骤如图 11-1 所示。

1）选择“手轮模式”，设置手轮使能信号 Cd. 21 =1，BUSY 信号随之置 ON；

2）摇动手轮，发出脉冲驱动伺服电动机运行。如果无脉冲信号，伺服电动机在 25ms 内停止运行。

3）设置手轮使能信号 Cd. 21 =0，BUSY 信号随之置 OFF；

4）退出手轮模式。

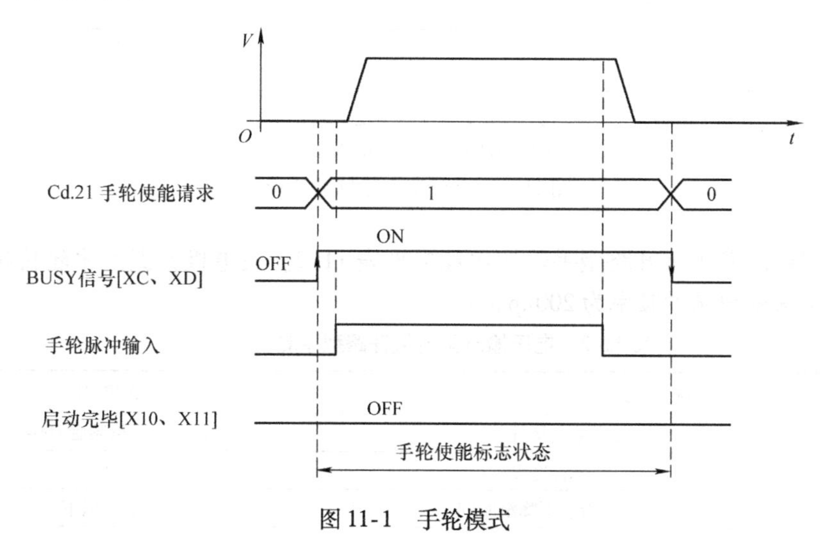

图 11-1 手轮模式

11.2 常用手轮的技术规格

常用手轮分为差分型和电压输出/集电极开路型。

11.2.1 技术规格

1）差分型手轮技术规格见表 11-1。差分型手轮最大输出脉冲频率为 4Mpls/s。

表 11-1 差分型手轮技术规格

脉冲格式		规格
差分型	最大输出脉冲频率	1Mpls/s（4 倍频后 4Mpls/s）
	脉冲宽度	1μs 以上
	上升沿、下降沿时间	0.25μs 以下
	相位差	0.25μs 以下
	额定输入电压	DC 5.5V 以下
	高电压	DC 2.0～5.5V 以下
	低电压	DC 0～0.8V 以下
	差分电压	±0.2V
	线缆长度	最大 30m

差分型手轮脉冲波形如图 11-2 所示。

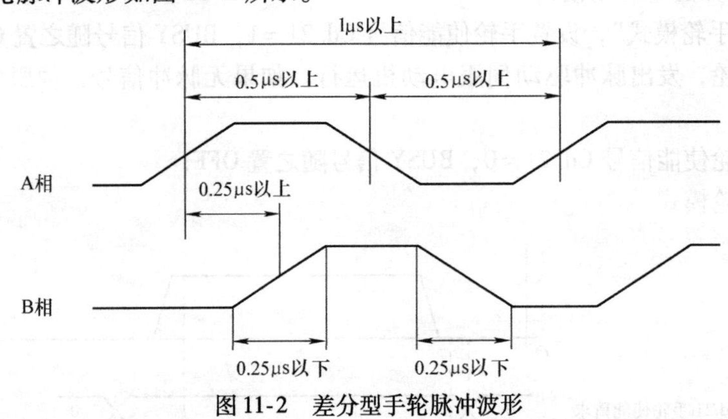

图 11-2 差分型手轮脉冲波形

2）电压输出/集电极开路型手轮技术规格见表 11-2。集电极开路型手轮价格便宜，最为常用，其最大输出脉冲频率为 200kpls/s。

表 11-2 电压输出集电极开路型手轮技术规格

脉冲格式		A/B 相
集电极开路型	最大输出脉冲频率	200kpls/s（4 倍频后 800kpls/s）
	脉冲宽度	5μs 以上
	上升沿、下降沿时间	1.2μs 以下
	相位差	1.2μs 以下
	额定输入电压	DC 5.5V 以下
	高电压	DC 3.0～5.25V 以下
	低电压	DC 0～1.0V 以下
	差分电压	±0.2V
	线缆长度	最大 10m

集电极开路型手轮脉冲波形如图 11-3 所示。注意脉冲宽度在时间上的差别。

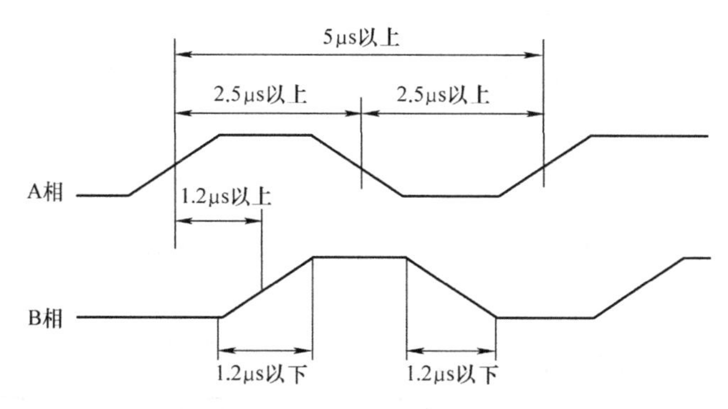

图 11-3 集电极开路型手轮脉冲波形

11.2.2 对手轮技术术语的说明

1. 脉冲输出格式

脉冲信号的输出有 A/B 相、计数脉冲 + 方向信号两种形式。

差分型和集电极开路型手轮都具备这两种脉冲信号输出格式。这两种脉冲输出格式如图 11-4所示。在运动控制器中可以用参数选择这两种脉冲输出格式。

脉冲输出格式	脉冲信号输出逻辑选择			
	正逻辑		负逻辑	
	正转	反转	正转	反转
A/B 相	A相 B相		A相 B相	
计数脉冲（pls）+ 方向信号（sign）	A相 B相 高	低	A相 B相 低	高

图 11-4 脉冲输出格式

2. 工作原理

1）脉冲信号分为 A 相、B 相。以 A/B 相的相位关系确定正反转（定位地址的增加或减少）。如图 11-5 所示。

① A 相的相位超前于 B 相时，使用 A、B 相的上升沿和下降沿增加定位地址（正转）。

② B 相的相位超前于 A 相时，使用 A、B 相的上升沿和下降沿减少定位地址（反转）。

图中脉冲带箭头的上升沿和下降沿，就是发出脉冲有效的时间点。

2）关于 4 倍频、2 倍频、1 倍频。

① 4 倍频。A 相、B 相脉冲的上升沿、下降沿都作为脉冲计数信号，所以手轮 A 相、B 相发出 1 个脉冲，就有 4 个计数信号，这就是 4 倍频，相当于发出了 4 个脉冲，如图 11-5 所示。

② 2 倍频。A 相脉冲的上升沿、下降沿都作为脉冲计数信号，所以编码器 A 相、B 相发出 1 个脉冲，就有 2 个计数信号，这就是 2 倍频，相当于发出了 2 个脉冲，如图 11-6 所示。

③ 1 倍频。A 相脉冲的上升沿作为脉冲计数信号，所以编码器 A 相、B 相发出 1 个脉

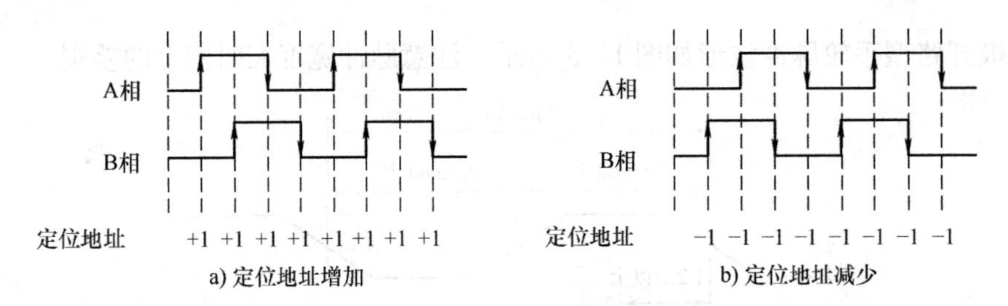

图 11-5　A/B 相脉冲的相位关系及 4 倍频

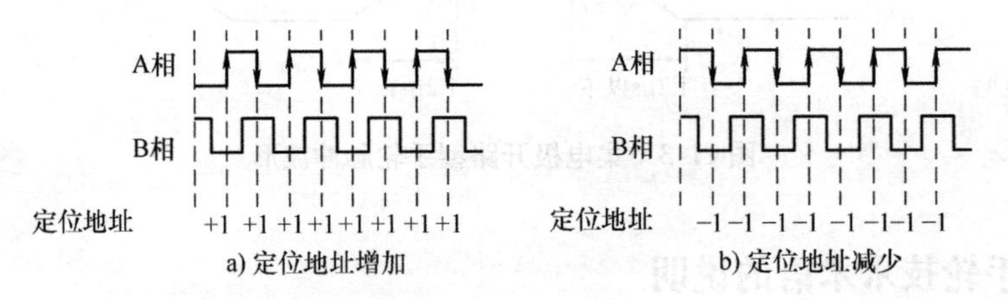

图 11-6　2 倍频脉冲

冲，就有 1 个计数信号，这就是 1 倍频，相当于发出了 1 个脉冲，如图 11-7 所示。

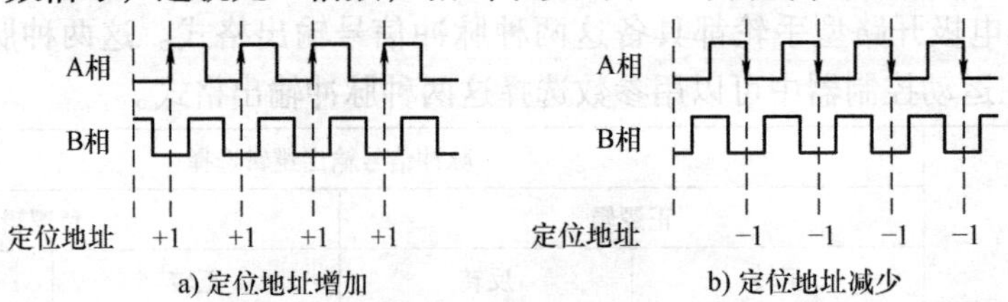

图 11-7　1 倍频脉冲

3）正逻辑/负逻辑示意图如图 11-8 所示。

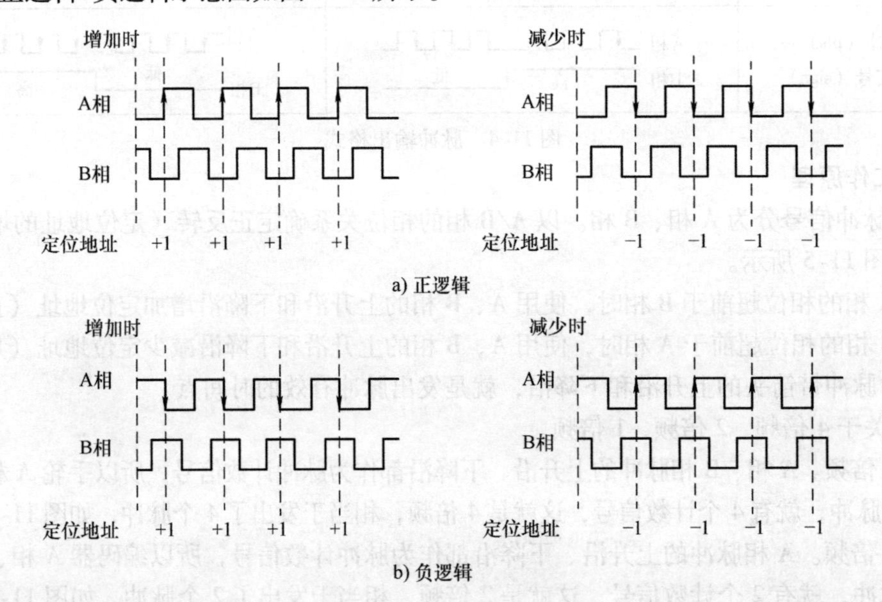

图 11-8　正逻辑/负逻辑示意图

图 11-8 中

① 正逻辑（高电平 =1，低电平 =0）。

定位地址增加——以 A 相的上升沿作为计数时间点。

定位地址减少——以 A 相的下降沿作为计数时间点。

② 负逻辑（高电平 =0，低电平 =1）。

定位地址增加——以 A 相的下降沿作为计数时间点。

定位地址减少——以 A 相的上升沿作为计数时间点。

4）输出格式——脉冲串 + 方向信号。

① 脉冲串的作用：脉冲串用作计数，使用其上升沿或下降沿进行计数。

② 方向信号的作用：方向信号用于确定正转还是反转。

3. 正/负逻辑（见图 11-9）

1）正逻辑。

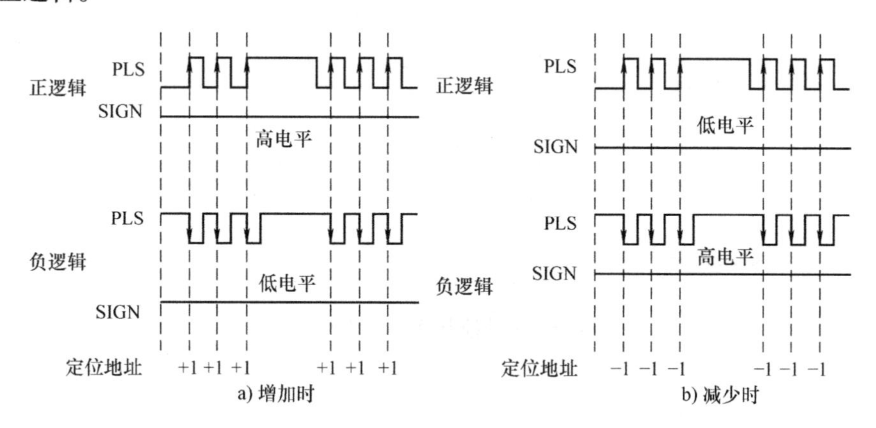

图 11-9 计数脉冲 + 方向信号

定位地址增加——SIGN = HIGH（高电平）；

——以脉冲（PLS）的上升沿作为计数时间点。

定位地址减少——SIGN = LOW（低电平）；

——以脉冲（PLS）的上升沿作为计数时间点。

2）负逻辑。

定位地址增加——SIGN = LOW（低电平）；

——以脉冲（PLS）的下降沿作为计数时间点。

定位地址减少——SIGN = HIGH（高电平）；

——脉冲（PLS）的下降沿作为计数时间点。

因此在使用手轮或编码器等脉冲发生设备时，必须使用参数设置：

① 脉冲输出格式（选择 A/B 相或计数脉冲 + 方向信号）；

② 正逻辑或负逻辑。

11.3 手轮与控制器的连接

11.3.1 运动控制器的接口

在控制器的正面有 1 排或 2 排接口，专门用于连接各种外部信号，其中有连接手轮的各信号端，如图 11-10 所示。

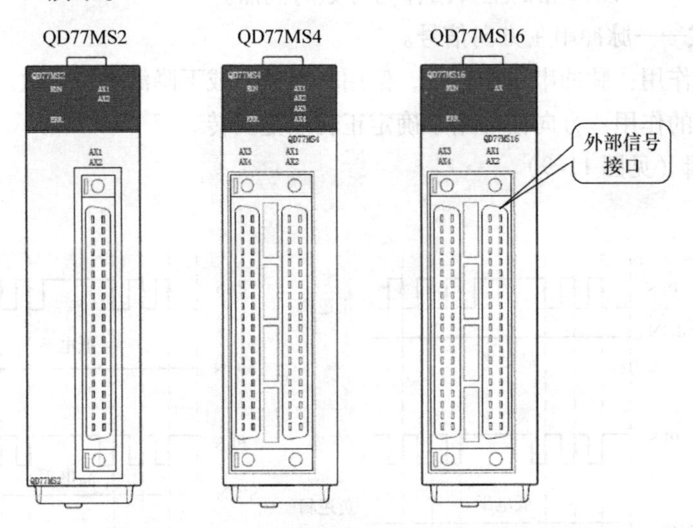

图 11-10 运动控制器的外部信号接口

11.3.2 与手轮相关的各引脚定义

由于手轮连接于外部接口，与手轮连接相关的引脚编号见表 11-3。

表 11-3 与手轮连接相关的引脚编号

	引脚号	名称	引脚号	名称
B20 A20	1B20	HB	1A20	5V
	1B19	HA	1A19	5V
	1B18	HBL	1A18	HBH
	1B17	HAL	1A17	HAH
	1B16		1A16	
	1B15	5V	1A15	5V
	1B14	SG	1A14	SG
B1 A1	1B13		1A13	

11.3.3 差分型手轮的连接

差分型手轮接线图如图 11-11 所示。

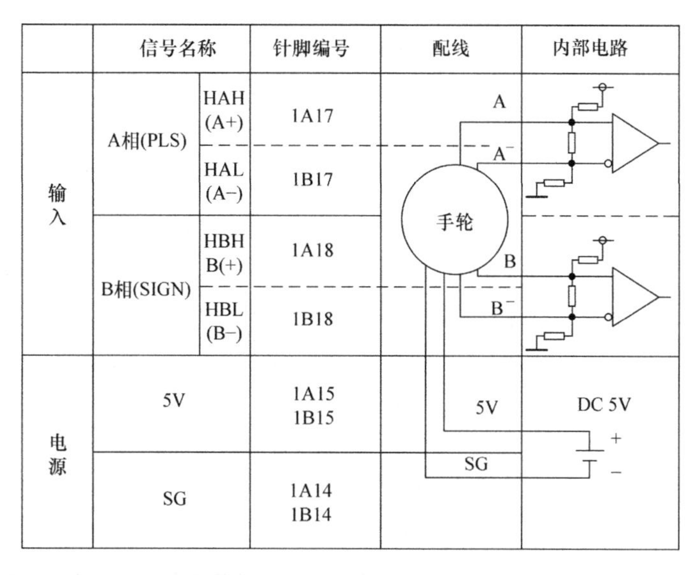

图 11-11　差分型手轮接线图

1. 手轮用的电源

手轮本身没有电源，要使用主设备提供的电源，或者使用外部电源。手轮接在运动控制器上，就由运动控制器提供电源。运动控制器提供的是 DC 5V 电源。1A15 和 1A14 就是电源 +5V 和 SG 端。

2. 对各接线端子的说明

1）电源DC 5V、DC +—1A15；

DC -、SG—1A14。

2）A +—1A17（HAH）；

A -—1B17（HAL）。

3）B +—1A18（HBH）；

B -—1B18（HBL）。

3. 注意事项

1）设置参数 Pr. 89 =0——差分型。

2）设置参数 Pr. 24 = *——选择输出脉冲格式。

3）如果使用外部 DC 5V 电源，则不能接在运动控制器电源端子，必须使用稳压电源。

11. 3. 4　集电极开路型手轮的连接

集电极开路型手轮的连接图如图 11-12 所示。

1. 对各接线端子的说明

1）电源DC 5V、DC +—1A15；

DC -、SG—1A14。

2）A 相—1B19（HA）；

B 相—1B20（HB）。

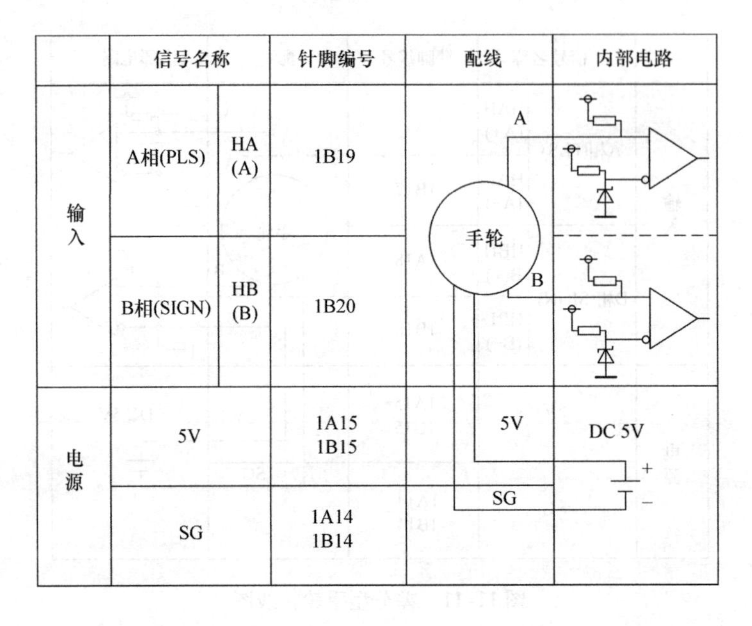

图 11-12　集电极开路型手轮连接图

2. 注意事项

1）设置参数 Pr. 89 = 1——集电极开路型。

2）设置参数 Pr. 24 = ＊——选择输出脉冲格式。

3）如果使用外部 DC 5V 电源，不能接在运动控制器电源端子，必须使用稳压电源。

11.3.5　接线示例

1. 差分型手轮接线

差分型手轮线缆接线如图 11-13 所示。

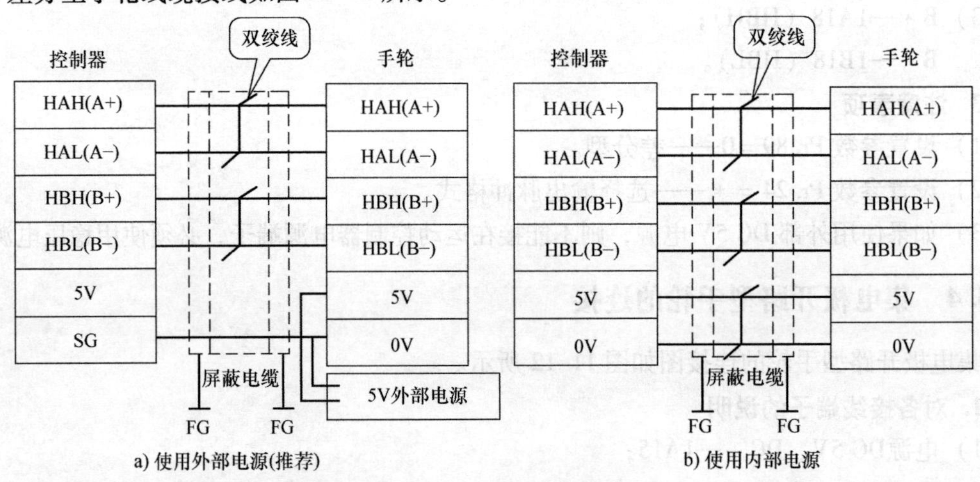

图 11-13　差分型手轮线缆接线图

1）推荐使用外部电源。
2）必须如图使用双绞线以防止干扰。
3）如果出现手轮情况不稳定，尤其要采取抗干扰措施。

2. 集电极开路型手轮线缆接线

集电极开路型手轮接线如图 11-14 所示。
1）推荐使用外部电源。
2）必须如图使用双绞线以防止干扰。
3）必须如图连接电源线以防止干扰。
4）如果出现手轮情况不稳定，尤其要采取抗干扰措施。

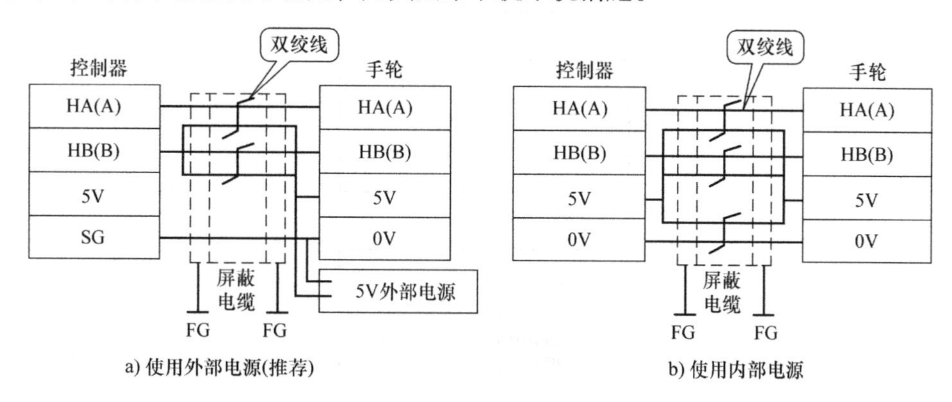

图 11-14 集电极开路型手轮线缆接线图

11.4 手轮脉冲的移动量

1. 手轮 1 脉冲移动量

手轮执行定位控制时的进给当前值可通过下式计算：
进给当前值 = 输出脉冲数 × 脉冲倍率 × 手轮 1 脉冲移动量
每 1 脉冲的移动量可以通过下列计算公式计算。
每 1 脉冲的移动量 = Pr. 3 每转的移动量（AL）/Pr. 2 每转的脉冲数（AP）×Pr. 4 单位倍率（AM）

2. 采用手轮进行的速度控制

采用手轮进行定位控制时的速度为根据单位时间的输入脉冲数的速度。

11.5 手轮运行执行步骤

11.5.1 基本步骤

手轮运行的基本步骤如图 11-15 所示。
手轮运行基本步骤如下：
1）设置参数 Pr. 1 ~ Pr. 24 及 Pr. 89。可以在 GX－WORKS2 软件中设置，也可在 PLC 梯

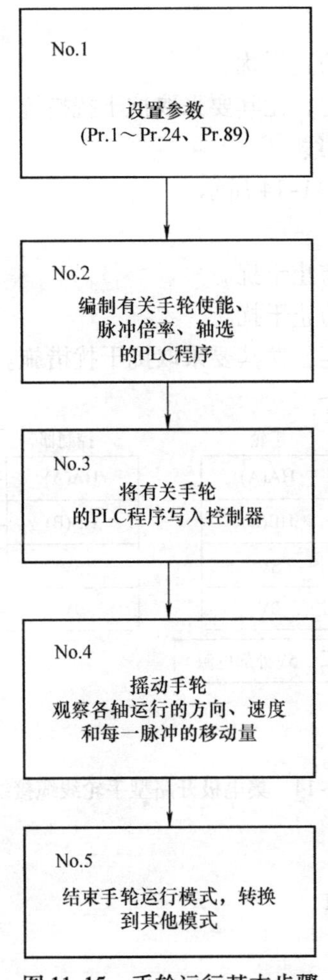

图 11-15　手轮运行基本步骤

形图程序中设置。

2）编制有关手轮使能、脉冲倍率、轴选的 PLC 梯形图程序。

3）将 PLC 程序写入控制器。

4）摇动手轮，观察手轮运行方向、速度及 1 个脉冲的移动量（在 GX 软件上监视运行）。

5）退出手轮运行模式。

11.5.2　手轮运行必须使用的参数

使用手轮，必须设置表 11-4 所示的参数。其中 Pr. 22 输入信号逻辑选择、Pr. 24 手轮脉冲方式选择、Pr. 89 手轮脉冲输入类型选择是最重要的必须设置的参数。

11.5.3　手轮运行的启动条件

1. 启动条件

手轮模式作为一种工作模式在运行之前需要具备一定的条件，表 11-5 就是其启动条件。手轮运行的时序图如图 11-16 所示，在时序图中，表明了各信号之间的关系。最重要的就是手轮使能信号，只有手轮使能 = ON，手轮脉冲才有效。

表 11-4 手轮运行使用的参数

设置项目		设置内容
相关参数	Pr. 1 指令单位/pls	3
	Pr. 2 每转的脉冲数/pls	20000
	Pr. 3 每转移动量/pls	20000
	Pr. 4 单位倍率	1
	Pr. 8 速度限制值/pls/s	200000
	Pr. 11 间隙补偿量/pls	0
	Pr. 12 软限位上限/pls	2147483647
	Pr. 13 软限位下限/pls	-2147483648
	Pr. 14 软行程限制对象	0（进给当前值）
	Pr. 15 软限位有效/无效选择	0（有效）
	Pr. 17 转矩限制值（%）	300
	Pr. 22 输入信号逻辑选择	0（负逻辑）
	Pr. 24 手轮脉冲方式选择	0（A 相、B 相、4 倍频）
	Pr. 89 手轮脉冲输入类型选择	0（差分型）

表 11-5 手轮运行的启动条件

信号名称		信号状态		软元件
接口信号	QPLC 就绪信号	ON	QPLC 准备完毕	Y0
	准备完毕信号	ON	运动控制器准备完毕	X0
	全部轴伺服 ON	ON	全部轴伺服 ON	Y1
	同步标志	ON	可以访问运动控制器缓存区	X1
	轴停止信号	OFF	轴停止信号 OFF 中	Y4 ~ Y7
	启动完毕信号	OFF	启动完毕信号 OFF 中	X10 ~ X13
	BUSY 信号	OFF	非工作状态	XC
	出错检测信号	OFF	无错误发生	X8 ~ XB
	M 指令 ON 信号	OFF	无 M 指令	
外部信号	紧急停止信号	ON	无紧急停止指令	
	停止信号	OFF	无停止指令	
	正限位信号	ON	在行程范围内	
	负限位信号	ON	在行程范围内	

2. 注意事项

1）手轮运行速度不受参数 Pr. 8 速度限制值的限制。速度指令取决于来自手轮的输入，速度指令超过 62914560pls/s 的情况下，将发生报警（报警编号为 35）。

2）如果手轮运行出现故障，排除故障后，要重新选择手轮模式，对 Cd. 21 手轮允许标志进行 ON→OFF→ON 的操作。

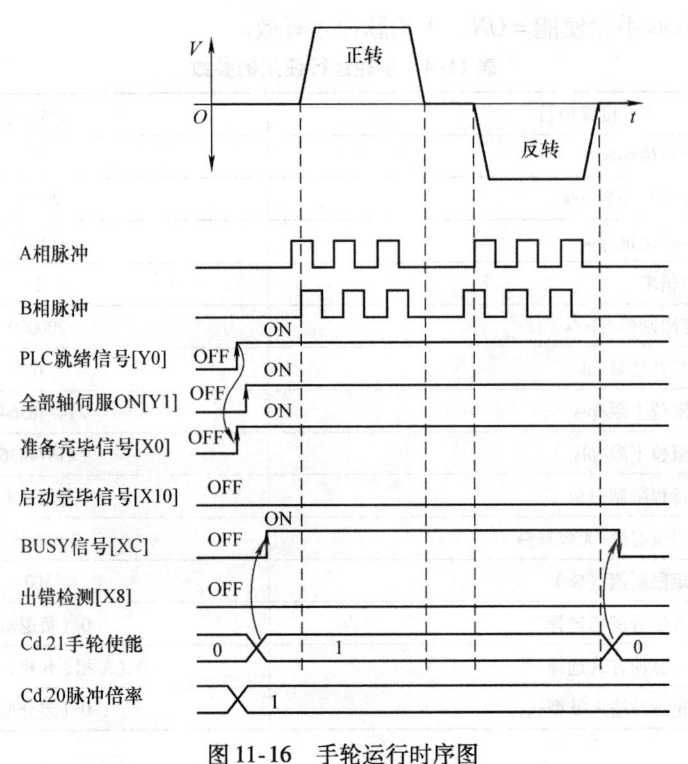

图 11-16　手轮运行时序图

11.6　编制手轮运行的 PLC 程序

1. 手轮使能的 PLC 程序

手轮运行的 PLC 程序如图 11-17 所示。

对设置手轮使能 PLC 程序的说明：Cd. 21（手轮使能）对应的缓存器地址是 1524（1 轴）、1624（2 轴）、1724（3 轴），所以图 11-16 是手轮轴选程序，即选择某一轴进入手轮使能状态。

1）第 68 步至 81 步是 1 轴手轮使能有效；

2）第 82 步至 95 步是 2 轴手轮使能有效；

3）第 96 步至 109 步是 3 轴手轮使能有效；

4）第 111 步以后是各轴手轮使能均无效，即退出手轮模式。

2. 设置手轮脉冲倍率的 PLC 程序

脉冲倍率的 PLC 程序如图 11-18 所示。

对程序的说明：Cd. 20（脉冲倍率）对应的缓存器地址是 1522（1 轴）、1622（2 轴）、1722（3 轴），所以图 11-17 是设置手轮脉冲倍率的程序。

1）第 123 步至 136 步是设置脉冲倍率 =1；

2）第 137 步至 150 步是设置脉冲倍率 =10；

3）第 151 步至 165 步是设置脉冲倍率 =100。

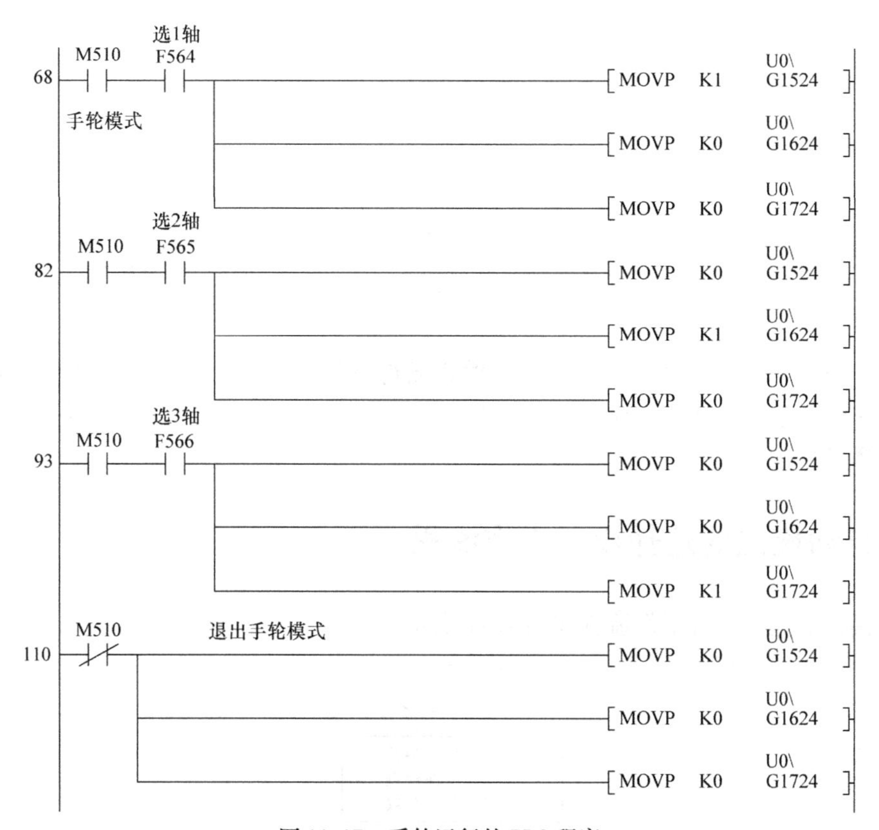

图 11-17 手轮运行的 PLC 程序

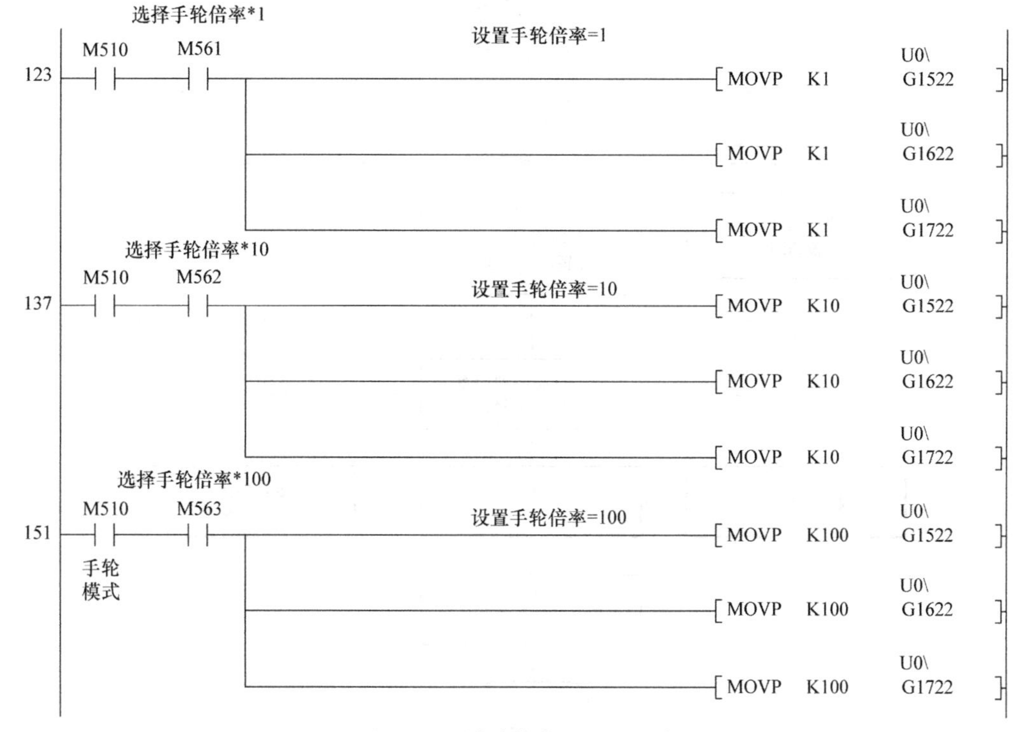

图 11-18 脉冲倍率的 PLC 程序

第12章

自动模式

相对于回原点模式和JOG模式，自动模式显得更简单。因为运行程序的编制方法已经在第5章~第7章做了详细叙述。在运行程序编制完成后，通过发出Cd.*型控制指令，实际上就选择了自动模式。

12.1 自动模式的选择设置工作流程

自动模式的选择设置工作流程如图12-1所示。

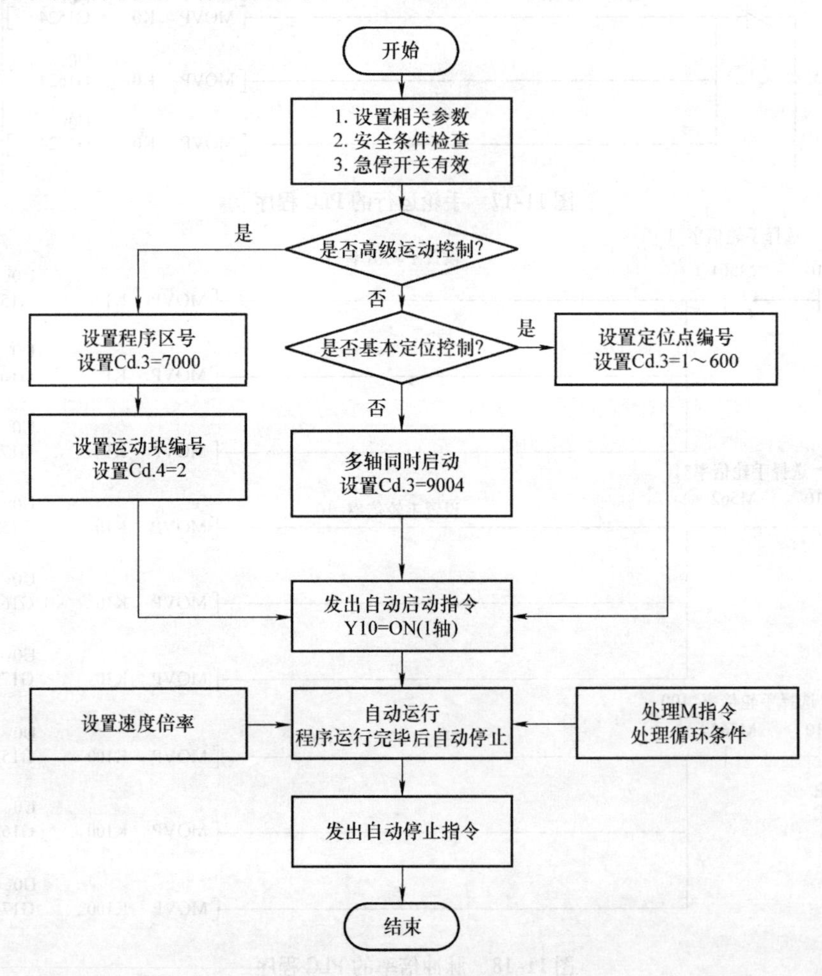

图12-1 自动模式的选择设置工作流程

说明如下：

1）设置有关自动模式的参数，检查相关安全条件，如行程开关是否已经有效，急停开关是否有效等。

2）选择是否运行高级运动模式，如果选 YES，就转入设置程序区号 Cd. 3 和设置运动块编号 Cd. 4。如果选 NO，就进入下一步。

3）选择是否运行基本定位模式，如果选 YES，就转入设置定位点编号 Cd. 3 = 1 ~ 600。如果选 NO，就进入下一步。

4）进入设置多轴同时启动模式，设置 Cd. 3 = 9004。

5）发出自动启动指令。

6）自动运行。在自动运行中可设置速度倍率调节速度。如果自动运行程序中有 M 指令、启动条件、循环条件等，要编制相关的 PLC 程序进行处理。

7）自动运行程序在运行完毕后会自动停止。需要再发出启动指令才可以进行启动。

8）发出自动停止指令。自动运行停止，注意自动停止并不退出自动模式。发出重新启动指令后，可以在停止点重新启动。

12.2 指令设置

指令型接口 Cd. 3 专用于选择工作模式，其功能如下。

1. Cd. 3——工作模式选择

控制指令	指令功能	指令功能	指令功能	缓存器地址			
				轴 1	轴 2	轴 3	轴 4
Cd. 3	设置运动模式、设置定位点编号（相当于工作模式选择）	Cd. 3 = 1 ~ 600：定位点编号 Cd. 3 = 7000 ~ 7004：设定程序区号（选择高级定位运动） Cd. 3 = 9001：回原点 Cd. 3 = 9002：高速回原点 Cd. 3 = 9003：更改当前值 Cd. 3 = 9004：多轴的同时启动	0	1500	1600	1700	1800

Cd. 3 指令相当于工作模式选择。通过 Cd. 3 指令可以选择基本定位、高级定位、回原点、更改当前值、多轴同时启动各种模式，包含了自动运行的各种模式。

1）如果设置 Cd. 3 = 7000 ~ 7004，选择程序区号，实际就是选择了自动模式中的高级定位模式。

2）如果设置 Cd. 3 = 1 ~ 600，选择定位点编号，实际就是选择了自动模式中的基本定位模式。

3）如果设置 Cd. 3 = 9004，选择多轴同时启动模式，实际就是选择了自动模式中的多轴同时启动模式。

2. Cd. 4——设置运动块编号

如果设置 Cd. 3 = 7000 ~ 7004，选择程序区号，以后还要继续设置 Cd. 4 = 1 ~ 50，选择运动块编号。选择完成以后，相当于完成了选择运动程序，参见第 8 章。

控制指令	指令功能	设置值	出厂值	缓存器地址			
				轴 1	轴 2	轴 3	轴 4
Cd. 4	设置运动块编号	Cd. 4 = 1 ~ 50	0	1501	1601	1701	1801

3. 自动启动指令

在 QD77 运动控制器中，各轴的自动启动和停止信号是有固定地址编号的。输出信号 Y10 ~ Y13 定位启动指令如下介绍。

软元件	信号名称和状态	
Y10	轴 1	OFF 为无定位启动指令
Y11	轴 2	ON 为有定位启动请求
Y12	轴 3	
Y13	轴 4	
	定位启动	

说明：

1）对回原点、定位运行发出启动指令，相当于自动模式的启动指令。

2）定位启动信号在上升沿时有效。

3）如果在 BUSY = ON 状态，使定位启动信号置 ON，则报警。

12.3　参数设置

在执行自动模式之前，必须根据实际工作要求设置相关参数，见表 12-1。

表 12-1　自动运行需要设置的参数

参数号	内容	设置值
Pr. 1	指令单位/pls	3
Pr. 2	每转的脉冲数/pls	20000
Pr. 3	每转移动量/pls	20000
Pr. 4	单位倍率	1（1 倍）
Pr. 7	启动偏置速度	0
Pr. 8	速度限制值/(pls/s)	200000
Pr. 9	加速时间常数/ms	1000
Pr. 10	减速时间常数/ms	1000
Pr. 11	间隙补偿量/pls	0
Pr. 12	软限位上限/pls	2147483647
Pr. 13	软限位下限/pls	-2147483647
Pr. 14	软限位限制对象	0—进给当前值
Pr. 15	软限位有效/无效选择	0—有效
Pr. 16	定位精度（定位宽度）	

（续）

参数号	内容	设置值
Pr. 17	转矩限制值（%）	300
Pr. 18	M 指令 ON 输出时间点	
Pr. 25	加速时间 1/ms	1000
Pr. 26	加速时间 2/ms	2000
Pr. 27	加速时间 3/ms	3000
Pr. 28	减速时间 1/ms	1000
Pr. 29	减速时间 2/ms	2000
Pr. 30	减速时间 3/ms	3000
Pr. 34	加减速曲线选择	0　梯形
Pr. 35	S 曲线比率（%）	100
Pr. 36	急停减速时间	1500ms
Pr. 40	定位完毕信号输出时间	

12.4　编制自动模式的 PLC 程序

1. 自动模式运行

（1）基本定位自动运行

基本定位自动运行 PLC 程序如图 12-2 所示。

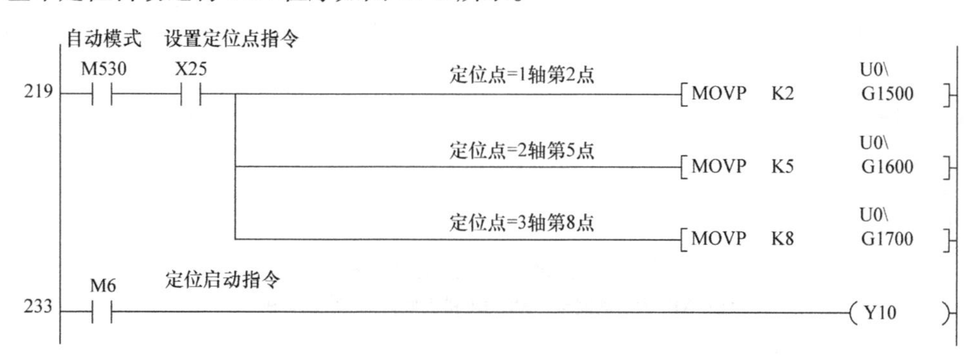

图 12-2　基本定位自动运行 PLC 程序

说明如下：

1）选择自动模式，M530 = ON；

2）选择各轴定位点编号（第 219 步）；

3）选择 1 轴 No. 2 点；

4）选择 2 轴 No. 5 点；

5）选择 3 轴 No. 8 点。

（2）发出 1 轴定位启动指令（Y10 = ON）

2. 高级定位模式

高级定位模式的 PLC 程序如图 12-3 所示，说明如下：

1）设置程序区编号（第 235 步）；

2）设置运动块编号（第 248 步）；

3）发出 1 轴启动信号，Y10 = ON。

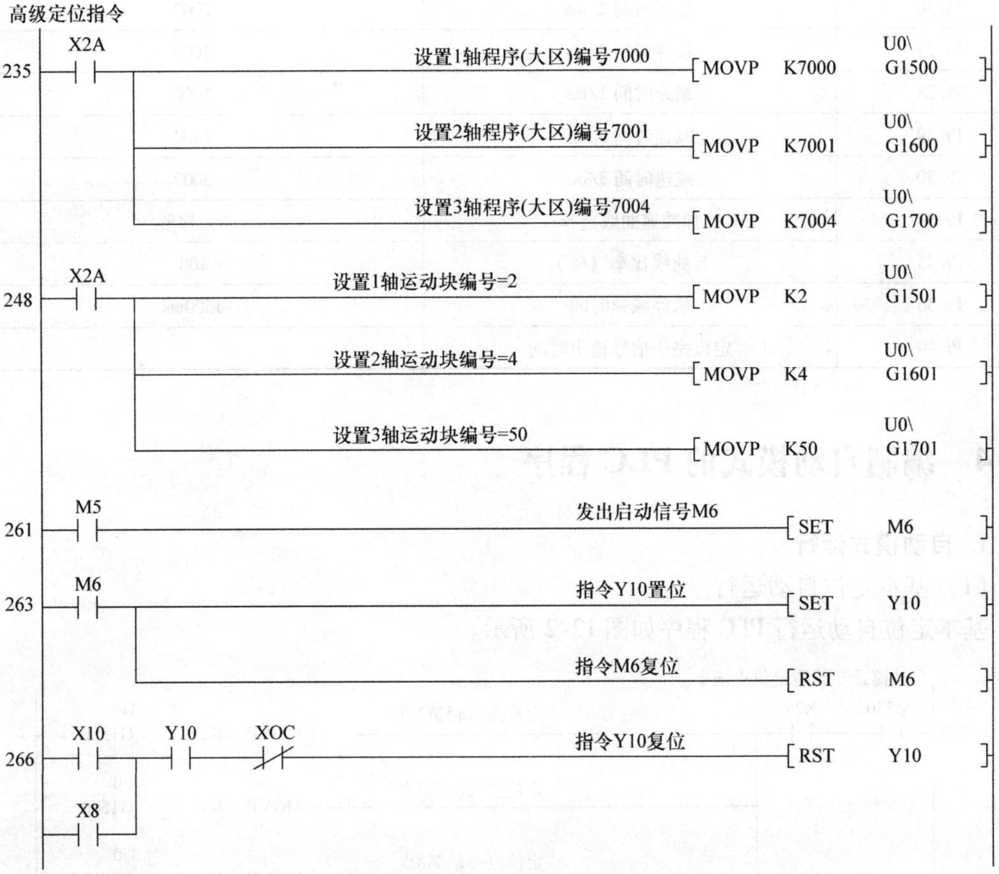

高级定位指令

235 X2A 设置1轴程序(大区)编号7000 [MOVP K7000 U0\G1500]
设置2轴程序(大区)编号7001 [MOVP K7001 U0\G1600]
设置3轴程序(大区)编号7004 [MOVP K7004 U0\G1700]

248 X2A 设置1轴运动块编号=2 [MOVP K2 U0\G1501]
设置2轴运动块编号=4 [MOVP K4 U0\G1601]
设置3轴运动块编号=50 [MOVP K50 U0\G1701]

261 M5 发出启动信号M6 [SET M6]

263 M6 指令Y10置位 [SET Y10]
指令M6复位 [RST M6]

266 X10 Y10 XOC 指令Y10复位 [RST Y10]
X8

图 12-3 高级定位模式的 PLC 程序

注：X10 为启动完毕，X8 为出错报警，XG 为工作中。

第 13 章 运动控制器的辅助功能

QD77 运动控制器具备丰富的运动控制功能，本章仅介绍常用而且重要的功能，如原点移位调整、速度限制、转矩更改等，这些功能在实际机械工作中有时极为重要。

13.1 辅助功能概述

QD77 运动控制器具备丰富的适用于运动控制机械的功能，正确地使用这些功能，可以达到事半功倍的效果。表 13-1 是辅助功能一览表，这些功能的具体应用会在后续章节中叙述。

表 13-1 辅助功能一览表

序号	功能		内容
1	回原点	任意位置回原点	可在任意位置回原点
2		原点移位调整	可对原点进行再调整
3	补偿	间隙补偿	对反向间隙进行补偿
4		调整电子齿轮比补偿行程误差	通过调整电子齿轮比补偿实际行程误差
5		执行连续轨迹减少振动	通过执行连续轨迹减少振动
6	限制	速度限制	设置速度限制值对速度进行限制
7		转矩限制	设置转矩限制值对转矩进行限制
8		软限位	用数值设置行程限位值
9		硬限位	用硬件开关做行程限位
10		急停	使用硬件急停开关
11	更改	速度更改	在运行中更改速度指令
12		速度倍率调节	设置速度百分数调节速度
13		转矩更改	在运行中更改转矩限制值
14		目标位置更改	在运行中更改定位目标值
15		加减速时间	在运行中修改加减速时间
16	绝对位置		使用绝对位置检测系统

13.2 回原点辅助功能

13.2.1 任意位置回原点功能

一般的回原点方法规定了工作台回原点的方向，例如正向回原点。如果工作台已经在原点的另外一侧，就不能执行回原点操作。

任意位置回原点功能为无论工作台在任何位置，都能够执行回原点操作，如图 13-1 所示。

1. 任意位置回原点的工作过程

工作台与原点的相对位置有 3 种，如下：

1）工作台在正负限位范围之内。如图 13-1 所示，工作台位于原点与正限位开关之间，回原点方向是正向，工作过程如下：

① 工作台启动，正向运行。

② 碰到正限位开关后，正限位开关 = OFF，在此点位减速，减速到零。

③ 反向运行，一直运行到近点 DOG 开关在 OFF→ON→OFF 点（见图 13-1），开始减速。

④ 减速到零。

⑤ 执行正常回原点。

⑥ 到达原点。

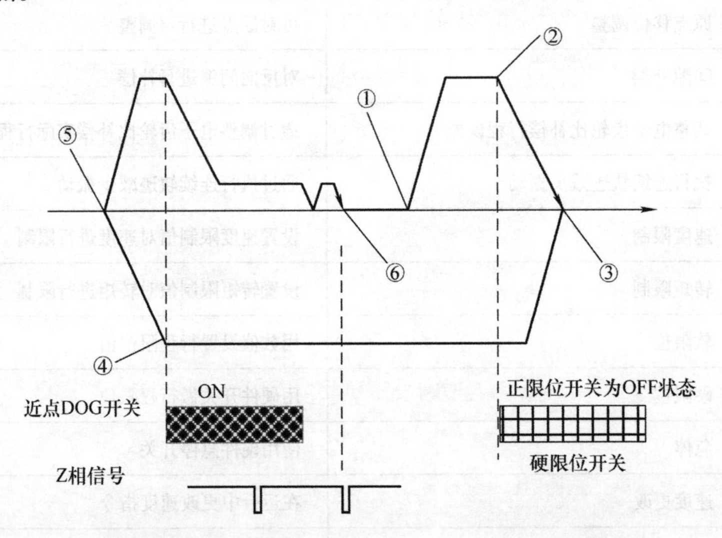

图 13-1　工作台在正负限位范围内的回原点过程

2）工作台在正负限位范围之外。

工作台与原点的相对位置如图 13-2 所示，工作台已经在负限位之外，但执行回原点的方向与参数 Pr. 44（回原点方向）相同，可执行常规回原点动作。

3）工作台与原点的相对位置如图 13-3 所示，不能够直接按参数 Pr. 44 规定的方向回原点。工作台位于正限位开关之外，而回原点方向是正向。其回原点工作过程如下：

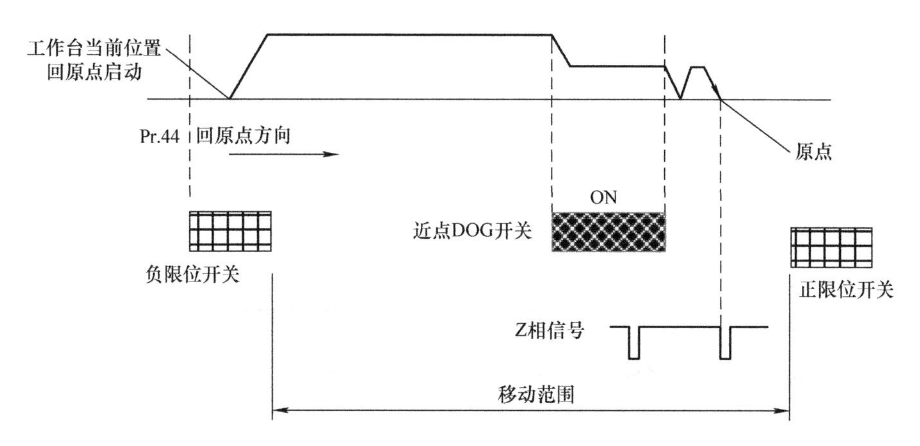

图 13-2 工作台与原点的位置可执行常规回原点

① 工作台启动，负向运行。

② 负向运行，一直到近点 DOG 开关在 OFF→ON→OFF 点（见图 13-3），开始减速。

③ 减速到零。

④ 执行正常回原点。

⑤ 到达原点。

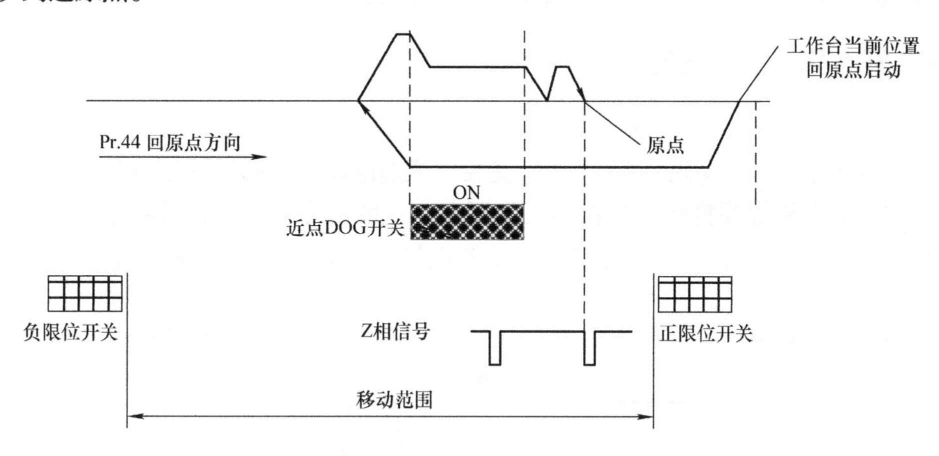

图 13-3 工作台与原点的位置不能执行常规回原点

2. 停留时间

由于这种类型回原点有反向动作，为了使回原点的动作稳定，不引起机床振动，在运动换向点设置了停留时间。

图 13-4 所示的 A、B 点是换向点，在 A、B 点做暂停，时间由参数 Pr. 57 设置。

3. 注意事项

1）根据 Pr. 43 回原点模式参数设置，选择如下回原点模式时才能执行本功能。

①近点 DOG 开关式；②计数式 1；③计数式 2。

2）正负限位开关必须为硬件开关。

3）不能使用正负限位开关切断伺服放大器的电源。

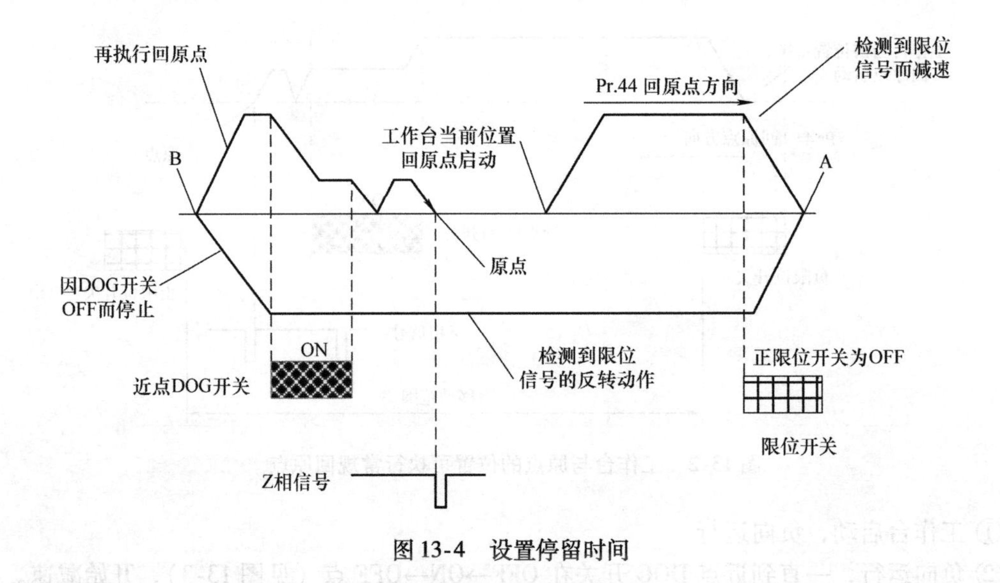

图 13-4 设置停留时间

4. 设置方法

设置 Pr. 48 = 1，Pr. 48 为任意位置回原点功能。

设置 Pr. 57 = 1，Pr. 57 的停留时间范围为 0 ~ 65535ms。

13. 2. 2 原点移位调整功能

1. 功能

在实际机床中，可能受近点 DOG 开关安装位置的限制，使初次回原点后确立的原点不能满足要求。原点移位调整功能是在初次回原点建立的原点基础上，再将原点移动一段距离，从而获得需要的原点。简而言之，就是初次原点 + 设置距离 = 实际原点，如图 13-5 所示。

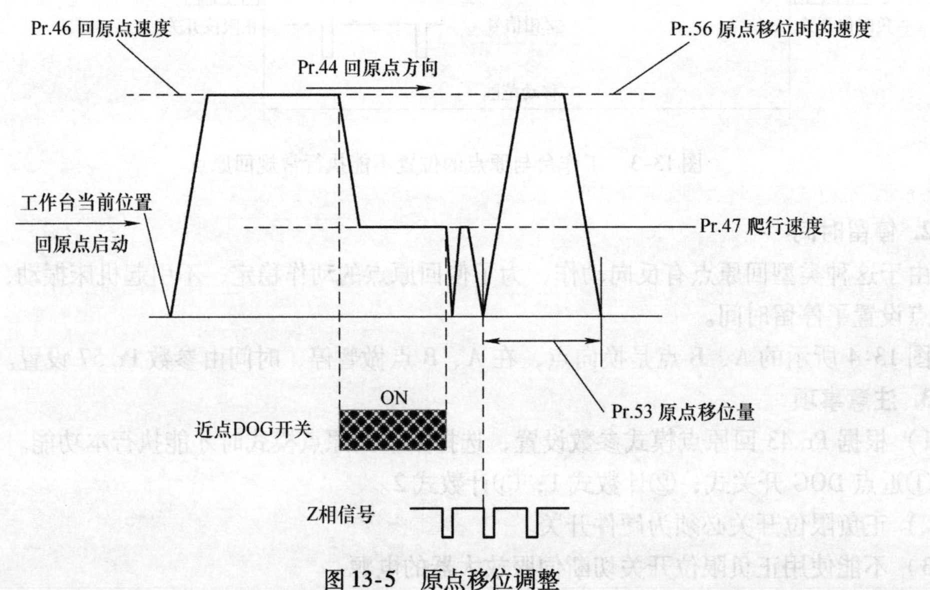

图 13-5 原点移位调整

2. 移位距离范围设置

原点移位量应在初次原点至限位行程内，如图 13-6 所示。

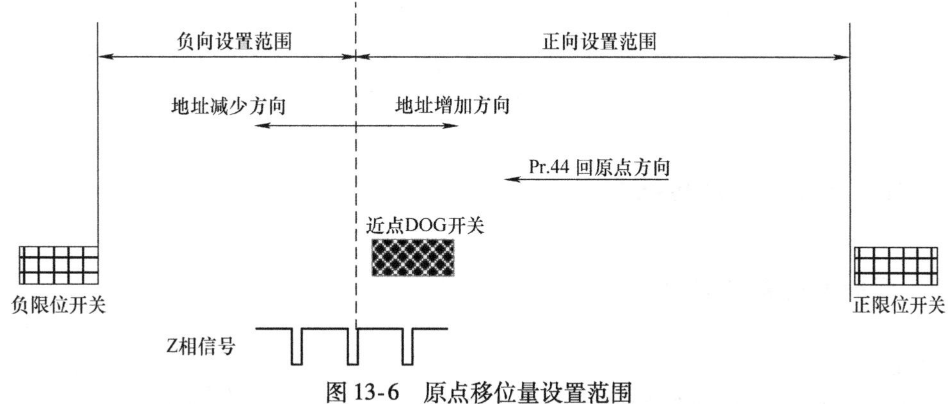

图 13-6　原点移位量设置范围

3. 原点移位时的速度设置

1）与回原点速度相同。原点移位时的速度可以与回原点速度相同，如图 13-7 所示。

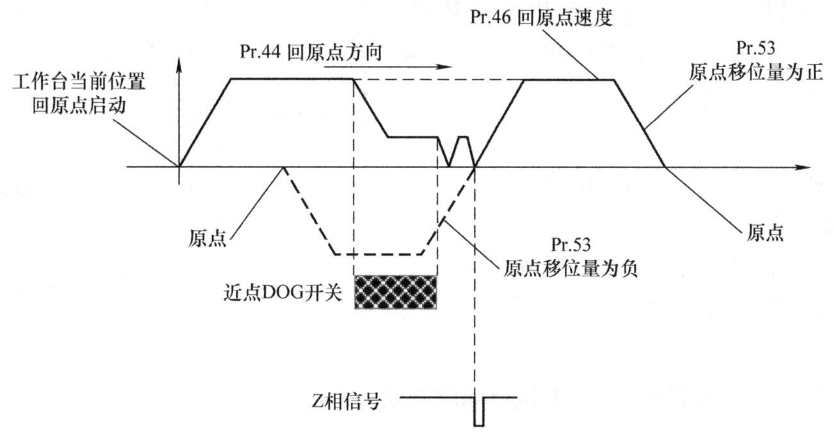

图 13-7　原点移位时的速度与回原点速度相同

2）以爬行速度运行。"原点移位速度"与"爬行速度"相同，如图 13-8 所示。

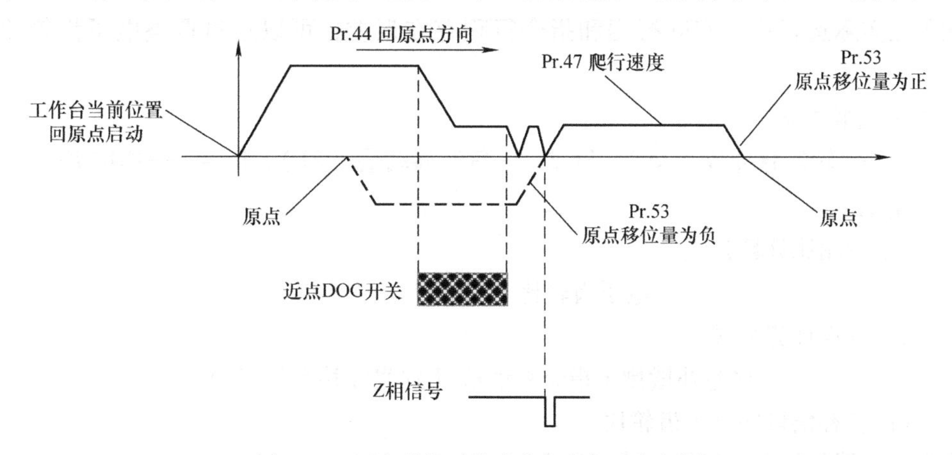

图 13-8　原点移位时的速度与爬行速度相同

4. 功能设置

设置参数如下：

① Pr. 53——原点移位量，根据需要设置。

② Pr. 56——原点移位时的速度，Pr. 56 = 0 为选择 Pr. 46 设置的回原点速度，Pr. 56 = 1 为选择 Pr. 47 设置的爬行速度，需要对各轴分别进行设置。

13.3 用于补偿控制的功能

13.3.1 反向间隙补偿功能

1. 功能

所有的丝杠传动，其螺母与丝杠间都会存在间隙，如图 13-9 所示。如果机械反向运行时，这段间隙就会影响总的行程量，即实际行程 < 指令行程。所以，必须对这段间隙进行补偿，简而言之，就是必须指令工作台多运行一段距离，这段距离就是间隙。

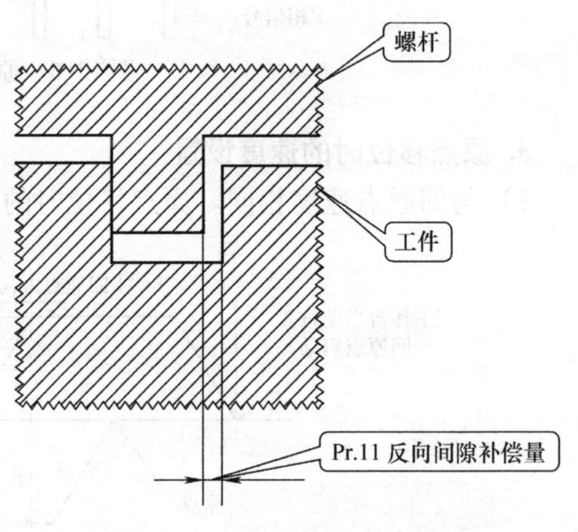

图 13-9 间隙补偿示意图

2. 设置

设置参数 Pr. 11——反向间隙补偿量。

3. 注意事项

1）在回原点后，间隙补偿量有效。

2）在移动方向改变时，控制器输出进给量和间隙补偿量。

3）在速度模式和转矩模式，不执行间隙补偿。

4）各轴应分别设置。

13.3.2 行程补偿功能（调整电子齿轮比）

如果在实际运行中，实际行程和指令行程存在误差，可以通过调整电子齿轮比进行补偿。

1. 电子齿轮参数

Pr. 2——每转的脉冲数（AP），Pr. 3——每转移动量（AL），Pr. 4——单位倍率（AM）。

2. 计算公式

1）电子齿轮比计算公式。

$$电子齿轮比 = AP/(AL \times AM)$$

2）误差补偿计算公式。

$$误差补偿量 = 指令移动量(L)/实际移动量(L')$$

3）含误差补偿量的电子齿轮比。

含误差补偿量的电子齿轮比计算公式。

$$[AP/(AL \times AM)] \times [L/L'] = AP'/(A'L \times AM')$$

3. 计算样例

1）条件。AP = 4194304 [PLS]，AL = 5000.0 [μm]，AM = 1

2）定位结果。L = 100mm，L′ = 101mm。

3）含补偿量的电子齿轮比计算：

$$[AP/(AL \times AM)] \times [L/L'] = [4194304/5000.0 \times 1] \times [100/101]$$
$$= 4194304(AP')/[5050(AL') \times 1(AM')]$$

4）设置新的电子齿轮比

经过以上计算后，重新设置参数如下：

① Pr. 2 设为 4194304；

② Pr. 3 设为 5050.0；

③ Pr. 4 设为 1。

这样，就实现了对实际移动量的补偿。

13.3.3 连续轨迹运行的减振功能

在插补运行时，如果点与点之间相差过大，某一轴运行方向急速改变，就会引起机械振动。如果使用连续轨迹运行功能，运行轨迹不实际通过每一点，而是以一条圆滑的曲线轨迹连接两点，则不会引起振动，如图 13-10 所示。

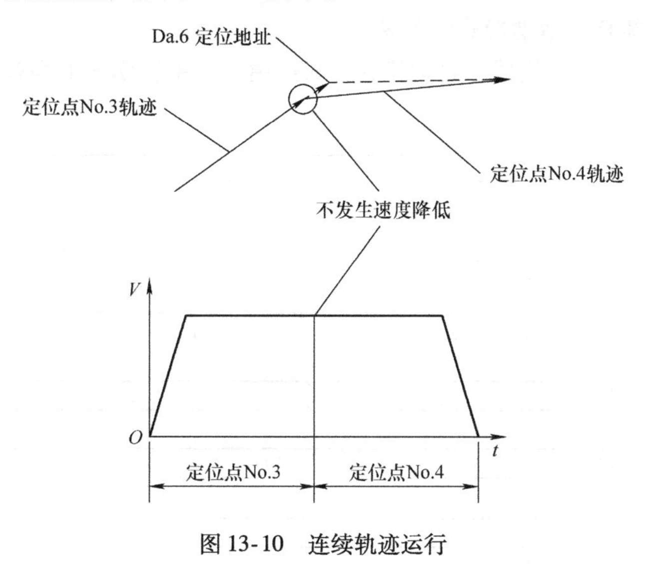

图 13-10 连续轨迹运行

13.4 限制功能

限制功能有速度限制功能、转矩限制功能、软限位功能、硬限位功能、紧急停止功能等，各功能通过参数设置以及编制 PLC 程序执行。

13.4.1 速度限制功能

1. 功能

通过设置一个速度限制值，使运行速度被限制在速度限制值以下，这实际上是一种安全保护措施。

2. 速度限制功能与各运动模式之间的关系

速度限制功能在手动模式和自动模式下都有效。

3. 注意事项

1）2~4 轴速度控制运行时，如果某 1 轴超过了参数 Pr. 8 速度限制值，则该轴以速度限制值运行，其他轴以插补速度比例运行。

2）2~4 轴直线插补、2~4 轴定长进给、2 轴圆弧插补时，若基准轴速度超过 Pr. 8 速度限制值时，基准轴以速度限制值运行。

4. 设置参数

设置下列参数：Pr. 8 速度限制值和 Pr. 31JOG 速度限制值。

13.4.2 转矩限制功能

1. 功能

转矩限制功能用于限制电机转矩，起保护作用。

2. 转矩限制功能与各运动模式的关系

转矩限制功能在回原点模式、自动模式、JOG 模式、手轮模式下都有效。转矩限制功能的动作如图 13-11 所示。

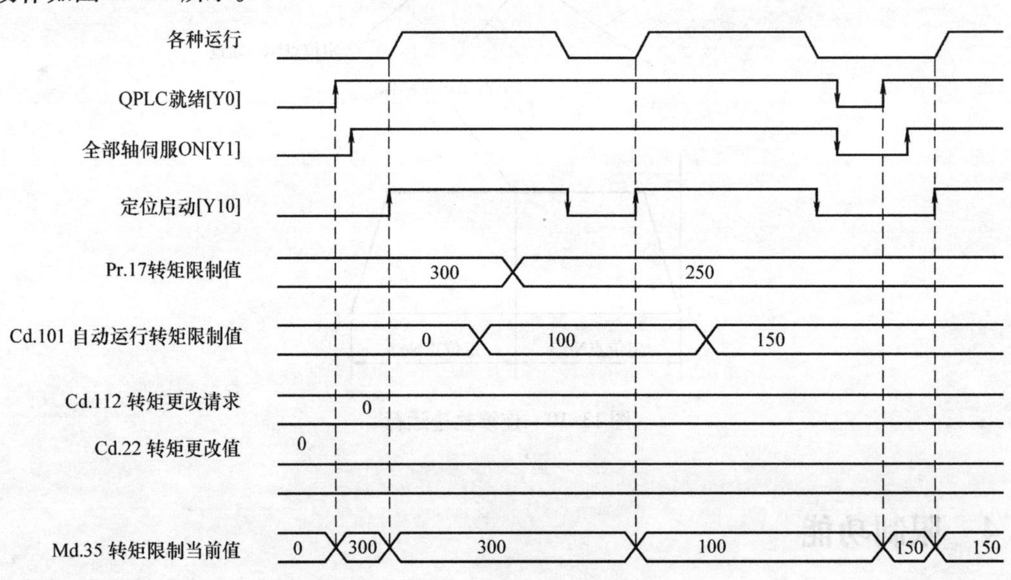

图 13-11 转矩限制功能动作时序图

3. 说明

1）Pr. 17 是转矩限制值。Pr. 17 的值是相对于伺服电动机额定转矩的百分比。设置范围

0～1000%。Pr. 17 是参数，设置后在运行中不易修改。

2）Cd. 101 是自动运行转矩限制值，也是额定转矩的百分比。可以编制 PLC 程序设置及修改。在自动运行并需要经常修改各轴的转矩限制值时，使用 Cd. 101。

3）Pr. 17 与 Cd. 101 的关系如下：

① 如果不使用 Cd. 101（Cd. 101 =0），则控制器使用 Pr. 17 设置转矩限制值。

② 如果经常要修改转矩限制值，则使用 Cd. 101。每次轴启动（Y10 = ON），控制器就检查 Cd. 101，以 Cd. 101 的值作为转矩限制值。如果 Cd. 101 =0 或者 Cd. 101 超出 Pr. 17 设置值，就使用 Pr. 17 设置值。

③ 在启动信号［Y10］的上升沿，Pr. 17 设置值或者 Cd. 101 值有效。各种工作模式下，伺服电动机的转矩都受到转矩限制值的限制。

4. 设置参数

1）使用转矩限制功能时，设置如下参数：参数 Pr. 17、参数 Pr. 54。

2）设置的内容在就绪信号［Y0］的上升沿（OFF→ON）有效。

5. 监视

设置的转矩限制值在被发送到伺服驱动器的同时，也被设置到 Md. 35 转矩限制储存值和 Md. 120 反转转矩限制储存值中。

编制 PLC 程序读出 Md. 35 可以监视当前使用的转矩限制值，如图 13-12 所示。

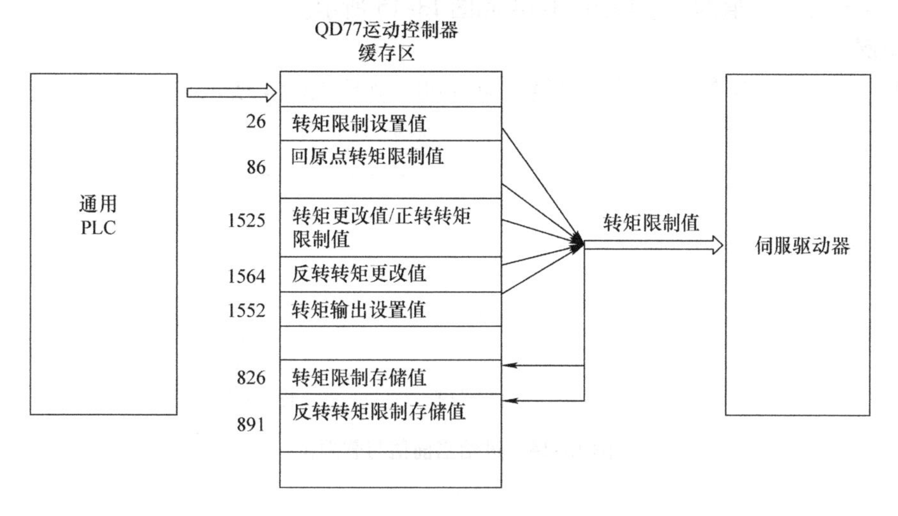

图 13-12 转矩限制值的设置及读出

6. 注意事项

1）使用 Pr. 17 转矩限制值进行转矩限制时，应确认 Cd. 22 转矩更改值、Cd. 113 反转转矩更改值被设置为 0。

若设置为 0 以外，则 Cd. 22 或 Cd. 113 所设置的值有效，以转矩更改值进行转矩限制。

2）Pr. 54 回原点转矩限制值超过 Pr. 17 转矩限制值时，会发生报警。

3）电动机因转矩限制而停止时，偏差计数器中将会有滞留脉冲。若除去负载转矩，则伺服电动机会根据滞留脉冲量动作。要特别注意电动机可能会在除去负载转矩的瞬间突然起动，造成安全事故（在实际机床中确实发生过这类型事故）。

13.4.3 软限位

1. 定义

使用参数设置行程范围的限制界限就是软限位，如图13-13所示。

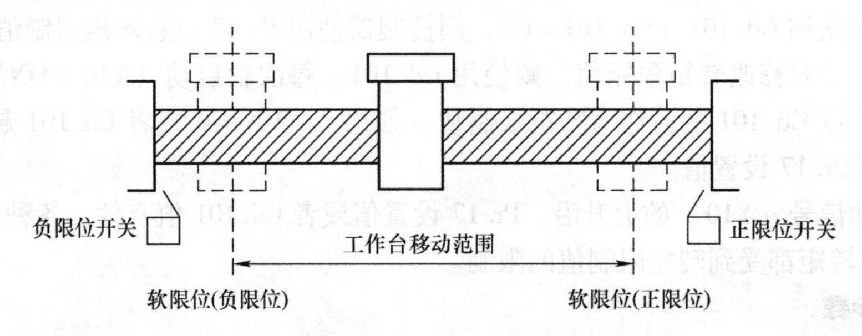

图13-13 软限位示意图

2. 软限位限制的对象

表示工作台的行程有2种坐标系：

① Md.20——进给当前值。这是相对值（进给当前值是可以任意设置的）。

② Md.21——机床坐标值。这是绝对值（原点是机床原点）。软限位与Md.20进给当前值和Md.21机床坐标值的关系如图13-14和图13-15所示。

3. 样例

当前的停止位置为2000，设置正限位为5000，如图13-14所示。

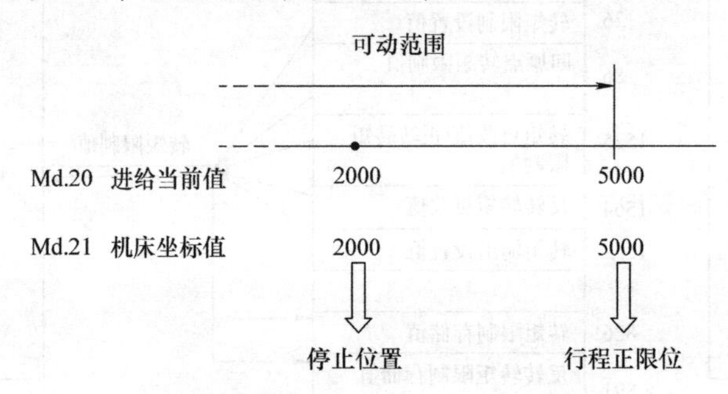

图13-14 进给当前值与软限位

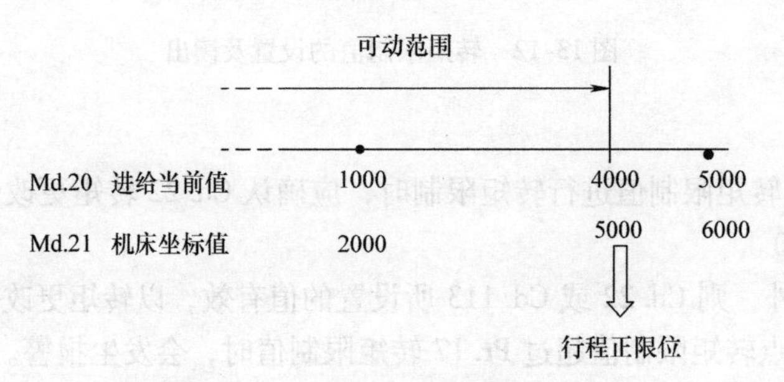

图13-15 以机床坐标值设置软限位

如果改设Md.20 = 1000：

① 以 Md. 21 机床坐标值设置正限位，则如图 13-15 所示，Md. 20 的行程上限 =4000。机床的绝对行程范围没有变化，但当前 Md. 20 值改变了。

② 以 Md. 20 进给当前值设置正限位，则如图 13-16 所示，Md. 21 的行程上限 =6000，机床的绝对行程范围改变了。

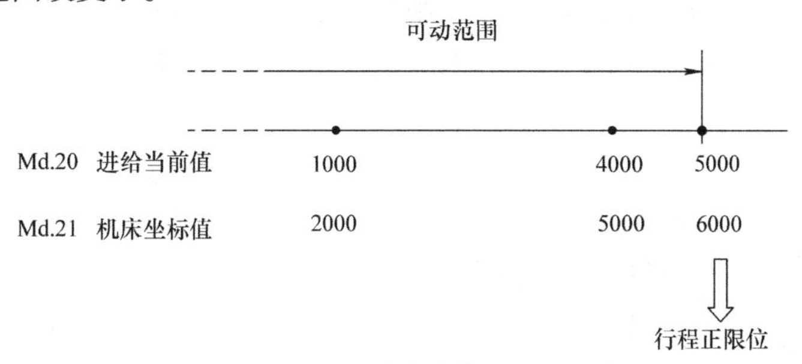

图 13-16　以进给当前值设置软限位

4. 软限位与工作模式的关系

软限位在回原点模式、自动运行模式、JOG 模式、手轮模式下都有效。

5. 注意事项

1）必须先执行完成回原点、软限位功能才有效。

2）插补运行时，对基准轴和插补轴的全部当前值进行限位检查，有任意 1 轴超出软限位，所有轴均不能启动。

3）圆弧插补时，在运行中如果出现超软限位，则不减速停止，必须在外部配置限位开关，如图 13-17 所示。

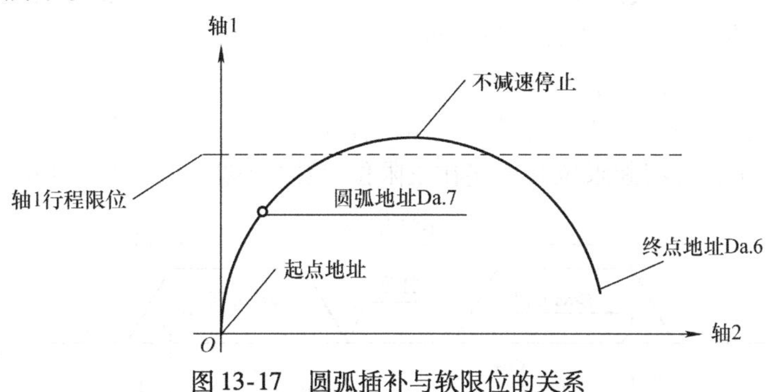

图 13-17　圆弧插补与软限位的关系

6. 设置方法

设置的参数见表 13-2，设置的参数在就绪信号［Y0］上升沿（OFF→ON）时有效。

表 13-2　与软限位相关的参数

设置项目		设置内容	出厂值
Pr. 12	软限位上限	设置行程范围上限	
Pr. 13	软限位下限	设置行程范围下限	
Pr. 14	软限位限制对象	设置限制对象是 Md. 20（当前值）还是 Md. 21（机床坐标值）	0：以 Md. 20（当前值）为对象
Pr. 15	软限位有效/无效选择	设置软限位有效或是无效	0：有效

7. 控制单位为度（°）时的设置

1）当前值的地址。Md. 20 进给当前值的地址为 0～359. 99999°的环形地址，如图 13-18 所示。

2）软限位的设置。软限位的上限值/下限值为 0～359. 99999°。

按顺时针方向设置软限位的下限值和上限值，如图 13-19 所示。

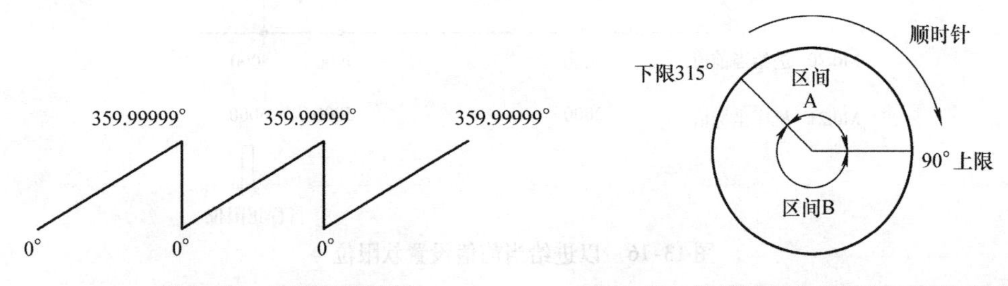

图 13-18　环形角度地址　　　图 13-19　按顺时针方向设置下限位/上限位

① 区间 A 设置如下：下限位 = 315. 00000°，上限位 = 90. 00000°。

② 区间 B 设置如下：下限位 = 90. 00000°，上限位 = 315. 00000°。

13. 4. 4　硬限位

1. 定义

使用硬件开关作为行程限位信号，即硬限位。

注意：进行硬限位开关配线时，必须以负逻辑进行配线，使用常闭触点!! 如果设置为正逻辑并使用常开触点，有可能发生重大事故。

2. 硬限位开关的安装位置

1）装在运动控制器的外接信号端。在运动控制器的外接插口信号端子排中，有专门的正限位/负限位端子，可将硬限位开关接在正限位/负限位端子上，如图 13-20 所示。

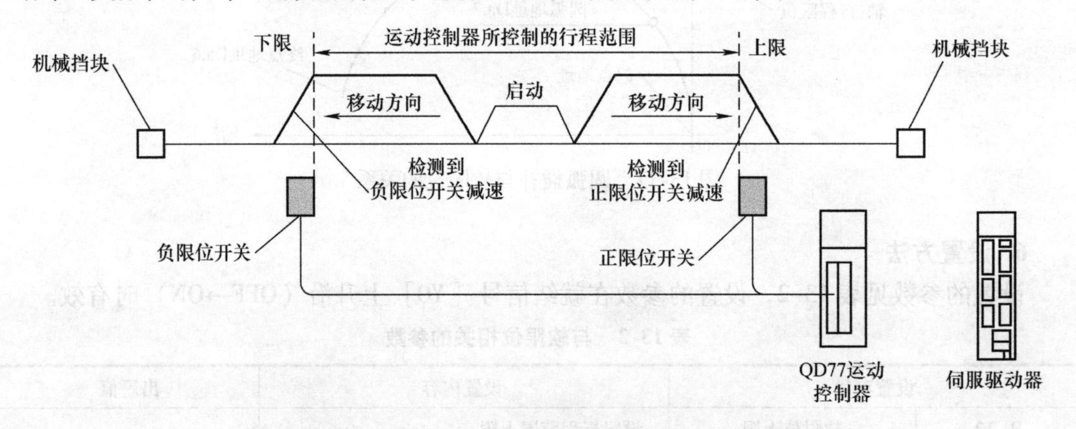

图 13-20　硬限位开关接在运动控制器的外接信号端

2）装在伺服驱动器外接信号端。在伺服驱动器的外接插口信号端子排中，有专门的正限位/负限位端子，可将硬限位开关接在正限位/负限位端子上，如图 13-21 所示。伺服驱动器通过总线与运动控制器通信。

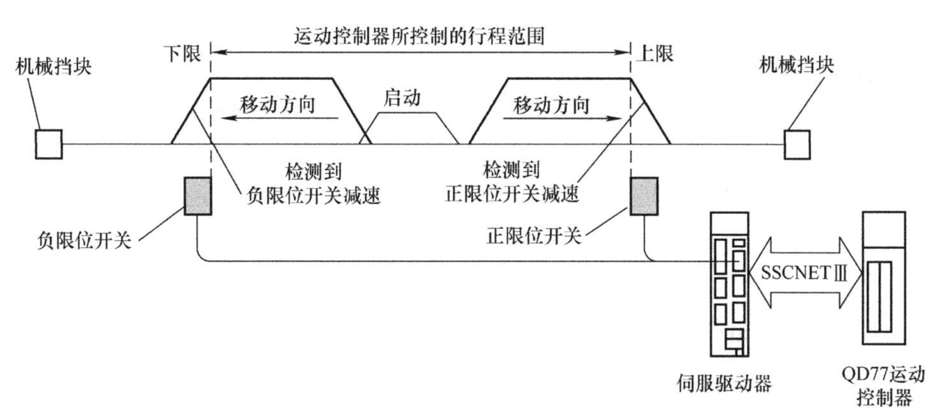

图13-21　硬限位开关接在伺服驱动器的外接信号端

3）装在QCPU外接信号端。可将硬限位开关接在QPLC的输入信号端子上，如图13-22所示。编制PLC程序，使该输入信号起到限位开关的作用。

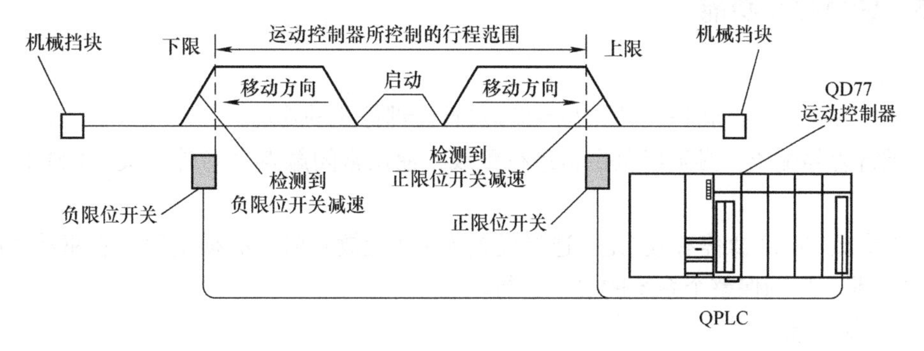

图13-22　硬限位开关接在QPLC的输入信号端

3. 硬限位开关配线

如图13-23所示，对QD77/伺服放大器的正/负限位端子进行配线，不区分DC 24V正负极。

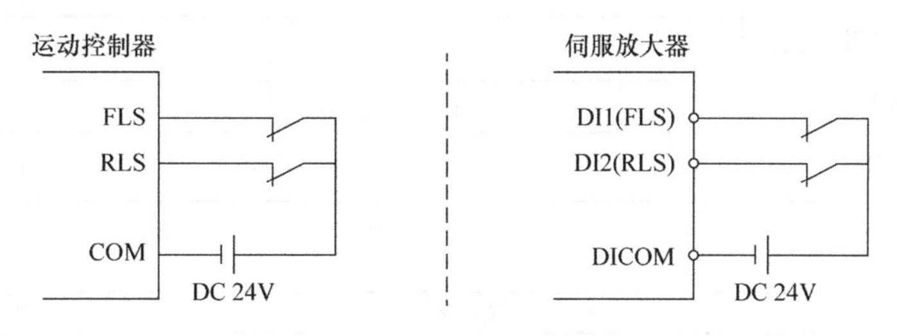

图13-23　硬限位开关配线

4. 注意事项

1）如果工作台超出硬限位行程而停止，必须使用JOG、微动运行或手轮运行将工作台移动回行程范围内。

2）Pr. 22输入信号逻辑选择为初始值的情况下，FLS（上限限位信号）与DICOM之间，

RLS（下限限位信号）与DICOM之间处于开路状态时（也包括未配线的情况下），为报警状态，不能进行正常运行。

5. 不使用硬限位开关时

1）不使用硬限位开关时，应按图13-24所示进行配线，不区分DC 24V正负极。（初始设置为负逻辑，由于如图13-24所示为一直高电平，所以硬限位不作用）

2）在Pr.22输入信号逻辑选择中将FLS和RLS的逻辑设置为正逻辑，则不须配线。

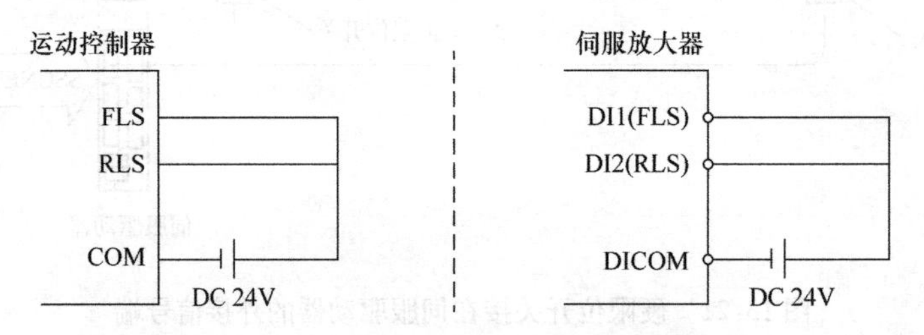

图13-24　不使用硬限位开关时的配线

13.4.5　紧急停止功能

1. 定义

通过输入信号，对伺服驱动器的全部轴进行全部停止的功能。

1）进行急停配线，必须以负逻辑进行配线，使用常闭触点（急停开关=OFF时，急停有效）。

2）将参数Pr.82急停有效/无效选择设置为1（无效）时，必须使用伺服驱动器的强制停止安全电路，以确保整个系统的安全运行。

2. 急停的功能

在急停信号有效时，各种运行模式立即停止，如图13-25所示，注意急停信号在低电平有效。

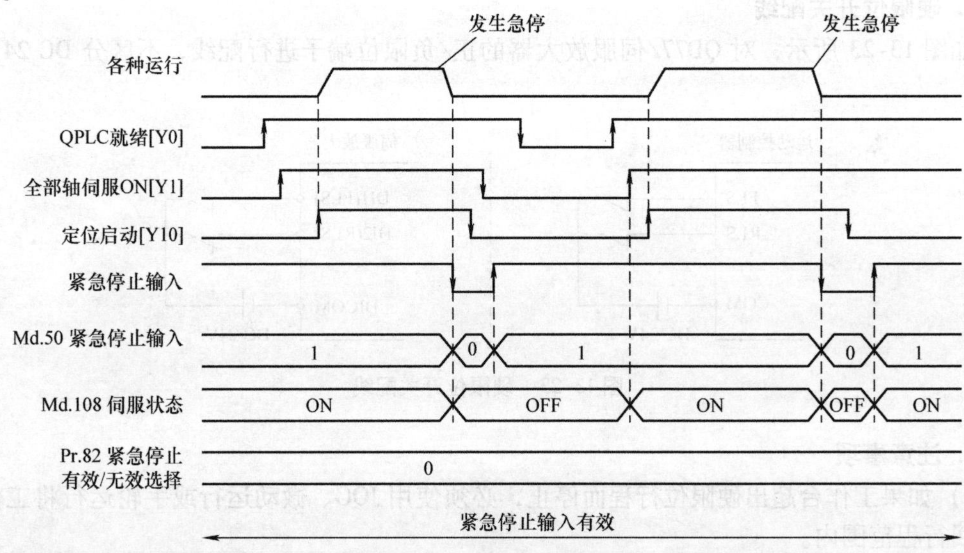

图13-25　急停动作时序图

3. 急停的配线

如图13-26所示，对急停开关进行配线，无须区分DC 24V正负极。

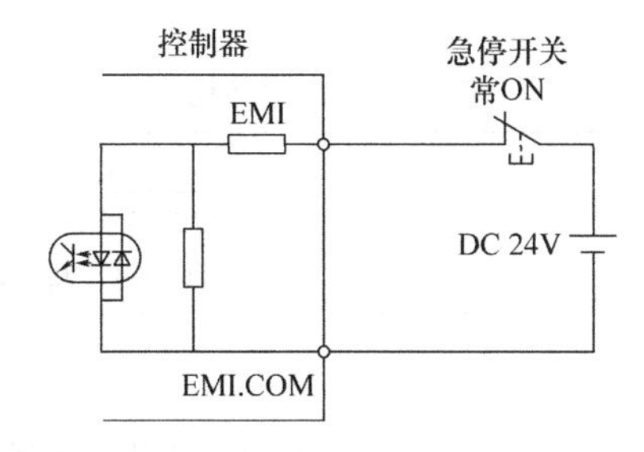

图13-26　急停开关配线

4. 设置方法

使用急停功能时，设置Pr. 82 =0，见表13-3。设置内容在就绪信号［Y0］上升沿（OFF→ON）时有效。

表13-3　设置数据

设置项目	设置值	设置内容	QD77缓存器地址
Pr. 82急停有效/无效选择		Pr. 82 =0　有效 Pr. 82 =1　无效	35

13.5　更改控制内容的功能

13.5.1　速度更改功能

1. 定义

速度更改功能是在任意时刻将原速度更改为新设置速度的功能。新设置速度直接设置到缓存器中，并根据速度更改指令（Cd. 15速度更改指令）或者外部指令信号执行速度更改，如图13-27所示。但回原点时，进入爬行速度后不能进行速度更改。

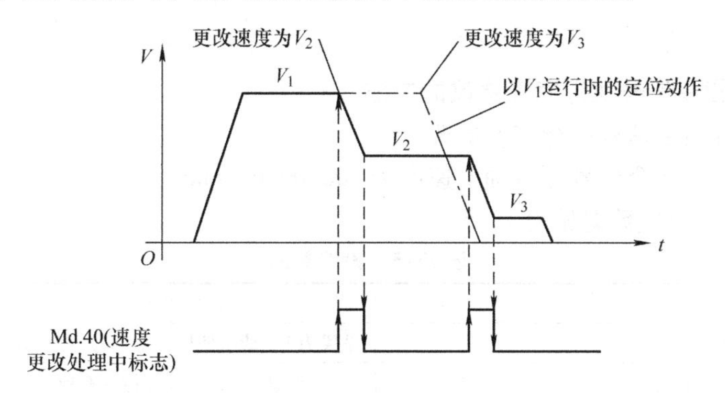

图13-27　速度更改示意图

2. 通过编制 PLC 程序执行速度更改的方法

样例：将速度更改为 20.00mm/min。

1）设置如表 13-4 所示的数据。

表 13-4　设置数据

设置项目	设置值	设置内容	QD77 缓存器地址
Cd. 14 速度更改值	2000	设置更改后的速度	1514 + 100n
Cd. 15 速度更改指令	1	设置为 1，执行更改速度	1516 + 100n

2）速度更改的动作时序。

速度更改的动作时序如图 13-28 所示。注意，应按以下步骤进行：

① 设置新速度数值（Cd. 14）；

② 发出速度更改指令（Cd. 15）。

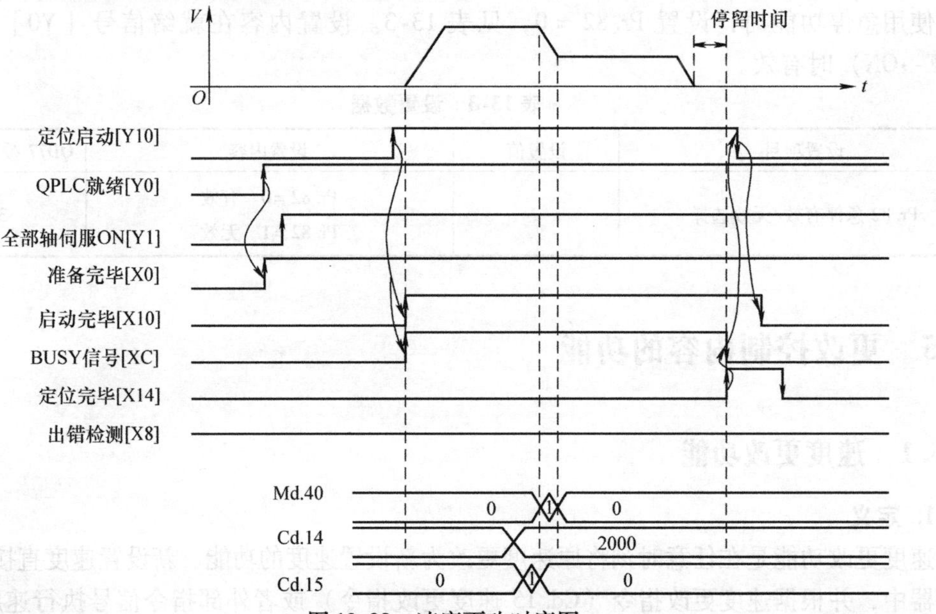

图 13-28　速度更改时序图

3. PLC 程序

参见第 14 章。

4. 使用外部指令信号执行速度更改的方法

可以使用外部指令信号执行速度更改。

样例：使用外部指令信号更改轴 1 速度为 100000mm/min。

1）设置数据。设置数据见表 13-5。

表 13-5　设置数据

设置项目	设置值	设置内容	QD77 缓存器地址
Pr. 42 外部指令功能选择	1	设置为 1，请求使用外部信号更改速度	62 + 150n
Cd. 8 外部指令有效	1	设置为 1，使外部指令有效	1505 + 100n
Cd. 14 速度更改值	100000	设置更改后的速度	1514 + 100n 1515 + 100n

2）时序图。

使用外部指令信号执行速度更改的时序图如图 13-29 所示。

注意：设置参数 Pr. 42 = 1，Cd. 8 = 1，Cd. 14 = 100000。

注意图 13-29 中使速度更改有效的信号是外部指令信号。只要外部指令信号 = ON，就直接执行速度更改，不需要通过 PLC 程序起作用。

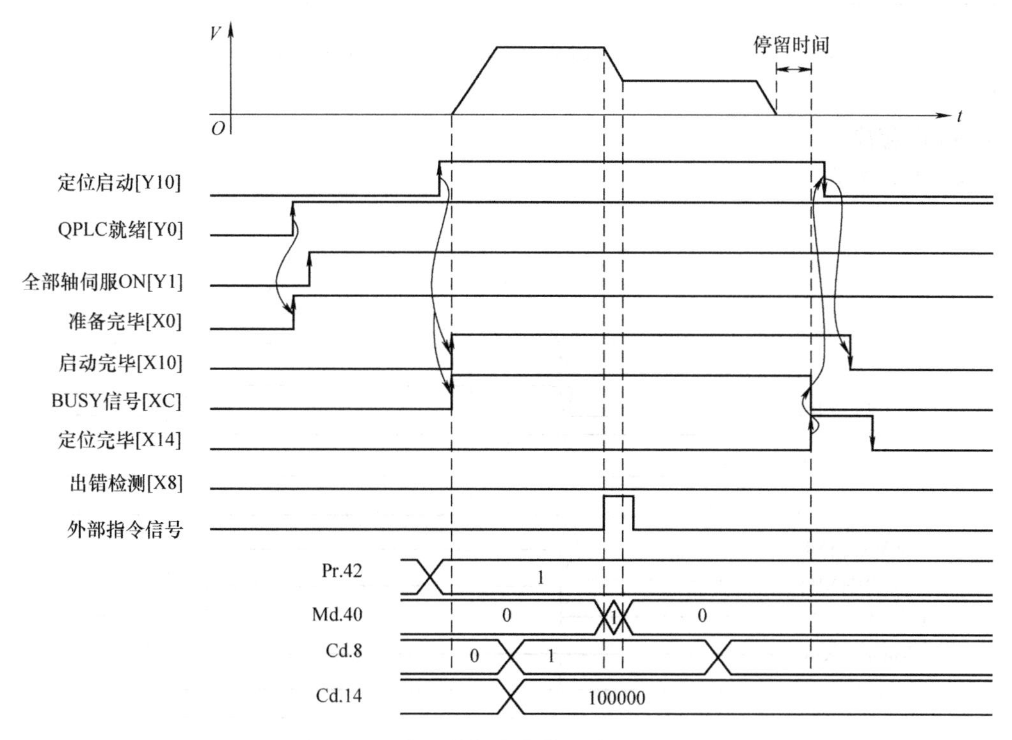

图 13-29　使用外部指令信号执行速度更改

13.5.2　速度倍率调节功能

1. 定义

速度倍率就是速度的百分数，用于调节运行速度，如图 13-30 所示，通过不断改变速度倍率，实际运行速度也在不断地变化。

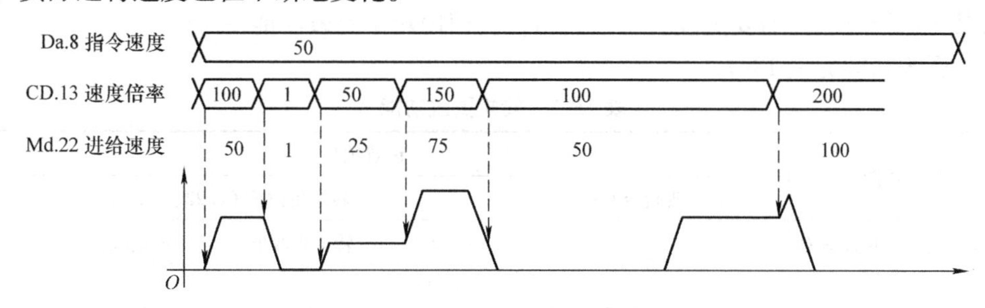

图 13-30　速度倍率调节示意图

2. 设置方法

样例：将轴 1 的速度倍率值设置为200%，见表 13-6，实际就是设置 Cd. 13 的数值。

表 13-6 设置速度倍率

设置项目	设置值	设置内容	QD77 缓存器地址
Cd. 13 速度倍率	200	速度的百分比	1513 + 100*n*

如图 13-31 所示，在实际运行中，设置速度倍率 Cd. 13 = 200，运行速度就改变为原来速度的 200%，这是所有运动控制系统都具备的功能。

3. PLC 程序

参看 14. 4. 7 节。

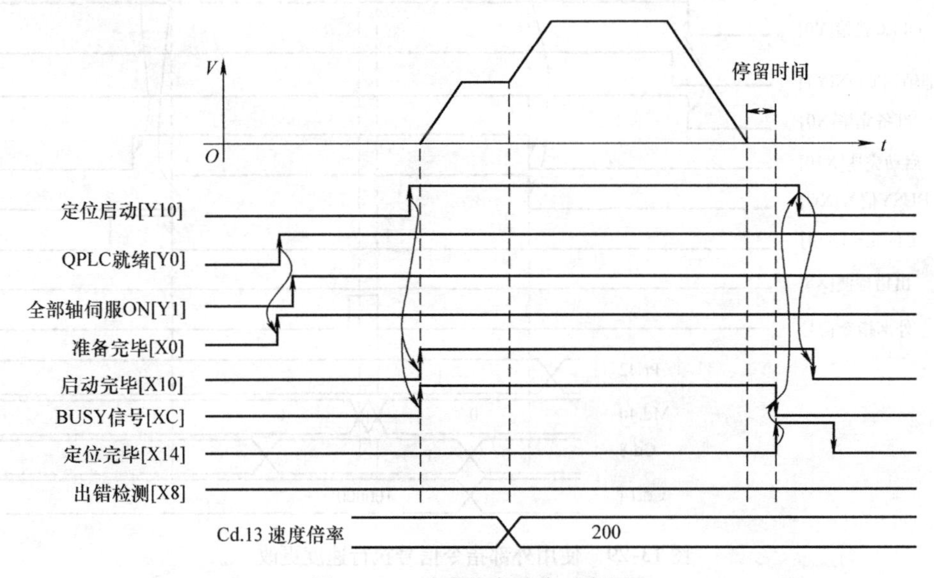

图 13-31 速度倍率动作时序图

13. 5. 3 转矩更改功能

1. 定义

转矩更改是更改运行中的转矩限制值的功能。转矩限制值是由参数 Pr. 17 或 Cd. 101 设置。如果在运行过程还需要更改转矩限制值，就使用转矩更改功能。

转矩更改功能见表 13-7。

表 13-7 转矩更改功能

<table>
<tr><th rowspan="2">转矩更改功能</th><th colspan="3">设置项目</th></tr>
<tr><th>转矩更改指令 Cd. 112</th><th colspan="2">转矩更改值 Cd. 22、Cd. 113</th></tr>
<tr><td rowspan="2">正转/反转，转矩限制值相同</td><td rowspan="2">0</td><td>Cd. 22</td><td>转矩更改值/正转矩矩更改值</td></tr>
<tr><td>Cd. 113</td><td>无效</td></tr>
<tr><td rowspan="2">正转/反转，转矩限制值不同</td><td rowspan="2">1</td><td>Cd. 22</td><td>转矩更改值/正转转矩更改值</td></tr>
<tr><td>Cd. 113</td><td>反转转矩更改值</td></tr>
</table>

2. 执行

1）转矩值（正转转矩限制值、反转转矩限制值）可随时更改，在写入转矩更改值的情况下，以更改后的值进行转矩控制。

2）在定位启动信号［Y10］的上升沿（OFF→ON），转矩更改值（Cd. 22、Cd. 113）被清零。通过编制 PLC 程序在工艺要求的时间点写入（Cd. 22、Cd. 113）。

3）转矩更改值设置范围为 0 ~ Pr. 17 转矩限制值。

4）根据转矩更改值更改转矩限制值。

5）转矩更改值为 0 时，不执行转矩更改。

6）转矩更改值大于转矩限制值时，转矩更改值有效。

7）可以设置正转转矩更改值与反转转矩更改值相同，也可以设置正转转矩更改值与反转转矩更改值不同。图 13-32 是正转转矩更改值与反转转矩更改值相同的时序图，注意 Cd. 112 =0，所以以 Cd. 22 的值为正转和反转时的转矩更改值。

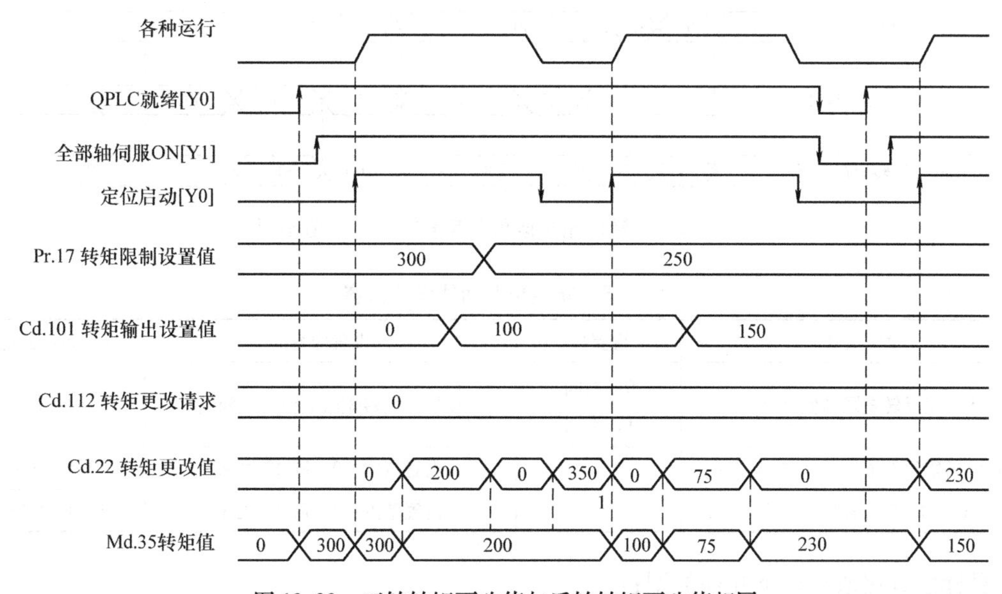

图 13-32　正转转矩更改值与反转转矩更改值相同

正转转矩更改值与反转转矩更改值不同的时序图如图 13-33 所示，注意 Cd. 112 =1，所以以 Cd. 22 为正转转矩更改值。以 Cd. 113 为反转转矩更改值。

3. 设置方法

使用转矩更改功能时，按表 13-8 所示进行设置。设置的内容写入控制器后即有效。

13. 5. 4　目标位置更改功能

1. 定义

目标位置更改功能是在任意时刻将位置控制中（1 轴直线控制）的目标位置更改为新指定的目标位置的功能。此外，更改目标位置的同时，也可以进行指令速度的更改。

更改后的目标位置以及指令速度直接设置到缓存器中，然后，根据 Cd. 29 执行目标位置更改。其执行过程如图 13-34 所示。

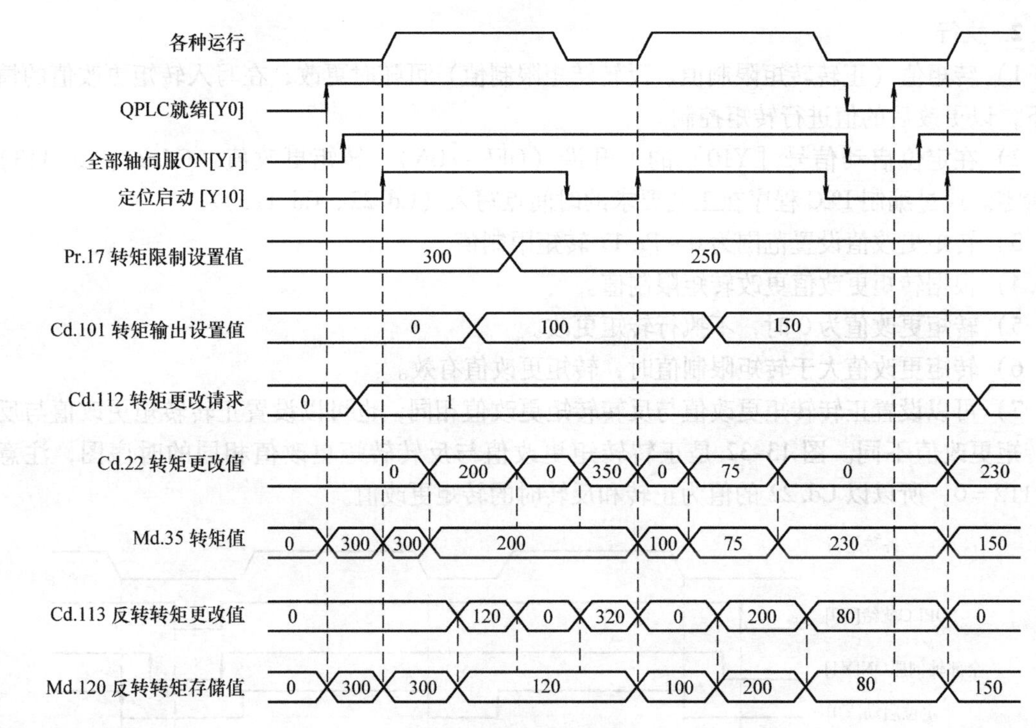

图 13-33　正转转矩更改值与反转转矩更改值不同

表 13-8　转矩更改功能设置内容

设置项目	设置值	设置内容	QD77 缓存器地址
Cd. 112 正反转矩限制值是否相同	0：相同 1：不同	设置正反转矩限制值是否相同	1563 + 100n
Cd. 22 转矩更改值/正转转矩更改值		设置范围：0 ~ Pr. 17 之间	1525 + 100n
Cd. 113 反转转矩更改值		设置范围：0 ~ Pr. 17 之间	1564 + 100n

目标位置更改有以下几种类型：

1）更改后的目标地址大于原定位地址，如图 13-34 所示。

2）更改目标位置同时更改原指令速度，如图 13-35 所示。

3）更改后的目标地址小于原定位地址，如图 13-36 所示。

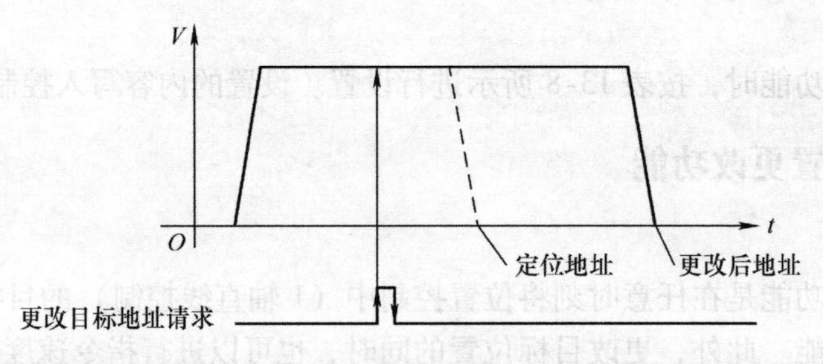

图 13-34　更改后的目标地址大于原定位地址

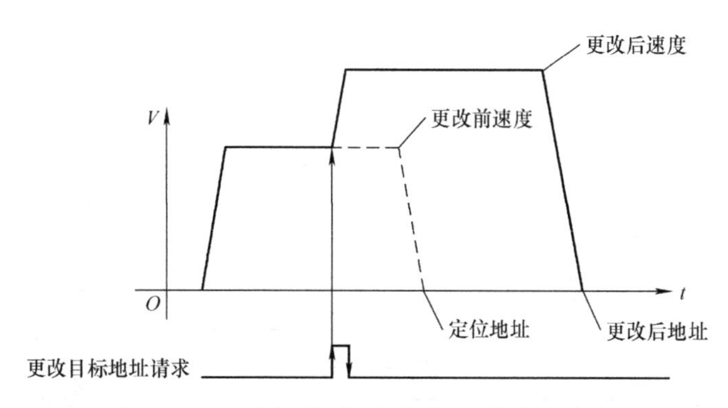

图 13-35　更改目标位置同时更改原指令速度

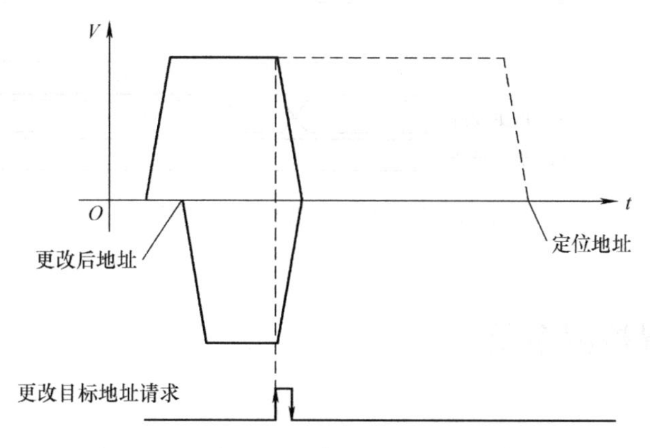

图 13-36　更改后的目标地址小于原定位地址

2. 设置样例

将目标位置更改为 300. 0μm，将指令速度更改为 1000000mm/min，按表 13-9 进行设置。

表 13-9　目标位置更改设置内容

设置项目	设置值	设置内容	QD77 缓存器地址
Cd. 27 目标位置更改值（地址）	3000	设置更改后的目标地址	1534 + 100n 1535 + 100n
Cd. 28 目标位置更改值（速度）	1000000	设置更改后的速度	1536 + 100n 1537 + 100n
Cd. 29 目标位置更改指令	1	设置 1 为执行目标位置更改	1538 + 100n

目标位置更改时序图如图 13-37 所示。

注意：

1）目标位置更改是在自动运行过程中完成的。

2）目标位置更改指令是一个点动型指令。

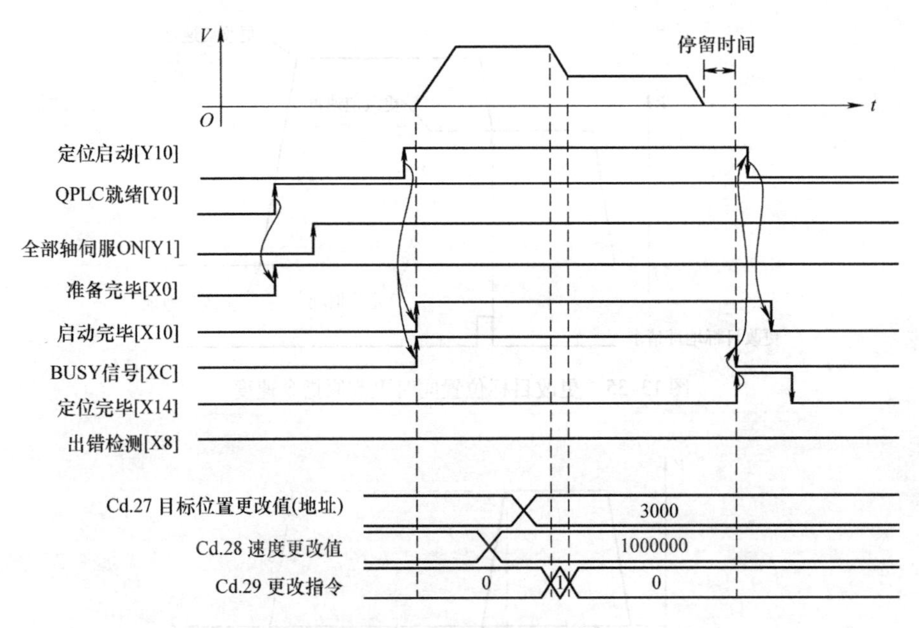

图 13-37　目标位置更改时序图

13.6　绝对位置检测系统

1. 定义

绝对位置检测系统是指机床原点自建立之后，机床原点数据由伺服驱动器的电池保持，在工作期间一直保持不变，不用每次机床断电后重新执行回原点操作。

绝对位置检测系统必须使用带有绝对位置检测功能的伺服驱动器、伺服电动机编码器和用于保持原点位置的电池。

绝对位置检测系统的构成原理如图 13-38 所示。注意其中的绝对位置检测编码器和电池。

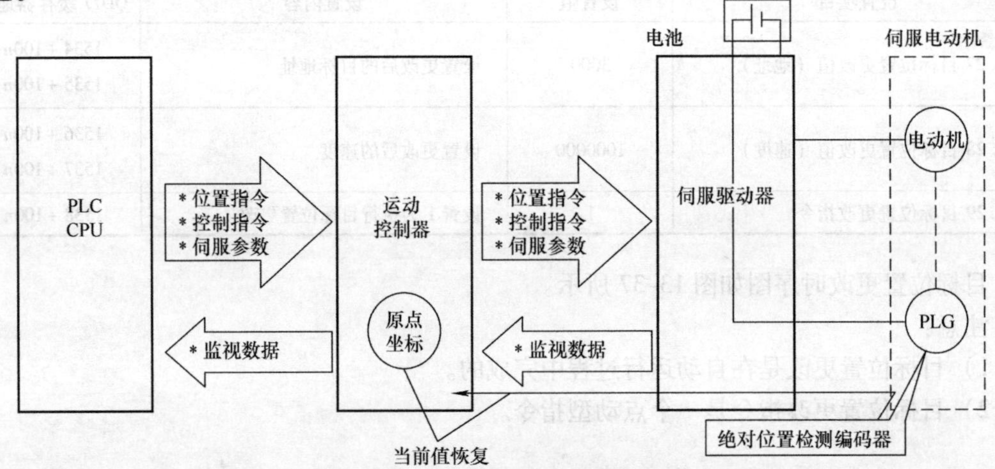

图 13-38　绝对位置检测系统的构成

2. 设置

设置伺服参数绝对位置检测系统（PA03 = 1）见表 13-10。

表 13-10 绝对位置检测系统参数设置

设置项目	设置值	设置内容	QD77 缓存器地址
PA03 绝对位置检测系统	1	绝对位置检测系统有效	30103 + 200n

3. 设置原点

在绝对位置检测系统中，可以通过数据设置式、近点狗式、计数式执行回原点操作。

数据设置式设置原点是手动运行（JOG/手轮）移动工作台至预期原点位置后，进行设置原点的方式，如图 13-39 所示，设置方法如下：

1）设置 Pr. 43 = 6，选择数据设置式设置原点；

2）设置 Cd. 3 = 9001，进入回原点模式；

3）移动工作台至预期原点位置；

4）发出启动指令 Y10（1 轴）。

回原点完成，工作台停止位置就是原点。

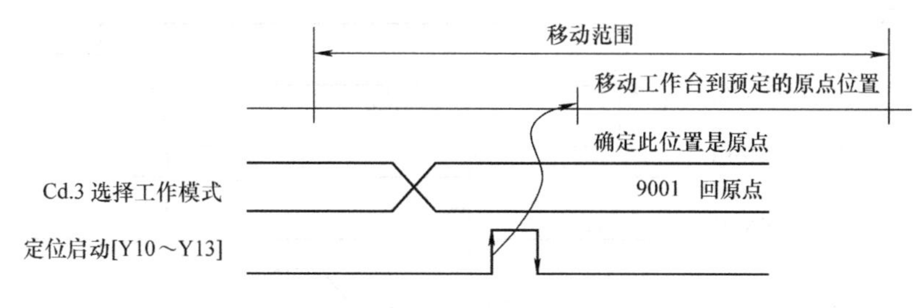

图 13-39 数据设置式设置原点方式

13.7 其他功能

13.7.1 单步运行

1. 定义

单步运行功能就是每次启动指令只能使运动程序前进一步。这是程序调试时常用的功能。

单步运行功能分为两种类型，如下：

1）如果一组，定位点是连续运行的，则停止位置在这组定位点出现减速的位置（定位数据为 01），如图 13-40 所示。

2）每 1 定位点都停止，如图 13-41 所示。

注意 No. 10 和 No. 11 这 2 个定位点之间是连续运行的，没有减速发生，而在 No. 11 才发生减速，所以这种类型，在 No. 10 不停止，而只在 No. 11 点停止。

2. 设置

单步运行设置数据见表 13-11。

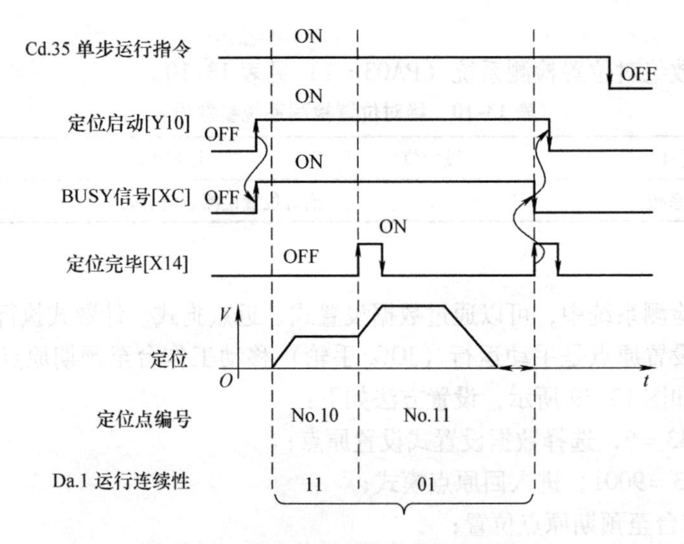

图 13-40　单步运行功能在减速位置停止

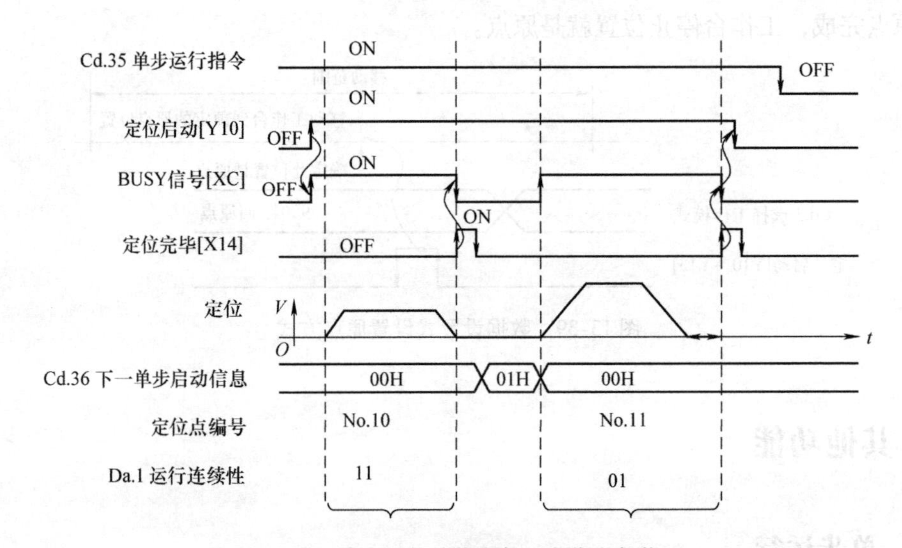

图 13-41　单步运行功能在每 1 定位点都停止

表 13-11　单步运行设置数据

设置项目	设置值	设置内容	QD77 缓存器地址
Cd. 34　单步模式选择	1	0：减速点停止 1：每点停止	1544 + 100n
Cd. 35　单步运行指令	1	执行单步动作	1545 + 100n
Cd. 36　下一单步运行指令		1 为下一步继续执行单步运行	1546 + 100n

13. 7. 2　中断跳越功能

1. 定义

如果在运行正常的自动程序时，出现某些特殊情况，要求中断当前正在运行的程序段，转而运行下一段程序，这就是中断跳越功能，该是使用跳越指令（Cd. 37 跳越指令）或者外部指令信号执行。

对中断跳越功能的说明如图 13-42，注意中断跳越信号的发出时间点。

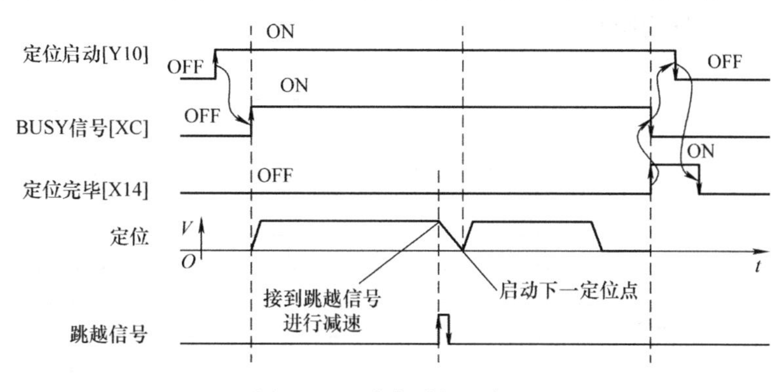

图 13-42　中断跳越示意图

2. 设置方法

中断跳越设置表 13-12。

表 13-12　中断跳越设置表

设置项目	设置值	设置内容	QD77 缓存器地址
Cd. 37　跳越指令	1	1 为跳越请求	1547 + 100*n*

3. 使用外部指令信号执行跳越功能的方法

可以使用外部指令信号执行跳越功能，设置见表 13-13。

表 13-13　使用外部指令信号执行跳越功能的设置

设置项目	设置值	设置内容	QD77 缓存器地址
Pr. 42　外部指令功能选择	3	3 为跳越请求	62 + 150*n*
Cd. 8　外部指令有效	1	1 为使外部指令有效	1505 + 100*n*

4. PLC 程序编制

参见 14. 4. 9 节。

13. 7. 3　M 指令

1. 定义

M 指令是辅助功能（相当于在运动程序中发出一个开关量信号）。在运动程序中发出 M 指令，发出的 M 指令可以由 PLC 程序读出，再由 PLC 程序驱动外围设备。

使用 M 指令的三大要领：

1）在运动程序的适当位置发出 M 指令；

2）由 PLC 程序读出 M 指令，并驱动外围设备；

3）由 PLC 程序监视 M 指令驱动对象是否完成（完成条件）。如果 M 指令完成了规定的功能，就由 PLC 程序通知运动程序，执行下一步。

2. M 指令的输出时机

M 指令的输出时机有 WITH 模式和 AFTER 模式两种类型。

1）同时（WITH）模式。在定位启动的同时将 M 指令选通信号置为 ON，并在 Md. 25 中存储 M 指令，所以称为同时模式，如图 13-43 所示。

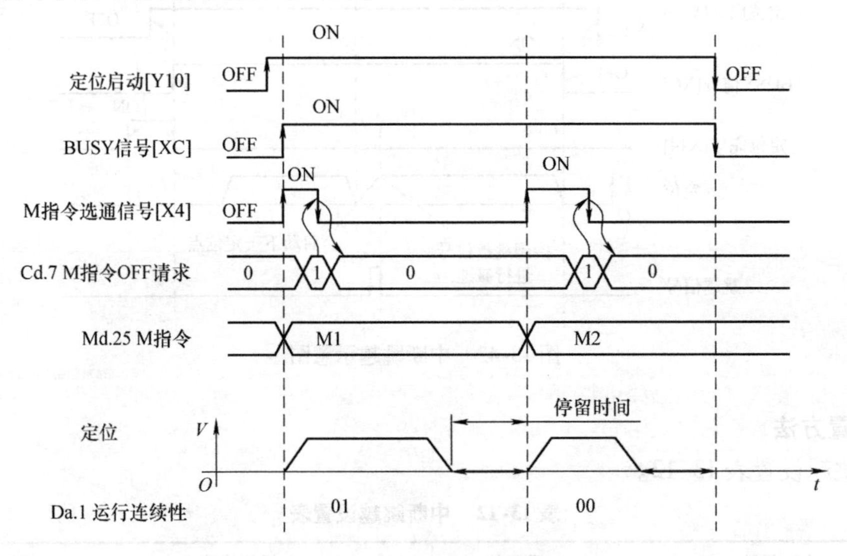

图 13-43　M 指令同时模式（WITH 模式）

2）后发（AFTER）模式。在定位完毕时输出 M 指令，并在 Md. 25 中存储 M 指令。由于是在定位运动完成后再输出 M 指令，所以称为后发模式，如图 13-44 所示。

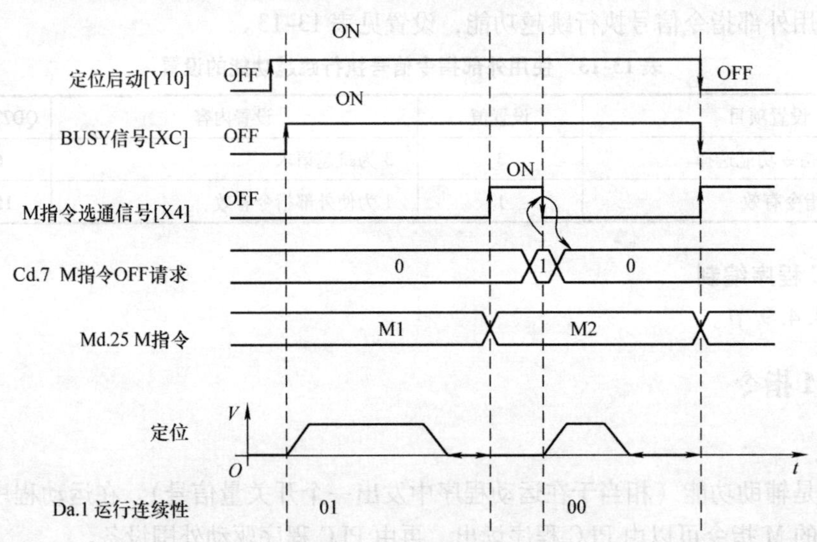

图 13-44　M 指令的后发模式（AFTER 模式）

3. M 指令执行完成条件

当 M 指令已经完成了其驱动对象的工作（例如开冷却液指令，冷却电磁阀已经置 ON），需要指令运动程序走下一步。这时就发出 Cd. 7 = 1 的指令，表示 M 指令执行完毕，可以执行下一定位点动作，如图 13-45 所示。

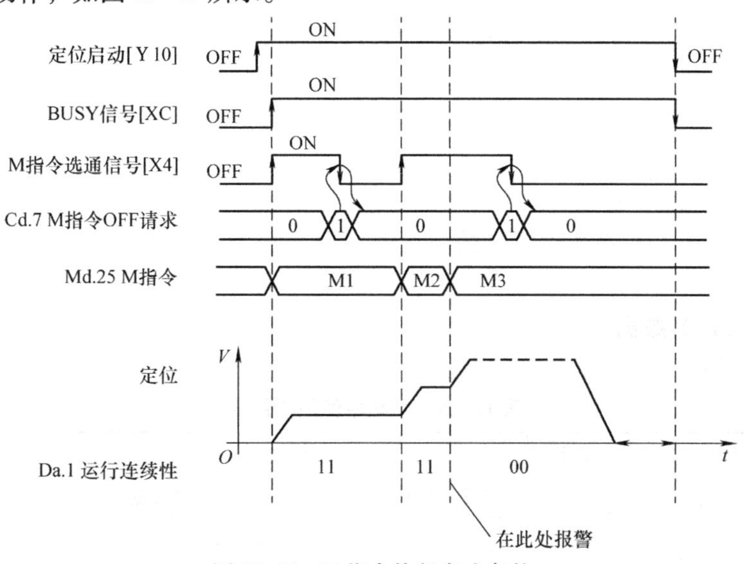

图 13-45　M 指令执行完成条件

4. M 指令的使用方法

1）在定位数据 Da. 10 中设置 M 指令编号。

2）设置输出 M 指令的模式（WITH 或 AFTER 模式），见表 13-14。设置的内容在就绪信号［Y0］的上升沿（OFF→ON）时有效。

表 13-14　M 指令设置内容

设置项目	设置值	设置内容	QD77 缓存器地址
Pr. 18　M 指令 ON 输出时间点		设置 0 表示与运动指令同输出（WITH） 设置 1 表示在运动指令执行完毕后输出（AFTER）	27 + 150*n*

3）M 代码的读取。在 M 指令选通信号置 ON 时，M 指令将被存储到表 13-15 所示的缓存器中。

表 13-15　储存当前发出的 M 指令

监视项目	设置值	储存内容	QD77 缓存器地址
Md. 25　有效 M 指令		M 指令	808 + 100*n*

通过编制 PLC 程序，可以读出 Md. 25 内的数值，并用 M 指令驱动相关的对象。

5. PLC 程序

相关的 PLC 程序参看 14. 4. 6 节。

13. 7. 4　示教功能

1. 定义

示教功能是将手动定位的工作台地址设置到某定位点的地址（Da. 6 定位地址）中。

2. 示教动作

1）示教时间段。在 BUSY 信号置 OFF 时可执行示教。

2）可示教的地址为进给当前值（Md. 20）。将进给当前值设置到定位点数据的 Da. 6 中。

3. 注意事项

1）在执行示教之前需要预先执行回原点，建立原点。

2）对于无法通过手动移动到达的位置（工件无法移动的物理位置），不能执行示教功能。

4. 示教中使用的数据

在示教中使用表 13-16 所示的数据。

表 13-16 示教中使用的数据

设置项目	设置值	设置内容	QD77 缓存器地址
Cd. 1 闪存写入请求		将设置的内容写入闪存（备份更改的数据）	1900
Cd. 38 示教数据选择		设置 0 表示将进给当前值写入 Da. 6； 设置 1 表示将进给当前值写入 Da. 7	1548 + 100n
Cd. 39 示教定位数据号		设置示教数据写入的定位点编号	1549 + 100n

5. 示教工作流程（见图 13-46）

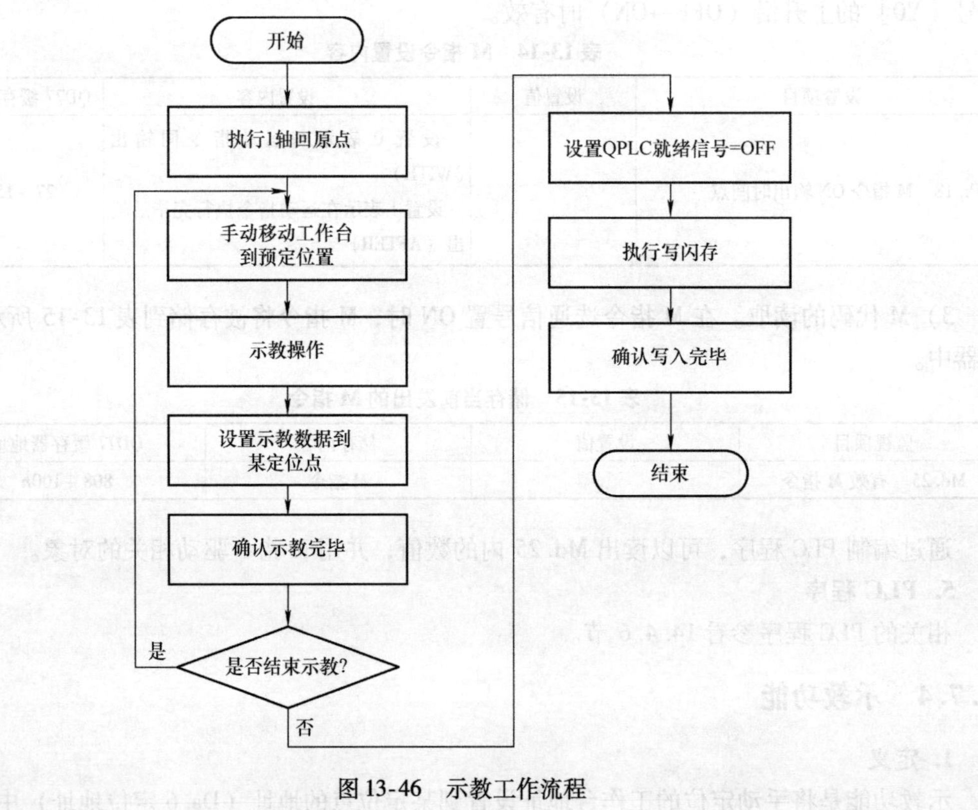

图 13-46 示教工作流程

6. 示教样例

1）设置时间点。在 BUSY 信号 = OFF 时执行示教写入。

2）示教动作流程。

① 通过 JOG 运行移动工作台到达目标位置；

② 设置 Cd. 38 = 1；

③ 设置 Cd. 39 = 10，示教数据设置到 No. 10 点；

④ 执行示教；

⑤ 执行写闪存（见图 13-47）。

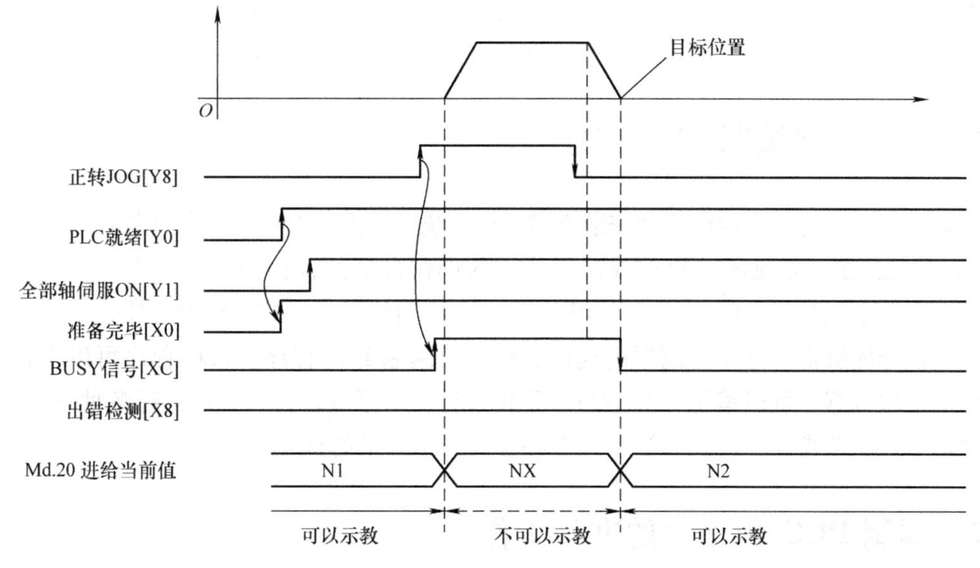

图 13-47　示教工作时序图

7. PLC 程序

PLC 程序参见 14. 4. 10 节。

第 14 章

编制运动控制器相关的 PLC 程序

编制 PLC 程序是对运动控制器进行控制的最重要的工作。本章详细介绍了 PLC 程序的结构，对各部分的 PLC 程序提供了实用的案例及说明。

14.1 为什么要编制 PLC 程序

运动控制器作为一个智能模块安装在 QPLC 系统中，因此对运动控制器的控制指令是由 QPLC CPU 发出的。常见的在机床或流水线上的操作台上的各种按键信号实际上是接入到 QPLC CPU 上的，流水线上其他部位的限位信号和检测信号也是接入到 QPLC CPU 上的。为了用这些信号能够指令运动控制器的动作，就需要编制 PLC 程序。PLC 程序可以设置参数和大量的定位数据，可以编制 JOG 运行、手轮运行、回原点运行、自动运行各种动作程序，发出启动、停止等指令。所以编制 PLC 程序，是技术开发的核心。

14.2 编制 PLC 程序前的准备工作

1. 系统设置

如图 14-1 所示，运动控制器模块 QD77 作为一个智能模块安装在 QPLC CPU 模块的右侧第 1 个位置，当然也可以安装在其他位置，在本书中为方便叙述编程，规定使用的运动控制器模块为 QD77 MS4（4 轴控制模块），运动控制器模块 QD77 MS4 安装在 QPLC CPU 模块的右侧第 1 个位置。QPLC 的其他模块根据工作机械的需要配置。

2. 运动控制器模块占用的输入/输出信号

由于运动控制器模块安装在 QPLC CPU 模块右边的第 1 位置，所以按照 QPLC 的规定，运动控制器模块占用 32 点输入，32 点输出。具体分布：X00 ~ X1F，Y00 ~ Y1F。

X00 ~ X1F——运动控制模块的工作状态。

Y00 ~ Y1F——运动控制模块的功能，由外部信号驱动这些功能见表 14-1。这些信号是通过基板总线与 QPLC CPU 通信的，所以无须接线。

3. 可能使用的外部信号

系统安装如图 14-1 所示，QPLC 系统中布置有输入模块，专门用于接入外部信号，在图 14-1 中有 2 个输入模块，共计 64 点，可以满足一般工作机械的要求。如果不够，还可以增加输入/输出模块，这是 QPLC 的优势。

对外部信号输入模块的信号做了见表 14-2 的分配，这是编程前的预规划，是必需的工

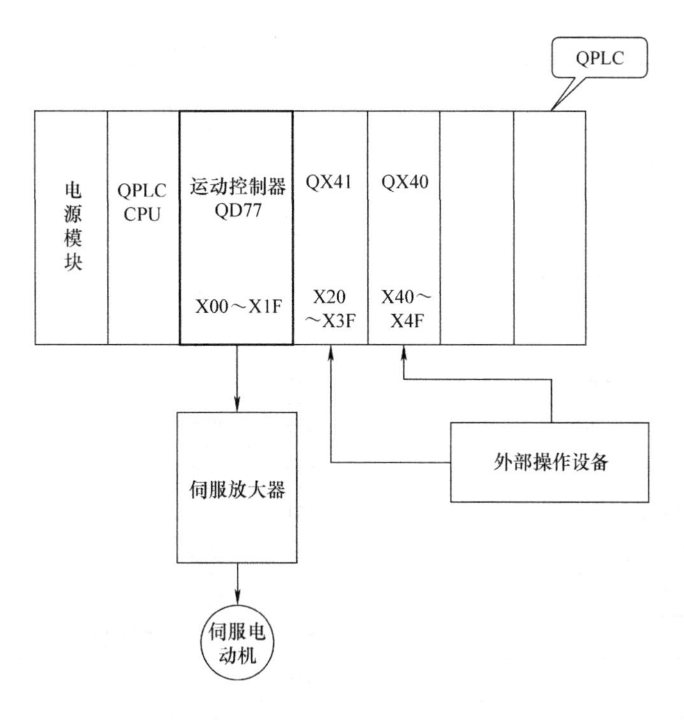

图 14-1　QPLC 与运动控制器的配置

作。特别注意：这是“外部信号”，是根据不同机械的不同要求由设计者配置的，不是控制器系统固有的信号。

表 14-1　指令（Y）与状态（X）接口

	软元件				用途	ON 时的内容
	轴 1	轴 2	轴 3	轴 4		
输入	X0				准备完毕	QD77 准备完毕
	X1				同步标志	可以访问 QD77 缓存区
	X4	X5	X6	X7	M 指令选通信号	M 指令输出中
	X8	X9	XA	XB	出错检测	检测到错误发生
	XC	XD	XE	XF	BUSY 信号	运行中信号
	X10	X11	X12	X13	启动完毕信号	启动完毕
	X14	X15	X16	X17	定位完毕信号	定位完毕
输出	Y0				PLC CPU 就绪信号	PLC CPU 准备完毕
	Y1				全部轴伺服 ON 指令	全部轴伺服 ON
	Y4	Y5	Y6	Y7	轴停止运行	轴停止运行指令
	Y8	Y9	YA	YB	正转 JOG 启动	正转 JOG 启动指令
	YC	YD	YE	YF	反转 JOG 启动	反转 JOG 启动指令
	Y10	Y11	Y12	Y13	自动启动	自动启动指令
	Y14	Y15	Y16	Y17	禁止执行	禁止执行指令

表 14-2　可能使用的外部输入信号

软元件	用途	软元件	用途
X20	指令回原点请求 = OFF	X38	跳越指令
X21	外部指令有效	X39	示教指令
X22	外部指令无效	X3A	连续运行中断指令
X23	回原点指令	X3B	重新启动指令
X24	高速回原点指令	X3C	参数初始化指令
X25	自动启动	X3D	写闪存指令
X26	速度/位置切换指令	X3E	出错复位指令
X27	允许速度/位置切换指令	X3F	停止指令
X28	禁止速度/位置切换指令	X40	位置/速度切换指令
X29	更改移动量指令	X41	允许位置/速度切换指令
X2A	高级定位控制启动指令	X42	禁止位置/速度切换指令
X2B	定位启动指令	X43	更改速度指令
X2C	M 指令完成	X44	设置微移动量指令
X2D	设置 JOG 运行速度	X45	更目标位置指令
X2E	JOG 正转	X46	连续步指令
X2F	JOG 反转	X47	定位启动 k10 指令
X30	允许手轮运行指令	X48	设置速度倍率初始值指令
X31	禁止手轮运行指令	X49	
X32	更改速度指令	X4A	更改当前值指令
X33	设置速度倍率指令	X4B	PLC 就绪 ON 指令
X34	更改加速时间指令	X4C	
X35	禁止更改加速时间指令	X4D	使用 DEG（°）单位
X36	更改转矩指令	X4E	定位启动
X37	单步运行指令	X4F	全部轴伺服 ON

说明：

1）这些信号都需要实际接线接入到输入模块的接线端子上。这些信号一般都是操作面板上的按键信号。

2）如果使用触摸屏，则由触摸屏界面使用这些输入信号。

3）不是所有控制系统都需要这些功能，所以在做总体布置时，要根据功能要求确定和计算输入/输出点数。

4. 预留的 M 继电器

在自动程序中可能使用许多 M 指令，因此在 PLC 程序中预留出一部分 M 继电器与 M 指令对应，方便 PLC 编程。特别注意：运动程序中的 M 指令与 PLC 程序中的 M 继电器不是一个概念，只是对应起来方便编制 PLC 程序。预留的 M 继电器见表 14-3。

同时编制 PLC 程序可能使用许多内部继电器，预先分配部分 M 继电器的功能，可以减少编程工作量。

表 14-3 预留的 M 继电器

软元件	用途	软元件	用途
M0		M26	
M1		M27	
M2		M28	
M3		M29	
M4		M30	
M5		M31	
M6		M32	
M7		M33	
M8		M34	
M9		M35	
M10		M36	
M11		M37	
M12		M38	
M13		M39	
M14		M40	
M15		M41	
M16		M42	
M17		M43	
M18		M44	
M19		M45	
M20		M46	
M21		M47	
M22		M48	
M23		M49	
M24		M50	
M25			

5. 预定义的数据寄存器

运动控制器的指令型接口和状态型接口实际上都有缓存器对应。在 PLC 编程中，可以使用数据寄存器与其对应，这样便于使用触摸屏进行设置数据。预定义的数据寄存器见表 14-4。

表 14-4 预定义的数据寄存器

软元件	用途	储存内容
D0	请求回原点标志	Md. 31 状态：bit3
D1	速度（低 16bit）	Cd. 25 速度更改值
D2	速度（高 16bit）	

（续）

软元件	用途	储存内容
D3	移动量（低16bit）	Cd. 23 移动量数值
D4	移动量（高16bit）	
D5	微移动量	Cd. 16 微移动量
D6	JOG 速度（低16bit）	Cd. 17 JOG 速度
D7	JOG 速度（高16bit）	
D8	手轮脉冲倍率（低16bit）	Cd. 20 手轮脉冲倍率
D9	手轮脉冲倍率（高16bit）	
D10	允许手轮运行	Cd. 21 允许手轮运行
D11	速度更改值（低16bit）	Cd. 14 速度更改值
D12	速度更改值（高16bit）	
D13	速度更改指令	Cd. 15 速度更改指令
D14	速度倍率	Cd. 13 速度倍率
D15	加速时间（低16bit）	Cd. 10 加速时间更改值
D16	加速时间（高16bit）	
D17	减速时间（低16bit）	Cd. 11 减速时间更改值
D18	减速时间（高16bit）	
D19	允许更改加速时间	Cd. 12 允许/禁止更改加减速时间
D20	单步模式	Cd. 34 单步模式
D21	单步模式有效标志	Cd. 35 单步模式有效
D22	连续单步启动	
D23	目标位置（低16bit）	Cd. 27 目标位置更改值
D24	目标位置（高16bit）	
D25	目标速度（低16bit）	Cd. 28 目标速度更改值
D26	目标速度（高16bit）	
D27	更改目标位置指令	Cd. 29 更改目标位置指令
D28		
D29		
D30		
D31		
D32		
D33		
D34		
D35		
D36		
D37		
D38		

（续）

软元件	用途	储存内容
D39		
D50	指令单位	Pr. 1 单位设置
D51	单位倍率	Pr. 4 单位倍率
D52	每转的脉冲数（低 16bit）	Pr. 2 每转的脉冲数
D53	每转的脉冲数（高 16bit）	
D54	每转移动量（低 16bit）	Pr. 3 每转移动量
D55	每转移动量（高 16bit）	
D56	启动偏置速度（低 16bit）	Pr. 7 启动偏置速度
D57	启动偏置速度（高 16bit）	
D58		
D59		
D60		
D61		
D62		
D63		
D64		
D65		
D66		
D67		
D68		
D69		

注：1. 由于 Cd. * 型指令都是数据型指令，所以配置数据寄存器与 Cd. * 型指令对应。

2. 由于参数也对应具体的缓存器编号，所以配置数据寄存器与参数对应。这样利于在 PLC 程序中修改参数，也利于使用触摸屏修改参数。

6. 智能模块表示的缓存器

以智能模块表示的缓存器是一种简单的方法，见表 14-5，U0 \ G** 表示运动控制器内缓存器。其中 U0 表示 CPU 编号，在本书中即为运动控制器 CPU。G** 表示缓存器编号。参数及 Cd** 指令等都有固定的缓存器编号，参见各章。

用智能模块的地址直接表示一些指令和状态的缓存区地址，也是减少编程工作量的方法。

表 14-5 智能模块表示的缓存器

软元件	用途	储存内容
U0\G806	轴出错代码	Md. 23 轴出错代码
U0\G809	轴出错状态	Md. 26 轴出错状态
U0\G1500	工作模式	Cd. 3 工作模式

（续）

软元件	用途	储存内容
U0\G1501	运动块编号	Cd. 4 运动块编号
U0\G1502	出错复位	Cd. 5 复位出错状态
U0\G1503	重启指令	Cd. 6 重启
U0\G1504	M 指令 OFF	Cd. 7 指令 M 指令 OFF
U0\G1513	速度倍率	Cd. 13 设置速度倍率
U0\G1516	指令更改速度	Cd. 15 指令更改速度
U0\G1517	微动移动量	Cd. 16 设置微动移动量
U0\G1520	连续运行的中断请求	Cd. 18 连续运行的中断请求
U0\G1521	指令请求回原点 OFF	Cd. 19 指令请求回原点 OFF
U0\G1524	手轮运行使能	Cd. 21 手轮运行使能
U0\G1526	速度/位置切换控制的移动量	Cd. 23 移动量
U0\G1528	允许速度/位置切换	Cd. 23 允许速度/位置切换
U0\G1530	位置/速度切换的速度更改值	Cd. 25 速度更改值
U0\G1532	允许位置/速度切换	Cd. 26 允许位置/速度切换标志
U0\G1538	更改目标位置指令	Cd. 29 更改目标位置指令
U0\G1544	单步模式	Cd. 30 单步模式
U0\G1547	跳越指令	Cd. 37 跳越指令

14.3 编制 PLC 程序的流程

14.3.1 程序结构

完整的 PLC 程序由以下程序模块构成：

1）设置参数和定位数据的 PLC 程序；

2）初始化程序；

3）工作模式选择程序；

4）回原点程序；

5）与自动操作有关的程序；

6）JOG 运行；

7）手轮运行；

8）各种辅助功能程序；

9）停止程序。

编制 PLC 程序就是根据图 14-2 所示的编程流程图进行编程，这样不会遗漏重要的编程内容。

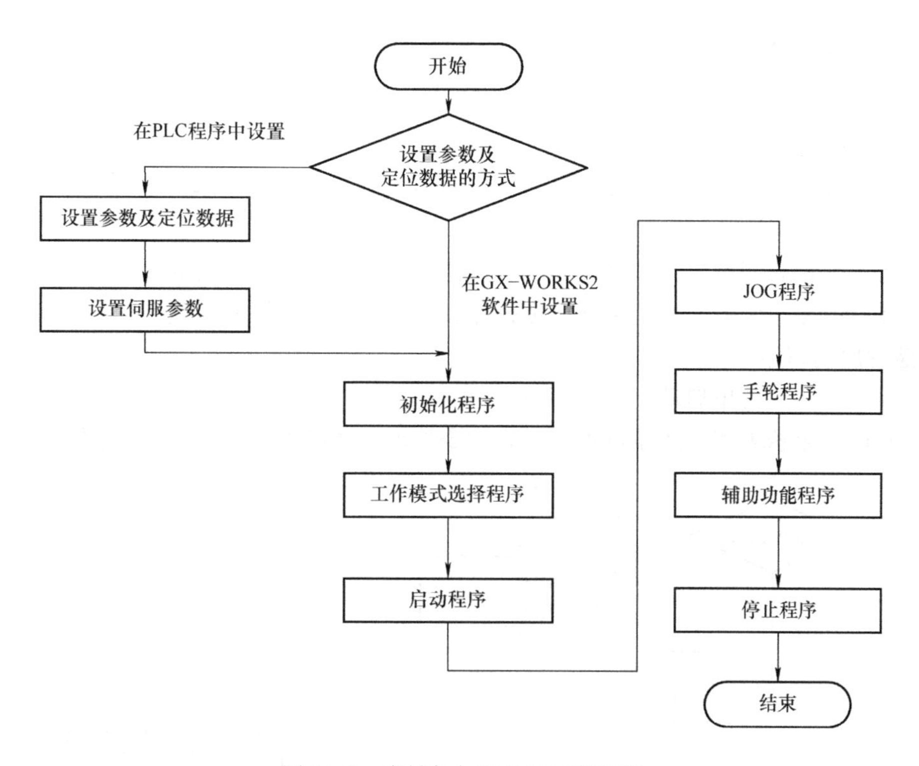

图 14-2　编制完全 PLC 的程序流程

14.3.2　设置参数和定位数据的 PLC 程序模块

从运动控制器的缓存区结构可以看出，所有的参数和定位数据都储存在缓存器中，PLC 程序的任务就是在相关的缓存器里设置数据。所以在本程序模块中就是执行各种数据设置。这一部分的编程工作量很大，所以现在多数在 GX - WORKS2 软件中直接设置参数和定位数据，以减少工作量。所以在图 14-2 中，就有判断和选择，采用什么方式设置参数和定位数据？编程者应该知道，设置参数和定位数据，是可以编制 PLC 程序完成的。

设置参数和定位数据的 PLC 程序内容如图 14-3 所示。

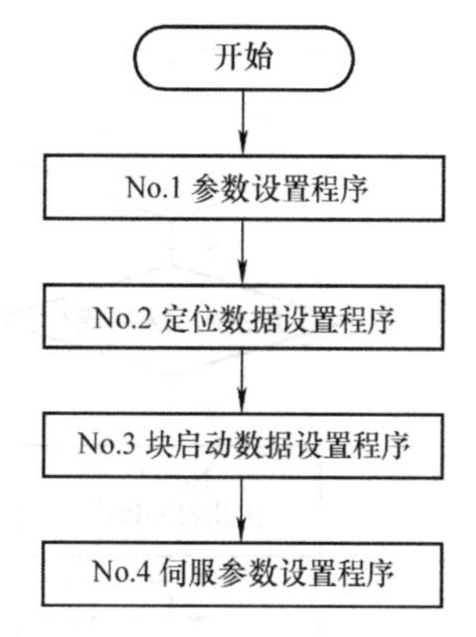

图 14-3　参数和定位数据设置程序流程

14.3.3　初始化程序

初始化程序包含以下主要内容（见图 14-4）：

1）检查机床是否回原点，对回原点请求信号进行处理。

2）对外部信号有效/无效进行编程处理。

3）对 PLC 就绪信号进行编程处理。

4）对全部轴伺服 ON 信号进行编程处理。

5）对出错检测信号进行编程处理。

6）判断是否为绝对位置检测，做相应处理。

14.3.4 常规工作程序

如图14-5所示，常规工作程序有以下内容：

1. 工作模式选择程序

所有（运动型）工作机械至少有4种工作模式，1）JOG模式；2）自动模式；3）手轮模式；4）回原点模式。

将各种工作模式明确分开，在不同的工作模式下只执行本模式内的动作，即使发出其他模式下的动作指令也无效。这样可使机床操作安全可靠，编程简明易懂。

2. 定位启动程序

在自动模式中，发出启动、停止等信号。

JOG程序、手轮程序、回原点程序、M指令处理程序在14.4节有详细说明。

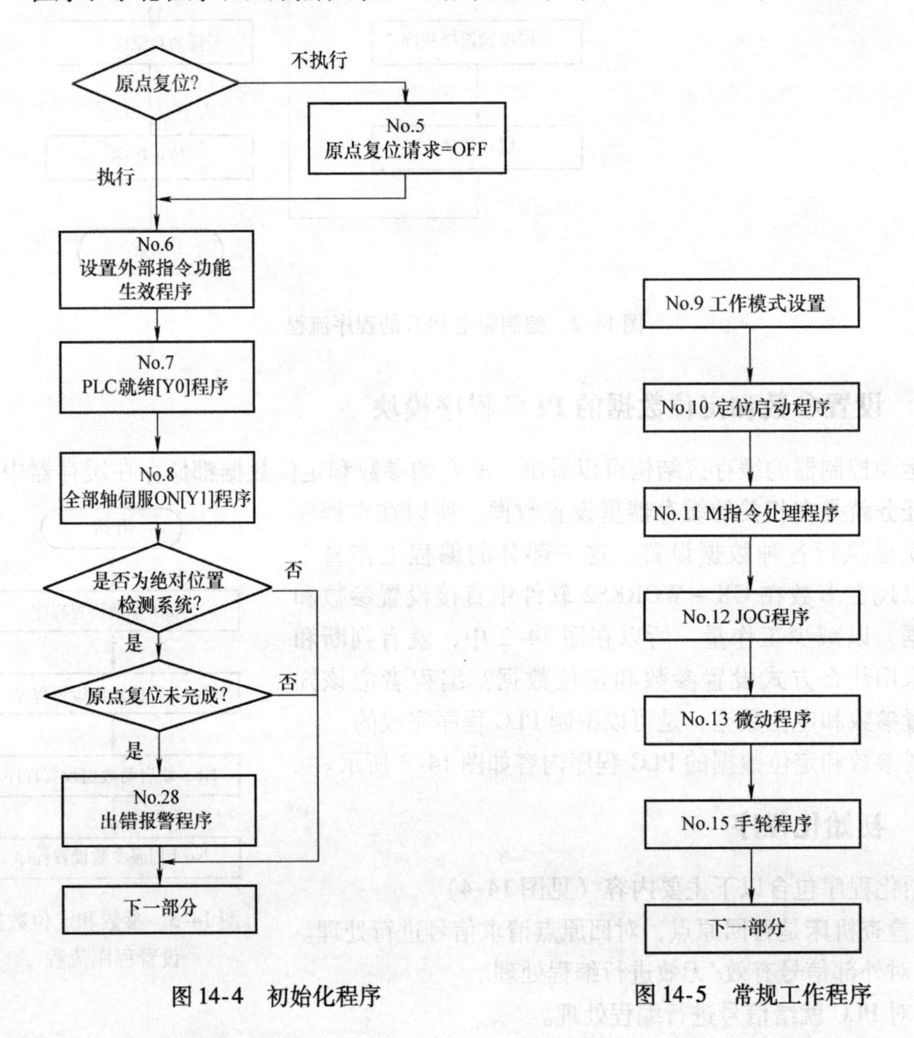

图14-4 初始化程序　　图14-5 常规工作程序

14.3.5 辅助功能程序

如图14-6所示，辅助功能有很多内容，需要根据机床工作要求，编制相关程序。

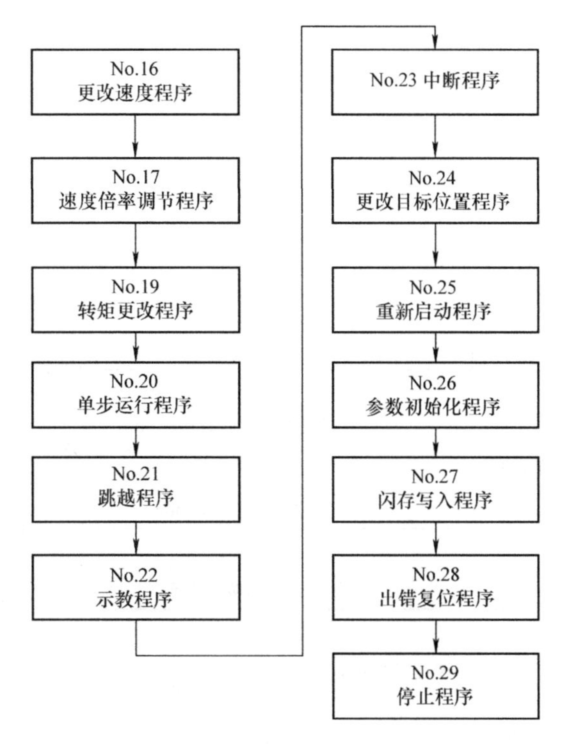

图 14-6　辅助功能程序

14.4　对 PLC 程序的详细分段解释

14.4.1　工作模式选择

所有（运动型）的工作机械至少都有 4 种工作模式，1）JOG 模式；2）自动模式；3）手轮模式；4）回原点模式。

将各种工作模式明确分开，在不同的工作模式下只执行本模式内的动作，即使发出其他模式下的动作指令也无效。这样可使机床操作安全可靠，编程简明易懂。

工作模式选择的 PLC 程序如图 14-7 所示。在机床操作面板上常用旋转开关来作为工作模式选择开关。

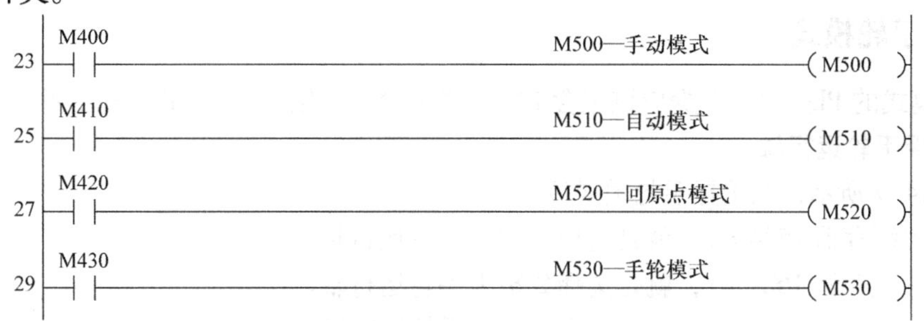

图 14-7　工作模式选择

14.4.2 JOG 模式

JOG 模式的编程有下列内容，如图 14-8 所示。

```
        JOG模式    微动移动量设置                           设置微动移动量
        M500       X44        X2D
33 ─────┤ ├────────┤ ├────────┤/├──┬────────────────[MOV    K100     D5      ]
                                   │                                 U0\
                                   └────────────────[MOVP   D5       G1517   ]
        JOG模式    JOG速度设置指令
        M500       X2D                    设置JOG速度1200mm/min
42 ─────┤ ├────────┤ ├──┬───────────────────────────[DMOVP  K12000   D6      ]
                        │ 角度单位设置
                        │ X4D              设置JOG速度1°/min
                        ├─┤ ├───────────────────────[DMOVP  K10000   D6      ]
                        │                  设置微动移动量
                        ├───────────────────────────[MOVP   K0       D5      ]
                   JOG  │         JOG速度写入缓存区
                   正转 └──────────────[TOP   H0   K1517   D5   K3           ]
        M500       X2E        Y9                              JOG正转
60 ─────┤ ├────────┤ ├────────┤/├───────────────────────────────(Y8          )
        M500       X2F        Y8                              JOG反转
64 ─────┤ ├────────┤ ├────────┤/├───────────────────────────────(Y9          )
                   JOG
                   反转
```

图 14-8 JOG 模式的 PLC 程序

1）进入 JOG 模式，M500 = ON；
2）设置微动移动量并写入缓存器#1517；
3）设置 JOG 运动速度并写入缓存器#1518/1519；
4）JOG 正转，Y8 = ON；
5）JOG 反转，Y9 = ON；
JOG 正转/反转之间必须互锁。

14.4.3 手轮模式

手轮模式的 PLC 程序至少应该包含 1）选择手轮运行轴；2）设置手轮脉冲倍率。

1. 选择手轮运行轴

如图 14-9 所示，在选择手轮模式后：
① 设置缓存器 1524 = 1，就是选择 1 轴为手轮运行轴。
② 设置缓存器 1624 = 1，就是选择 2 轴为手轮运行轴。
③ 设置缓存器 1724 = 1，就是选择 3 轴为手轮运行轴。
④ 设置缓存器 1524 = 0，1624 = 0，1724 = 0，就是退出手轮模式。

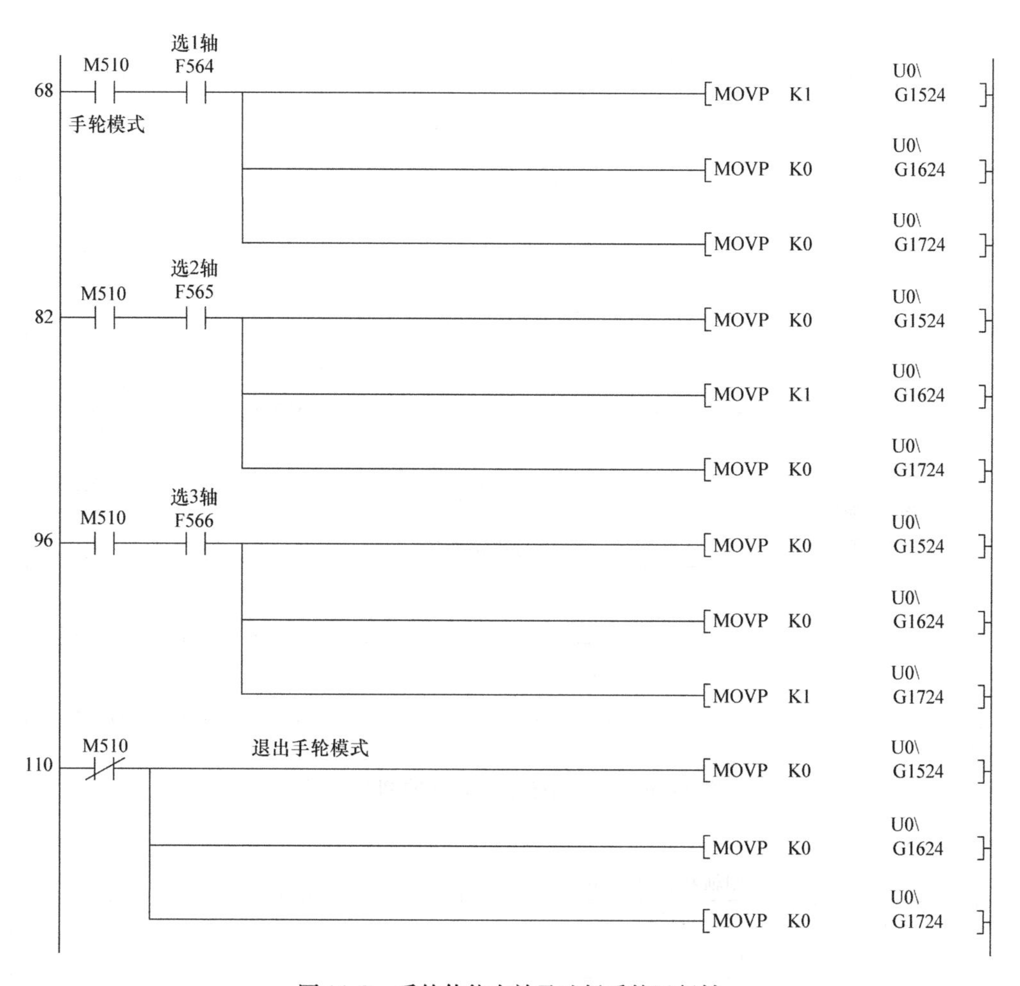

图 14-9 手轮使能有效及选择手轮运行轴

2. 设置手轮脉冲倍率

一般使用的手轮脉冲倍率有 ×1、×10、×100 三种，图 14-10 就是设置手轮脉冲倍率的 PLC 程序。缓存器地址 1522、1622、1722 用于存储手轮脉冲倍率（1~3 轴）。

14.4.4 回原点模式

1. 绝对位置检测系统的设置及启动

现在大多数伺服电动机都配置绝对型编码器，因此用户大多选择绝对位置检测系统，简称绝对原点，PLC 程序如图 14-11 所示。

1）设置各轴伺服参数 PA03 =1，选择绝对位置检测系统（第 165 步）。

2）设置伺服电动机系列（第 181 步）。

3）移动各轴到达预期原点位置（JOG）。

4）发 X23 = ON，选择回原点模式 Cd. 3 =9001（第 197 步）。

5）发出定位启动指令（Y10 = ON）（第 203 步）。

绝对原点设置完成（参看 13. 6 节）。

选择手轮脉冲倍率×1
123
M510
M561
设置手轮脉冲倍率=1
MOVP K1 U0\G1522
MOVP K1 U0\G1622
MOVP K1 U0\G1722
选择手轮脉冲倍率×10
137
M510
M562
设置手轮脉冲倍率=10
MOVP K10 U0\G1522
MOVP K10 U0\G1622
MOVP K10 U0\G1722
选择手轮脉冲倍率×100
151
M510
M563
手轮
模式
设置手轮脉冲倍率=100
MOVP K100 U0\G1522
MOVP K100 U0\G1622
MOVP K100 U0\G1722

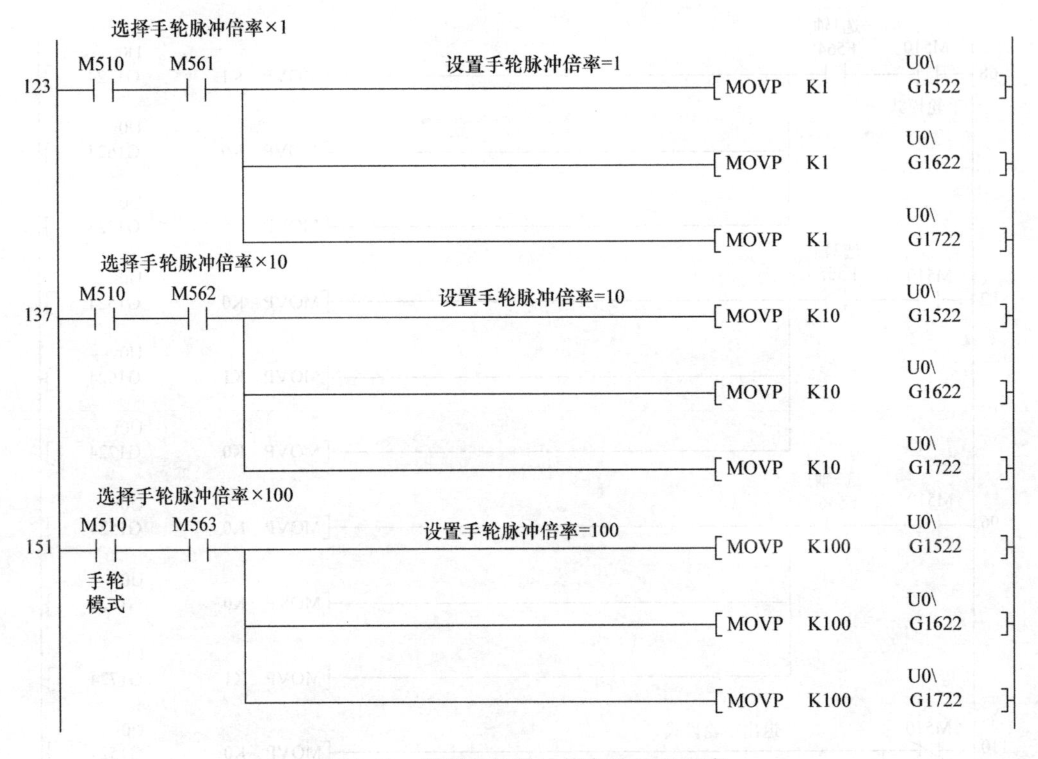

图 14-10 设置手轮脉冲倍率的 PLC 程序

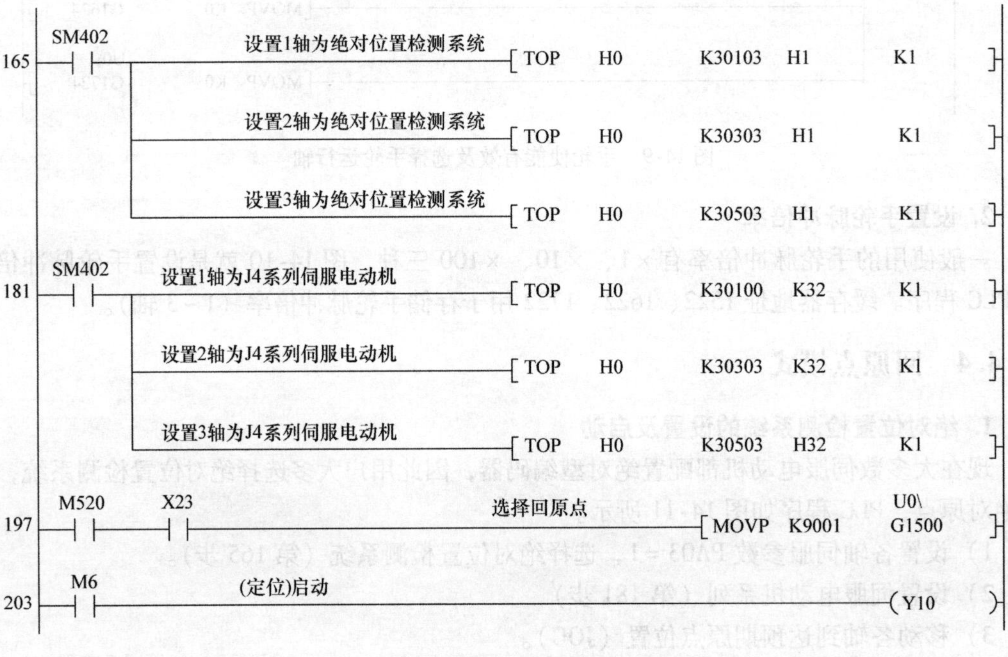

165
SM402
设置1轴为绝对位置检测系统
TOP H0 K30103 H1 K1
设置2轴为绝对位置检测系统
TOP H0 K30303 H1 K1
设置3轴为绝对位置检测系统
TOP H0 K30503 H1 K1
181
SM402
设置1轴为J4系列伺服电动机
TOP H0 K30100 K32 K1
设置2轴为J4系列伺服电动机
TOP H0 K30303 K32 K1
设置3轴为J4系列伺服电动机
TOP H0 K30503 H32 K1
197
M520
X23
选择回原点
MOVP K9001 U0\G1500
203
M6
(定位)启动
Y10

图 14-11 设置绝对原点的 PLC 程序

2. 回原点 PLC 程序

1）回机械原点（回原点）。

回机械原点 PLC 程序如图 14-12 所示，有如下内容：

① 选择回原点模式，M520 = ON。

② 如果是上电开机，要首先执行回机械原点，X23 = ON。选择回机械原点模式 Cd. 3 = 9001（第 197 步）。

③ 发出定位启动指令（Y10 = ON），执行回原点。（第 217 步）。

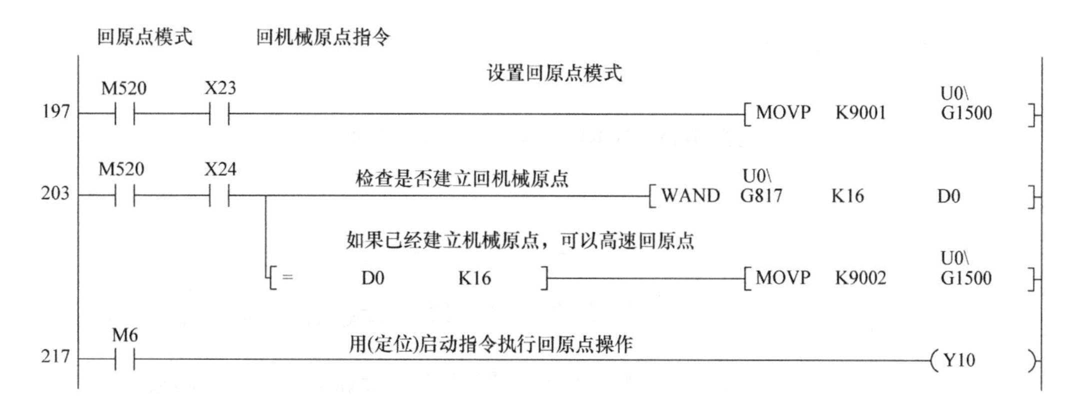

图 14-12　回机械原点 PLC 程序

2）高速回原点。高速回原点是指在已经建立机械原点后，在工作期间执行回原点，DOG 开关不起作用，直接到达原点，是提高效率的方法。工作过程如下：

① 选择回原点模式，M520 = ON；

② 检查是否已经建立机械原点。（如果 Md. 31 bit4 = 1，表示已经建立机械原点，可以执行高速回原点）（第 203 步）；

③ X24 = ON，选择高速回原点模式，Cd. 3 = 9002（第 203 步）；

④ 发出定位启动指令（Y10 = ON），执行高速回原点（第 217 步）。

14.4.5　自动模式

1）基本定位自动运行。

基本定位自动运行 PLC 程序如图 14-13 所示。说明如下：

2）选择自动模式，M530 = ON。

3）选择各轴定位点编号（第 219 步）。

① 选择 1 轴 No. 2 点；

② 选择 2 轴 No. 5 点；

③ 选择 3 轴 No. 8 点。

4）发 1 轴定位启动指令（Y10 = ON）。

高级定位模式的 PLC 程序如图 14-14 所示，说明如下：

① 设置程序区编号（第 235 步）；

② 设置运动块编号（第 248 步）；

③ 发出 1 轴启动指令，Y10 = ON。

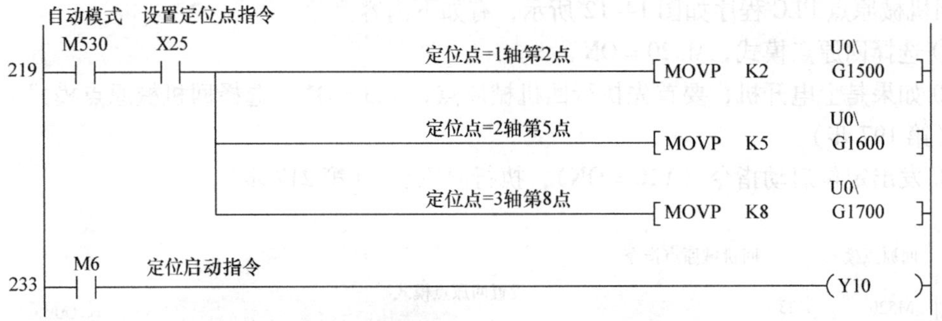

自动模式
设置定位点指令
M530
X25
219
定位点=1轴第2点
MOVP K2 U0\G1500
定位点=2轴第5点
MOVP K5 U0\G1600
定位点=3轴第8点
MOVP K8 U0\G1700
233
M6
定位启动指令
Y10

图 14-13　基本定位自动运行 PLC 程序

高级定位指令
X2A
235
设置1轴程序(大区)编号7000
MOVP K7000 U0\G1500
设置2轴程序(大区)编号7001
MOVP K7001 U0\G1600
设置3轴程序(大区)编号7004
MOVP K7004 U0\G1700
X2A
248
设置1轴运动块编号=2
MOVP K2 U0\G1501
设置2轴运动块编号=4
MOVP K4 U0\G1601
设置3轴运动块编号=50
MOVP K50 U0\G1701
M5
261
发出启动指令M6
SET M6
M6
263
指令Y10置位
SET Y10
指令M6复位
RST M6
X10
Y10
X0C
266
指令Y10复位
RST Y10
X8
X10—启动完毕　X8—出错报警　XC—工作中

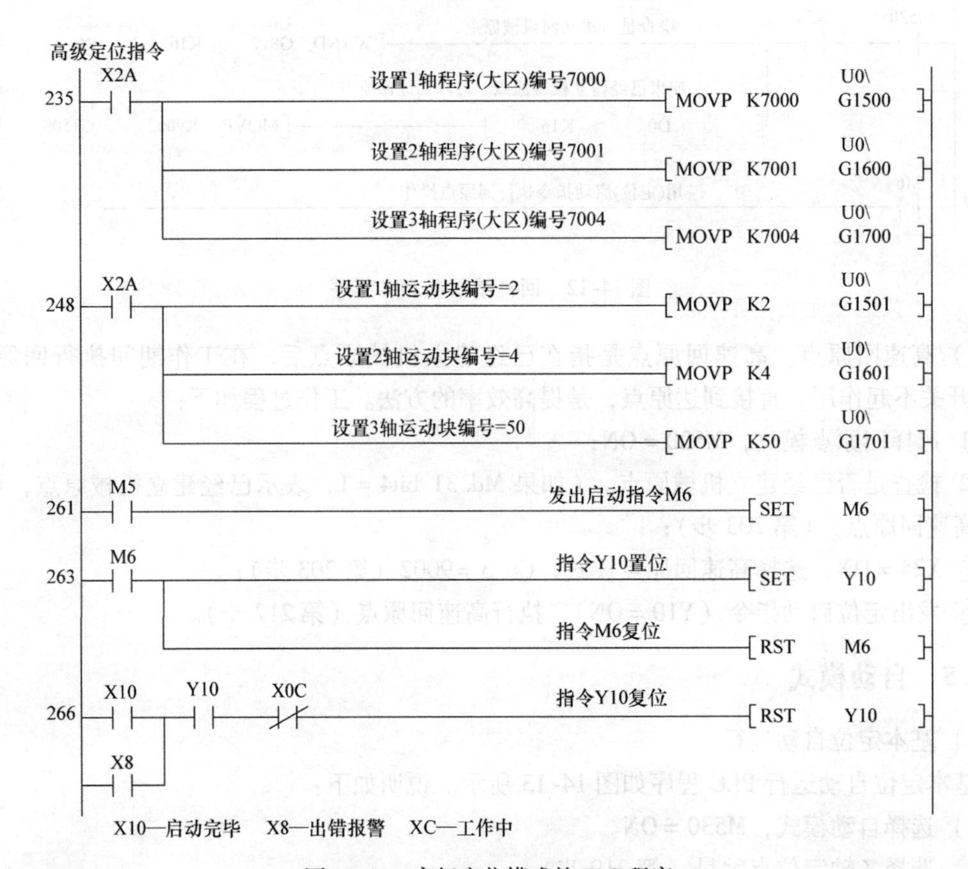

图 14-14　高级定位模式的 PLC 程序

14.4.6　M 指令的处理方法

M 指令处理的“三部曲”如图 14-15 所示，说明如下：

1）读出 M 指令（第 276 步）。

①读出 1 轴 定位程序中的 M 指令；

②读出 2 轴定位程序中的 M 指令；

③读出 3 轴定位程序中的 M 指令。

2）用 M 指令驱动外围设备（第 294 ~ 298 步）。

3）M 指令执行完毕后通知控制器执行下一步动作（第 300 ~312 步）。

参见 13.7.3 节。

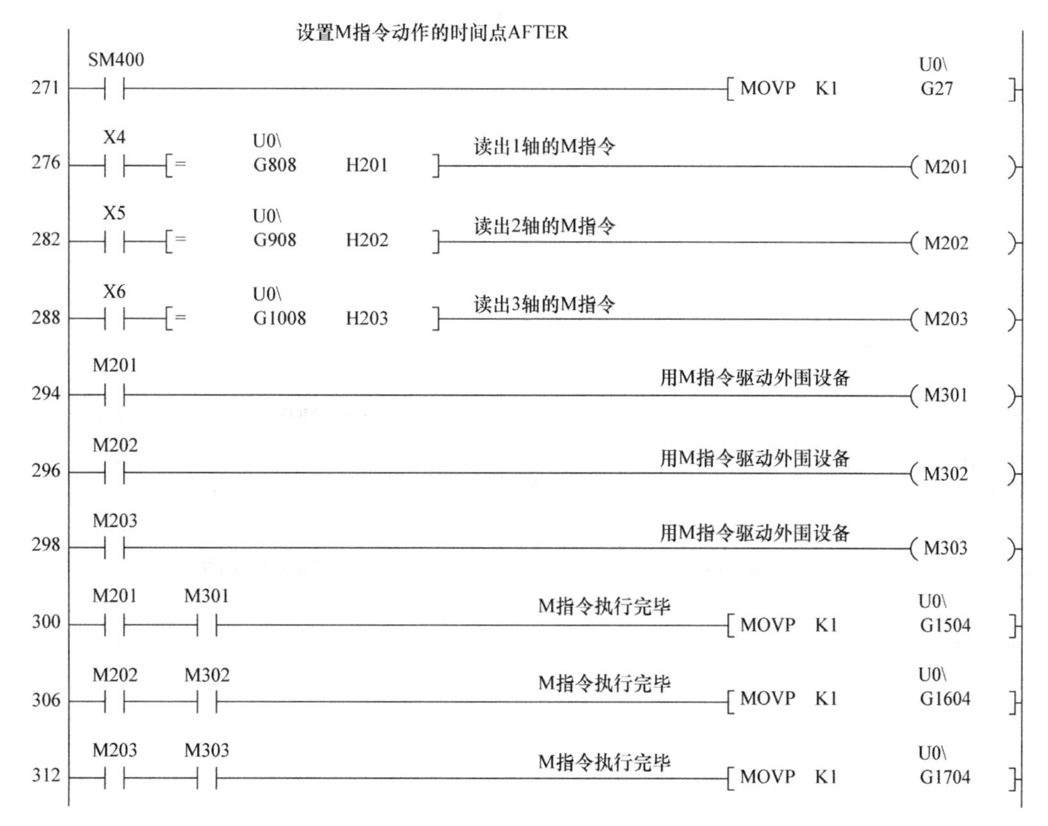

图 14-15 有关 M 指令的 PLC 程序

14.4.7 速度倍率

速度倍率用于调节运动速度，相关的 PLC 程序如图 14-16。在不同条件下向缓存器 1513/1613/1713 设置不同的数值。

1）设置初始速度倍率 =10%（第 318 步）。

2）设置各轴速度倍率 =20%（第 323 ~329 步）。

3）设置各轴速度倍率 =50%（第 335 ~347 步）。

4）设置各轴速度倍率 =100%（第 353 ~365 步）。

参见 13.5.2 节。

14.4.8 单步运行

单步运行功能是每次启动指令只能使运动程序前进一步。这是程序调试时常用的功能。相关的 PLC 程序如图 14-17 所示。说明如下：

1）设置单步运行模式（第 371 步）。

2）设置单步运行停止类型（第 371 步）。

3）设置是否继续做单步运行（第 380 步）。

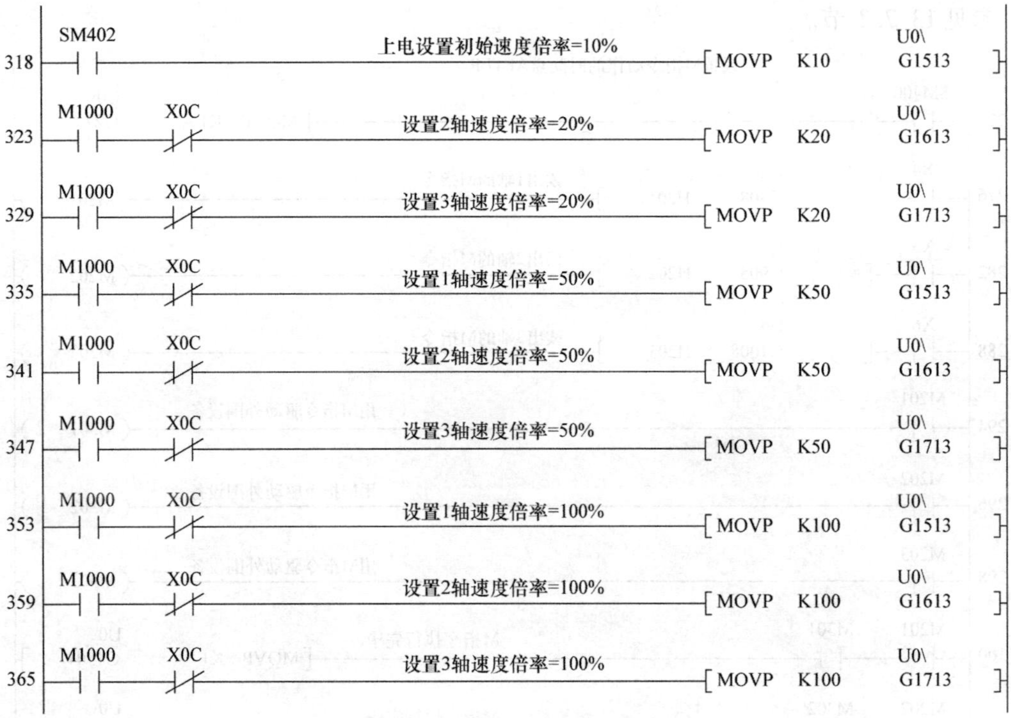

318 SM402 上电设置初始速度倍率=10% MOVP K10 U0\G1513
323 M1000 X0C 设置2轴速度倍率=20% MOVP K20 U0\G1613
329 M1000 X0C 设置3轴速度倍率=20% MOVP K20 U0\G1713
335 M1000 X0C 设置1轴速度倍率=50% MOVP K50 U0\G1513
341 M1000 X0C 设置2轴速度倍率=50% MOVP K50 U0\G1613
347 M1000 X0C 设置3轴速度倍率=50% MOVP K50 U0\G1713
353 M1000 X0C 设置1轴速度倍率=100% MOVP K100 U0\G1513
359 M1000 X0C 设置2轴速度倍率=100% MOVP K100 U0\G1613
365 M1000 X0C 设置3轴速度倍率=100% MOVP K100 U0\G1713

图 14-16　有关设置速度倍率的 PLC 程序

选择
单步模式指令
371 X37 设置单步运行模式 MOVP K1 U0\G1545
设置单步运行停止的类型 MOVP K1 U0\G1544
380 X46 设置是否继续做单步运行 MOVP K1 U0\G1546
385 M5 发出定位启动指令 SET M6
387 M6 SET Y10
RST M6
390 X10 Y10 X0C RST Y10
X8

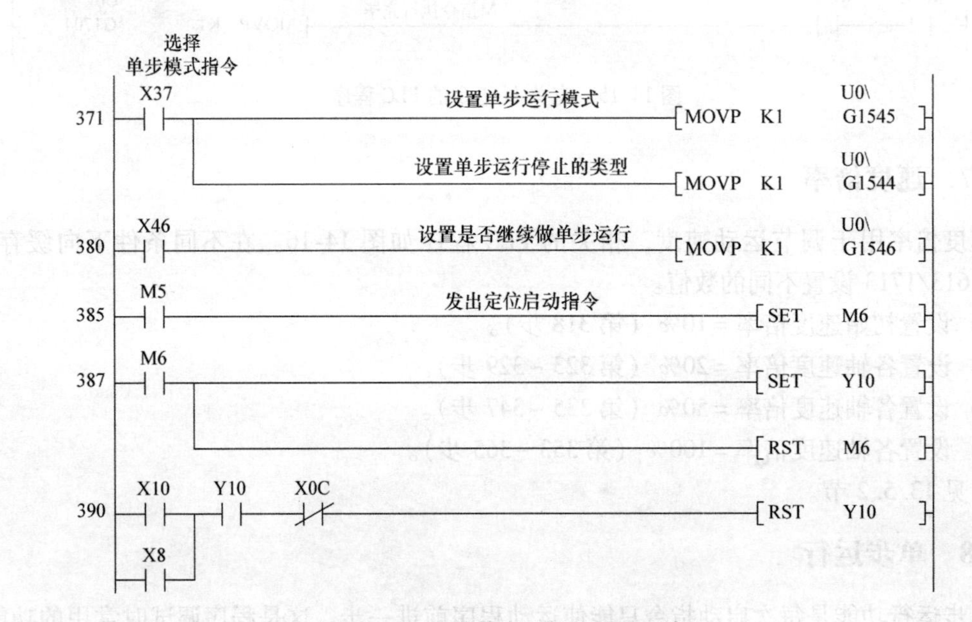

图 14-17　有关单步运行的 PLC 程序

4）发出定位启动指令（第 385 步）。

参见 13.7.1 节。

14.4.9　跳越运行

如果在运行正常的自动程序时，出现某些特殊情况，要求中断当前正在运行的程序段，转而运行下一段程序，这就是跳越功能。跳越功能的 PLC 程序如图 14-18 所示。

```
      X38  发出跳越信号
395 ──┤ ├──────────────────────────────────────[PLS   M17   ]
      M17     X0C                 跳越指令置位
398 ──┤ ├─────┤ ├──────────────────────────────[SET   M18   ]
      M18            设置跳越指令生效                  U0\
401 ──┤ ├──┬───────────────────────────────[MOVP K1   G1547 ]
           │            跳越指令执行后，系统自动设置G1547=0
           │      U0\
           └[=    G1547   K0  ]────────────────[RST   M18   ]
                           G1547=0，设置M18复位
411 ───────────────────────────────────────────[END         ]
```

图 14-18　跳越功能的 PLC 程序

说明：

1）发出跳越指令，X38 = ON（第 395 步）。

2）设置缓存器 1547 = 1（第 401 步）。

3）判断：如果缓存器 1547 = 0，表示跳越指令有效。（设置缓存器 1547 = 1 之后，跳越指令有效，当跳越指令有效后，控制器自动使缓存器 1547 = 0，表示跳越指令执行完成）。

参见 13.7.2 节。

14.4.10　示教运行

示教功能是将手动定位的工作台地址设置到某定位点的地址（Da. 6 定位地址）中。示教功能的 PLC 程序如图 14-19 所示。

```
      X39  发示教指令
411 ──┤ ├──────────────────────────────────────[PLS   M19   ]
      M19     X0C               设置示教指令置位
414 ──┤ ├─────┤ ├──────────────────────────────[SET   M20   ]
      M20                                              U0\
417 ──┤ ├──┬──────设置当前地址为定位地址───────[MOVP K0   G1548 ]
           │                                           U0\
           ├──设置当前地址为第5定位点的数据────[MOVP K5   G1549 ]
           │      U0\
           └[=    G1549   K0  ]────────────────[RST   M20   ]
      如果G1549=0，表示指令执行完成，同时设置M20复位
```

图 14-19　示教功能的 PLC 程序

说明：

1）发出示教指令，X39 = ON（第 411 步）。

2）设置当前地址为定位地址，缓存器 1548 = 0（第 417 步）。

3）设置当前地址为 No. 5 点的定位数据。设置缓存器 1549 = 5（第 417 步）。

4）判断：如果缓存器 1549 = 0，表示示教指令有效。（设置缓存器 1549 = 1 之后，示教指令有效，当示教指令有效后，控制器自动使缓存器 1549 = 0，表示示教指令执行完成）。

参见 13. 7. 4 节。

14. 4. 11　连续运行中的中断停止

定位运动的模式有连续运行、连续轨迹运行。连续运行中的中断停止的定义是：在连续运行时，如果接到中断停止指令，不立即停止运行，而是在本定位点的结束位置停止。相关的 PLC 程序如图 14-20 所示。

设置缓存器 1520 = 1，就是发出中断停止指令。

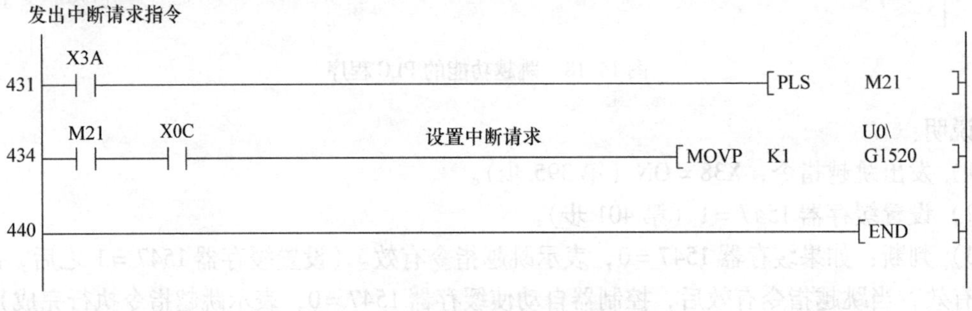

发出中断请求指令
431 X3A [PLS M21]
434 M21 X0C 设置中断请求 [MOVP K1 U0\G1520]
440 [END]

图 14-20　中断停止相关的 PLC 程序

14. 4. 12　重启

重启功能定义为：在自动运行中，如果停止，在接到重启指令后，可以从停止位置重新开始运行。相关的 PLC 程序如图 14-21 所示。

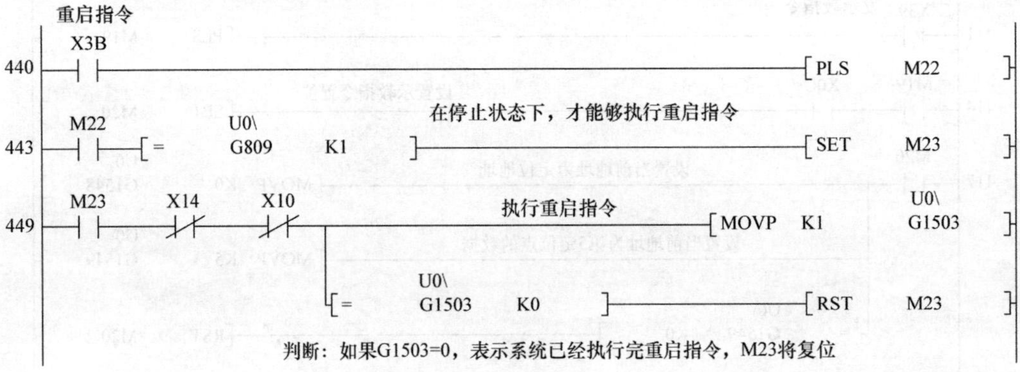

重启指令
440 X3B [PLS M22]
443 M22 [= U0\G809 K1] 在停止状态下，才能够执行重启指令 [SET M23]
449 M23 X14 X10 执行重启指令 [MOVP K1 U0\G1503]
[= U0\G1503 K0] [RST M23]
判断：如果G1503=0，表示系统已经执行完重启指令，M23将复位

图 14-21　重启功能的 PLC 程序

说明：

1）发出重启指令，X3B = ON（第 431 步）。

2）判断轴运动状态：轴是否处于停止状态（第449步），如果处于停止状态，就可以设置重启功能，设置缓存器1503＝1。

3）判断：设置缓存器1503＝1后，重启指令有效，当重启指令有效后，控制器自动使缓存器1503＝0，表示重启指令执行完成。所以在本程序中，有一段判断“系统是否处于停止状态的程序（第449步）。

14.4.13 改变目标位置值

如果需要在某一定位运行中更改定位地址（或者根据情况执行另外的定位地址），还可以使用本功能，在更改定位地址的同时更改速度。相关的PLC程序如图14-22所示。

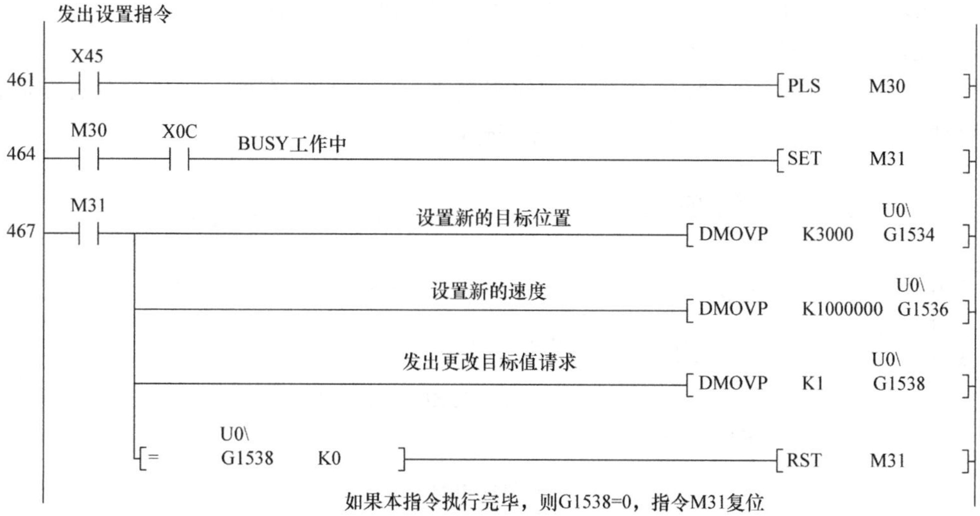

```
发出设置指令
      X45
461 ──┤ ├──────────────────────────────────────────[PLS     M30     ]
      M30       X0C
464 ──┤ ├───────┤ ├── BUSY工作中 ──────────────────[SET     M31     ]
      M31
467 ──┤ ├──┬───────── 设置新的目标位置 ──────[DMOVP   K3000     U0\G1534 ]
           ├───────── 设置新的速度 ──────────[DMOVP   K1000000  U0\G1536 ]
           ├───────── 发出更改目标值请求 ────[DMOVP   K1        U0\G1538 ]
           └─[=   U0\G1538   K0 ]──────────────────[RST     M31     ]
                 如果本指令执行完毕，则G1538=0，指令M31复位
```

图14-22 “更改目标位置”的PLC程序

说明：

1）设置新的目标位置＝3000（第467步）。

2）设置新的速度＝1000000mm/min（第467步）。

3）发出更改指令（第467步）。

4）判断：设置缓存器1538＝1后，更改指令有效，当更改指令有效后，控制器自动使缓存器1538＝0，表示更改指令执行完毕。

14.4.14 更改转矩

更改转矩是更改运行中的转矩限制值。相关的PLC程序如图14-23所示。更改转矩一旦设置就有效。向缓存器1525内设置新的转矩值，图中第491步就是设置更改转矩。

参见13.5.3节和第24章。

14.4.15 初始化程序

1. 解除执行回原点请求

机床上电后，系统会提示执行回原点，如果暂时不执行回原点，可以解除提示要求。

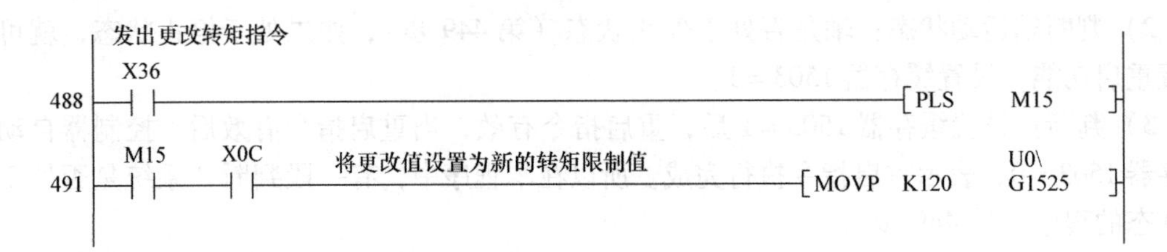

图 14-23　更改转矩的 PLC 程序

设置系统为绝对位置检测系统时，无须执行本指令。

图 14-24 中，状态信号 Md. 31 的 bit3 表示回原点请求。

1）如果 Md. 31 的 bit3 < > 0，则表示系统未回原点，回原点请求 = ON。

2）设置 U0\G1521 = 1，则回原点请求 = OFF。

3）判断：设置缓存器 1521 = 1 后，回原点请求 = OFF 指令有效，当该指令有效后，控制器自动使缓存器 1521 = 0，表示本指令执行完毕。

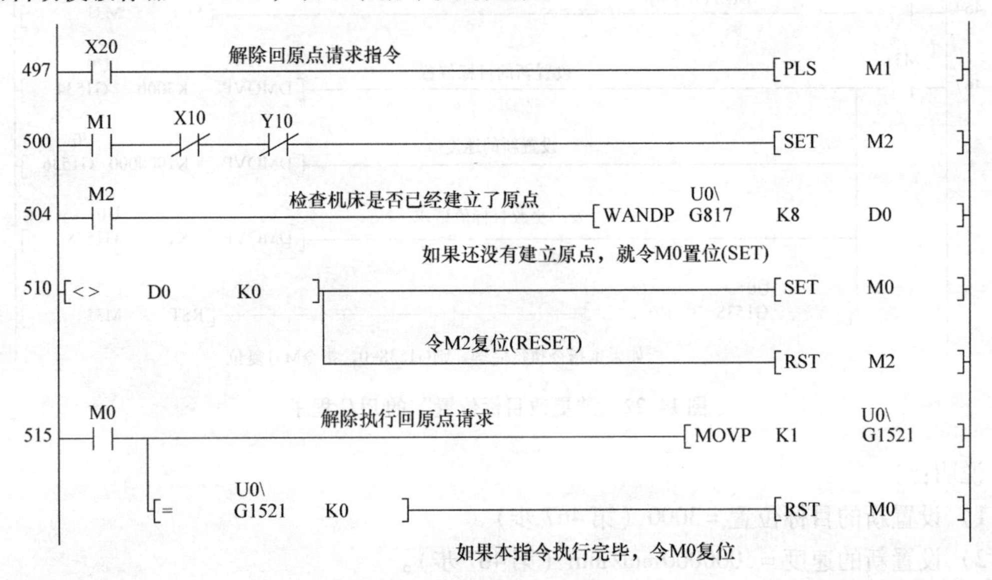

图 14-24　解除执行回原点请求

2. 设置外部指令有效/无效

控制器的外部端子接口定义了许多指令，通过 PLC 程序可以设置外部指令有效/无效，如图 14-25 所示。说明如下：

1）设置缓存器 1505 = 1，外部指令有效（第 525 步）。

2）设置缓存器 1505 = 0，外部指令无效（第 530 步）。

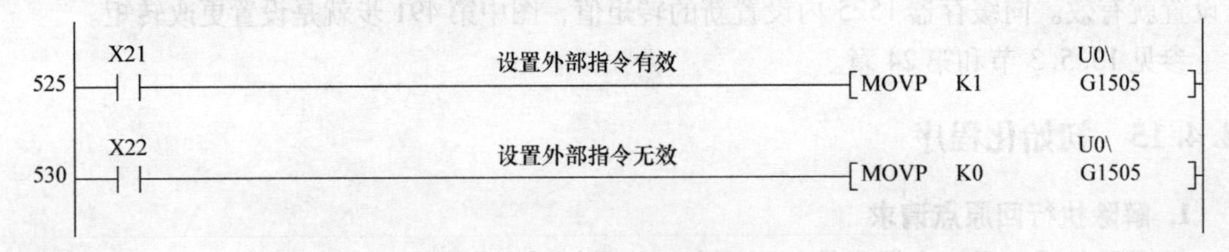

图 14-25　设置外部指令有效/无效

3. 参数初始化

参数初始化是将所有参数设置为出厂值，如图 14-26 所示。

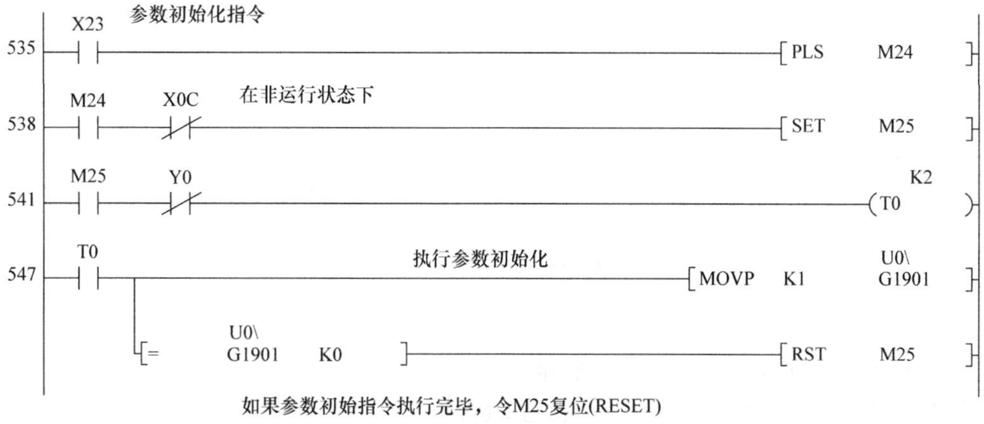

```
535  X23  参数初始化指令                         [PLS   M24    ]
538  M24  X0C  在非运行状态下                    [SET   M25    ]
541  M25  Y0                                           K2
                                                 (T0          )
547  T0   执行参数初始化                         [MOVP  K1  U0\G1901 ]
          [=  U0\G1901  K0 ]                     [RST   M25    ]
     如果参数初始指令执行完毕，令M25复位(RESET)
```

图 14-26　参数初始化

1）参数的初始化应在就绪信号 Y0 = OFF 时进行，否则，会报警。

2）设置 U0\G1901 =1，则执行参数初始化（第 547 步）。

3）判断：设置缓存器 U0\G1901 =1 后，参数初始化指令有效，当该指令有效后，控制器自动使缓存器 U0\G1901 =0，表示该指令执行完毕（第 547 步）。

4. 写闪存

写闪存是指将缓存区内的定位数据和参数写入闪存区，写闪存的 PLC 程序如图 14-27 所示。

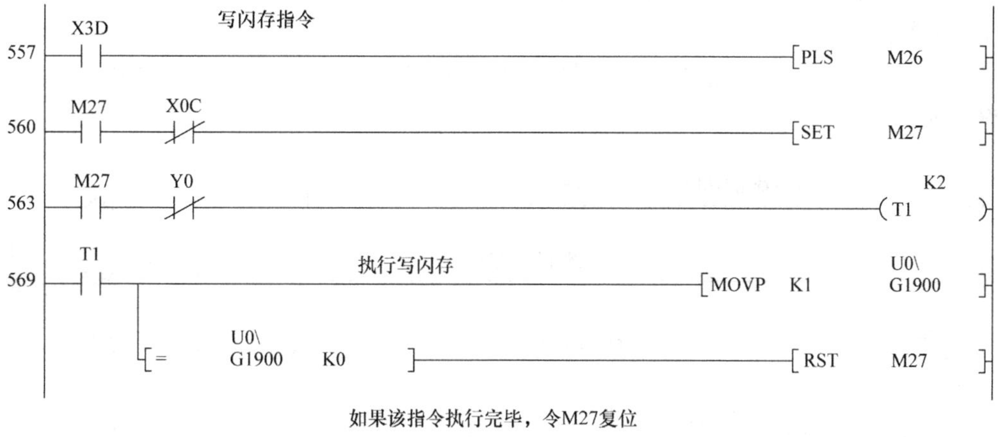

```
557  X3D  写闪存指令                             [PLS   M26    ]
560  M27  X0C                                    [SET   M27    ]
563  M27  Y0                                           K2
                                                 (T1          )
569  T1   执行写闪存                             [MOVP  K1  U0\G1900 ]
          [=  U0\G1900  K0 ]                     [RST   M27    ]
     如果该指令执行完毕，令M27复位
```

图 14-27　写闪存的 PLC 程序

说明：

1）发出写闪存指令，X3D = ON（第 557 步）。

2）设置 U0\G1900 =1，则执行写闪存（第 569 步）。

3）判断：设置缓存器 U0\G1900 =1 后，写闪存指令有效，当该指令有效后，控制器自动使缓存器 U0\G1900 =0，表示该指令执行完毕（第 569 步）。

5. 全部轴伺服 ON

全部轴伺服 ON 是由 QPLC 一侧向控制器发出的指令，指令全部轴伺服 ON，进入运行准备状态。相关的 PLC 程序如图 14-28 所示。

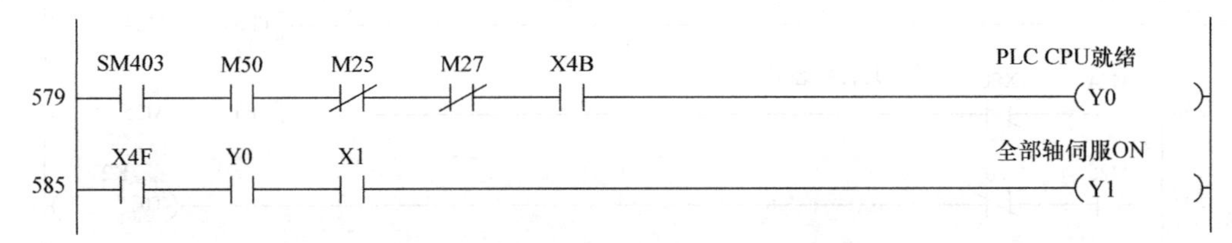

图 14-28 全部轴伺服 ON PLC 程序

说明：

1）发出 PLC CPU 就绪信号 Y0 的条件。

① 上电后的一个扫描周期以后（SM403 = ON）；

② 参数设置完毕（M50 = ON）；

③ 不在执行参数初始化期间（M25 = OFF）；

④ 不在执行写闪存期间（M27 = OFF）；

⑤ 从外部发出指令（X4B = ON）。

2）全部伺服轴 ON 的条件。

① PLC CPU 就绪（Y0 = ON）；

② 同步标志 X1 = ON；

③ 从外部发出指令（X4F = ON）。

以上条件满足后，全部轴伺服 ON（Y1）= ON。

6. 报警复位程序

如果出现报警，先记录报警号；在排除故障后，执行报警复位。相关的 PLC 程序如图 14-29 所示。

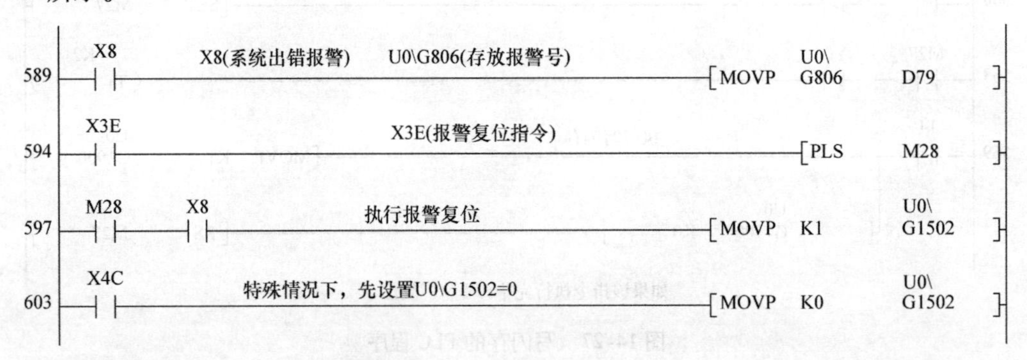

图 14-29 报警复位的 PLC 程序

说明：

1）如果出现报警，X8 = ON，缓存器 U0\G806 内的数据为报警号（第 589 步）。

2）故障处理完毕，发出报警复位指令，X3E = ON（第 594 步）。

3）设置缓存器 U0\1502 = 1，执行报警复位（第 597 步）。

7. 停止

停止自动程序的运行当然是最重要的功能。在操作面板上必须配置停止按键。图 14-30 是停止功能的 PLC 程序。在图 14-30 中，对应停止按键的是 X3F。

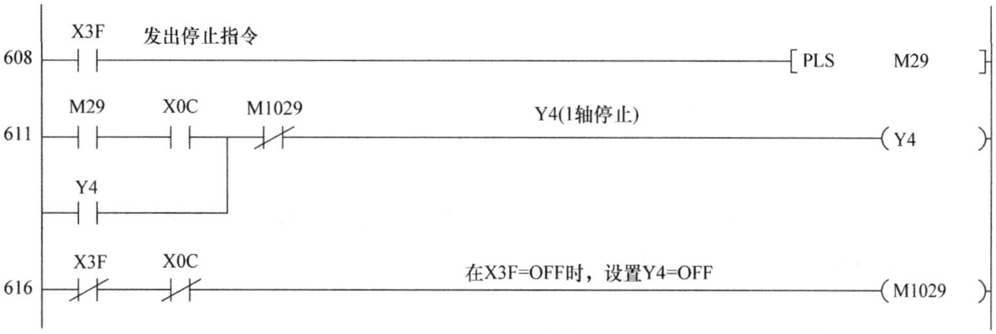

图 14-30　停止功能的 PLC 程序

说明：停止按键应该是点动型按键。

1）X3F = ON，Y4 = ON 并保持（第 608 步）。

2）停止功能有效后，X0C = OFF，M1029 = ON，通过 PLC 程序令 Y4 = OFF。

第 15 章 伺服系统的技术规格及选型

本章以三菱最新的 MR－J4 系列为基础，详述伺服驱动器的技术性能指标。对进一步学习伺服驱动器和选型配置有实际意义。

15.1 伺服系统的基本性能指标

1. 基本性能指标

伺服驱动器及伺服电动机的外观如图 15-1 和图 15-2 所示。

图 15-1 伺服驱动器及伺服电动机

图 15-2 伺服电动机外观图

三菱 MR－J4 系列伺服驱动器的基本性能指标见表 15-1。

表 15-1 三菱 MR－J4 系列伺服驱动器的基本性能指标

MR－J4		0A	20A	40A	60A	70A	100A	200A	350A	500A	700A
输出	额定电压	三相 AC 170V									
	额定电流/A	1.1	1.5	2.8	3.2	5.8	6.0	11.0	17.0	28.0	37.0
主电路电源输入	电源频率	三相或单相 AC 220～240V\50/60Hz									
	额定电流/A	0.9	1.5	2.6	3.2	3.8	5.0	10.5	16.0	21.7	28.9
	电压范围	三相或单相 AC 170～264V					三相 AC 170～264V				

（续）

MR－J4		0A	20A	40A	60A	70A	100A	200A	350A	500A	700A
控制电路输入	电源频率	单相 AC 220～240V50/60Hz									
	额定电流/A	0.2									
	电压范围	单相 AC 170～264V									
接口电源	电源频率	DC 24V×（1±10%）									
	电源容量	0.5A									
控制方式		正弦波 PWM 控制、电流控制方式									
位置控制模式	最大输入脉冲频率	4Mpls/s（差动输入）、200kpls/s（集电极开路输入）									
	定位反馈脉冲	编码器分辨率（伺服电动机每旋转一周的分辨率）：22 位									
	指令脉冲倍率	电子齿轮比 A/B 倍，$A=1\sim16777216$，$B=1\sim16777216$，$1/10<A/B<4000$									
	定位完成脉冲数	设定 0～±65535pls									
	误差范围	±3 转									
	转矩限制	通过参数设定或者外部模拟量输入（DC 0V～+10V/最大转矩）进行设定									
速度控制模式	速度控制范围	模拟量速度指令 1:2000，内部速度指令 1:5000									
	模拟量速度指令输入	DC 0V～±10V/额定转速									
	转矩限制	通过参数设定或者外部模拟量输入（DC 0V～+10V/最大转矩）进行设定									
转矩控制模式	模拟量转矩指令输入	DC 0V～±8V/最大转矩									
	速度限制	通过参数设定或者外部模拟量输入（DC 0V～±10V/额定转速）进行设定									
保护功能		过电流保护、再生过电压保护、过载保护（电子热继电器）、伺服电动机过热保护、编码器异常保护、再生异常保护、电压不足保护、瞬时掉电保护、超速保护、误差过大保护									

2. 对基本性能指标的说明

1）MR－J4 系列产品序列：额定功率从 100～7000W，共有 10 型号。

2）输出：额定电压为三相 AC 170V，额定电流＝功率/电压（输出指标是指伺服驱动器向伺服电动机的供电参数）。

3）主回路输入。

①1000W 以下驱动器可使用三相 220～240V 或单相 220～240V 电源。允许电压波动，范围为 AC 170～264V。

②1000W 以及 1000W 以上的驱动器只能使用三相 220～240V 电源；允许电压波动，范围为 AC 170～264V。

注意：对于 200V 级的产品不能直接使用三相 AC 380V 电源，直接使用三相 AC 380V 电源会立即烧毁驱动器。

4）电源设备容量：伺服驱动器一般由三相变压器供电。单个伺服驱动器所需的电源容量大致为功率×1.3（kVA）。

5）控制电路：控制电路电源为单相 220V。允许电压波动，范围为 AC 170～264V。注意不能直接接入 AC 380V 相线，否则会立即烧毁。

6）I/O 接口电源：用于 I/O 接口的电源为 DC 24V，注意不是交流电源。

7）控制方式：正弦波 PWM 或电流控制方式。

8）动态制动器内置于驱动器内。

9）通信功能：USB，用于与 PC 连接；配置 RS422 口。

15.2 控制模式及性能指标

15.2.1 位置控制模式

1）最大输入脉冲频率：差动输入为 4Mpls/s，集电极开路输入为 200kpls/s。

2）定位反馈脉冲：编码器分辨率（伺服电动机每旋转一周的分辨率）4194304 脉冲/转（pls/r）。

3）指令脉冲倍率（电子齿轮比 A/B）：

$A=1\sim16777216$，$B=1\sim16777216$，$1/10<A/B<4000$。这个指标规定了电子齿轮比的设置范围，如果 $A/B>4000$，可能引起误动作。

4）定位完成脉冲数（定位精度）：0 ~ ±65535pls（指令脉冲单位）。

5）误差范围：±3 转。

6）转矩限制：通过参数设置或者外部模拟量输入进行设置。

15.2.2 速度控制模式

1）速度控制范围：模拟量速度指令为 1:2000，内部速度指令为 1:5000（指额定负载下，最大速度与最小速度之比）。

2）模拟量速度指令输入：DC 0V ~ ±10V/(0 ~ 额定转速)。

3）速度变动率：±0.01% 以下。

4）转矩限制：通过参数设置或者外部模拟量输入进行设置。

15.2.3 转矩控制模式

1）模拟量转矩指令输入：DC 0V ~ ±8V/(0 ~ 最大转矩)。

2）速度限制：通过参数设置或者外部模拟量输入［DC 0V ~ ±10V（0 ~ 额定转速）］进行设置。

15.2.4 保护功能

过电流保护、再生过电压保护、过载保护（电子热继电器）、伺服电动机过热保护、编码器异常保护、再生异常保护、电压不足保护、瞬时掉电保护、超速保护、误差过大保护。

15.3 基本功能说明

1）位置控制模式。伺服系统做位置控制运行，以运行位置为控制对象。

2）速度控制模式。伺服系统做速度控制运行，以运行速度为控制对象。

3）转矩控制模式。伺服系统做转矩控制运行，以转矩为控制对象。

4）位置/速度控制切换模式。伺服系统做位置控制模式和速度控制模式运行，通过外部输入信号进行切换。

5）速度/转矩控制切换模式。伺服系统做速度控制模式和转矩控制模式运行，通过外部输入信号进行切换。

6）转矩/位置控制切换模式。伺服系统做转矩控制模式和位置控制模式运行，通过外部输入信号进行切换。

7）高分辨率编码器。MR－J4 系列对应的伺服电动机使用 4194304pls/r 高分辨率编码器，具备绝对位置检测功能。

8）增益切换功能。能够使用外部输入信号在运行中进行增益的切换。

9）高级消振控制Ⅱ。具备消除工作机械悬臂振动或残余振动的功能。

10）自整定模式Ⅱ。具备检测出机械共振后自动设置滤波器参数，消除机械共振的功能。

11）低通滤波器。伺服系统响应等级过高时，具备消除高频率共振的功能。

12）强力滤波器。当因传输辊轴等负载惯量较大而不能提高响应性时，能够提高对扰动的检测和排除。

13）微振动消除控制。在伺服电动机停止时，消除 ±1 脉冲信号的振动。

14）电子齿轮。可将输入脉冲缩小或扩大$\frac{1}{10}$~4000 倍。

15）S 字加减速。以 S 曲线进行平稳加减速。

16）自动调整。当伺服电动机轴上的负载发生变化时，能将伺服驱动器的增益自动调整到最优。

17）制动单元。5kW 以上的伺服驱动器可以使用制动单元，以提高制动性能。

18）电能反馈单元。5kW 以上的伺服驱动器可以使用电能反馈单元，以提高制动性能。

19）制动电阻。当伺服驱动器的内置再生电阻的制动能力不足时使用制动电阻。

20）输入信号选择（引脚设置）。能够通过设置参数改变各输入端子的功能（定义）。例如能够将 ST1（正转启动）、ST2（反转启动）、SON（伺服启动）等输入功能定义到 CN1 的特定引脚。

21）输出信号选择（引脚设置）。能够通过设置参数改变各输出端子的功能（定义）。例如能够将 ALM（故障）、DB（电磁制动连锁）等输出功能定义到 CN1 的特定引脚。

22）输出信号（DO）强制输出。能够强制输出信号＝ON/OFF，用于输出信号的接线检查及确认。

23）转矩限制。在各种控制模式下，能够限制伺服电动机的输出转矩。

24）速度限制。在各种控制模式下，能够限制伺服电动机的转速。

25）VC 自动补偿。当 VC（模拟量速度指令）或者 VLA（模拟量速度限制）输入＝0V，电动机速度不为 0 时，能够自动补偿输入电压以使电动机速度为 0。

26）试运行模式。伺服系统具备 JOG 运行・定位运行・无电动机运行・DO 强制输出・程序运行定位运行等试运行模式，执行程序运行时需要 MR Configurator2 软件。

27）模拟量监视输出。伺服系统工作状态实时以电压形式输出。

28）丰富的软件功能。可在计算机上运行 MR Configurator2 软件，进行参数设置、试运行和监视及一键式调整伺服电动机性能。

15.4 伺服驱动器与伺服电动机组合使用

伺服驱动器与伺服电动机可按表 15-2 的组合进行使用。

可以根据表 15-2 进行选型配置。

表 15-2 伺服驱动器与伺服电动机的组合

伺服驱动器	旋转型伺服电动机
MR－J4－10A	HG－KR053，HG－KR13 HG－MR053，HG－MR13
MR－J4－20A	HG－KR23 HG－MR23
MR－J4－40A	HG－KR43 HG－MR43
MR－J4－60A	HG－SR51 HG－SR52
MR－J4－70A	HG－KR73 HG－MR73
MR－J4－100A	HG－SR81，HG－SR102
MR－J4－200A	HG－SR121，HG－SR201， HG－SR152，HG－SR202
MR－J4－350A	HG－SR301，HG－SR352
MR－J4－500A	HG－SR421，HG－SR502
MR－J4－700A	HG－SR702

第 16 章 伺服系统连接及配线

本章详细介绍伺服系统的各种工作模式及相关参数设置和接线方法。

16.1 主电源回路/控制电源回路接线

主电源回路及控制电源回路接线如图 16-1 所示。

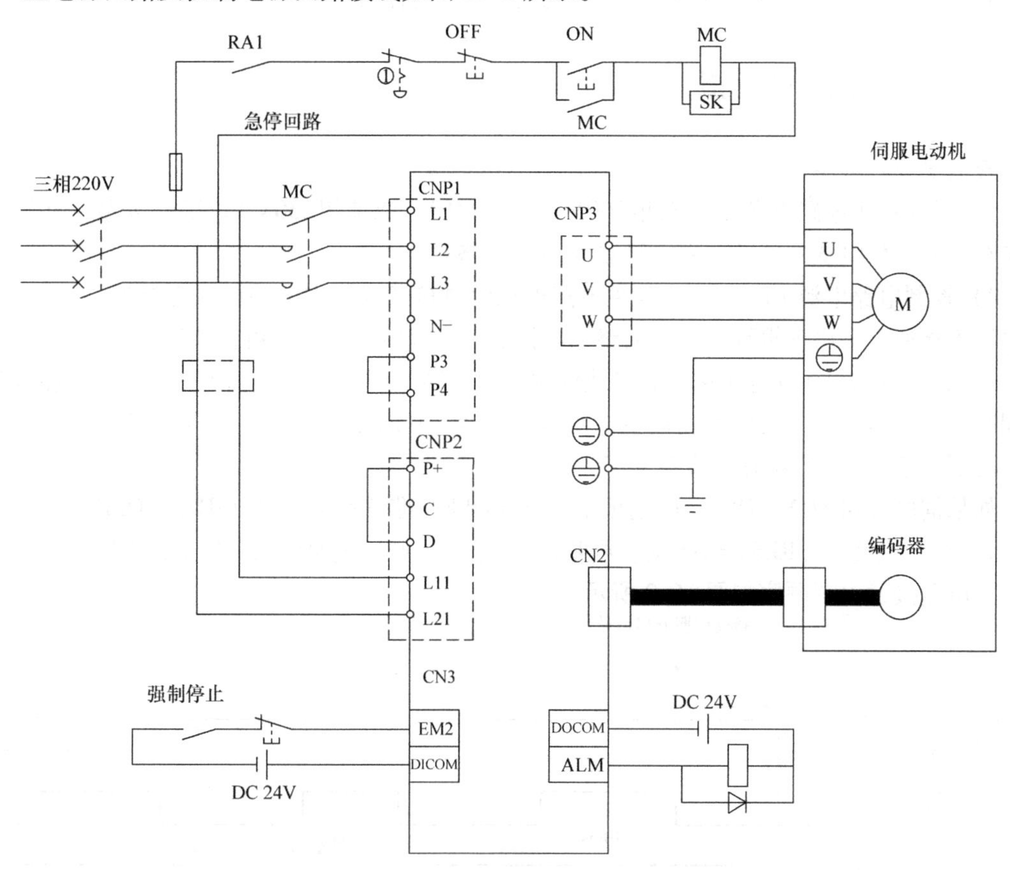

图 16-1 主电源回路及控制电源回路接线

接线注意事项：

1）主电源（L1/L2/L3）使用三相 AC 200～230V。

特别注意：要根据伺服驱动器型号使用不同的电源。除使用三相 AC 200～230V 电源外，还有单相200V 级、单相 100V 级、三相 400V 级，如果使用电源等级不对会立即烧毁伺服驱动器。

2）控制电源（L11/L21）为 AC 200V。

3）主电源回路进线侧安装主接触器（MC），主接触器的线圈控制回路有急停开关、RA1（系统报警）触点开关作为安全保护。当系统有报警发生时，RA1 触点断开从而切断主接触器的线圈控制回路导致主接触器断开。

4）P3/P4——直流电抗器连接端子，出厂时已经连接有短路片。如果需要连接直流电抗器时，必须卸下短路片。

5）P－C－D——制动单元连接端子，在 P－D 端子之间出厂时连接有短路片。如果要使用制动单元必须卸下短路片，将制动单元连接到 P－C 端子。

6）如果使用电能回馈制动单元，将电能回馈制动单元连接于 P－N 端子之间。

7）电动机的接地线必须与驱动器接地端子相连。最后连接到控制柜的接地排（PE）上。

8）所有的 I/O 端子都由 CN1 接口（见图 16-3）引出到接线排上。

16.2 接通电源的步骤

接通电源的顺序

1）必须在主电路电源侧（三相 200V，L1/L2/L3，或单相 230V L1/L2）安装主接触器，并能在报警发生时从外部断开主接触器（急停回路）。

2）控制电路电源 L11/L21 应与主电路电源同时接通或比主电路电源先接通。如果主电路电源不接通，会出现报警，当主电路电源接通后，报警消除，才可正常运行。

3）在主电路电源接通 1～2s 后可使伺服开启 SON＝ON。所以，如果在主电路电源接通的同时使 SON＝ON，1～2s 后基板主电路＝ON，约 20ms 后准备完毕信号（RD）＝ON，伺服驱动器处于 READY 状态（准备完毕）。

如果伺服开启 SON＝OFF，则基板主电路＝OFF，准备完毕信号（RD）＝OFF。

4）当复位信号（RES）＝ON 时，则基板主电路＝OFF，伺服电动机处于自由停车状态。

主电路接通电源顺序如图 16-2 所示。

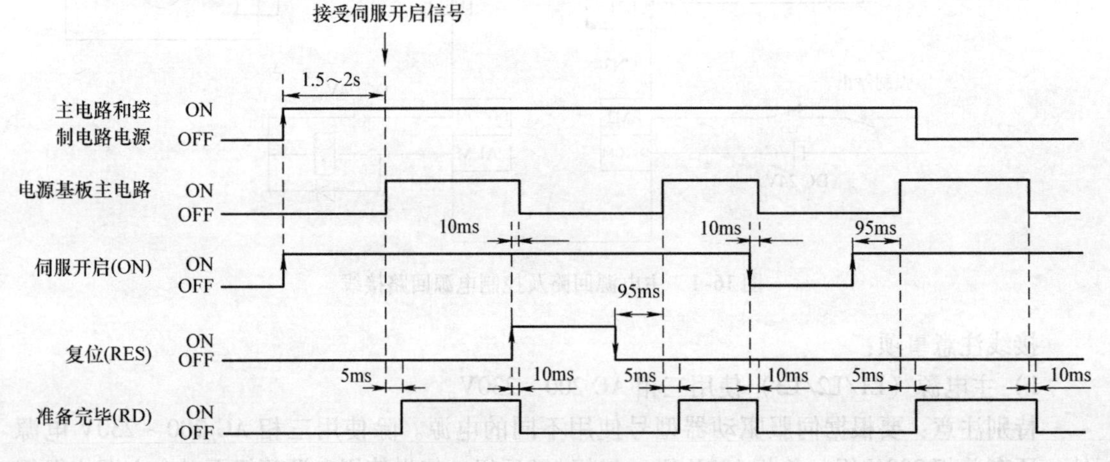

图 16-2　主电路接通电源顺序图

16.3 位置控制模式接线图（见图16-3）

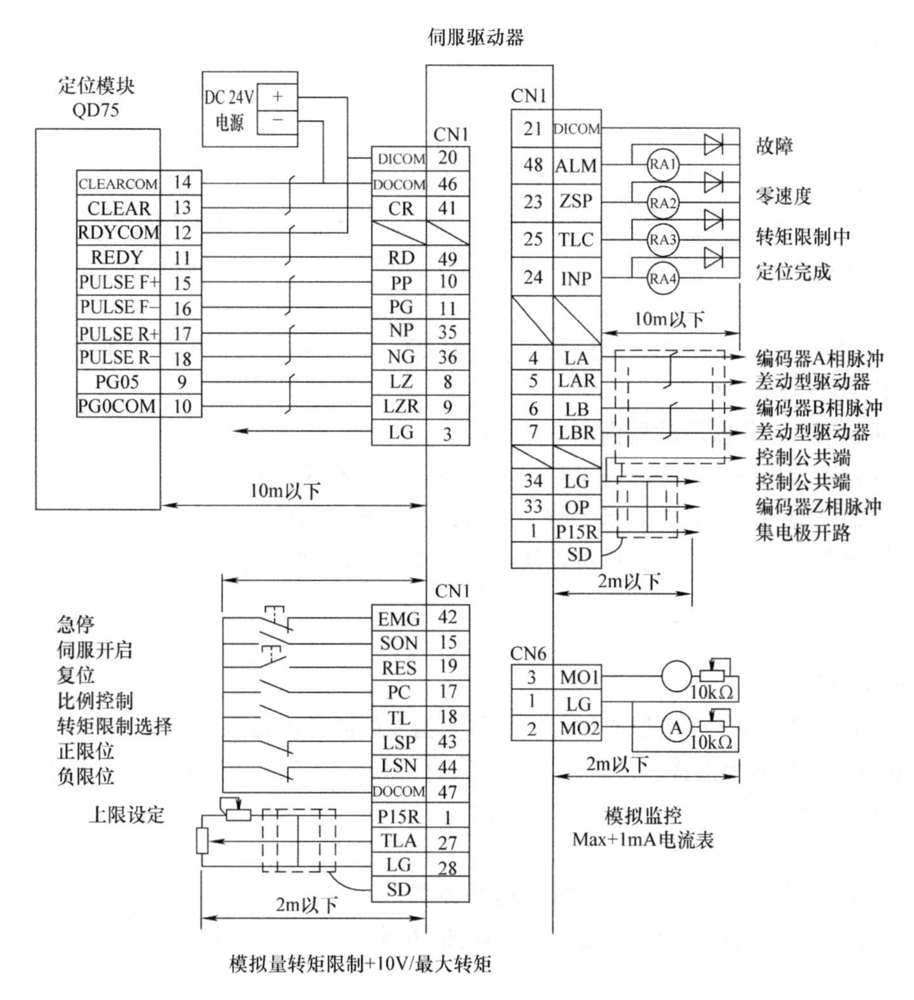

图16-3 位置控制模式接线图

16.3.1 接线说明

设置参数PA01 =0000，就选择位置控制模式，位置控制模式接线参见图16-3，输入/输出接点都从CN1接口引出，输入/输出端子的定义按位置控制模式定义。必须由外部供DC24V电源，常规接法是输入/输出都为漏型接法。

1）位置控制模式中，必须有控制单元对伺服驱动器发出位置指令脉冲。在图16-3中，控制器为三菱运动控制模块QD75。运动控制模块可以发出差动型脉冲信号，同时可以发出清零CR信号和准备完毕RD信号。在其他控制模式中，不使用脉冲输入。

2）开关量指令信号如急停、伺服开启SON、复位、正限位、负限位等按图16-3连接。

3）由于位置控制中的速度指令可以由控制器发出，所以不使用模拟量控制速度。但必须限制转矩以避免损坏设备。转矩限制值可以用模拟量方式设置。图中在 PR15 和 TLA、LG 端子接入电位器以设置模拟信号。

4）为防止触电，必须将伺服驱动器保护接地 PE 端子连接到控制柜的保护地端子（PE）上。

5）与输出负载并联的二极管的方向不能接反，否则伺服驱动器产生故障，信号不能输出，急停 EMG 等保护电路可能无法正常工作。

6）必须安装急停开关常闭触点。

7）输入/输出接口使用电源 DC 24V ×（1 ± 10%），300mA，电源必须由外部提供，300mA 为使用全部输入/输出信号时的电流值，输入/输出点数减少电流值可减少。

8）正常运行时，急停开关 EMG、上/下限位行程开关（LSP/LSN）必须为 ON。使用常闭触点。

9）故障报警端子（ALM）在正常运行时为 ON，出现报警时为 OFF。通过 PLC 程序处理该信号时注意是常闭触点。

10）同名信号在伺服驱动器内部是相通的。

11）以差动方式输入指令脉冲串时，控制器与驱动器的最大距离为 10m。

12）以集电极开路方式输入指令脉冲串时，控制器与驱动器的最大距离为 2m。

13）伺服驱动器和个人计算机可以使采用 USB 或 RS－422 连接。

16.3.2 信号详细说明

1. 脉冲串输入

由于是位置控制模式，所以必须有作为位置指令的脉冲串输入。

1）输入脉冲的波形选择。位置指令脉冲串有三种输入形式可选择，并可选择正逻辑和负逻辑。指令脉冲串的形式用参数 PA13 设置。

2）连接。

① 集电极开路方式（集电极开路是指晶体管的发射极接地，集电极接信号端），连接方式如图 16-4 所示。

设置样例：以输入波形设置负逻辑，正转脉冲串/反转脉冲串（设置参数 PA13 = 0010）。晶体管 ON/OFF 关系如图 16-5 所示。

② 差动方式。差动式脉冲输入连接如图 16-6 所示（注意无须专门外接电源）。

设置样例：输入波形设置为负逻辑，正转脉冲串/反转脉冲串（设置参数 PA13 = 0010）。PP、PG、NP 和 NG 的波形是以 LG 为基准的波形，时序图如图 16-7所示。

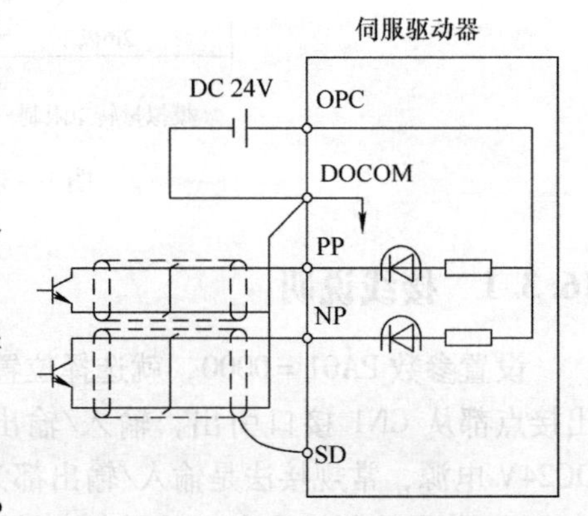

图 16-4 集电极开路式脉冲输入连接图

2. 定位完成（INP）（输出信号）

定位完成（INP）信号是极重要的信号，表示定位运行完成。

偏差计数器内滞留脉冲在设置的到位范围（参数 PA10）以下时，INP 变为 ON。注意：

如果定位范围设置较大，在低速转动时 INP 可能一直处于 ON 状态，如图 16-8 所示。

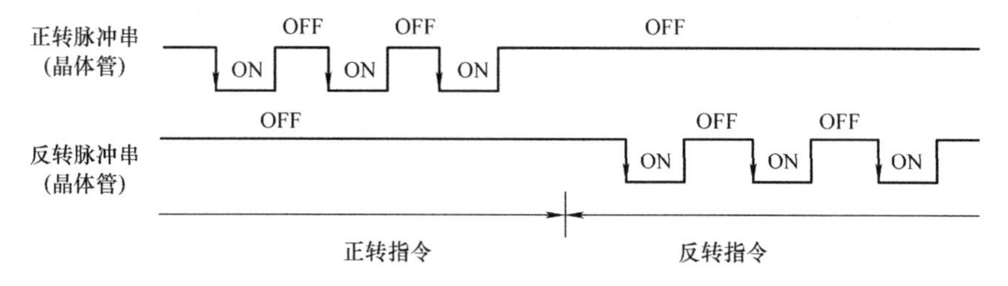

图 16-5　脉冲形式与参数设置关系

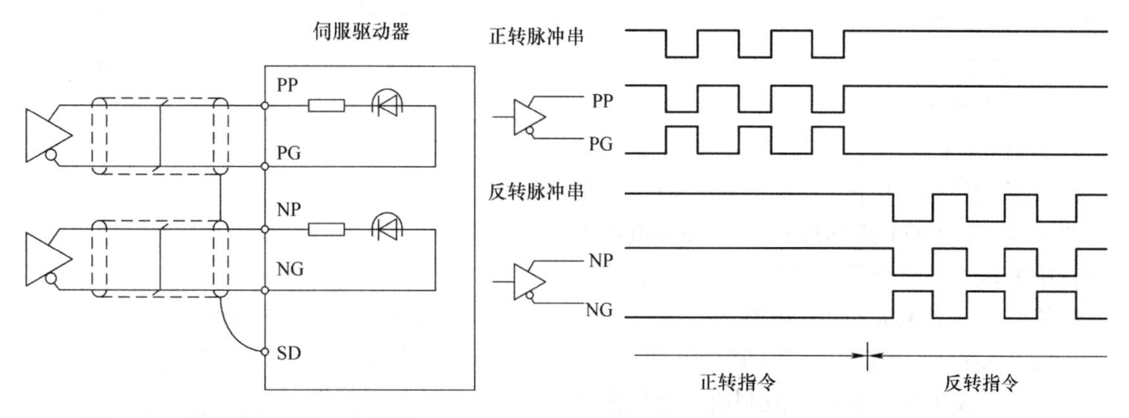

图 16-6　差动式脉冲输入连接图　　图 16-7　差动式脉冲输入时序图

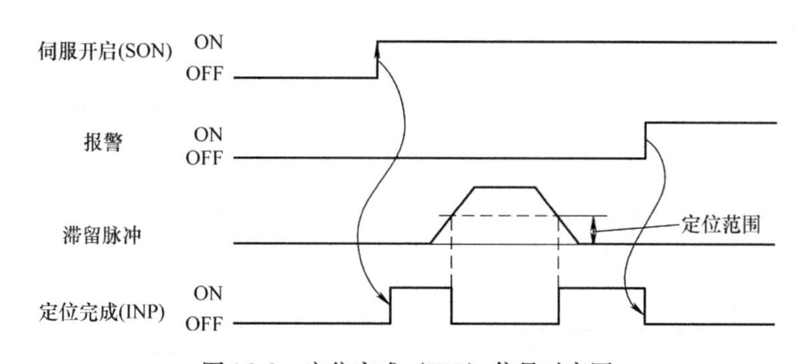

图 16-8　定位完成（INP）信号时序图

3. 准备完毕（RD）（输出信号）

准备完毕（RD）信号表示系统自检完成，可以进行正常工作，如图 16-9 所示。

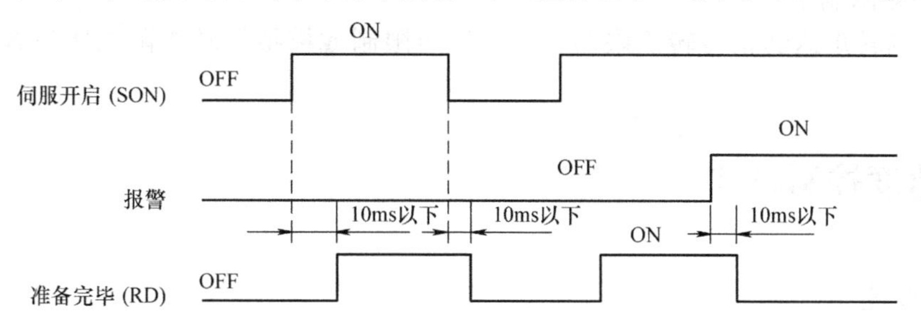

图 16-9　准备完毕（RD）信号时序图

4. 电子齿轮的切换

通过CM1和CM2的组合编码，用户可以选择4种不同的电子齿轮分子，见表16-1。如果在切换信号时电动机发生振动，必须调节平滑运行（参数PB03）参数使电动机平稳运行。

表16-1 CM1 / CM2端子与电子齿轮比关系

外部输入信号		电子齿轮分子
CM2	CM1	
0	0	参数PA06
0	1	参数PC32
1	0	参数PC33
1	1	参数PC34

5. 转矩限制

(1) 参数设置方式

参数PA11（正转转矩限制）及参数PA12（反转转矩限制）用于设置转矩限制值。如果设置完成参数PA11或参数PA12，伺服电动机运行中的转矩一直会受其限制。限制值和伺服电动机转矩的关系如图16-10所示。

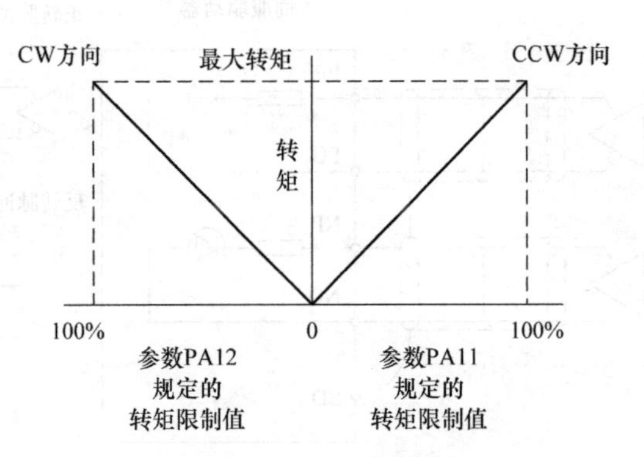

图16-10 转矩限制值和转矩的关系

(2) 模拟量设置转矩限制值方式

可以用模拟量设置转矩限制值。模拟量转矩限制（TLA）的输入电压与转矩限制值的关系如图16-11所示。

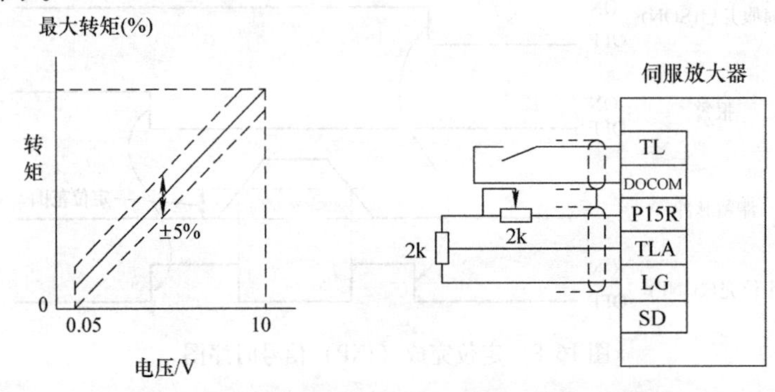

图16-11 TLA的输入电压与转矩限制值的关系

(3) 转矩限制中（TLC）

电动机的转矩达到正转转矩限制、反转转矩限制或模拟量转矩限制所设置的数值时，TLC = ON。

16.4 速度控制模式

16.4.1 概述

设置参数PA01 = 0002，就选择了速度控制模式。速度控制模式接线图如图16-12所示。

输入/输出都从 CN1 接口引出。输入/输出端子的功能按速度控制模式定义。

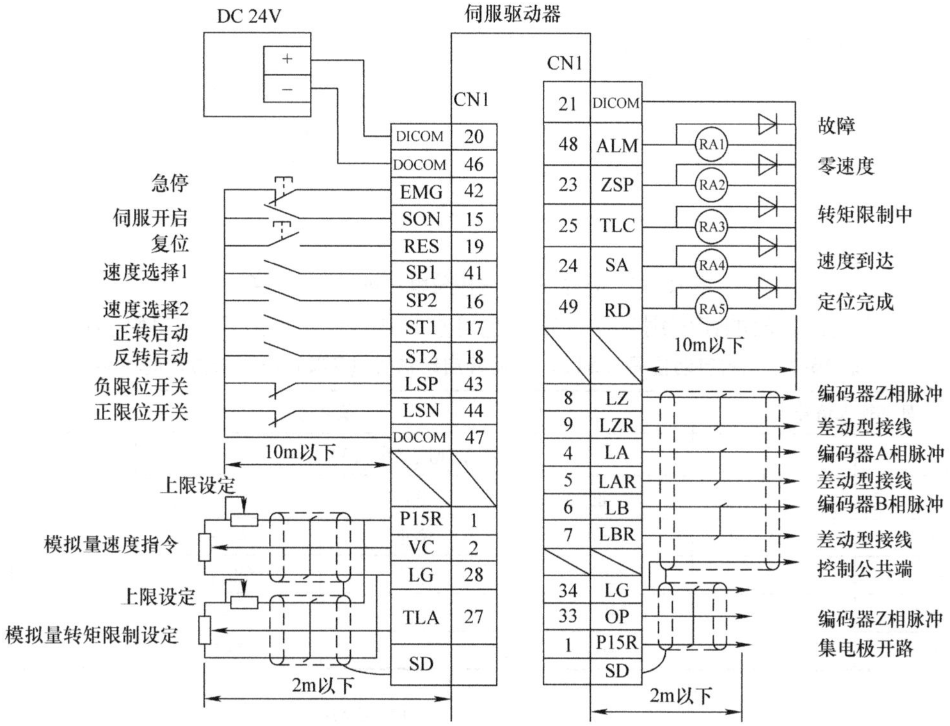

图 16-12 速度控制模式接线图

参看图 16-12，使用速度控制模式时，伺服驱动器就相当于变频器。速度控制模式接线要点如下：

1）速度控制模式不需要接控制单元，所以可以省略诸如 QD75 等控制单元，只需要外部开关就可以控制伺服驱动器的运行。

2）可以用模拟量直接设置速度指令。在图 16-12 中使用电位器直接设置和调节速度。

3）在速度控制模式中，没有定位控制要求，但需要对电动机转矩进行限制，使用模拟量信号设置转矩限制值。

16.4.2 设置

1. 速度设置

（1）速度指令和转速

速度指令可以由参数设置或由外部模拟信号设置。电动机按设置的速度指令运行。模拟量速度指令（VC）的输入电压与电动机转速之间的关系如图 16-13 所示。±10V 对应最大速度。另外，±10V 时所对应的转速用参数 PC12 设置。

由正转启动信号（ST1）和反转启动信号（ST2）控制旋转方向，见表 16-2。

模拟量速度指令（VC）端子接线图如图 16-14 所示。

（2）速度设置及多段速度选择

通过使用速度选择 1（SP1）和速度选择 2（SP2）、速度选择 3（SP3）端子的组合，可

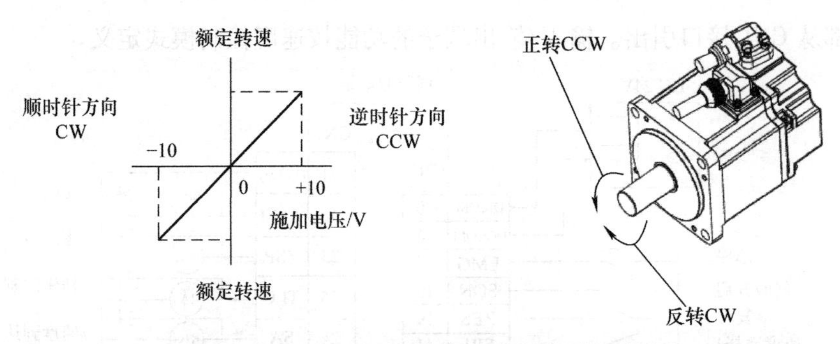

图 16-13　VC 的输入电压与电动机转速的关系

以选择多段速度，各段的速度用参数设置。也可选择用 VC 设置速度。具体选择见表 16-3。

表 16-2　正转启动信号（ST1）和反转启动信号（ST2）与旋转方向的关系

外部输入信号		旋转方向			
		模拟量速度指令（VC）			内部速度指令
ST2	ST1	正	0V	负	
0	0	停止	停止	停止	停止
0	1	逆时针	停止	顺时针	逆时针
1	0	顺时针	停止	逆时针	顺时针
1	1	停止	停止	停止	停止

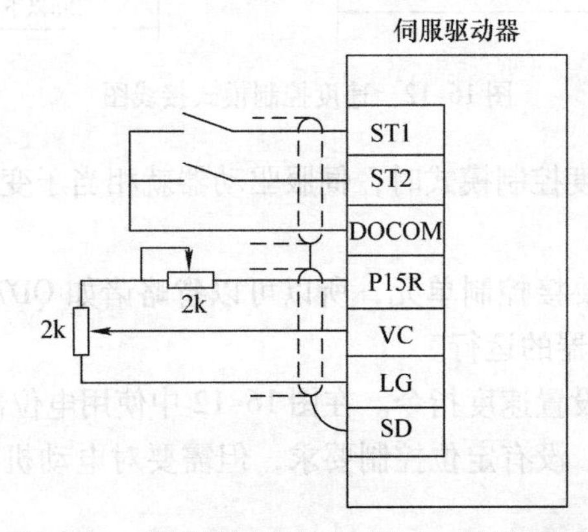

图 16-14　模拟量速度指令（VC）端子接线图

表 16-3　SP1 和 SP2、SP3 端子组合信号与实际速度关系

外部输入信号			速度指令
SP3	SP2	SP1	
0	0	0	模拟量设置
0	0	1	PC 05 设置
0	1	0	PC 06 设置
0	1	1	PC 07 设置
1	0	0	PC 08 设置
1	0	1	PC 09 设置
1	1	0	PC10 设置
1	1	1	PC 11 设置

2. 速度到达（SA）输出信号

电动机转速到达设置转速时，SA = ON，如图 16-15 所示。

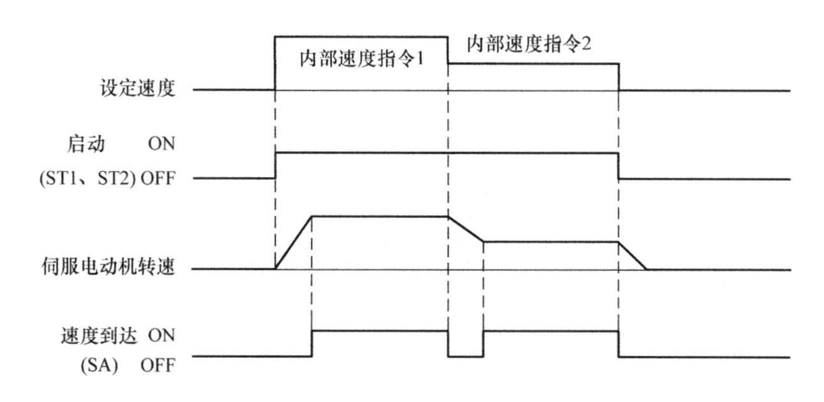

图 16-15 速度到达（SA）信号时序图

16.5 转矩控制模式

1）转矩控制模式是以电动机输出转矩为控制对象的工作模式，在以转矩控制模式工作时，系统根据指令转矩输出电动机转矩并跟随指令转矩进行调整和保持。

2）当电动机的输出转矩和负载转矩达到平衡时，电动机的转速将为恒定速度。因此转矩控制时的电动机转速是由负载决定的。

3）转矩控制时，如果电动机的输出转矩大于负载转矩，电动机将会加速，速度会一直上升，为了避免电动机出现过速度，必须进行速度限制，伺服系统提供了限制速度的方法。

在速度限制过程中系统处于速度控制状态，无法实施转矩控制。

4）速度限制未进行设定时，将视为速度限制值为 0Hz，无法实施转矩控制。

在实际进行转矩控制时，由于设定的指令转矩一般要大于负载转矩，所以电动机就一直加速旋转，直到到达速度限制值时，以速度限制值运行，这样就形成了速度限制值是速度指令值的误解。

16.5.1 概述

设置参数 PA01 = 0004，就选择了转矩控制模式。转矩控制模式接线图如图 16-16 所示。输入/输出都从 CN1 接口引出。

输入/输出端子的功能按转矩控制模式定义，转矩控制模式的设置和连接要点如下：

1）转矩控制模式不需要接控制单元，只需要外部开关控制各输入信号。

2）转矩指令直接用模拟信号设置，在（TC—LG）端子输入，如图 16-16 所示。

3）在转矩控制模式中，必须对速度进行限制。可使用模拟信号设置速度限制值，模拟信号从端子 VLA—LG 之间输入 。也可以使用参数设置速度限制值。

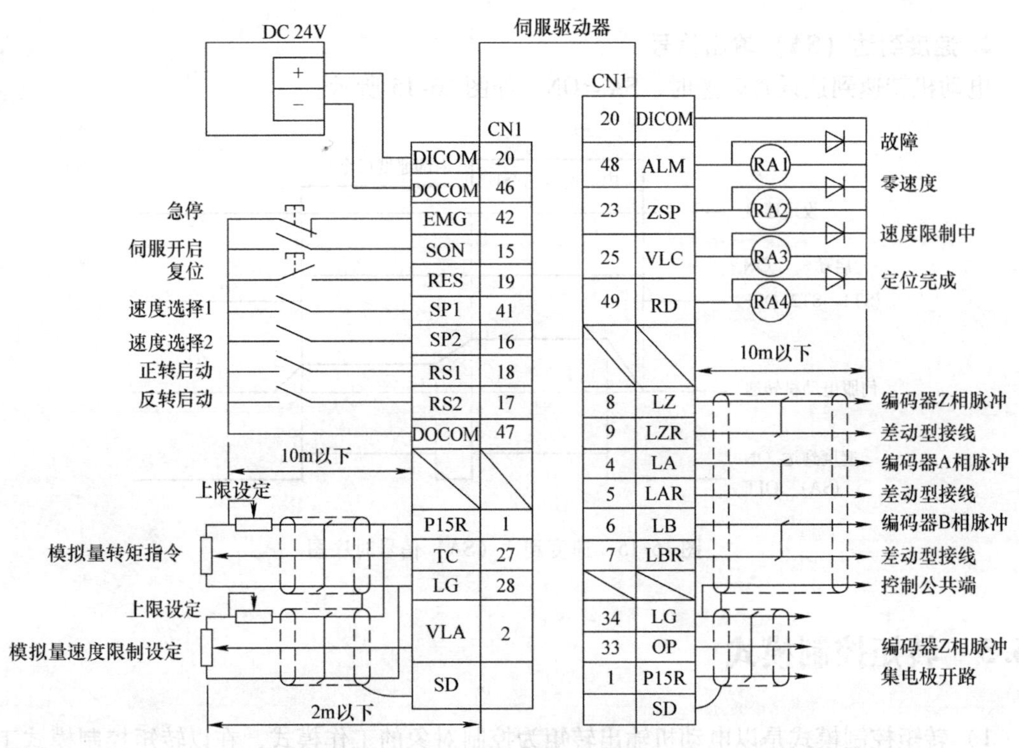

图 16-16　转矩控制模式接线图

16.5.2　设置

1. 转矩指令和输出转矩

转矩指令以模拟信号的方式输入。从模拟量转矩指令（TC）端子输入的电压与转矩的关系如图 16-17 所示，±8V 对应最大转矩。±8V 时对应的输出转矩用参数 PC13 设置。

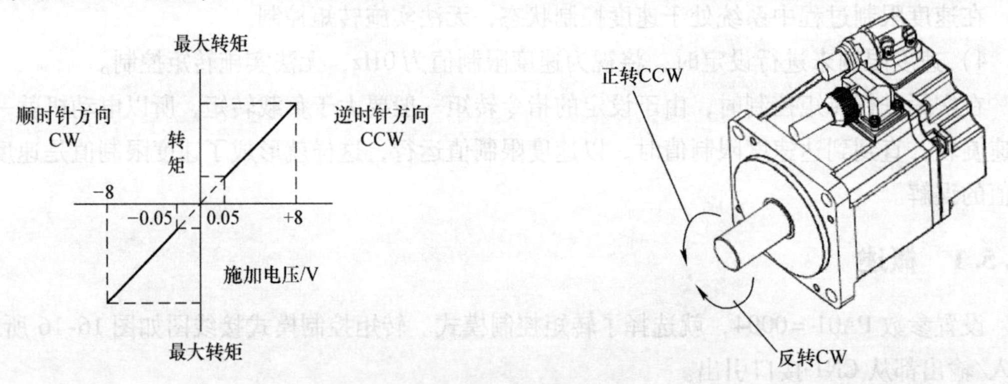

图 16-17　TC 端子输入的电压与转矩的关系

2. 转矩方向设置

使用模拟量转矩指令（TC）时，由正转启动（RS1）和反转启动（RS2）决定转矩输出的方向，见表 16-4 和图 16-18 所示。

3. 模拟量转矩指令偏置

使用参数 PC38，可以对 TC 设置 −999 ~ +999mV 的电压偏置。（偏置为参量在纵坐标=0时的横坐标值。通过设置偏置值可以调节工作曲线的前后移动）如图16-19所示。

表16-4 正转启动（RS1）和反转启动（RS2）与转动方向

<table>
<tr><th colspan="2">外部输入信号</th><th colspan="3">转动方向</th></tr>
<tr><th rowspan="2">RS2</th><th rowspan="2">RS1</th><th colspan="3">模拟量转矩指令（TC）</th></tr>
<tr><th>正</th><th>0</th><th>负</th></tr>
<tr><td>0</td><td>0</td><td>不输出转矩</td><td rowspan="4">不输出转矩</td><td>不输出转矩</td></tr>
<tr><td>0</td><td>1</td><td>逆时针正转驱动，反转再生</td><td>顺时针反转驱动，正转再生</td></tr>
<tr><td>1</td><td>0</td><td>顺时针反转驱动，正转再生</td><td>逆时针正转驱动，反转再生</td></tr>
<tr><td>1</td><td>1</td><td>不输出转矩</td><td>不输出转矩</td></tr>
</table>

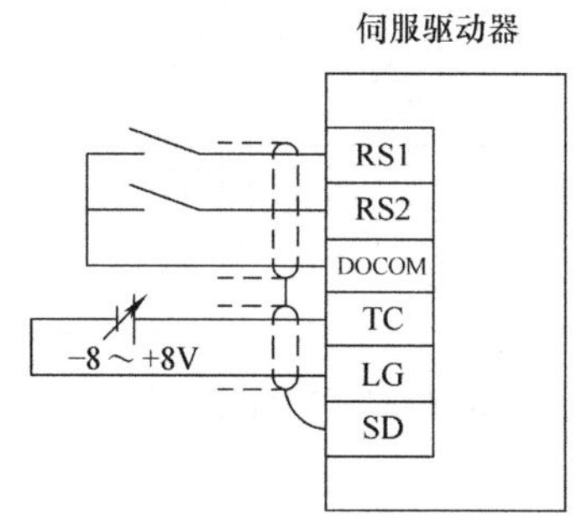

图16-18 模拟量转矩指令（TC）端子接线图

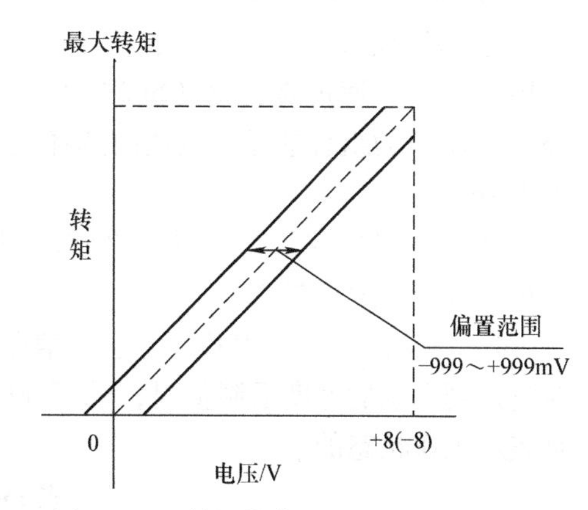

图16-19 转矩指令（TC）的偏置量设置

4. 转矩限制

只能以参数设置转矩限制值，不能使用模拟量设置转矩限制值（TLA）。以参数PA11（正转转矩限制）或参数PA12（反转转矩限制）设置转矩限制值，运行中会一直限制最大转矩。

5. 速度限制

在转矩限制模式中，必须对转速进行限制。

1）速度限制值和转速。使用参数PC05～PC11（内部速度限制1～7）设置的转速或以模拟量速度限制（VLA）设置的转速作为速度限制值。模拟量速度限制（VLA）输入的电压与电动机转速的关系如图16-20所示。如果电机转速达到速度限制值，转矩控制可能变得不稳定。必须使“限制速度”大于“工作速度”100r/min以上。

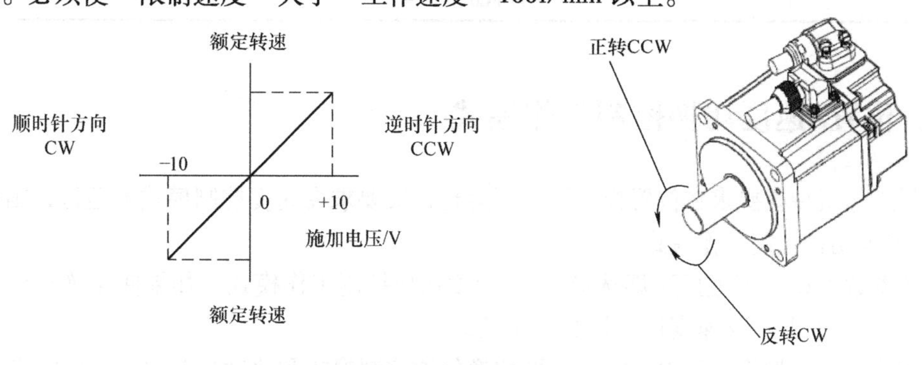

图16-20 VLA输入的电压与电动机转速的关系

2）速度限制的方向。由正转启动（RS1）和反转启动（RS2）选择的速度限制方向，如表16-5和图16-21所示。

表16-5　正转启动（RS1）和反转启动（RS2）与速度限制方向的关系

外部输入信号		速度限制方向		
RS1	RS2	模拟量速度限制（VLA）		内部速度
		正	负	限制
1	0	逆时针	顺时针	逆时针
0	1	顺时针	逆时针	顺时针

3）速度限制值的设置方法。

① 参数设置方法——端子组合法。用速度选择1（SP1）端子、速度选择2（SP2）端子、速度选择3（SP3）端子的组合选择参数从而选择速度限制值，见表16-6。

② 使用模拟量设置方法。在VLA端子输入模拟量从而设置速度限制值。

4）速度限制中（VLC）（输出信号）。当电动机转速达到设置的速度限制值时，端子VLC = ON。VLC是表示工作状态的信号。

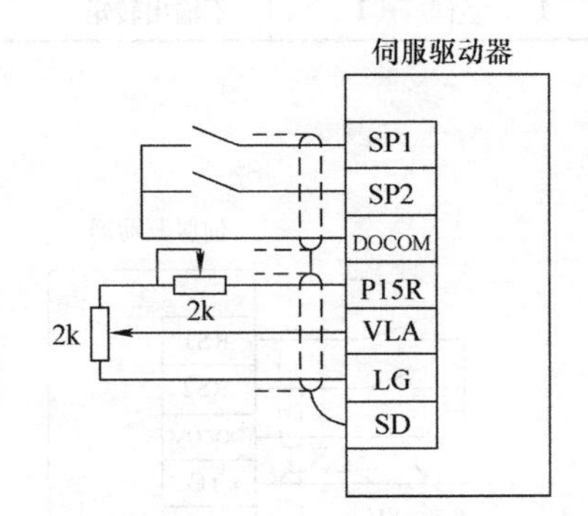

图16-21　VLA端子接线图

表16-6　多级速度限制

输入信号			速度限制值
SP3	SP2	SP1	
0	0	0	模拟量设置
0	0	1	参数PC05
0	1	0	参数PC06
0	1	1	参数PC07
1	0	0	参数PC08
1	0	1	参数PC09
1	1	0	参数PC010
1	1	1	参数PC011

16.6　位置/速度切换控制工作模式

如果工作机械既要求在位置控制模式下运行，又要求在速度控制模式下运行，则可以使用位置/速度切换控制工作模式。

设置参数PA01 =□□□1即选择位置/速度切换控制工作模式。如果使用绝对位置检测系统，则不能使用位置/速度切换控制工作模式。

使用控制模式切换（LOP）端子，可切换位置控制模式和速度控制模式。LOP和控制模式的关系如下：LOP =0，位置控制模式；LOP =1，速度控制模式。

控制模式的切换可以在零速度状态进行。但为安全起见，应该在电动机停止时进行切换。从位置控制模式切换到速度控制模式时，滞留脉冲被全部清除。

如果在高于零速的状态下切换 LOP 信号，即使速度随后降到零速以下，也不能进行控制模式切换。切换的时序如图 16-22 所示。

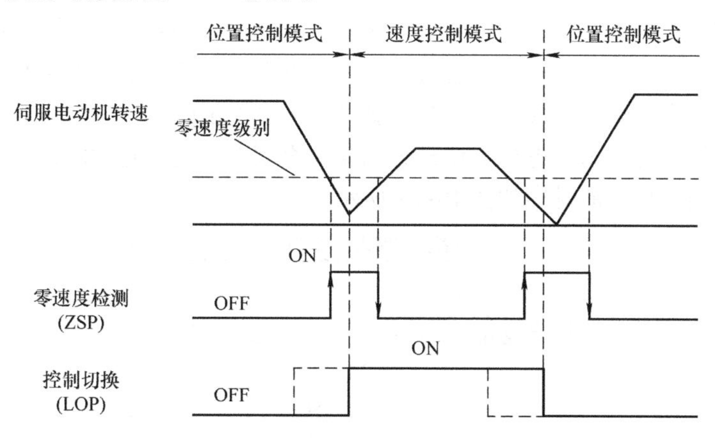

图 16-22　位置/速度切换控制时序图

如图 16-22 所示，ZSP≠ON 时，即使 LOP ON/OFF，也不能进行切换。随后即使 ZSP 变为 ON 也不能进行切换。

16.7　速度/转矩切换控制工作模式

设置参数 PA01 =□□□3，即选择速度/转矩切换控制工作模式。

使用控制模式切换（LOP）端子，可切换速度控制模式和转矩控制模式。

LOP 与控制模式的关系如下：LOP =0，速度控制模式；LOP =1，转矩控制模式。

控制模式的切换可在任何时段进行，切换的时序如图 16-23 所示。

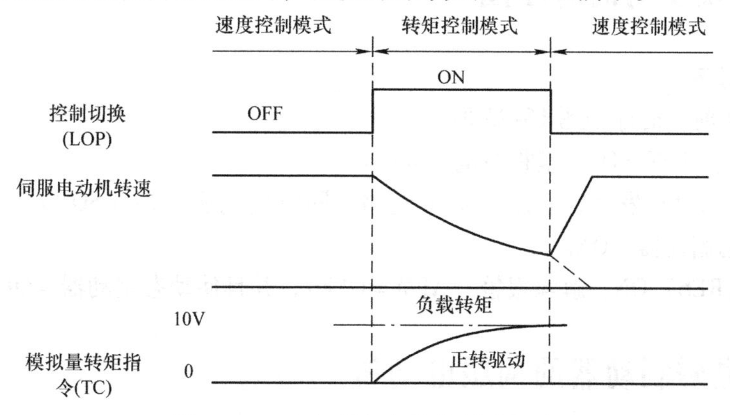

图 16-23　速度/转矩切换控制时序图

特别注意：如果在切换到转矩控制的同时，设置启动信号（ST1，ST2）=OFF，那么伺服电动机将按照设置的减速时间减速停止。

16.8 转矩/位置切换控制工作模式

设置参数 PA01 = □□□5，即选择使用转矩/位置切换控制工作模式。

使用控制模式切换（LOP）端子，可切换转矩控制模式和位置控制模式。

LOP 与控制模式的关系如下：LOP = 0，转矩控制模式；LOP = 1，位置控制模式。

控制模式的切换可以在零速度状态时进行。为安全，应该在电动机停止时进行切换。从位置控制模式切换到转矩控制模式时，滞留脉冲将被全部清除。

不能在高于零速的状态下进行工作模式切换，否则即使速度随后降到零速以下，也不能进行控制模式切换。切换的时序如图 16-24 所示。

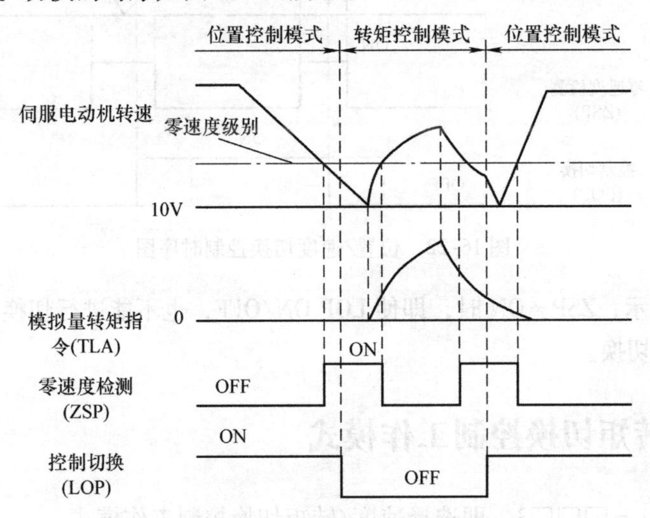

图 16-24 转矩/位置切换控制时序图

16.9 报警发生时的时序图

报警动作时序

当报警发生时，时序如图 16-25 所示。

1）伺服开启 SON = ON，基板主电路 = ON。

2）报警（ALM）发生时切断基板主电路，同时使伺服开启（SON） = OFF，断开电源，同时使动态制动器 = ON。

3）复位（RES）ON，解除报警（ALM = OFF），并且使动态制动器 = OFF。

16.10 带电磁制动器的伺服电动机

1. 电磁制动器的工作原理

如果伺服电动机带有电磁制动器（俗称抱闸），抱闸工作电源为 DC 24V。当抱闸线圈 = ON，制动器打开，伺服电动机可正常工作。当抱闸线圈 = OFF，制动器关闭，伺服电

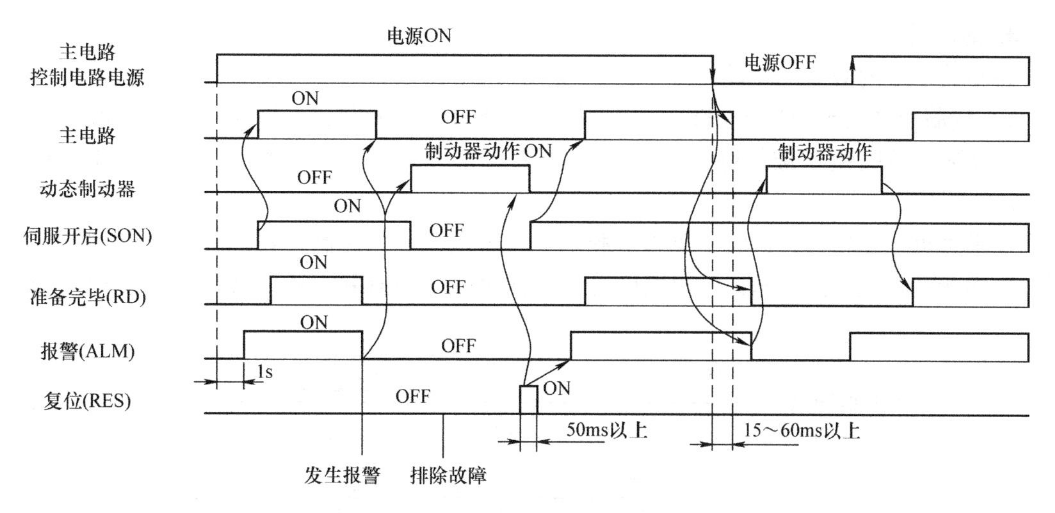

图 16-25 报警发生时各信号时序图

动机被抱闸机械制动。

MBR 信号是伺服驱动器专门用于控制电磁制动器回路的输出信号，其受到伺服启动（SON 信号）的控制。抱闸控制回路接线图如图 16-26 所示。

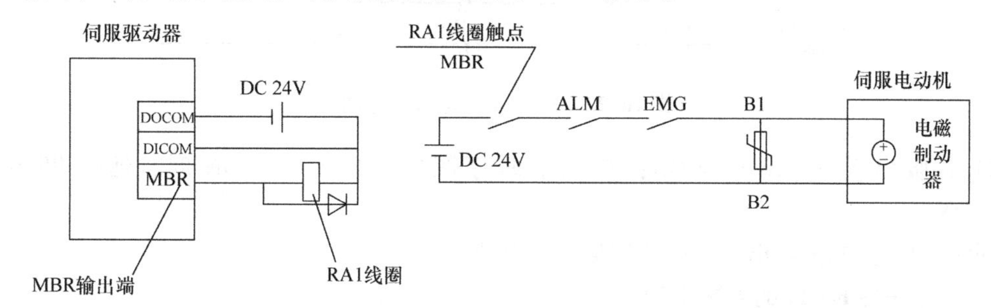

图 16-26 抱闸控制回路接线图

在抱闸控制回路中：

1）RA 触点受下列开关控制：①SON 开关；②ALM 开关；③MBR 开关。

2）EMG 急停开关由外力切断。

2. 注意事项

使用带电磁制动器的伺服电动机，必须注意以下事项：

1）设置参数 PA04 = □□□1，使电磁制动器互锁（MBR 信号）有效。在参数 PC16（电磁制动器动作时间）中设置延迟时间，该延迟时间为伺服 OFF 时，从电磁制动器开始动作到基板主电路断开的时间。

2）电源不能使用 I/O 接口的 DC 24V 电源，必须使用电磁制动器专用电源。这是因为如果 DC 24V 有压降会导致抱闸无法打开。

3）电源（DC 24V）= OFF，电磁制动器 = OFF。伺服电动机被制动。

4）复位信号（RES）为 ON 时，基板主电路 = OFF。用于垂直负载时，必须使用电磁制动器制动。

5）伺服电动机停止后，必须使伺服启动信号（SON）= OFF。

3. 时序图

各相关信号的ON/OFF动作如下：

1）伺服启动（SON）=OFF：当伺服启动（SON）=OFF，经过Tb延迟时间之后，主电路=OFF，伺服锁定被解除，伺服电动机处于自由停车状态。MBR的动作如图16-27所示。

在垂直负载等场合，为防止垂直负载坠落，必须先使电磁制动器动作，延迟Tb时间之后，再切断基板主电路；基板主电路断开后，伺服锁定被解除。所以必须正确设置Tb延迟时间。

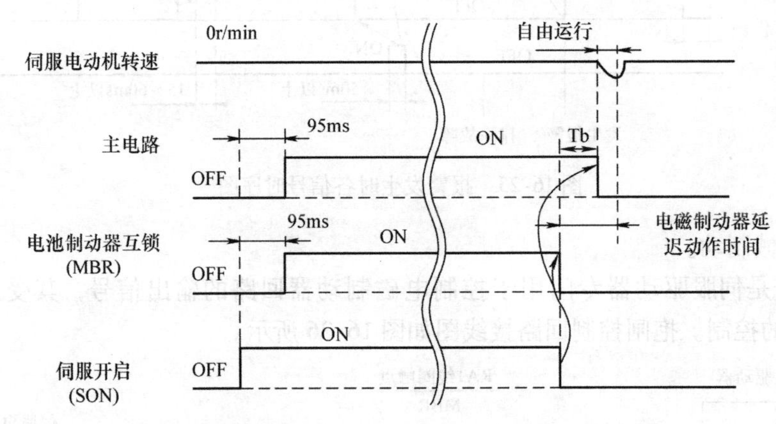

图16-27 MBR信号动作时序图

2）伺服启动（SON）=ON：在以上时序图中，当SON=ON时，延迟95ms后，MBR=ON；

同时基板主电路=ON，所以关键信号是SON。

4. 急停开关EMG的ON/OFF

急停信号发生时，MBR的动作如图16-28所示。

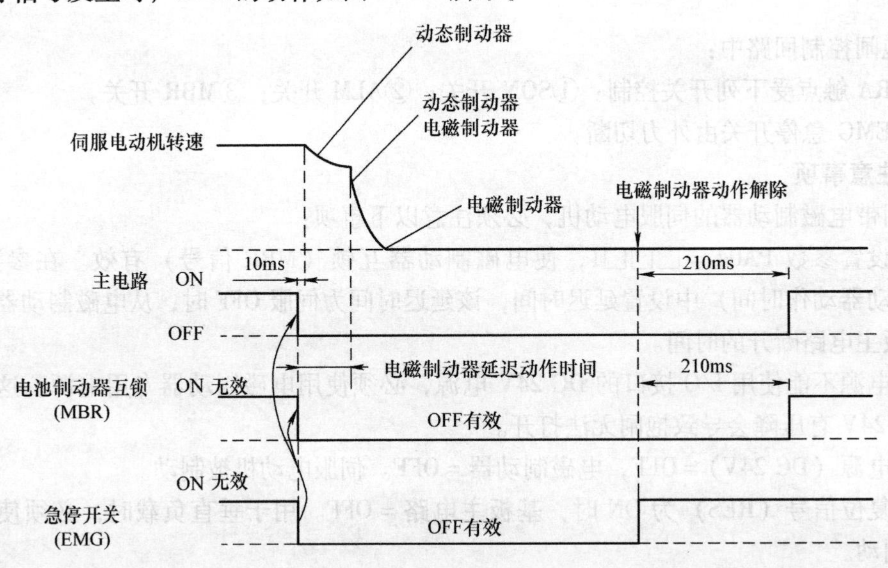

图16-28 急停动作时序图

1）当EMG = OFF，急停有效，基板主电路 = OFF，延迟约10ms，动态制动器开始动作；MBR = OFF，在设置的延迟时间后电磁制动器有效动作。

2）当EMG = ON（正常状态），延迟210ms后，MBR = ON，电磁制动器 = ON，基板主电路 = ON。

5. 报警（ALM）的ON/OFF

报警发生时，MBR的动作如图16-29所示。

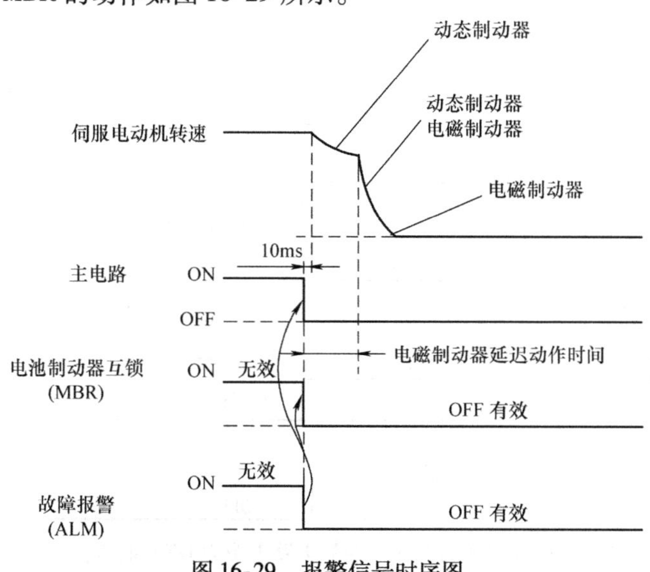

图16-29 报警信号时序图

当ALM = OFF，基板主电路 = OFF，延迟约10ms，动态制动器开始动作。MBR = OFF后经过设置的延迟时间后电磁制动器动作。

6. 主电路电源，控制电路电源同时为OFF

外部主电路、控制回路电源同时为OFF时，MBR的动作如图16-30所示。

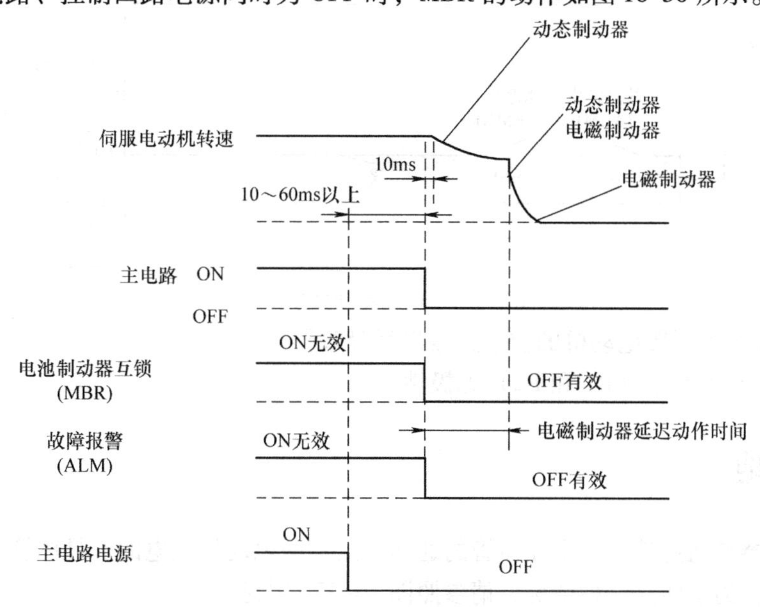

图16-30 外部主电路、控制电路电源同时为OFF时各信号动作时序图

当主电路电源为OFF，延迟15～60ms以上时，基板主电路=OFF，ALM=OFF，MBR=OFF，再延迟10ms，伺服电动机在动态制动器动作下减速停止。

7. 只有主电路电源为OFF（控制电路电源仍为ON）

当外部主电路电源为OFF，控制电路电源为ON时，MBR动作如图16-31所示。

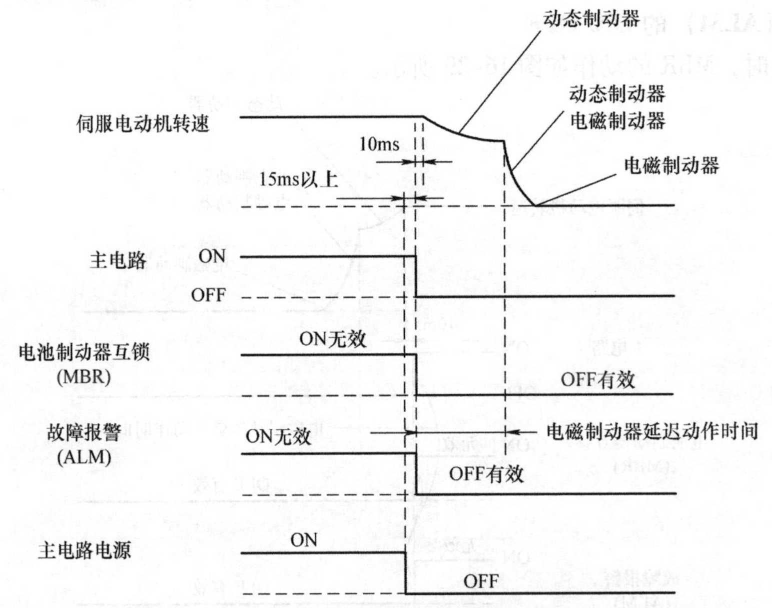

图16-31　外部主电路电源为OFF（控制电路电源为ON）时各信号动作时序图

当主回路电源为OFF，时，延迟15ms后，基板主电路=OFF，ALM=OFF，MBR=OFF，再延迟10ms，伺服电动机在动态制动器动作下减速停止。

8. 电磁制动器接线

电磁制动器的接线图如图16-32所示。

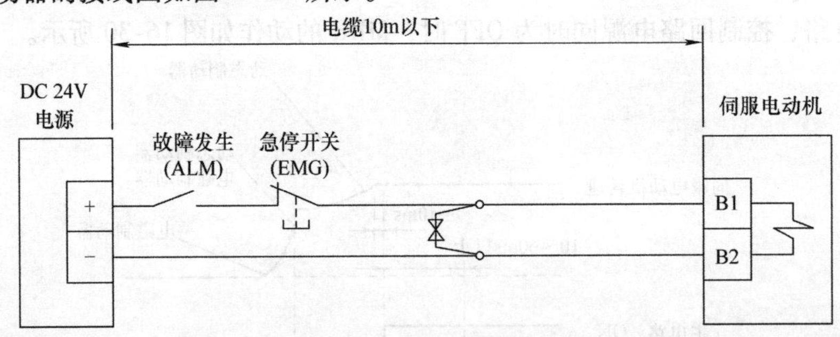

图16-32　电磁制动器接线图

1）尽量在靠近伺服电动机的位置连接浪涌吸收器。

2）电磁制动器端子（B1和B2）无极性。

16.11　接地

伺服驱动器是通过控制功率晶体管的通断来给伺服电动机供电的。晶体管的高速通断会产生电磁干扰，为了防止这种情况，请参照图16-33进行接地。

1）伺服驱动器和伺服电动机必须确保接地良好。

2）为防止触电，伺服驱动器的保护接地端子（PE）必须接到控制柜的保护地（PE）。

3）PLC 控制器的接地端也必须接地。

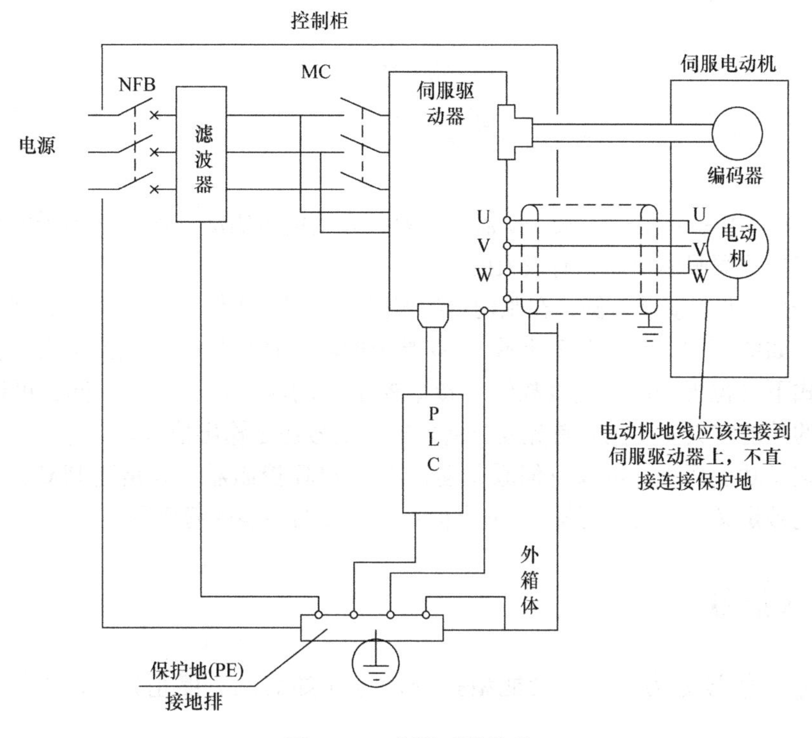

图 16-33　伺服系统接地

第 17 章

伺服驱动器输入/输出信号及配线

本章以三菱 MR－J4 系列伺服驱动器为对象，介绍伺服驱动器各 I/O 端子的功能。即使对于光纤连接型的伺服驱动器也有极大的意义。

以 MR－J4 系列驱动器为例，在驱动器的 CN1 接口有 50 针引脚。每一引脚即为一输入或输出接口。如图 17-1 和图 17-2 所示。I/O 端子的功能在出厂时已经被定义，各引脚在不同的工作模式下（位置控制、速度控制、转矩控制）的功能定义有所不同，可以通过参数修改各引脚的功能定义。使用时首先要分清是输入信号还是输出信号。

就 I/O 端子功能而言，可以将伺服驱动器看成 PLC 控制器，只是这 PLC 控制器的 I/O 信号已经预先被定义，只要接通输入/输出信号，相应的功能就起作用。

17.1 输入信号

可以将输入信号分为 3 类：功能型指令信号（如启动、停止）、脉冲信号、模拟量信号。

1. 功能型指令信号

这类信号是开关信号，在外部要连接硬开关或 PLC 控制信号。这类输入信号由 DC 24V 供电。DC 24V 电源由外部供给，注意接线图上的 DC 24V 正负端接法。

2. 脉冲信号

脉冲信号有两类，一类是差动型脉冲输入，最大频率可达 4Mpls/s；另一类是集电极开路型脉冲输入，最大频率可达 200kpls/s。集电极开路型脉冲输入比较常用。

3. 模拟量输入

在需要通过外部信号设置速度或转矩时，使用模拟量信号。模拟量信号可以使用电位器，也可以使用 PLC 控制器的模拟输出信号。

4. USB 接口

USB 接口连接计算机，用于传递参数及其他信号。

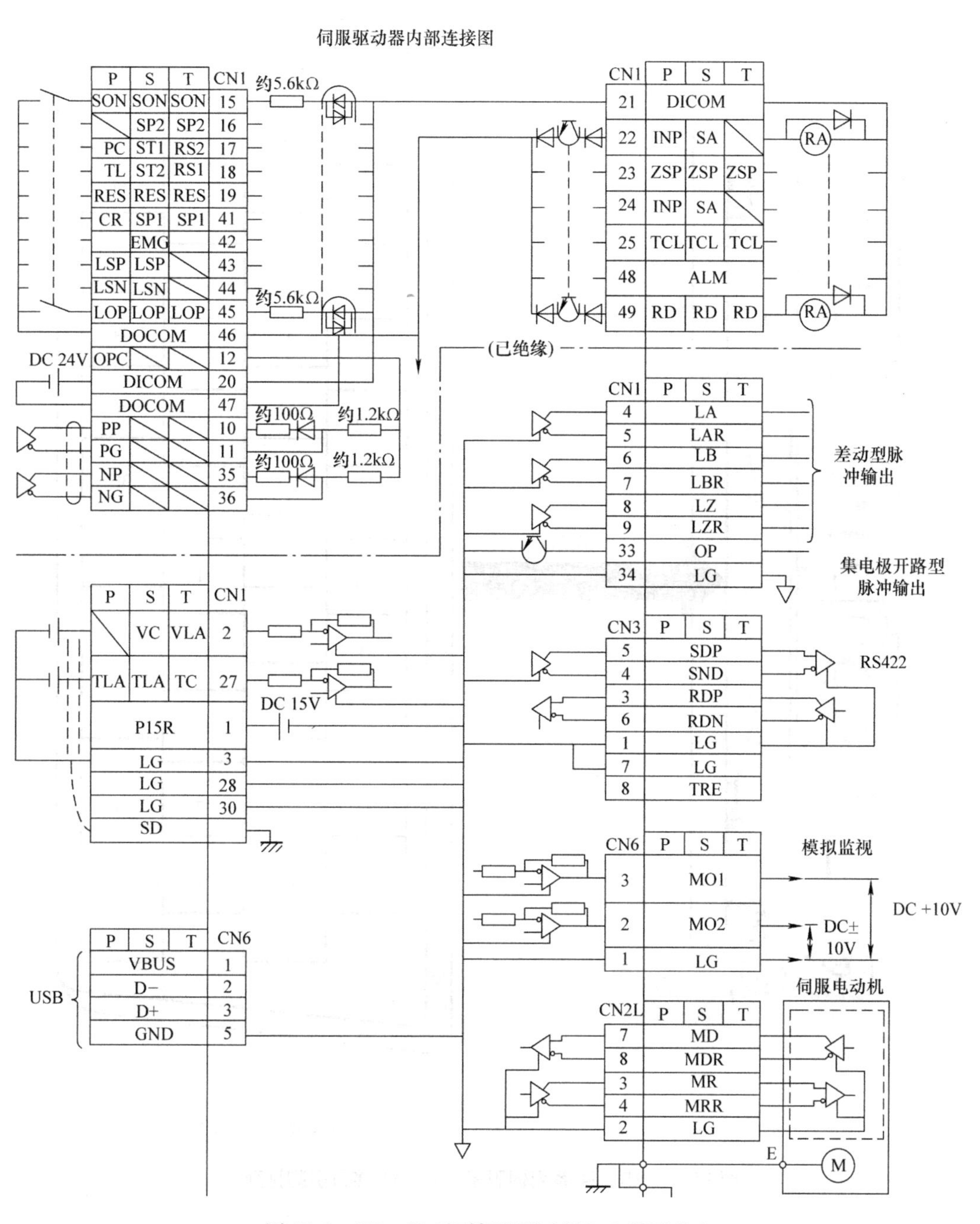

图 17-1 MR-J4 系列伺服驱动器 I/O 端子分布

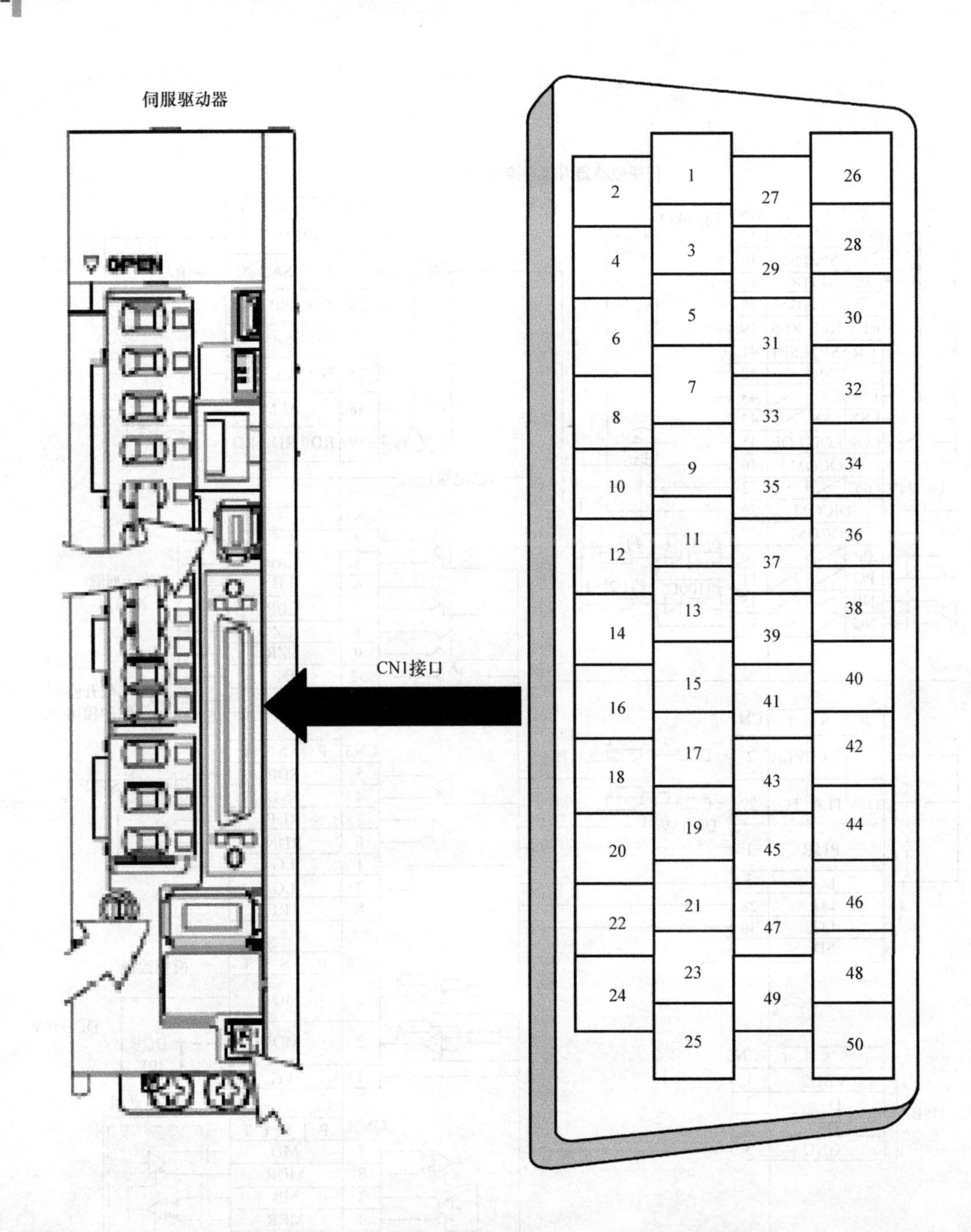

图 17-2　MR－J4 系列伺服驱动器 CN1 接口引脚排列

17.2　输入信号的详细说明

基本输入端子的功能见表 17-1。

表 17-1　各输入端子功能

<table>
<tr><th>信号名称</th><th>简称</th><th>功能说明</th></tr>
<tr><td>伺服 ON</td><td>SON</td><td>SON = ON，内部主电路 = ON，伺服电动机处于可运行状态（伺服 ON 状态）；
SON = OFF，内部主电路 = OFF，伺服电动机处于自由停车状态（伺服 OFF 状态）；
如果设置参数 PD01 = □□□4，可使 SON = ON（常 ON）</td></tr>
<tr><td>复位</td><td>RES</td><td>RES = ON 持续 50ms 以上，报警被解除。在不发生报警的状态下，当 RES = ON 时，则主电路切断；
如果设置参数 PD20 = □□1□，则主电路不被切断</td></tr>
<tr><td>正向限位</td><td>LSP</td><td rowspan="2">正常运行时应使 LSP/LSN = ON（常闭）。当 LSP/LSN = OFF，电动机立即停止，并处于伺服锁定状态。设置参数 PD20 = □□□1，伺服电动机减速停止；
设置参数 PD01 可将设置 LSP/LSN = ON。在调试初期可以使用本功能：
参数 PD01 = □4□□，LSP = ON
参数 PD01 = □8□□，LSN = ON
如果 LPS 或 LSN 变为 OFF，则出现报警（AL.99），报警 WNG = OFF</td></tr>
<tr><td>负向限位
（行程限位）</td><td>LSN</td></tr>
<tr><td>转矩限制
方式选择</td><td>TL</td><td>本信号用于选择转矩限制的方式
TL = OFF，用设置参数的方式做转矩限制
正转转矩限制：PA11
反转转矩限制：PA12
TL = ON，使用外部输入（TLA）的模拟量设置转矩限制</td></tr>
<tr><td>内部转矩限制
方式选择</td><td>TL1</td><td>TL1 = ON，参数 PD03 ~ PD08 和 PD10 ~ PD12 用于设置转矩限制值</td></tr>
<tr><td>正转启动</td><td>ST1</td><td rowspan="2">正转启动/反转启动信号
<table><tr><th>ST1</th><th>ST2</th><th>旋转方向</th></tr><tr><td>0</td><td>0</td><td>停止（锁定）</td></tr><tr><td>0</td><td>1</td><td>CCW</td></tr><tr><td>1</td><td>0</td><td>CW</td></tr><tr><td>1</td><td>1</td><td>停止（锁定）</td></tr></table></td></tr>
<tr><td>反转启动</td><td>ST2</td></tr>
<tr><td>正转选择</td><td>RS1</td><td rowspan="2">选择转矩输出的方向
<table><tr><th>RS1</th><th>RS2</th><th>转矩输出方向</th></tr><tr><td>0</td><td>0</td><td>停止</td></tr><tr><td>0</td><td>1</td><td>正转驱动，反转再生</td></tr><tr><td>1</td><td>0</td><td>反转驱动，正转再生</td></tr><tr><td>1</td><td>1</td><td>停止</td></tr></table></td></tr>
<tr><td>反转选择</td><td>RS2</td></tr>
</table>

（续）

<table>
<tr><th>信号名称</th><th>简称</th><th>功能说明</th></tr>
<tr><td>速度选择 1</td><td>SP1</td><td rowspan="3">通过 SP1/SP2/SP3 三个端子的组合编码进行速度选择，速度值由参数 PC05 ~ PC11 设置
速度控制模式<table><tr><th>SP3</th><th>SP2</th><th>SP1</th><th>速度指令</th></tr><tr><td>0</td><td>0</td><td>0</td><td>模拟量设置</td></tr><tr><td>0</td><td>0</td><td>1</td><td>PC 05 设置</td></tr><tr><td>0</td><td>1</td><td>0</td><td>PC 06 设置</td></tr><tr><td>0</td><td>1</td><td>1</td><td>PC 07 设置</td></tr><tr><td>1</td><td>0</td><td>0</td><td>PC 08 设置</td></tr><tr><td>1</td><td>0</td><td>1</td><td>PC 09 设置</td></tr><tr><td>1</td><td>1</td><td>0</td><td>PC 10 设置</td></tr><tr><td>1</td><td>1</td><td>1</td><td>PC 11 设置</td></tr></table></td></tr>
<tr><td>速度选择 2</td><td>SP2</td></tr>
<tr><td>速度选择 3</td><td>SP3</td></tr>
<tr><td>转矩控制模式下的速度限制</td><td>SP1/SP2/SP3</td><td><table><tr><th>SP3</th><th>SP2</th><th>SP1</th><th>速度限制</th></tr><tr><td>0</td><td>0</td><td>0</td><td>模拟量设置</td></tr><tr><td>0</td><td>0</td><td>1</td><td>PC 05 设置</td></tr><tr><td>0</td><td>1</td><td>0</td><td>PC 06 设置</td></tr><tr><td>0</td><td>1</td><td>1</td><td>PC 07 设置</td></tr><tr><td>1</td><td>0</td><td>0</td><td>PC 08 设置</td></tr><tr><td>1</td><td>0</td><td>1</td><td>PC 09 设置</td></tr><tr><td>1</td><td>1</td><td>0</td><td>PC 10 设置</td></tr><tr><td>1</td><td>1</td><td>1</td><td>PC 11 设置</td></tr></table></td></tr>
<tr><td>比例控制</td><td>PC</td><td>本信号用于选择速度环的控制模式。如果 PC = ON，速度环控制模式从比例积分模式切换到比例模式。在比例积分模式下，伺服电动机处于停止状态时，如果由于外力引起电动机转动，系统会输出转矩以补偿位置偏差
如果 PC = ON，定位完成（停止）后，轴处于锁定状态，即使有外力导致移动，也不产生转矩来补偿位置偏差
长时间锁定时，应使比例控制（PC）和转矩控制（TL）同时为 ON，用模拟转矩限制，使转矩输出在额定转矩以下</td></tr>
<tr><td>紧急停止</td><td>EMG</td><td>如果使 EMG = OFF，伺服电动机立即进入急停状态，主电路断开，动态制动器动作</td></tr>
<tr><td>清零</td><td>CR</td><td>如果 CR = ON，在 CR = ON 的上升沿清除偏差计数器内的滞留脉冲。CR = ON 的脉冲的宽度必须在 10ms 以上
设置参数 PD32 = □□□1，CR = ON 期间一直执行清零</td></tr>
</table>

（续）

<table>
<tr><th>信号名称</th><th>简称</th><th>功能说明</th></tr>
<tr><td>电子齿轮选择 1</td><td>CM1</td><td rowspan="2">使用 CM1 和 CM2 时，设置参数 PD03 ~ PD08 和 PD10 ~ PD12；
通过 CM1 和 CM2 的组合，可以选择参数设置的 4 种电子齿轮比的分子；
这是通过开关信号组合选择电子齿轮比的方法</td></tr>
<tr><td>电子齿轮选择 2</td><td>CM2</td></tr>
<tr><td>增益切换</td><td>CDP</td><td>本信号用于增益切换，需要设置参数 PD03 ~ PD08 和 PD10 ~ PD12；
CDP = ON，惯量比 GD2 和各增益值切换到参数 PB29 ~ PB32 设置值</td></tr>
<tr><td>控制模式切换</td><td>LOP</td><td>在位置/速度控制切换模式时，切换模式如下：<table><tr><th>LOP</th><th>控制模式</th></tr><tr><td>0</td><td>位置</td></tr><tr><td>1</td><td>速度</td></tr></table>在速度/转矩控制切换模式时，切换模式如下：<table><tr><th>LOP</th><th>控制模式</th></tr><tr><td>0</td><td>速度</td></tr><tr><td>1</td><td>转矩</td></tr></table>在转矩/位置控制切换模式时，切换模式如下：<table><tr><th>LOP</th><th>控制模式</th></tr><tr><td>0</td><td>转矩</td></tr><tr><td>1</td><td>位置</td></tr></table></td></tr>
<tr><td>第 2 加减速选择</td><td>STAB2</td><td>使用本信号时，需要设置参数 PD03 ~ PD08 和 D10 ~ PD12
速度控制模式、转矩控制模式下可以选择加减速时间<table><tr><th>STAB2</th><th>加减速时间常数</th></tr><tr><td>0</td><td>加速时间常数 PC10
减速时间常数 PC11</td></tr><tr><td>1</td><td>加速时间常数 PC30
减速时间常数 PC31</td></tr></table>S 曲线加减速时间一直恒定</td></tr>
<tr><td>ABS 传送模式</td><td>ABSM</td><td>本信号 = ON，表示系统进入 ABS 传送模式</td></tr>
<tr><td>ABS 传送请求</td><td>ABSR</td><td>ABS 数据传送请求信号</td></tr>
</table>

17.3　输出信号

可以将输出信号分为功能型输出信号（如故障报警、状态指示）、脉冲信号和模拟量信号 3 类。

1. 功能型输出信号

这类信号是开关信号，在外部要连接继电器线圈或 PLC 输入信号（负载）。这类输出信号回路由 DC 24V 供电，DC 24V 电源由外部供给。注意接线图上的 DC 24V 正负端接法。输入/输出信号使用同一 DC 24V 电源。

2. 脉冲信号

脉冲信号有两类，一类是差动型脉冲输出，最大频率可达 4Mpls/s；另一类是集电极开路型脉冲输出，最大频率可达 200kpls/s。集电极开路型脉冲输出比较常用。

3. 模拟量信号

在需要使用模拟量仪表监视伺服系统的各种工作状态时，系统提供了模拟量输出接口，可以接各种仪表和 GOT，以便对系统工作状态进行监视。

17.4 输出信号的详细说明

输出信号多用于表示伺服系统工作状态，基本输出信号的功能见表 17-2。

表 17-2 基本输出信号的功能

信号名称	简称	功能说明
故障	ALM	本信号为故障报警信号 电源 = OFF 时以及保护电路主电路 = OFF 时，ALM = OFF。无故障报警时，ALM = ON
准备完毕	RD	伺服系统自检完毕后，RD = ON
定位完毕	INP	本信号表示定位指令执行完毕。滞留脉冲小于设置的定位精度时，INP = ON。定位精度用参数 PA10 设置
速度到达	SA	本信号 = ON，表示实际速度到达设置速度区间
速度限制中	VLC	本信号在电动机速度达到速度限制区间时置 ON 转矩控制模式下达到内部速度限制 1 ~ 7（参数 PC05 ~ PC11）和模拟量速度限制（VLA）设置的速度限制区间时，VLC = ON
转矩限制中	TLC	本信号 = ON，表示电动机转矩处于被限制区间 当输出转矩到达正转转矩限制（参数 PA11）或反转转矩限制（参数 PA12）和模拟转矩限制（TLA）设置的转矩时，TLC = ON
零速度	ZSP	电动机转速为零速度（50r/min）以下时，ZSP = ON。零速度由参数 PC17 设置
电磁制动器互锁	MBR	本信号用于伺服电动机抱闸回路。通过设置参数 PD13 ~ PD16 和 PD18 或参数 PA04 使本信号有效。伺服 OFF 或报警时，MBR = OFF
警告	WNG	WNG 为轻度故障警告 使用本信号时，设置参数 PD13 ~ PD16 和 PD18 定义分配输出引脚功能。报警发生时 WNG = ON；无报警时，WNG = OFF
电池报警	BWNG	使用此信号时，设置参数 PD13 ~ PD16 和 PD18 定义分配输出引脚功能。电池断线报警（AL. 92）或电池报警（AL. 9F）发生时，BWNG = ON；无报警时，BWNG = OFF

（续）

信号名称	简称	功能说明
报警代码	ACD0 ACD1 ACD2	由 ACD0～ACD2 组合成不同的报警内容
可变增益选择	CHGS	当系统处于增益切换状态时，CHGS = ON
绝对位置丢失	ABSV	如果绝对位置丢失，则 ABSV = ON
ABS 发送数据 bit0	ABSB0	在 ABS 发送数据时，本端子用于发送 ABS 数据 bit0
ABS 发送数据 bit1	ABSB1	在 ABS 发送数据时，本端子用于发送 ABS 数据 bit1
ABS 发送数据准备完毕	ABSB2	在 ABS 发送数据时，本端子用于发送准备完成信号

17.5　第 2 类输入信号

第 2 类输入信号的功能如见表 17-3。第 2 类输入信号就是模拟量信号和脉冲信号。

表 17-3　第 2 类输入信号的功能

信号名称	简称	功能说明
模拟量转矩限制	TLA	本信号用于对转矩限制的大小进行设置。在速度控制模式下使用此信号时，必须用参数 PD13～PD16、PD18 使 TL 功能有效 模拟量转矩限制（TLA）有效时，伺服电动机输出转矩在全范围内受其限制。TLA－LG 间需要施加 DC 0～＋10V，必须将 TLA 和电源正端相连。＋10V 时对应最大转矩限制值
模拟量转矩指令输入	TC	本接口为模拟量转矩指令输入接口。TC－LG 间输入 DC 0～±8V。±8V 时对应最大转矩。另外，±8V 输入时的转矩可以通过参数 PC13 修改
模拟量速度指令输入	VC	模拟量速度指令输入接口 VC－LG 间输入 DC 0～±10V。±10V 时达到参数 PC12 设置的转速
模拟量速度限制	VLA	本信号用于对速度限制值的设置。VLA－LG 间输入 DC 0～±10V。±10V时达到参数 PC12 设置的转速
正向脉冲串	PP NP	用于输入指令脉冲串 使用晶体管集电极输入时最大输入频率 200kpls/s； PP－DOCOM 输入正向指令脉冲串； NP－DOCOM 输入反向指令脉冲串； 差动型输入时最大输入频率 4Mpls/s； PG－PP 输入正向指令脉冲串； NG－NP 输入反向指令脉冲串； 指令脉冲串的形式由参数 PA13 设置
反向脉冲串	PG NG	

17.6　第 2 类输出信号

第 2 类输出信号的功能见表 17-4 。第 2 类输出信号就是模拟量信号和脉冲信号。

表 17-4　第 2 类输出信号的功能

信号名称	简称	功能说明
编码器 Z 相脉冲（集电极开路）	OP	编码器 Z 相信号
编码器 A 相脉冲（差动方式）	LA LAR	本信号为从伺服驱动器输出的编码器 A 相脉冲；用参数 PA15 设置伺服电动机旋转 1 圈的脉冲个数
编码器 B 相脉冲（差动方式）	LB LBR	当电机逆时针方向旋转时，B 相脉冲比 A 相脉冲的相位滞后 π/2。A 相和 B 相脉冲的旋转方向和相位差之间的关系可用参数 PC19 设置
编码器 Z 相脉冲（差动方式）	LZ LZR	本信号为从伺服驱动器输出的编码器 Z 相信号。伺服电动机每转 1 圈输出 1 个 Z 相脉冲。每次到达零点位置时，OP = ON（负逻辑） 最小脉冲宽度约为 400μs。使用本信号进行原点回归的清零时，爬行速度应设置在 100r/min 以下

17.7　电源端子

电源端子的功能见表 17-5。I/O 使用的电源为 DC 24V 电源，模拟信号使用 DC 15V 电源。

表 17-5　电源端子的功能

信号名称	简称	功能说明
电源端子	DICOM	DC 24V 端子
集电极开路用电源	OPC	以集电极开路方式输入脉冲串时，此端子连接外部 DC 24V
公共端	DOCOM	DC 0V 端子
DC 15V 电源输出	P15R	在 P15R－LG 间输出 DC15V。是 TC、TLA、VC 和 VLA 使用的电源。DC15V＋端子
控制公共端	LG	TLA、TC、VC、VLA、FPA、FPB、OP、MO1、MO2 和 P15R 的公共端
屏蔽端	SD	屏蔽线端子

17.8　I/O 端子使用详细说明

输入/输出信号的外部接线和内部连通图如图 17-1 所示。在伺服驱动器内部，同名端子在内部是连通的。例如 DICOM 端子是 20 脚、21 脚，都是 DC 24V，在内部是连通的。而 28 脚、30 脚、1 脚、7 脚、2 脚、34 脚都是 LG 端子，在内部是连通的。

17.8.1　开关量输入/输出

1. 开关量输入接口

以继电器触点、晶体管或操作面板按键作为开关，一般为漏型接法，如图17-3所示。

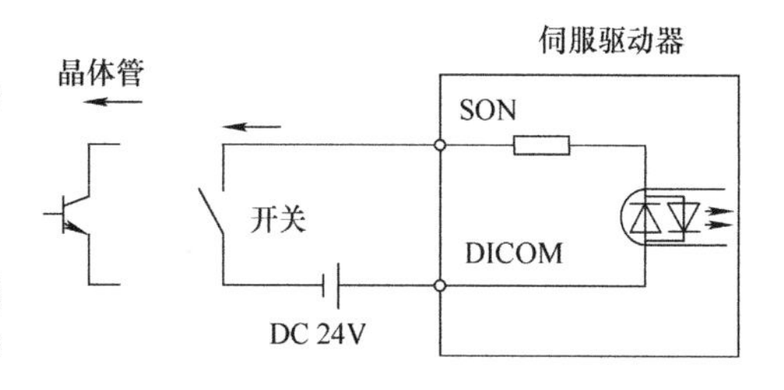

图17-3　开关量输入接口接线图

2. 开关量输出接口

输出接口可以驱动灯、继电器线圈或光电耦合器等负载。接感性负载时必须安装二极管(VD)，灯负载类型须安装消除浪涌电流电阻(R)。伺服驱动器内部最大可有2.6V的压降，一般为漏型接法，如图17-4所示。

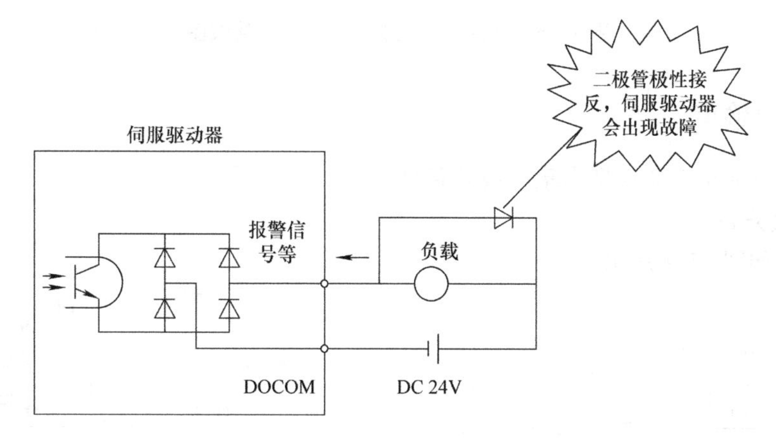

图17-4　开关量输出接口接线图

17.8.2　脉冲输入

脉冲输入有差动型或集电极开路型输入脉冲串信号。

1. 差动型

接线方法如图17-5所示。

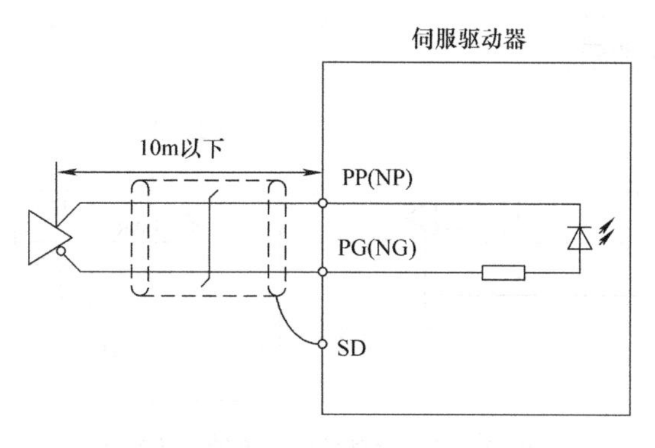

图17-5　脉冲串差动型输入接线图

2. 集电极开路型

接线方法如图 17-6 所示，注意必须连接外部 DC 24V 电源。

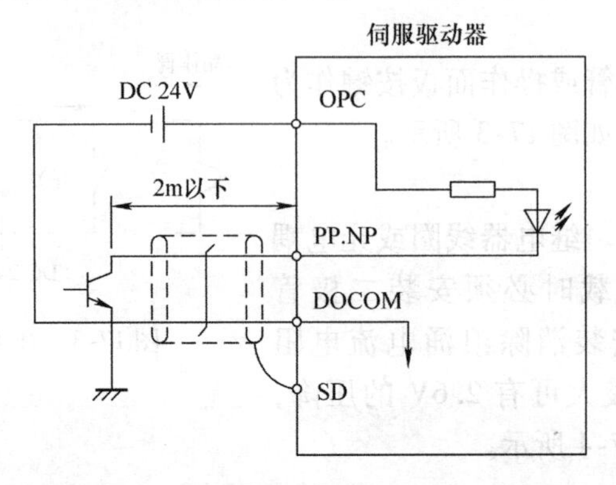

图 17-6　脉冲串集电极开路型输入接线图

17.8.3　脉冲输出

编码器脉冲输出有差动型和集电极开路型。

1. 集电极开路型

接线方法如图 17-7 所示。

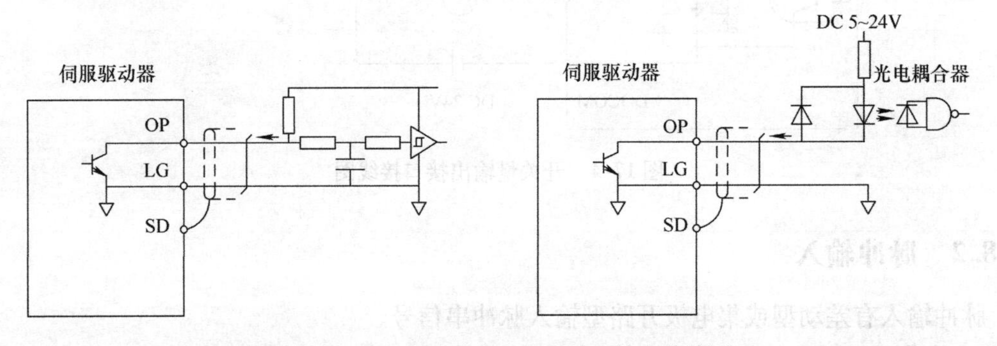

图 17-7　编码器脉冲集电极开路型输出接线图

2. 差动型

接线方法如图 17-8 所示。

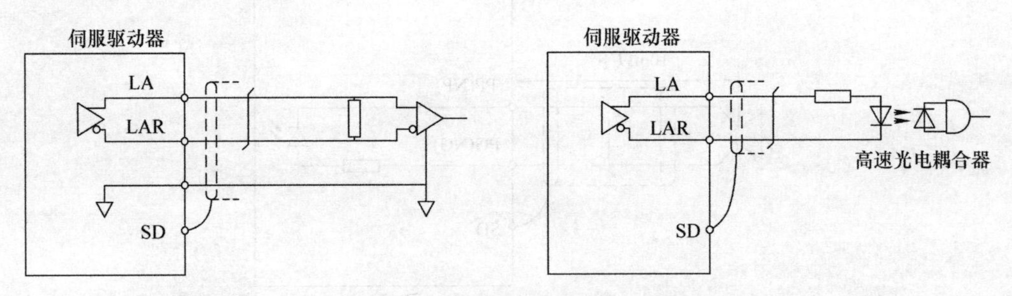

图 17-8　编码器脉冲差动型输出接线图

3. 输出脉冲波形

输出脉冲波形如图 17-9 所示。

17.8.4　模拟量输入

模拟量输入用于速度指令、转矩指令等设置，接线图如图 17-10 所示，输入阻抗为 10k ~ 12kΩ。

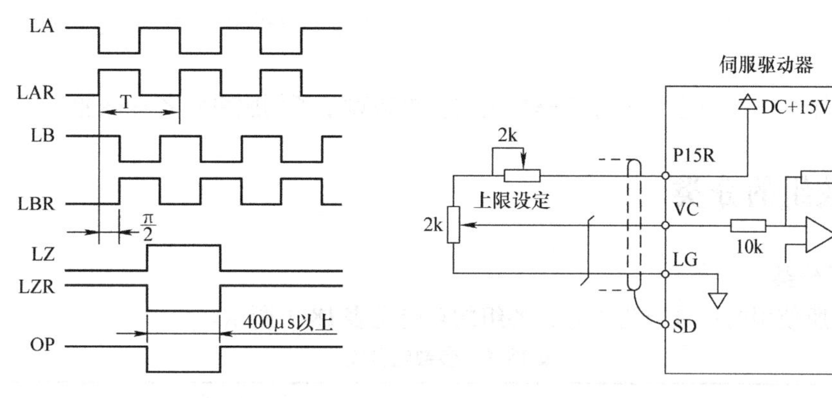

图 17-9　输出脉冲波形　　　图 17-10　模拟量输入接线图

17.8.5　模拟量输出

模拟量输出用于输出各种工作状态数据，接线图如图 17-11 所示。

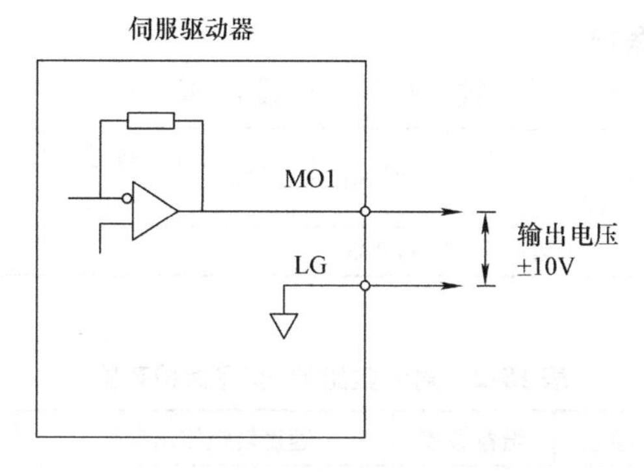

图 17-11　模拟量输出接线图

第18章 伺服系统的参数

本章对伺服系统参数进行了详细解释说明。参数赋予了伺服系统各种性能。

18.1 参数组的分类

1. 参数组分类

伺服系统所使用的参数分为4组，各组的功能见表18-1所示。

表18-1 参数组分类

参数组	主要内容
PA00 基本参数	对伺服系统基本性能进行设置
PB00 增益/滤波器参数	调整增益及各滤波器参数
PC00 速度及转矩控制参数	用于设置速度控制/转矩控制时的性能
PD00 输入/输出端子设置参数	用于改变输入/输出端子定义

2. 对参数组的读/写保护

对各组参数的读/写保护是用参数PA19进行设置的，其规定见表18-2。

参数			初始值	单位	设置范围	控制模式		
序号	简称	名称				位置	速度	转矩
PA19	BLK	参数读/写保护	000Bh			○	○	○

注：○表示可执行，本书余同。

表18-2 对参数组的读/写保护范围

PA19	读/写	基本参数	增益参数	速度转矩控制参数	输入/输出端子定义参数
0000h	读	○	*	*	*
	写	○	*	*	*
000Bh	读	○	○	○	*
	写	○	○	○	*
000Ch	读	○	○	○	○
	写	○	○	○	○
100Bh	读	○	*	*	*
	写	只有PA19	*	*	*
100Ch	读	○	○	○	○
	写	只有PA19	*	*	*

18.2　基本参数

基本参数是定义伺服系统基本性能的参数。

1. PA01

参数			初始值	单位	设置范围	控制模式		
序号	简称	名称				位置	速度	转矩
PA01	STY	控制模式选择	0000h			○	○	○

本参数用于选择控制模式。选择控制模式是使用伺服系统的首要工作。

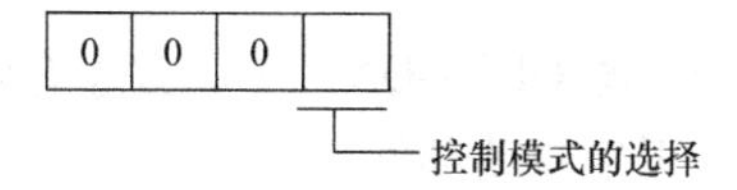

0：位置控制模式；
1：位置/速度切换控制模式；
2：速度控制模式；
3：速度/转矩切换控制模式；
4：转矩控制模式；
5：转矩/位置切换控制模式。
本参数设置后，必须执行电源 OFF→ON，参数方才有效。

2. PA02

参数			初始值	单位	设置范围	控制模式		
序号	简称	名称				位置	速度	转矩
PA02	REG	再生制动选件选择	0000h			○	○	○

选择再生制动部件时，见表 18-3 设置参数。

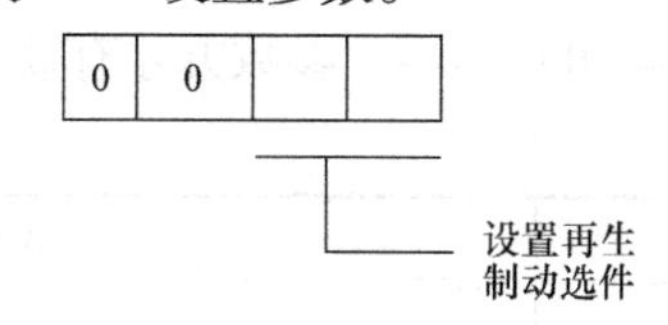

表 18-3　系统使用的再生制动部件

设置值	再生制动部件
00	不使用再生制动选件 100W 驱动器时，不使用再生电阻 0.2～7kW 驱动器，使用内置再生电阻
01	FR－RC/FR－CV/FR－BU2 使用 FR－RC、FR－CV 以及 FR－BU2 时，设置 Pr. PC27＝0001
02	MR－RB32
03	MR－RB12

（续）

设置值	再生制动部件
04	MR－RB32
05	MR－RB30
06	MR－RB50
08	MR－RB31
09	MR－RB51
0B	MR－RB3N
0C	MR－RB5N

注意：

- 本参数设置后，必须执行电源 OFF→ON，参数方才有效。
- 如果设置错误，可能烧坏再生制动部件。
- 选择与伺服驱动器不匹配的再生制动部件，将出现参数异常报警 AL. 37。

3. PA03

参数			初始值	单位	设置范围	控制模式		
序号	简称	名称				位置	速度	转矩
PA03	ABS	绝对位置检测系统	0000h			○	○	○

在位置控制模式下使用绝对位置检测系统时，可设置本参数。

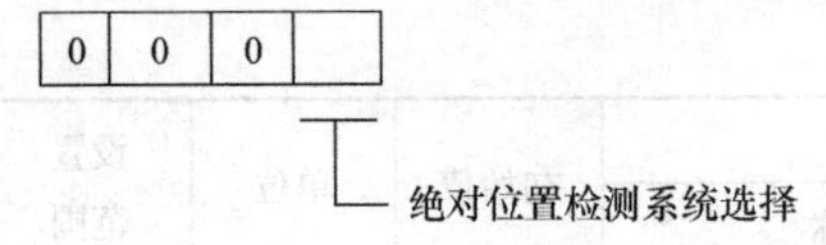

0：使用增量检测系统；
1：使用绝对位置检测系统，通过 DIO 进行 ABS 传送；
2：使用绝对位置检测系统，通过通信方式进行 ABS 传送。
本参数设置后，必须执行电源 OFF→ON，参数方才有效。

4. PA04

参数			初始值	单位	设置范围	控制模式		
序号	简称	名称				位置	速度	转矩
PA04	AOP1	CN1－23 引脚功能选择	0000h			○	○	○

需要将 CN1－23 引脚分配为电磁制动器（MBR）控制信号时，设置本参数。

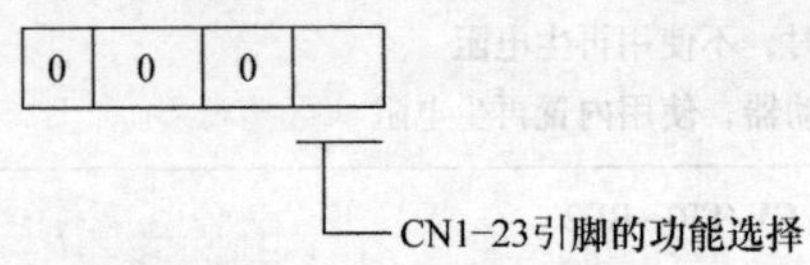

0：通过参数 PD14 分配的输出信号；
1：电磁制动器控制（MBR）信号。
本参数设置后，必须执行电源 OFF→ON，参数方才有效。

5. PA05

参数			初始值	单位	设置范围	控制模式		
序号	简称	名称				位置	速度	转矩
PA05	FBP	伺服电动机旋转1圈所需的指令脉冲数	0000h		0或1000~50000	○		

参数PA05如果设置为0（初始值），电子齿轮（参数PA06，PA07）有效。

若设置PA05＝1000～50000，电子齿轮无效。该值为使伺服电动机旋转1圈所需要的指令脉冲数，如图18-1所示。

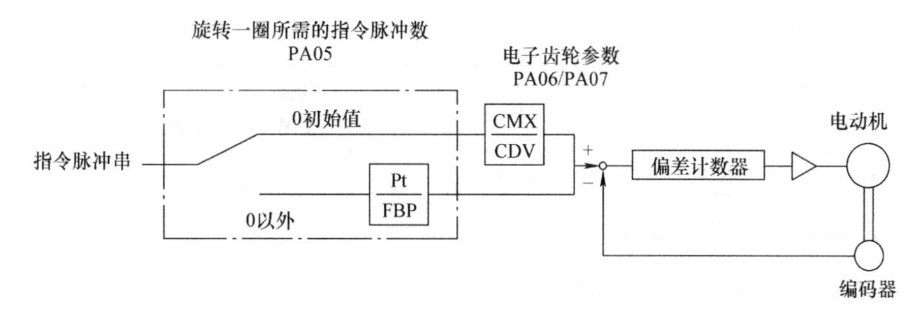

图18-1 参数PA05示意图

由于电动机编码器的分辨率随型号而变化，所以可以设置PA05＝0，由电子齿轮比来调节指令脉冲与电动机转速的关系。也可以直接设置每转指令脉冲数使其与机械行程相适应。这种方法更方便，建议使用直接设置的方法。使用PA05直接设置每转指令脉冲数，不需要经过电子齿轮比调节。例如：螺距＝10mm，设置PA05＝10000，则1脉冲对应1μm。本参数是重要参数。

6. PA06、PA07

参数			初始值	单位	设置范围	控制模式		
序号	简称	名称				位置	速度	转矩
PA06	CMX	电子齿轮比分子（指令脉冲倍率分子）	1		1～16777215	○		
PA07	CDV	电子齿轮比分母（指令脉冲倍率分母）	1					

电子齿轮比就是指令脉冲被放大的倍率。

1）电子齿轮比的设置范围为1/10＜（CMX/CDV）＜4000。

如果设置值超出此范围，则可能导致伺服电动机加减速时发出噪声，也不能按照设置的速度或加减速时间运行。

2）必须在伺服驱动器＝OFF的状态下设置电子齿轮比。

3）计算公式：

电动机旋转1圈所需指令脉冲数×电子齿轮比＝编码器分辨率

电子齿轮比＝编码器分辨率÷电动机旋转1圈所需指令脉冲数

计算基准是编码器分辨率。

可以这样理解：

① 电动机旋转 1 圈所需指令脉冲数 = 编码器分辨率；

② 电动机 1 转的行程 = 螺距 / 减速比；

③ 电动机 1 转的行程对应的脉冲数 = 编码器分辨率；

④ 机械单位行程所需要的脉冲数 = 编码器分辨率/（螺距 / 减速比）。

4）电子齿轮比从功能上来看就是指令脉冲的放大倍率。

如果电子齿轮比的比值超过 4000，必须进行约分使其符合要求，否则会报错，约分可以按四舍五入进行。

7. PA08、PA09

参数			初始值	单位	设置范围	控制模式		
序号	简称	名称				位置	速度	转矩
PA08	ATU	调试模式选择	0001h			○	○	
PA09	RSP	自动响应等级	16			○	○	

（1）参数 PA08——调试模式选择

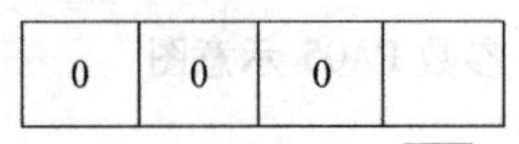

PA08 参数的设置值与调试模式的关系见 18-4。

表 18-4 PA08 参数的设置值与调试模式关系

PA08 设置值	增益调整模式	自动调试参数
0	插补模式	PB06、PB08、PB09、PB10
1	自动调试模式 1	PB06、PB07、PB08、PB09、PB10
2	自动调试模式 2	PB07、PB08、PB09、PB10
3	手动模式	
4	增益调试模式 2	PB08、PB09、PB10

参数号	名　　称
PB06	负载惯量比
PB07	模型环增益
PB08	位置环增益
PB09	速度环增益
PB10	速度环积分时间

（2）参数 PA09——自动响应等级

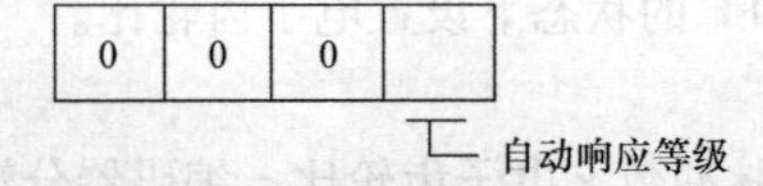

参数 PA09 用于设置自动响应等级，设置值与机械振荡频率的关系见表 18-5。

表 18-5 自动响应等级与机械振荡频率的关系

PA09 设置值	机械特性		PA09 设置值	机械特性	
	响应性	机械振荡频率基准/Hz		响应性	机械振荡频率基准/Hz
1	低响应	2.7	21	中响应	67.1
2		3.6	22		75.6
3		4.9	23		85.2
4		6.6	24		95.9
5		10	25		108
6		11.3	26	高响应	121.7
7		12.7	27		137.1
8		14.3	28		154.4
9		16.1	29		173.9
10		18.1	30		195.9
11		20.4	31		220.6
12		23	32		248.5
13	中响应	25.9	33		279.9
14		29.2	34		315.3
15		32.9	35		355.1
16		37	36		400
17		41.7	37		446.6
18		47	38		501.2
19		52.9	39		571.5
20		59.6	40		642.7

响应等级是最重要的参数之一。需要特别注意的是不同的响应等级对应了不同的振动频率。而且不同的伺服系统（J2 系列、J3 系列、J4 系列）即使响应等级相同而振动频率各不相同。这表示了不同驱动器的调节性能各不相同。同时表明，在对速度的 PID 调节过程中，不同的增益（比例系数）引起的调节振荡频率是不同的。这种振动不是以某一速度运行时该速度与机械系统固有频率重合引起的振动，而是不同的增益（比例系数）引起的调节振荡。

由于系统提供了不同响应等级振荡频率做参考，通过设置各陷波滤波器参数，可以消除振动。响应等级与振荡频率的关系是正比关系。

8. PA10

参数			初始值	单位	设置范围	控制模式		
序号	简称	名称				位置	速度	转矩
PA10	INP	定位精度	100	脉冲	0～65535	○		

本参数用于设置定位精度。定位精度用偏差计数器的滞留脉冲数表示。当偏差计数器内的滞留脉冲数到达设置范围以内时，即表示定位完成，INP = ON，如图 18-2 和图 18-3

所示：

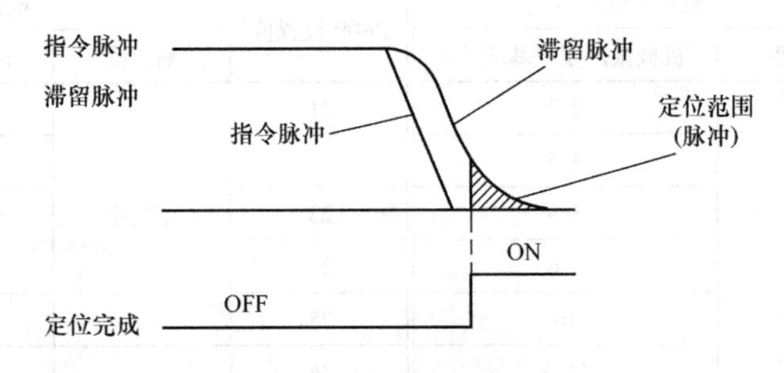

图 18-2　定位范围示意图

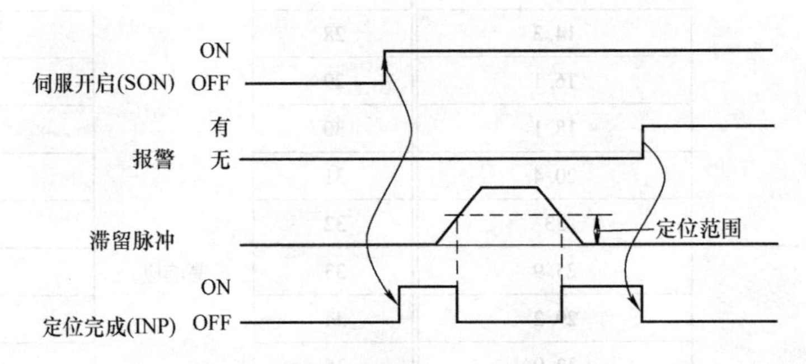

图 18-3　参数 PA10 示意图

9. PA11、PA12

参数			初始值	单位	设置范围	控制模式		
序号	简称	名称				位置	速度	转矩
PA11	TLP	正转转矩限制	100	%	0～1000	○	○	○
PA12	TLN	反转转矩限制	100	%	0～1000	○	○	○

本参数用于设置伺服电动机输出转矩的限制值。

（1）正转转矩限制——参数 PA11

1）本参数用于限制正转转矩值；

2）如果设置为0，则不输出转矩。

（2）反转转矩限制——参数 PA12

1）本参数用于限制反转转矩值；

2）如果设置为0，则不输出转矩。

10. PA13

参数			初始值	单位	设置范围	控制模式		
序号	简称	名称				位置	速度	转矩
PA13	PLSS	指令脉冲串类型	0000h	pls		○		

PA13 用于选择脉冲串形式。指令脉冲有3种形式，可以选择正逻辑或负逻辑。表 18-6 中的箭头表示脉冲串的逻辑状态。

表 18-6　PA13 设置值与脉冲形式的关系

设置值	脉冲串形态	正转指令时　反转指令时
0010h	正转脉冲串 反转脉冲串	PP NP
0011h	脉冲串 +符号	PP NP L H
0012h	A 相脉冲串 B 相脉冲串	PP NP
0000h	正转脉冲串 反转脉冲串	PP NP
0001h	脉冲串 +符号	PP NP H L
0002h	A 相脉冲串 B 相脉冲串	PP NP

11. PA14

参数			初始值	单位	设置范围	控制模式		
序号	简称	名称				位置	速度	转矩
PA14	POL	旋转方向选择	0		0/1	○		

PA14 参数用于选择电动机旋转方向。参数值与旋转方向按表 18-7 进行设置。图 18-4 是旋转方向的定义。

表 18-7　旋转方向设置

PA14 设置值	电动机旋转方向	
	正转脉冲输入	反转脉冲输入
0	逆时针	顺时针
1	顺时针	逆时针

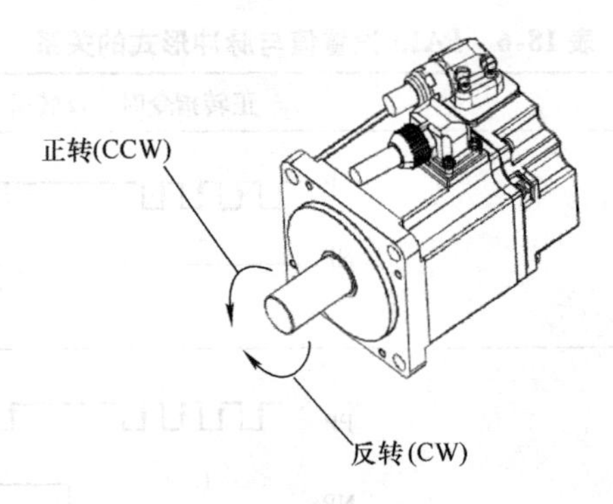

图 18-4　电动机旋转方向

12. PA15

参数			初始值	单位	设置范围	控制模式		
序号	简称	名称				位置	速度	转矩
PA15	ENR	编码器脉冲输出	4000	pls/r	1 ~4194304	○	○	○

PA15 参数用于设置从伺服驱动器输出的脉冲。注意不是电动机编码器的脉冲，如图 18-5 所示。

用参数 PC19 选择输出脉冲设置或输出脉冲倍率设置。

实际输出的 A 相/B 相脉冲的脉冲数为设置数值的 1/4。输出最大频率为 4.6Mpls/s（4 倍后），必须在这个范围内设置。

（1）指定输出脉冲时

设置参数 PC19 =□□0□（初始值）；

设置伺服电动机 1 转对应脉冲数。输出脉冲 = 设置值（pls/r）。

例如，设置参数 PA15 =5600 时，实际输出的 A 相、B 相脉冲如下：

A 相/B 相输出脉冲 =5600/4 =1400（pls）

（2）设置输出脉冲倍率

设置参数 PC19 =□□1□，按照倍率计算输出脉冲数。

输出脉冲 = 伺服电动机编码器分辨率/设置值（pls/r）

例如，设置参数 PA15 为 8 时，此处 8 为倍率。实际输出的 A 相/B 相脉冲如下：

A 相/B 相输出脉冲 =262144/（8 ×4）=8192（pls）

（3）输出和指令脉冲一样的脉冲串时

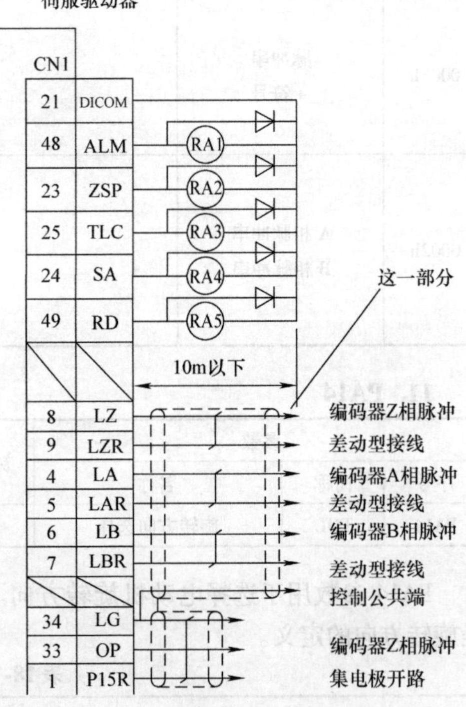

图 18-5　编码器脉冲输出

设置参数 PC19 = □□2□。来自伺服电动机编码器的反馈脉冲如图 18-6 所示进行计算。图 18-6 表明了伺服电动机编码器反馈脉冲与伺服驱动器输出脉冲的关系。

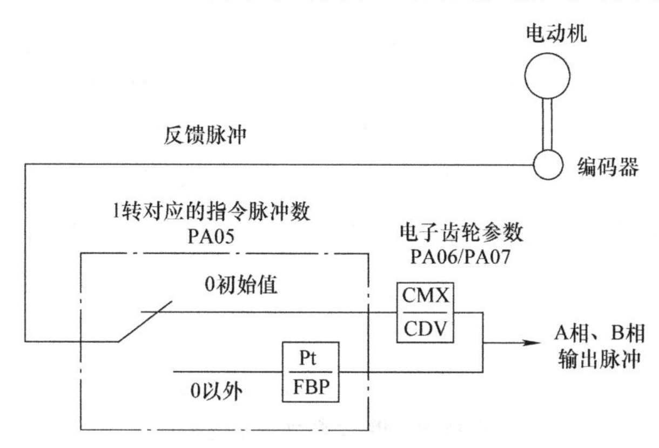

图 18-6 反馈脉冲与输出脉冲的关系

13. PA16

参数			初始值	单位	设置范围	控制模式		
序号	简称	名称				位置	速度	转矩
PA16	ENR2	编码器脉冲输出 2	1			○	○	○

PA16 参数用于设置 A 相/B 相脉冲输出的电子齿轮的分母。必须设置 Pr. PC19 = 0030，设置范围为 1 ~ 4194304。

18.3 增益及滤波器参数

1. PB01

参数			初始值	单位	设置范围	控制模式		
序号	简称	名称				位置	速度	转矩
PB01	FILT	滤波器调节模式选择	0000h			○	○	

PB01 参数用于选择滤波器的调节模式。在滤波器自整定工作模式下，系统可以自动找到共振点并通过陷波方式消除共振点。PB01 参数的设置见表 18-8。

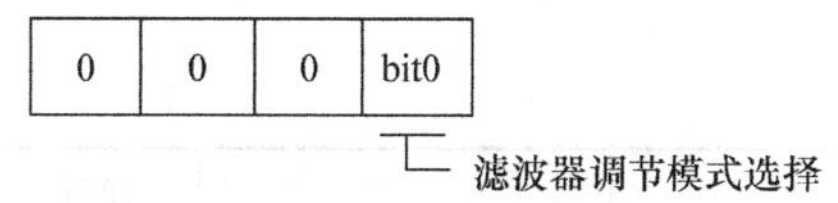

表 18-8 PB01 参数的设置

bit0	滤波器调节模式
0	滤波器 = OFF
1	滤波器自整定工作模式 在此模式下，系统自动寻找共振点（PB13），并设置陷波深度（PB14）
2	手动设置，参看 20.2 节。在实际调试时，如果系统自整定不能消除共振，就要用手动设置参数 PB13、PB14 消振

2. PB02

参数			初始值	单位	设置范围	控制模式		
序号	简称	名称				位置	速度	转矩
PB02	VRFT	选择高级消振模式	0000h			○		

PB02 参数用于选择高级消振模式。高级消振模式主要用于消除机械端部的振动。系统可自动找到共振点并通过陷波方式消除共振点。参见 PB19 和 PB20。

见表 18-9。

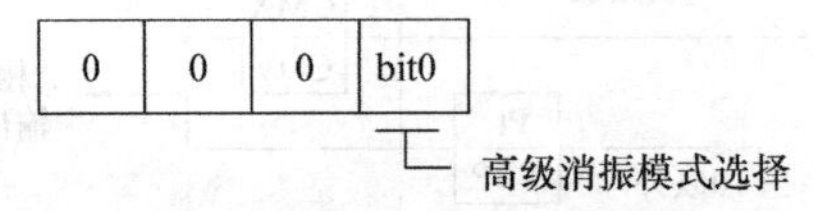

表 18-9　PB02 参数设置方法

bit0	调谐模式
0	高级消振模式 = OFF
1	高级消振模式 = ON。在此模式下，系统自动寻找共振点
2	设置消振参数，参看 20.2 节。在实际调试时，如果系统自整定不能够消除共振，就要用手动设置 PB19 和 PB20 进行消振

高级消振模式只在参数 PA08 = □□□2 或□□□3 时有效，PA08 = □□□1 时，高级消振模式无效。

如果设置 PB02 = □□□1，经过执行一定次数定位后（参数 PB19、参数 PB20）将会自动变为最佳值。

高级消振模式调试后的结果如图 18-7 所示。

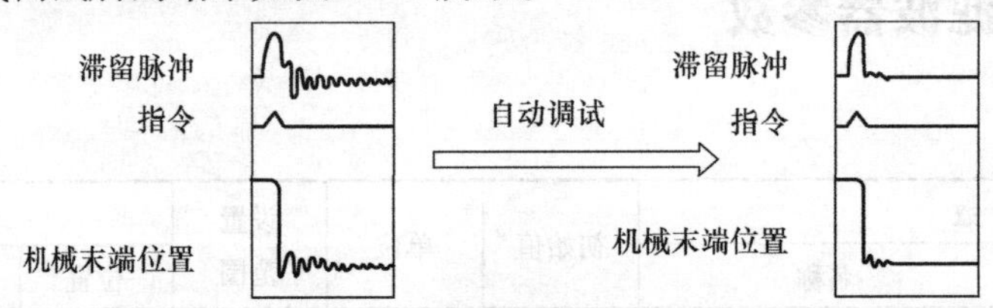

图 18-7　高级消振模式功能

PB02 = □□□1 后，经过一定次数的定位调谐后，参数自动变为□□□2。不需高级消振模式时，设置 PB02 = □□□0，同时 PB19/PB20 为初始值。本参数在伺服 OFF 时不起作用。

3. PB03

参数			初始值	单位	设置范围	控制模式		
序号	简称	名称				位置	速度	转矩
PB03	PST	低通滤波器加减速时间常数	0	ms	1 ~ 65535	○		

PB03 的功能是将急剧变化的位置指令改变为平滑过渡的位置指令，是使伺服电动机能够平滑地过渡运行，如图 18-8 所示。

在阶跃指令模式下直线加减速和经过低通滤波器处理后的加减速曲线比较如图 18-9 所示。

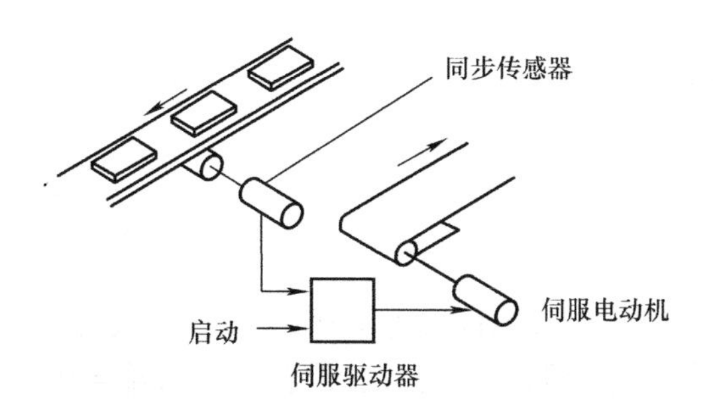

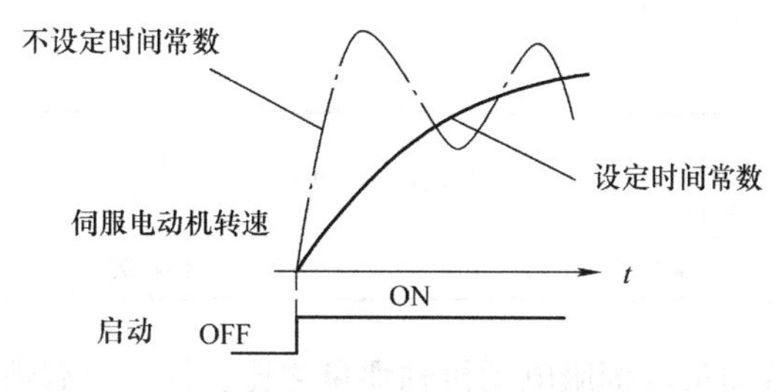

图 18-8 低通滤波器常数

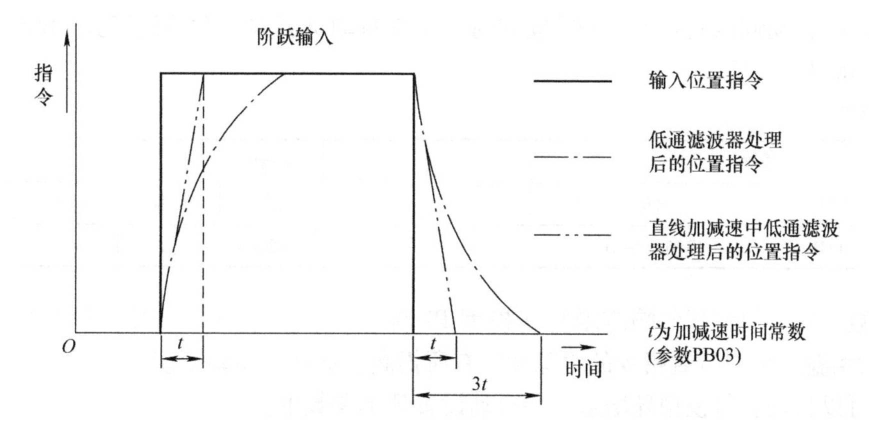

图 18-9 阶跃指令模式下直线加减速和经过低通滤波器处理后的加减速曲线比较

梯形指令模式下直线加减速和经过低通滤波器处理后的加减速曲线比较如图 18-10 所示。

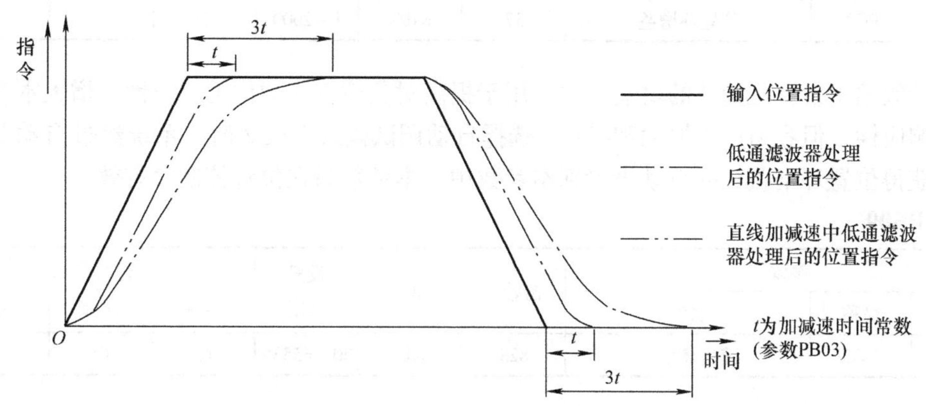

图 18-10 梯形指令模式下直线加减速和经过低通滤波器处理后的加减速曲线比较

4. PB04

参数			初始值	单位	设置范围	控制模式		
序号	简称	名称				位置	速度	转矩
PB04	FFC	前馈增益	0	%	1~100	○		

本参数用于设置前馈增益。本参数设置为100%时，在一定速度下运行时的滞留脉冲几乎为零。但是，突然进行加减速时调整量变大。设置前馈增益=100%时，到额定速度的加减速时间常数必须设置在1s以上。

5. PB06

参数			初始值	单位	设置范围	控制模式		
序号	简称	名称				位置	速度	转矩
PB06	GD2	负载惯量比	0	%	1~300	○		

本参数用于设置负载惯量与伺服电动机轴惯量之比，简称负载惯量比。本参数是最重要的参数之一，发生振动及运行不稳定多与本参数有关。本参数表示了电动机所驱动的机械负载状态。选择自动调试模式1和插补模式时，系统自动推算本参数并设置到PB06中。数值在0.00~100.00之间。

6. PB07

参数			初始值	单位	设置范围	控制模式		
序号	简称	名称				位置	速度	转矩
PB07	PG1	模型环增益	15	rad/s	1~2000	○		

本参数设置对模型环的响应增益（模型PI调节方式是比PI调节器性能更好的调节方式）。增大增益，可对位置指令的跟踪性能有所提高。选择自动调试模式1、2时，系统经过自动调试可以自动获得模型环增益，并自动设置到本参数中。

7. PB08

参数			初始值	单位	设置范围	控制模式		
序号	简称	名称				位置	速度	转矩
PB08	PG2	位置环增益	37	rad/s	1~2000	○		

本参数用于设置位置环的增益，主要用于提高对负载变化的位置响应性。增大本参数值可提高响应性，但容易产生振动和噪声。选择自动调试模式1或2时，系统经过自动调试可以自动获得位置环增益，并自动设置到本参数中。本参数只在位置控制时有效。

8. PB09

参数			初始值	单位	设置范围	控制模式		
序号	简称	名称				位置	速度	转矩
PB09	VG2	速度环增益	823	rad/s	20~65535	○	○	

本参数是最重要的参数之一。增大本参数值可提高响应性，但容易产生振动和噪声。选

择自动调试模式1或2时，系统经过自动调试可以自动获得 速度环增益，并自动设置到本参数中。注意本参数效果没有PA09明显。低刚性的机械，反向间隙大的机械等发生振动时可设置本参数加以调节。

9. PB10

参数			初始值	单位	设置范围	控制模式		
序号	简称	名称				位置	速度	转矩
PB10	VIC	速度环积分时间	33.7	ms	1～1000	○	○	

本参数为速度环的积分时间常数（PID调节中的积分项）。减小设置值能提高响应性，但是容易发生振动和噪声。根据PA08的设置值，本参数可自动设置或手动设置。详细内容请参考PA08。设置范围为1～1000.0。本参数是重要参数。

10. PB11

参数			初始值	单位	设置范围	控制模式		
序号	简称	名称				位置	速度	转矩
PB11	VID	速度环微分系数	980	ms	1～1000	○	○	

本参数为设置速度环PID调节微分系数，在比例控制（PC）端子=ON时变为有效。

11. PB13

参数			初始值	单位	设置范围	控制模式		
序号	简称	名称				位置	速度	转矩
PB13	NH1	消振滤波器1的陷波频率	4500	Hz	10～4500	○	○	

本参数为消振滤波器1的陷波频率。当参数PB01 =□□□1时，本参数被自动设置；PB01=□□□0时，本参数无效。

12. PB14

参数			初始值	单位	设置范围	控制模式		
序号	简称	名称				位置	速度	转矩
PB14	NHQ1	消振滤波器1陷波深度/宽度选择	0000h			○	○	

本参数用于选择消振滤波器1的陷波深度和宽度。

0	bit2	bit1	0

bit1陷波深度设置见表18-10。

表18-10　陷波深度设置

bit1	深度	增益
0	深	-40dB
1		-14dB
2	浅	-8dB
3		-4dB

bit2 陷波宽度设置见表 18-11。

表 18-11 陷波宽度设置

bit2	宽度	增益
0	标准	2
1		3
2	宽	4
3		5

参数 PB01 =□□□1 时，本参数被自动设置；参数 PB01 =□□□0 时，本参数无效。

13. PB15

参数			初始值	单位	设置范围	控制模式		
序号	简称	名称				位置	速度	转矩
PB15	NH2	消振滤波器 2 的陷波频率	4500	Hz	10 ~ 4500	○	○	

本参数设置消振滤波器 2 的陷波频率。参数 PB16 =□□□1 时，本参数有效。

14. PB16

参数			初始值	单位	设置范围	控制模式		
序号	简称	名称				位置	速度	转矩
PB16	NHQ2	消振滤波器 2 陷波深度/宽度选择	0000h			○	○	

0	bit2	bit1	bit0

bit0 为消振滤波器 2 有效无效选择，当 bit0 = 0 时无效，当 bit0 = 1 时有效。

bit1 陷波深度设置见表 18-12。

表 18-12 陷波深度设置

设置值	深度	增益
0	深	-40dB
1		-14dB
2	浅	-8dB
3		-4dB

bit2 陷波宽度设置见表 18-13。

表 18-13 陷波宽度设置

设置值	宽度	增益
0	标准	2
1		3
2	宽	4
3		5

15. PB17

参数			初始值	单位	设置范围	控制模式		
序号	简称	名称				位置	速度	转矩
PB17	NHF	高频消振滤波器陷波频率/陷波深度	0000h			○	○	

本参数用于消除高频机械振动。本参数与PB23高频消振滤波器选择相关。

PB23 =0000 时系统自动计算本参数，PB23 =0001 时手动设置本参数，PB23 =0002 时本参数无效；[PB49] =0001 时，不能使用本参数。

0	bit2	bit1	bit0

bit1、bit0 参数设置与陷波频率见表18-14。

表18-14 高频消振滤波器参数与陷波频率关系

设置值	频率/Hz	设置值	频率/Hz
0	无效	10	562
1	无效	11	529
2	4500	12	500
3	3000	13	473
4	2250	14	450
5	1800	15	428
6	1500	16	409
7	1285	17	391
8	1125	18	375
9	1000	19	360
0A	900	1A	346
0B	818	1B	333
0C	750	1C	321
0D	692	1D	310
0E	642	1E	300
0F	600	1F	290

bit2 参数陷波深度的设置见表18-15所示。

表18-15 陷波深度设置

设置值	深度	增益
0	标准	2
1		3
2	宽	4
3		5

16. PB18

参数			初始值	单位	设置范围	控制模式		
序号	简称	名称				位置	速度	转矩
PB18	LPF	低通滤波器滤波频率	3141	rad/s	100 ~ 18000	○	○	

本参数设置低通滤波器滤波频率。设置参数 PB23 = □□0□，本参数被自动设置，设置参数 PB23 = □□1□，本参数可以手动设置。

1）低通滤波器原理：低通滤波器可允许低频通过，不允许高频通过。使用滚珠丝杠等传动机械时，如果提高响应等级，有时会产生高频共振。为防止高频共振，就要使用低通滤波器。低通滤波器的滤波频率自动设置。如果设置参数 PB23 = □□1□，可手动设置本参数。

2）参数：设置低通滤波器选择参数 PB23。

本参数设置范围为 100 ~ 18000。

17. PB19 和 PB20

参数			初始值	单位	设置范围	控制模式		
序号	简称	名称				位置	速度	转矩
PB19	VRF1	低频振动频率设置	100	Hz	0 ~ 300	○		
PB20	VRF2	低频振动频率设置	100	Hz	0 ~ 300			

本参数用于设置机械系统低频振动的共振频率。本参数与参数 PB02 相对应。关系如下：

当参数 PB02 = □□□1，系统自动计算并设置本参数；

当参数 PB02 = □□□2，手动设置本参数。

18. PB23

参数			初始值	单位	设置范围	控制模式		
序号	简称	名称				位置	速度	转矩
PB23	VFBF	低通滤波器频率设置方式选择	0000h			○	○	

○	○	bit1	

bit1 为低通滤波器频率设置方式选择位；

bit1 =0，自动设置；

bit1 =1，手动设置（参数 PB18 的设置值）。

如果选择自动设置时，用式（VG2 ×1）/（1 + GD2）计算滤波器的带宽。

19. PB24

参数			初始值	单位	设置范围	控制模式		
序号	简称	名称				位置	速度	转矩
PB24	MVS	消除微振动选择	0000h			○	○	

本参数用于选择是否执行消除微振动，与参数 PA08 有关。PA08 = □□□3 时，本参数有效。

速度控制模式时，设置参数 PC23 = □□□1，速度控制模式停止时使伺服锁定有效，就可以使用。

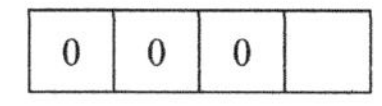

20. PB25

参数			初始值	单位	设置范围	控制模式		
序号	简称	名称				位置	速度	转矩
PB25	BOP1	功能选择 B－1	0000h			○	○	

本参数用于选择位置指令加减速时间（PB03）的应用方式。

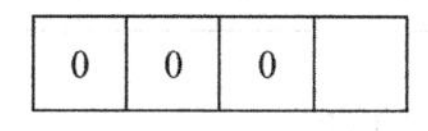

为 0 时，低通；

为 1 时，直线加减速。

选择直线加减速时，不能执行控制模式切换。控制模式切换时或再启动时电动机会立即停止。

21. PB26

参数			初始值	单位	设置范围	控制模式		
序号	简称	名称				位置	速度	转矩
PB26	CDP	增益切换条件选择	0000h			○	○	

本参数用于选择增益切换条件。

0	0	bit1	bit0

bit0 增益切换条件，见表 18-16。

表 18-16　增益切换条件

bit0	增益切换条件
0	无效
1	增益切换端子（CDP）
2	指令频率
3	滞留脉冲
4	伺服电动机转速

bit1 增益切换条件见表 18-17。

表 18-17　增益切换条件

bit1	增益切换条件
1	增益切换端子 CDP = ON 有效
2	增益切换端子 CDP = OFF 有效

22. PB27

参数			初始值	单位	设置范围	控制模式		
序号	简称	名称				位置	速度	转矩
PB27	CDL	增益切换条件数据	10	kpls/s、pls、r/min	0～9999	○	○	

本参数用于设置具体数值，设置值的单位根据切换条件的项目有所不同。

23. PB28

参数			初始值	单位	设置范围	控制模式		
序号	简称	名称				位置	速度	转矩
PB28	CDT	增益切换时间常数	1	ms	0～100	○	○	

本参数用于设置 PB26、PB27 中增益切换的时间常数。

24. PB29

参数			初始值	单位	设置范围	控制模式		
序号	简称	名称				位置	速度	转矩
PB29	GD2B	增益切换对应的负载惯量比	7		0～300	○	○	

本参数用于设置增益切换有效时所对应的负载惯量比，与 PB08 相关。在自动调试无效（参数 PA08 =□□□3）时本参数才有效。

25. PB30

参数			初始值	单位	设置范围	控制模式		
序号	简称	名称				位置	速度	转矩
PB30	PG2B	增益切换对应的位置控制增益	37	rad/s	1～2000	○		

本参数用于设置增益切换有效时的位置控制增益，与 PB08 相关。在自动调试无效（参数 PA08 =□□□3）时本参数才有效。

26. PB31

参数			初始值	单位	设置范围	控制模式		
序号	简称	名称				位置	速度	转矩
PB31	VG2B	增益切换对应的速度控制增益	823	rad/s	20～50000	○	○	

本参数用于设置增益切换有效时的速度环控制增益，与 PB08 相关。在自动调试无效（参数 PA08 =□□□3）时本参数才有效。

27. PB32

参数			初始值	单位	设置范围	控制模式		
序号	简称	名称				位置	速度	转矩
PB32	VICB	增益切换对应的速度环积分系数	33.7	ms	0、1～5000	○	○	

本参数用于设置增益切换有效时的速度环积分系数，与PB08相关。在自动调试无效（参数PA08＝□□□3）时本参数才有效。

28. PB33

参数			初始值	单位	设置范围	控制模式		
序号	简称	名称				位置	速度	转矩
PB33	VRF1B	增益切换－消除振动控制－振动频率设置	100	Hz	0、1～100	○		

本参数用于设置增益切换有效时的需要消除的振动频率。必须在参数PB02＝□□□2、参数PB26＝□□□1时本参数才有效。

29. PB34

参数			初始值	单位	设置范围	控制模式		
序号	简称	名称				位置	速度	转矩
PB34	VRF2B	增益切换－消除振动控制－振动频率设置	100	Hz	0、1～100	○		

本参数用于设置增益切换有效时的需要消除的振动频率。在参数PB02＝□□□2、参数PB26＝□□□1时本参数才有效。

18.4 速度控制和转矩控制模式的参数

1. PC01和PC02

参数			初始值	单位	设置范围	控制模式		
序号	简称	名称				位置	速度	转矩
PC01	STA	加速时间常数	0	ms	0～50000		○	○
PC02	STB	减速时间常数						

PC01参数用于在速度控制和转矩控制模式设置从0r/min达到额定速度的加速时间。PC02参数用于设置从额定速度到0r/min的减速时间，如图18-11所示。

加减速到不同速度的时间都以此时间为基准，所以称其为时间常数。

例：额定转速为3000r/min，设置PC01＝3000ms，则从0r/min加速到1000r/min的时间为1000ms。

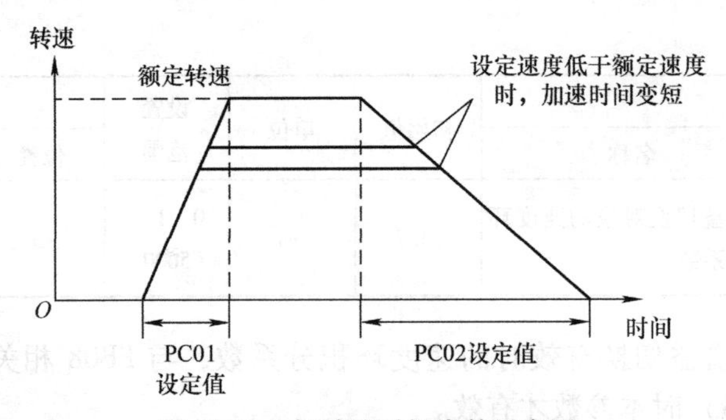

图 18-11　加减速时间常数示意图

2. PC03

参数			初始值	单位	设置范围	控制模式		
序号	简称	名称				位置	速度	转矩
PC03	STC	S曲线加减速时间常数	0	ms	0～1000		○	○

本参数用于设置S形曲线加减速曲线的圆弧部分时间，如图18-12的STC部分。

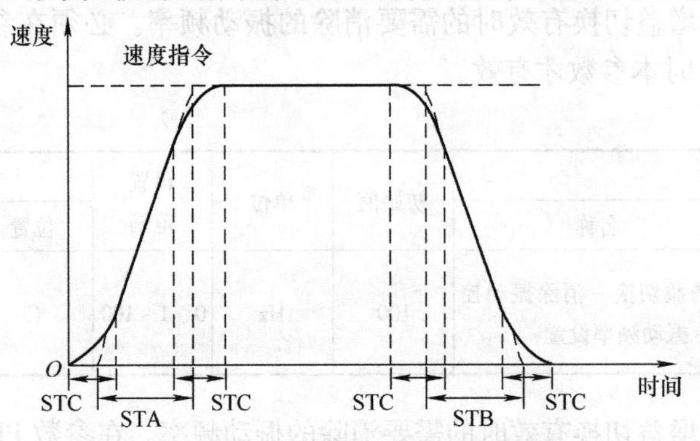

图 18-12　S形曲线加减速时间常数

3. PC04

参数			初始值	单位	设置范围	控制模式		
序号	简称	名称				位置	速度	转矩
PC04	TQC	转矩模式时间常数	0	ms	0～20000			○

本参数用于在转矩控制模式使用了低通滤波器功能时，设置从零转矩加速到指令转矩的时间，如图18-13的TQC部分。

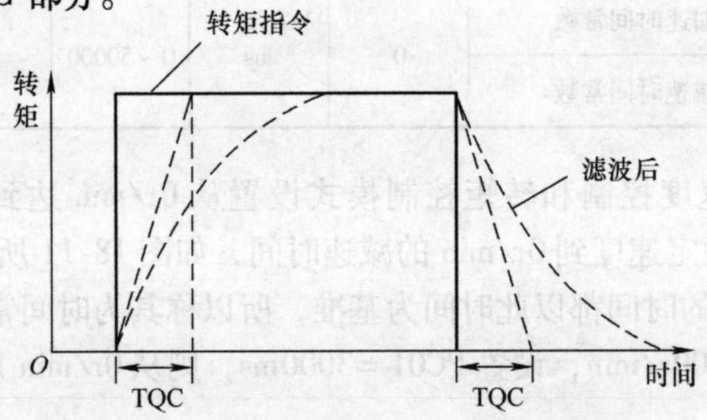

图 18-13　从零转矩加速到指令转矩的时间常数

4. PC05

参数			初始值	单位	设置范围	控制模式		
序号	简称	名称				位置	速度	转矩
PC05	SC1	内部速度指令 1	100	r/m	0～最大速度		○	
		内部速度限制 1						○

本参数在速度控制模式下，设置第 1 速度；在转矩控制模式下，设置第 1 速度限制。

5. PC06

参数			初始值	单位	设置范围	控制模式		
序号	简称	名称				位置	速度	转矩
PC06	SC2	内部速度指令 2	500	r/m	0～最大速度	*	○	○
		内部速度限制 2						

本参数在速度控制模式下，设置第 2 速度；在转矩控制模式下，设置第 2 速度限制。

6. PC07

参数			初始值	单位	设置范围	控制模式		
序号	简称	名称				位置	速度	转矩
PC07	SC3	内部速度指令 3	1000	r/m	0～最大速度	*	○	○
		内部速度限制 3						

本参数在速度控制模式下，设置第 3 速度；在转矩控制模式下，设置第 3 速度限制。

7. PC08

参数			初始值	单位	设置范围	控制模式		
序号	简称	名称				位置	速度	转矩
PC08	SC4	内部速度指令 4	200	r/m	0～最大速度	*	○	○
		内部速度限制 4						

本参数在速度控制模式下，设置第 4 速度；在转矩控制模式下，设置第 4 速度限制。

8. PC09

参数			初始值	单位	设置范围	控制模式		
序号	简称	名称				位置	速度	转矩
PC09	SC5	内部速度指令 5	300	r/m	0～最大速度	*	○	○
		内部速度限制 5						

本参数在速度控制模式下，设置第 5 速度；在转矩控制模式下，设置第 5 速度限制。

9. PC10

参数			初始值	单位	设置范围	控制模式		
序号	简称	名称				位置	速度	转矩
PC10	SC6	内部速度指令 6	500	r/m	0～最大速度	*	○	○
		内部速度限制 6						

本参数在速度控制模式下，设置第6速度；在转矩控制模式下，设置第6速度限制。

10. PC11

参数			初始值	单位	设置范围	控制模式		
序号	简称	名称				位置	速度	转矩
PC11	SC7	内部速度指令7 内部速度限制7	800	r/m	0～最大速度	*	○	○

本参数在速度控制模式下，设置第7速度；在转矩控制模式下，设置第7速度限制。

11. PC12

参数			初始值	单位	设置范围	控制模式		
序号	简称	名称				位置	速度	转矩
PC12	VCM	模拟速度指令最大转速 模拟速度限制最大转速	0	r/m	0～50000	*	○	

本参数在速度控制模式下，设置模拟输入（VC）最大电压（10V）时对应的转速。如果设置为0，即为伺服电动机的额定转速。

在转矩控制模式下，设置速度限制，即（VLA）最大电压（10V）时对应的转速。如果设置为0，即为伺服电动机的额定转速。

12. PC13

参数			初始值	单位	设置范围	控制模式		
序号	简称	名称				位置	速度	转矩
PC13	TLC	最大模拟转矩指令电压对应的输出转矩值	100	%	0～1000			○

本参数用于设置模拟转矩指令电压为+8V时的输出转矩值（相对于最大转矩的百分数），例如，设置值为50，在TC=+8V时，输出转矩=最大转矩×50%。

本参数只在转矩控制时有效。

13. PC14

参数			初始值	单位	设置范围	控制模式		
序号	简称	名称				位置	速度	转矩
PC14	MOD1	模拟量监控1输出参量选择	0000h			○	○	○

本参数用于选择模拟量监控1（MO1）输出的参量。

0	0	0	bit0

bit0对应的监控项目见表18-18。

表 18-18 监控项目

bit0	项目
0	伺服电动机转速（±8V/最大转速）
1	转矩（±8V/最大转矩）
2	伺服电动机转速（+8V/最大转速）
3	转矩（+8V/最大转矩）
4	电流指令（±8V/最大电流指令）
5	指令脉冲频率（±10V/4Mpls/s）
6	伺服电动机端滞留脉冲（±10V/100pls）
7	伺服电动机端滞留脉冲（±10V/1000pls）
8	伺服电动机端滞留脉冲（±10V/10000pls）
9	伺服电动机端滞留脉冲（±10V/100000pls）
0A	反馈位置（±10V/1Mpls）
0B	反馈位置（±10V/10Mpls）
0C	反馈位置（±10V/100Mpls）
0D	母线电压（+8V/400V）
0E	速度指令 2（8V/最大转速）
17	编码器内部温度（10V/128℃）

14. PC15

参数			初始值	单位	设置范围	控制模式		
序号	简称	名称				位置	速度	转矩
PC15	MOD2	模拟量监控 2 输出参量选择	0001h			○	○	○

本参数用于选择模拟量监控 2（MO2）输出的参量。

0	0	0	bit0

bit0 对应的监控项目见表 18-19。

表 18-19 监控项目

bit0	项目
0	伺服电动机转速（±8V/最大转速）
1	转矩（±8V/最大转矩）
2	伺服电动机转速（+8V/最大转速）
3	转矩（+8V/最大转矩）
4	电流指令（±8V/最大电流指令）
5	指令脉冲频率（±10V/4Mpls/s）
6	伺服电动机端滞留脉冲（±10V/100pls）
7	伺服电动机端滞留脉冲（±10V/1000pls）

（续）

bit0	项　　目
8	伺服电动机端滞留脉冲（±10V/10000pls）
9	伺服电动机端滞留脉冲（±10V/100000pls）
0A	反馈位置（±10V/1Mpls）
0B	反馈位置（±10V/10Mpls）
0C	反馈位置（±10V/100Mpls）
0D	母线电压（+8V/400V）
0E	速度指令2（8V/最大转速）
17	编码器内部温度（10V/128℃）

15. PC16

参数			初始值	单位	设置范围	控制模式		
序号	简称	名称				位置	速度	转矩
PC16	MBR	电磁制动器触点切断主电路的延时时间	100	ms	0～1000	○	○	○

本参数用于设置从电磁制动器互锁触点（MBR）=OFF起到切断基板主电路的时间。

16. PC17

参数			初始值	单位	设置范围	控制模式		
序号	简称	名称				位置	速度	转矩
PC17	ZSP	零速度区间	50	r/m	0～1000	○	○	○

本参数用于设置零速度（ZSP）区间。

17. PC18

参数			初始值	单位	设置范围	控制模式		
序号	简称	名称				位置	速度	转矩
PC18	BPS	是否清除报警记录选择	0000h			○	○	○

本参数用于选择是否清除报警记录。

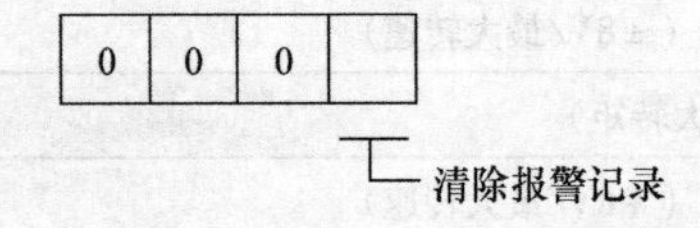

当为0时无效；

当为1时有效。

伺服驱动器从接通电源开始，保存当前发生的1个报警信息和5个历史记录报警信息。为了能够管理在实际运行时发生的报警，必须使用参数PC18清除报警记录。设置此参数要在电源OFF→ON时才有效。参数PC18在清除报警记录后自动变为□□□0。

18. PC19

参数			初始值	单位	设置范围	控制模式		
序号	简称	名称				位置	速度	转矩
PC19	ENRS	驱动器输出脉冲选择	0000h			○	○	○

本参数用于设置驱动器输出脉冲的形式。bit0 设置见表 18-20。

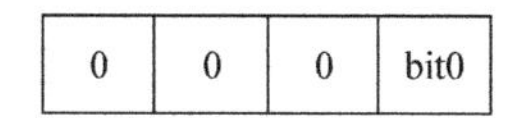

表 18-20　输出脉冲形式

bit0	伺服电动机旋转方向	
	CCW	CW
0	A相 B相	A相 B相
1	A相 B相	A相 B相

bit1 设置见表 18-21。

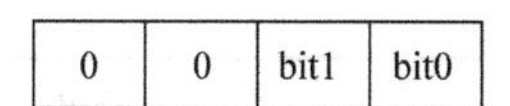

表 18-21　驱动器输出脉冲设置选择

bit1	驱动器输出脉冲设置选择
0	输出脉冲设置
1	分频比设置
2	设置与指令脉冲单位的比例为 2 时参数 PA15（驱动器脉冲输出）的设置值无效

19. PC20

参数			初始值	单位	设置范围	控制模式		
序号	简称	名称				位置	速度	转矩
PC20	SNO	站号设置	0000h	0	0 ~ 31	○	○	○

本参数用于设置伺服驱动器的站号。

20. PC21

参数			初始值	单位	设置范围	控制模式		
序号	简称	名称				位置	速度	转矩
PC21	SOP	RS - 422 通信参数设置	0000h			○	○	○

本参数用于设置 RS - 422 通信参数。bit0 设置参数见表 18-22。

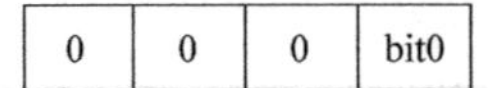

表 18-22　RS－422 通信波特率选择

bit0	RS－422 通信波特率选择
0	9600bit/s
1	19200bit/s
2	38400bit/s
3	57600bit/s
4	115200bit/s

bit1 设置见表 18-23。

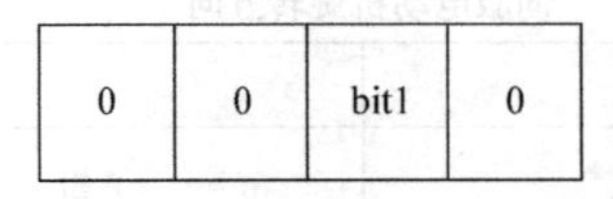

表 18-23　RS－422 通信应答延迟时间

bit1	RS－422 通信应答延迟时间
0	无效
1	延迟 800μs 后返回数据

21. PC22

参数			初始值	单位	设置范围	控制模式		
序号	简称	名称				位置	速度	转矩
PC22	COP1	功能选择	0000h			○	○	○

本参数用于选择电源瞬停再启动和编码器线缆通信方式。bit0 用于设置电源瞬停再启动，见表 18-24。

bit3	0	0	bit0

电源瞬停再启动选择

电源瞬停再启动功能：在速度控制模式下电源瞬间掉电后再恢复正常。系统报警，即使不复位，只需发出启动信号就能够再启动。

表 18-24　电源瞬停再启动功能选择

bit0	电源瞬停再启动
0	无效，发生电压不足报警
1	有效

22. PC23

参数			初始值	单位	设置范围	控制模式		
序号	简称	名称				位置	速度	转矩
PC23	COP2	功能选择	0000h			○	○	○

本参数用于选择速度控制模式下，停止时伺服锁定、VC/VLA 滤波器时间、转矩控制时的速度限制。

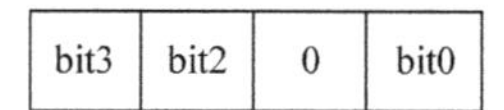

速度控制模式下，停止时伺服锁定选择

bit0 用于选择在速度控制模式下，停止时是否执行伺服锁定，见表 18-25。

表 18-25　伺服锁定功能选择

bit0	速度控制模式下，停止时伺服锁定选择
0	有效
1	无效

bit3	bit2	0	bit0

VC/VLA滤波器时间

bit2 为 VC/VLA 滤波器时间，见表 18-26。

bit2 设置对应于模拟速度指令输入（VC）或模拟速度限制（VLA）的滤波器时间。设置为 0 时，电压变化，速度随之实时变化，设置值较大时，对应于电压的变化，速度变化平稳。

表 18-26　设置　VC/VLA 滤波器时间

bit2	滤波器时间/ms
0	0
1	0.444
2	0.888
3	1.777
4	3.555
5	7.111

bit3	bit2	0	bit0

转矩控制模式下，速度限制的选择

bit3 为设置转矩控制模式下，速度限制有效或无效，见表 18-27。

表 18-27　设置转矩控制模式下，速度限制有效或无效

bit3	速度限制有效无效
0	有效
1	无效

23. PC24

参数			初始值	单位	设置范围	控制模式		
序号	简称	名称				位置	速度	转矩
PC24	COP3	功能选择	0000h			○	○	○

本参数用于选择定位完成范围的单位。

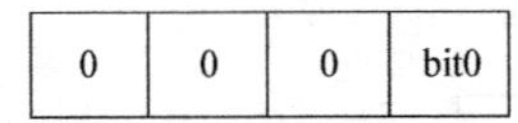

定位完成范围单元选择

bit0 为定位完成范围单位选择，见表 18-28。

表 18-28　定位完成范围单位选择

bit0	定位完成范围的单位
0	指令脉冲单位
1	伺服电动机编码器脉冲单位

24. PC26

参数			初始值	单位	设置范围	控制模式		
序号	简称	名称				位置	速度	转矩
PC26	COP5	功能选择	0000h			○	○	○

本参数用于选择行程限位报警（AL. 99）是否有效，见表 18-29。

0	0	0	bit0

行程限位报警(AL99)选择

表 18-29　行程限位报警有效无效的选择

bit0	行程限位报警（AL. 99）
0	有效
1	无效 设置为 1 时，正转行程限位（LSP）或反转行程限位（LSN） = OFF，不发生 AL. 99 报警

25. PC30

参数			初始值	单位	设置范围	控制模式		
序号	简称	名称				位置	速度	转矩
PC30	STA2	加速时间常数 2	0	ms	0 ~ 50000		○	○

本参数用于设置加速时间常数 2（用于速度控制和转矩控制）。本参数在加减速选择（STAB2） = ON 后变为有效。对于模拟速度指令和内部速度指令 1 ~ 7，设置从 0r/m 到额定速度的加速时间。

26. PC31

参数			初始值	单位	设置范围	控制模式		
序号	简称	名称				位置	速度	转矩
PC31	STB2	减速时间常数 2	0	ms	0 ~ 50000		○	○

本参数用于设置减速时间常数 2（用于速度控制和转矩控制）。本参数在加减速选择

（STAB2） = ON 后变为有效。对于模拟速度指令和内部速度指令 1 ~ 7，设置从额定速度到 0r/m 的减速时间。

27. PC32 ~ PC34

参数			初始值	单位	设置范围	控制模式		
序号	简称	名称				位置	速度	转矩
PC32	CMX2	指令脉冲倍率分子 2	1		1 ~ 65535	○		
PC33	CMX3	指令脉冲倍率分子 3	1		1 ~ 65535	○		
PC34	CMX4	指令脉冲倍率分子 4	1		1 ~ 65535	○		

本参数用于设置指令脉冲倍率分子，在 PA05 的设置为 0 时有效。

28. PC35

参数			初始值	单位	设置范围	控制模式		
序号	简称	名称				位置	速度	转矩
PC35	TL2	内部转矩限制 2	100	%	1 – 100	○	○	○

本参数用于设置内部转矩限制 2，在限制伺服电动机的转矩时设置。设置值为最大转矩的百分数。设置为 0 时不输出转矩。

29. PC36

参数			初始值	单位	设置范围	控制模式		
序号	简称	名称				位置	速度	转矩
PC36	DMD	功能选择	0000h			○	○	○

本参数用于显示状态选择，选择电源接通时显示的各参量。

bit3	bit2	bit1	bit0

bit1/bit0 为选择电源接通时显示的参量，见表 18-30。

表 18-30　电源接通时显示的参量

bit1	bit0	显示内容
0	0	总反馈脉冲（表示电动机编码器旋转过的行程）
0	1	伺服电动机转速
0	2	滞留脉冲
0	3	总计指令脉冲
0	4	指令脉冲频率
0	5	模拟速度指令电压（速度控制模式时为指令电压，转矩控制模式时为速度限制电压）
0	6	模拟转矩指令电压（转矩控制模式为转矩指令电压，速度控制模式或位置控制模式时为转矩限制电压）
0	7	再生负载率
0	8	再生负载率

（续）

bit1	bit0	显示内容
0	9	再生负载率
0	A	瞬时转矩
0	B	1 转内位置（1pls 单位）
0	C	1 转内位置（100pls 单位）
0	D	ABS 计数器
0	E	负载惯量比
0	F	母线电压
1	0	编码器内部温度
1	1	整定时间
1	2	振动检测频率
1	3	重载驱动次数
1	4	驱动单元消耗功率（1W 单位）
1	5	驱动单元消耗功率（1kW 单位）
1	6	驱动单元累积消耗电量（1Wh 单位）
1	7	驱动单元累积消耗电量（100kWh 单位）

bit2 为选择各模式下电源接通时显示的参量，见表 18-31。

表 18-31　各模式下电源接通时显示的参量

bit2	控制模式	电源上电时的显示内容
0	位置	反馈脉冲总数
	位置/速度	反馈脉冲总数/电动机转速
	速度	电动机转速
	速度/转矩	电动机转速/模拟转矩指令电压
	转矩	模拟转矩指令电压
	转矩/位置	模拟转矩指令电压/反馈脉冲总数
1	由参数 bit1/bit0 的设置决定	

30. PC37

参数			初始值	单位	设置范围	控制模式		
序号	简称	名称				位置	速度	转矩
PC37	VCO	设置模拟速度指令偏置		mV	-999 ~ 999		○	

本参数用于设置模拟速度指令偏置。在速度控制模式下，设置模拟速度指令（VC）的偏置电压；在转矩控制模式下，设置模拟速度限制偏置。

31. PC38

参数			初始值	单位	设置范围	控制模式		
序号	简称	名称				位置	速度	转矩
PC38	TPO	设置模拟转矩指令偏置		mV	-999 ~ 999		○	○

本参数用于设置模拟转矩指令偏置。在转矩控制模式下，设置模拟转矩指令（TC）的偏置电压；在速度控制模式下，设置模拟转矩限制（TLA）的偏置电压。

32. PC39

参数			初始值	单位	设置范围	控制模式		
序号	简称	名称				位置	速度	转矩
PC39	MO1	设置模拟量监控 1 偏置		mV	-999 ~ 999	○	○	○

本参数用于设置模拟量监控 1（MO1）的偏置电压。

33. PC40

参数			初始值	单位	设置范围	控制模式		
序号	简称	名称				位置	速度	转矩
PC40	MO2	设置模拟量监控 2 偏置		mV	-999 ~ 999	○	○	○

本参数用于设置模拟量监控 2（MO2）的偏置电压。

18.5　关于模拟量监控

伺服电动机的工作状态参量以电压形式同时在 2 个通道输出，这可用于监视伺服系统工作状态。

1. 设置

参数 PC14 和 PC15 用于选择希望显示的参量。参数 PC 39 和 PC40 用于设置模拟输出电压的偏置电压。

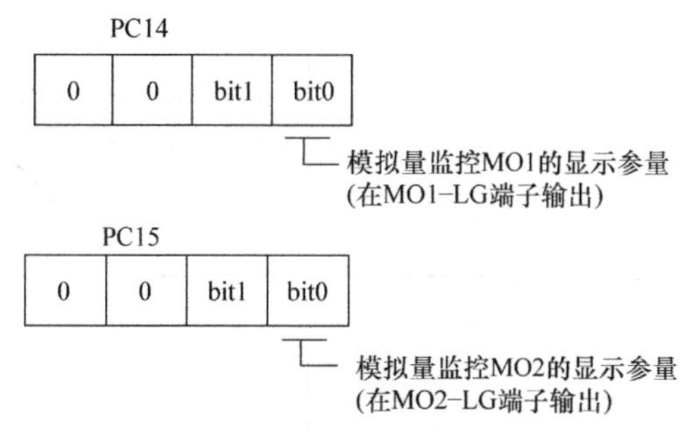

2. 设置内容

出厂状态为 MO1 输出伺服电动机转速，MO2 输出伺服电动机转矩。设置值及显示内容见表 18-32。

表 18-32　模拟量监控显示参量

设置值（bit1bit0）	输出项目	内容
00	电动机转速	+8V CCW方向 最大转速 最大转速 0 CW方向 -8V

（续）

设置值（bit1bit0）	输出项目	内容
01	转矩	+8V；-8V；CCW方向；CW方向；最大转矩；最大转矩；0
02	电动机转速	+8V；CW方向；CCW方向；最大转速；最大转速；0
03	转矩	+8V；CW方向；CCW方向；最大转矩；最大转矩；0
04	电流指令	+8V；-8V；CCW方向；CW方向；最大电流指令 最大转矩指令；最大电流指令 最大转矩指令；0
05	指令脉冲频率	+10V；-10V；CCW方向；CW方向；4Mpls/s；4Mpls/s；0
06	伺服电动机端滞留脉冲（±10V/100pls）	+10V；-10V；CCW方向；CW方向；100pls；100pls；0

（续）

设置值（bit1bit0）	输出项目	内容
07	伺服电动机端滞留脉冲（±10V/1000pls）	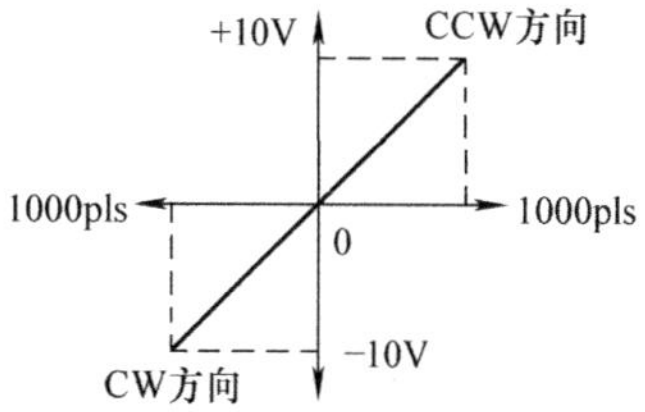 +10V, CCW方向, 1000pls, 1000pls, 0, −10V, CW方向
08	伺服电动机端滞留脉冲（±10V/10000pls）	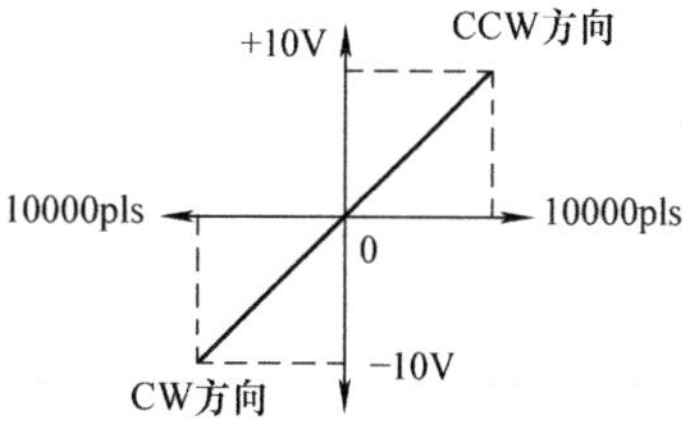 +10V, CCW方向, 10000pls, 10000pls, 0, −10V, CW方向
09	伺服电动机端滞留脉冲（±10V/100000pls）	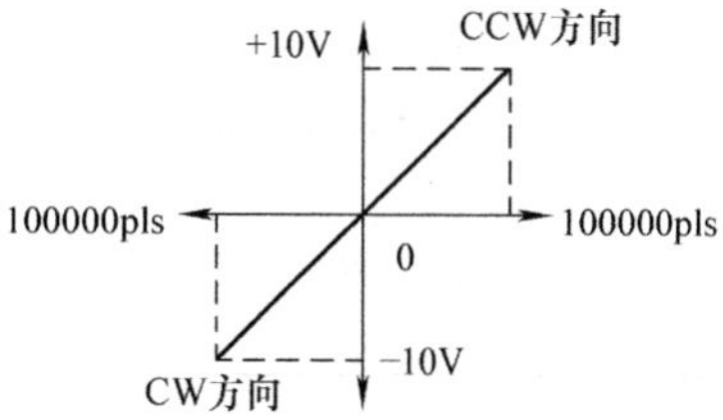 +10V, CCW方向, 100000pls, 100000pls, 0, −10V, CW方向
0A	反馈位置（±10V/1Mpls）	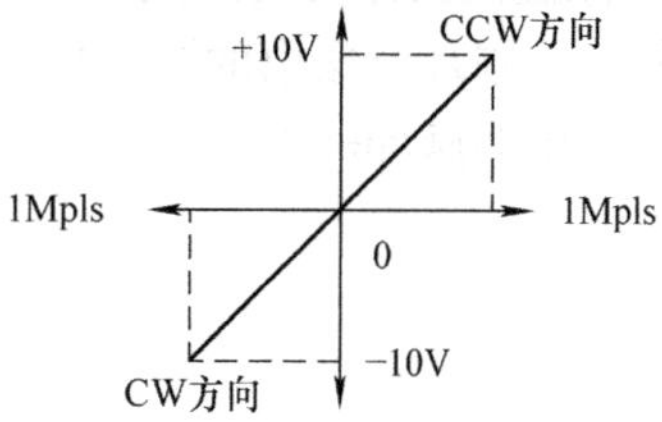 +10V, CCW方向, 1Mpls, 1Mpls, 0, −10V, CW方向
0B	反馈位置（±10V/10Mpls）	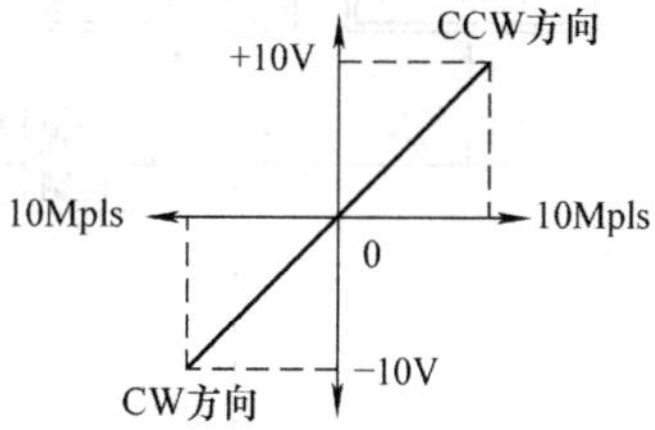 +10V, CCW方向, 10Mpls, 10Mpls, 0, −10V, CW方向
0C	反馈位置（±10V/100Mpls）	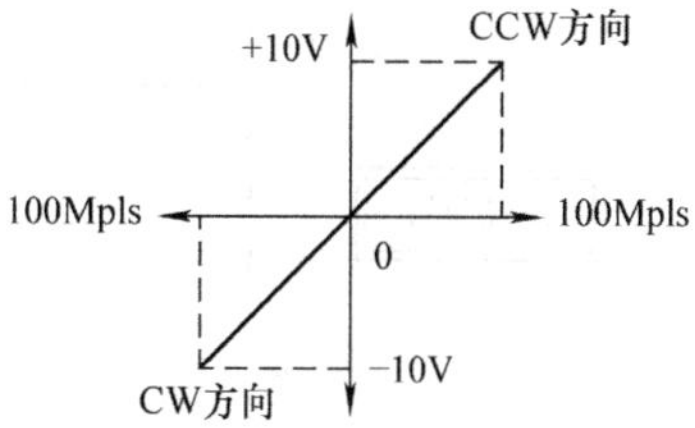 +10V, CCW方向, 100Mpls, 100Mpls, 0, −10V, CW方向

（续）

设置值（bit1bit0）	输出项目	内容
0D	母线电压	8V；0；400V
0E	速度指令 2	+8V；CCW方向；最大转速；0；最大转速；−8V；CW方向
17	编码器内部温（±10V/±128℃）	+10V；CCW方向；−128°C；128°C；0；−10V；CW方向

3. 模拟量的实际物理定义

从各个控制环节取出的被监控的工作状态数据如图 18-14 所示。

例如：指令脉冲频率、滞留脉冲、电流指令、母线电压及转矩等，这有助于正确理解各参量的定义。

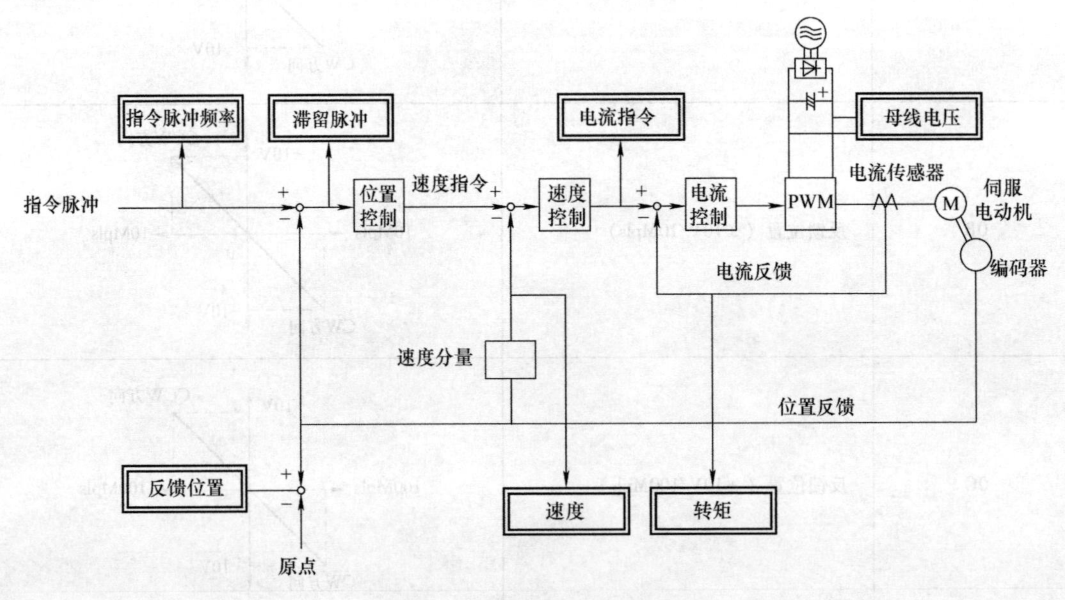

图 18-14　被监控的工作状态数据

18.6　定义输入/输出端子功能的参数

1. PD01

参数			初始值	单位	设置范围	控制模式		
序号	简称	名称				位置	速度	转矩
PD01	DIA1	输入信号自动 = ON	0000h			○	○	○

本参数用于设置部分输入信号自动 = ON。具体定义如下：

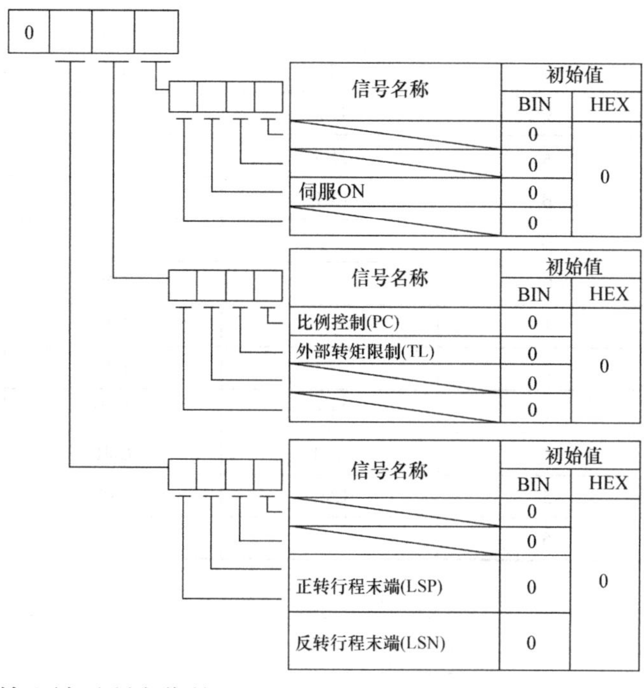

设置方法：以输入端子所在位的“8/4/2/1”码进行设置。

BIN 0 表示无效；BIN 1 表示有效。

如，对 SON 置 ON 时，设置值为□□□4

2. PD03

参数			初始值	单位	设置范围	控制模式		
序号	简称	名称				位置	速度	转矩
PD03	DI1	设置输入信号端子（CN1－15）的功能	0002 0202h			○	○	○

本参数用于设置 CN1－15 端子的功能。

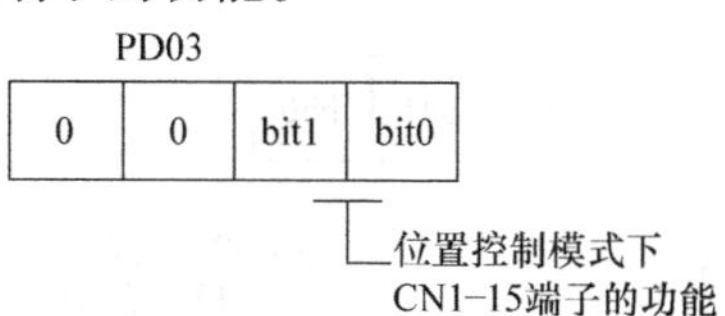

在位置控制模式下，使用 bit1bit0 设置 CN1－15 端子功能，见表 18-33。

表 18-33　设置 CN1－15 端子的功能

bit*	bit*	CN1－15 端子功能（输入信号）		
		位置控制模式	速度控制模式	转矩控制模式
0	2	SON	SON	SON
0	3	RES	RES	RES
0	4	PC	PC	
0	5	TL	TL	
0	6	CR	ST1	
0	7		ST2	RS2
0	8	TL1	TL1	RS1
0	9	LSP	LSP	
0	A	LSN	LSN	
0	B	CDP	CDP	
0	D			
2	0		SP1	SP1
2	1		SP2	SP2
2	2		SP3	SP3
2	3	LOP	LOP	
2	4	CM1	CM1	
2	5	CM2	CM2	
2	6		STB2	STB2

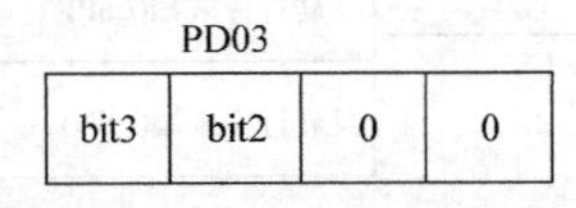

在速度控制模式下，使用 bit3bit2 设置 CN1－15 功能，见表 18-33 所示。

3. PD04

参数			初始值	单位	设置范围	控制模式		
序号	简称	名称				位置	速度	转矩
PD04	DI2	设置输入信号端子（CN1－15）的功能	02h			○	○	○

本参数用于设置 CN1－15 端子的功能。

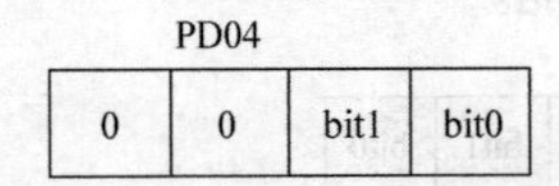

在转矩控制模式下，使用 bit1bit0 设置 CN1 －15 端子功能，见表 18-33。

4. PD05

参数			初始值	单位	设置范围	控制模式		
序号	简称	名称				位置	速度	转矩
PD05	DI3	设置输入信号端子（CN1 －16）的功能	21h			○	○	○

本参数用于设置 CN1 －16 端子的功能，见表 18-33。

5. PD06

参数			初始值	单位	设置范围	控制模式		
序号	简称	名称				位置	速度	转矩
PD06	DI4	设置输入信号端子（CN1 －16）的功能	00080805h			○	○	○

本参数用于设置 CN1 －16 端子的功能，见表 18-33。

6. PD07

参数			初始值	单位	设置范围	控制模式		
序号	简称	名称				位置	速度	转矩
PD07	DI5	设置输入信号端子（CN1 －17）的功能	00030303h			○	○	○

本参数用于设置 CN1 －17 端子的功能，见表 18-33。

7. PD23

参数			初始值	单位	设置范围	控制模式		
序号	简称	名称				位置	速度	转矩
PD23	DO1	设置输出信号端子（CN1 －45）的功能	04h			○	○	○

本参数用于设置 CN1 －45 端子的功能，见表 18-34。

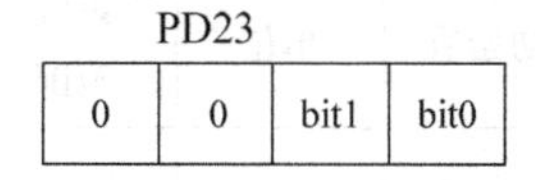

表 18-34　输出信号端子的功能

bit * bit *		CN1 －45 端子功能（输出信号）		
		位置控制模式	速度控制模式	转矩控制模式
0	0	OFF	OFF	OFF
0	2	RD	RD	RD
0	3	ALM	ALM	ALM

（续）

bit * bit *		CN1 - 45 端子功能（输出信号）		
		位置控制模式	速度控制模式	转矩控制模式
0	4	INP	SA	OFF
0	5	MBR	MBR	MBR
0	6	TLC	TLC	TLC
0	7	WNG	WNG	WNG
0	8	BWNG	BWNG	BWNG
0	9	OFF	SA	OFF
0	A	OFF	OFF	VLC
0	B	ZSP	ZSP	ZSP
0	D	MTTR	MTTR	MTTR
0	F	CDPS	OFF	OFF
1	1	ABSV	OFF	OFF

8. PD24

参数			初始值	单位	设置范围	控制模式		
序号	简称	名称				位置	速度	转矩
PD24	DO2	设置输出信号端子（CN1 - 23）的功能	0Ch			○	○	○

本参数用于设置 CN1 - 23 端子的功能，见表 18-34。

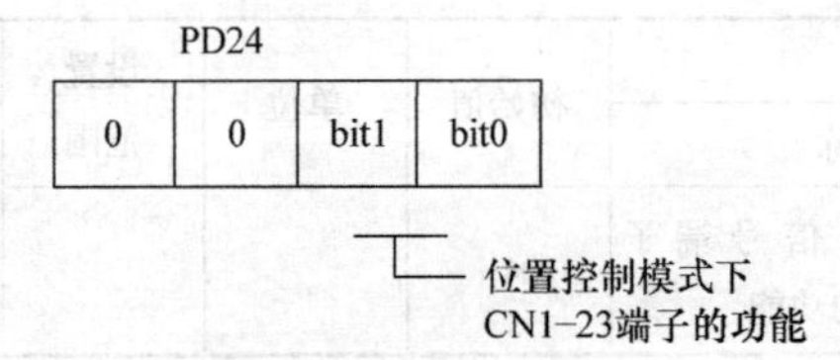

9. PD25

参数			初始值	单位	设置范围	控制模式		
序号	简称	名称				位置	速度	转矩
PD25	DO3	设置输出信号端子（CN1 - 24）的功能	04h			○	○	○

本参数用于设置 CN1 - 24 端子的功能，见表 18-34。

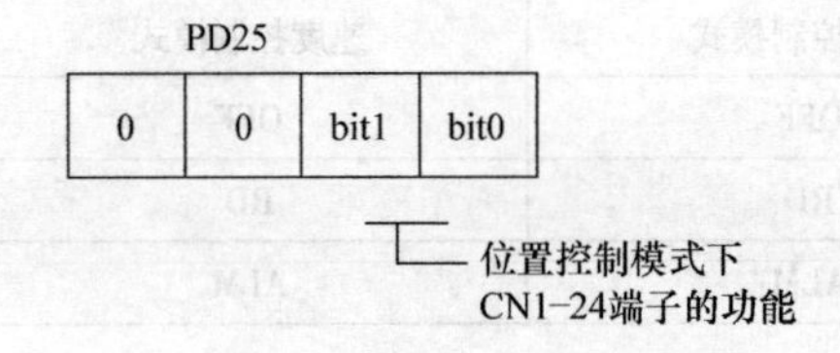

10. PD29

参数			初始值	单位	设置范围	控制模式		
序号	简称	名称				位置	速度	转矩
PD29	DIF	设置输入滤波器滤波时间	4h			○	○	○

本参数用于设置输入滤波器相关性能。外部输入信号由于噪声等影响产生波动时，使用输入滤波器消除。

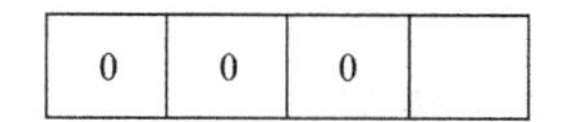

0 表示无；

1 表示 1.777（ms）；

2 表示 3.555（ms）；

3 表示 5.333（ms）。

11. PD30

参数			初始值	单位	设置范围	控制模式		
序号	简称	名称				位置	速度	转矩
PD30	DOP1	设置行程限位开关及复位开关的动作性能	0000h			○	○	○

本参数用于设置正向行程限位（LSP)/反向行程限位（LSN）=OFF 时的动作性能及设置复位（RES）=ON 时的基板主电路的状态。

0	0	bit1	bit0

bit0 用于设置正向行程限位（LSP)/反向行程限位（LSN）=OFF 时的停止方法：

0 表示立即停止；

1 表示缓慢停止。

bit1 用于设置复位（RES）=ON 时的基板主电路的状态：

0 表示切断基板主电路；

1 表示不切断基板主电路。

12. PD32

参数			初始值	设置范围	控制模式		
序号	简称	名称			位置	速度	转矩
PD32	DOP3	设置清除功能（CR）	0000h		○	○	○

本参数用于对清除功能（CR）进行设置。

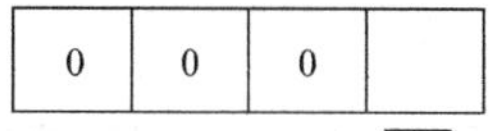

0 表示在上升沿清除滞留脉冲；

1 表示 ON 状态下，一直清除滞留脉冲。

第 19 章 伺服系统的调试

本章介绍伺服系统调试的三环理论和一般调节方法，学习自动调试模式下各参数的设置，学习手动模式和插补模式的调节方法。

19.1 伺服调试的理论基础

19.1.1 伺服系统调试的三环理论

以位置调节为例，调节过程如图 19-1 所示。

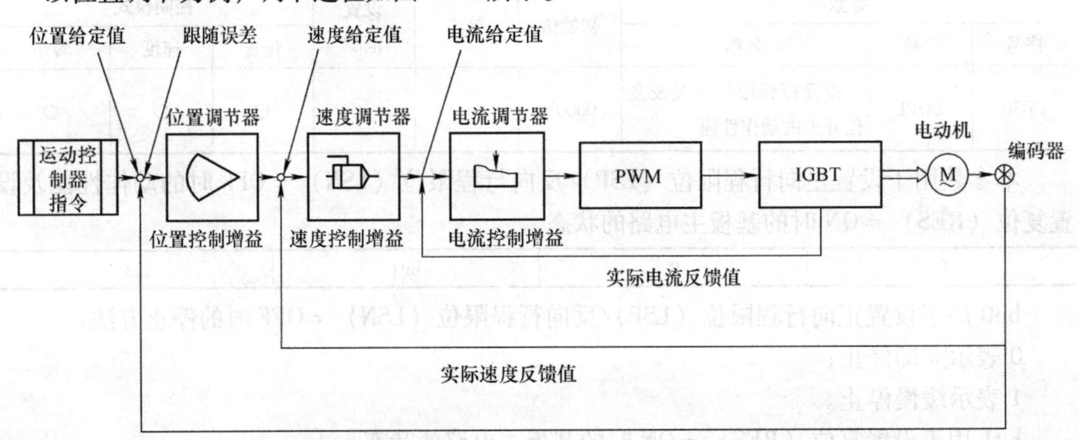

图 19-1 三环调节示意图

1. 位置调节过程

位置调节过程见表 19-1。

表 19-1 位置调节过程

序号	调节操作内容	调节器
1	从上位运动控制器发出的位置指令脉冲和从电动机编码器反馈的实际位置脉冲进入位置调节器。这两者之差就是滞留脉冲。位置调节器根据滞留脉冲和位置环增益输出一个新的速度指令给速度调节器	位置调节器
2	从位置调节器发出的速度指令和从电动机编码器反馈的实际速度进入速度调节器。这两者之差就是速度差。速度调节器根据速度差和速度环增益输出一个新的电流指令给电流调节器	速度调节器

（续）

序号	调节操作内容	调节器
3	从速度调节器发出的电流指令和从IGBT反馈的实际电流进入电流调节器。这两者之差就是电流差。电流调节器根据速度差和电流环增益输出一个新的矢量指令给伺服电动机，使伺服电动机按新的速度和转矩运行	电流调节器

在伺服系统调节中，有3个控制环。内环为电流环，中环为速度环，外环为位置环。

2. 调试要点

1）对伺服电动机各参量（位置、速度、电流）的调节都是基于PID调节。因此相关的参数都是PID调节的相关参数。

2）内环增益值必须高于中环增益值，中环增益值必须高于外环增益值，即电流环增益值高于速度环增益值，速度环增益值高于位置环增益值。

3）电动机是产生振动的“振动源”。

4）在共振点处，激励的振幅越低，响应的振幅越高（与想象的不同）。

19.1.2　伺服系统的一般调节方法

1）先将速度环增益设为较低值，然后调节速度环增益逐渐升高直到出现振动啸叫。

2）降低速度环增益到振动点数值（以下简称振点值）的70%，然后在不出现振动的前提下逐步加大速度环增益。

3）在不振动的条件下逐步减小速度环积分时间。

4）对以上参数进行微调，寻找最佳配合值。

19.1.3　速度控制特性及整定

1）MR－J4系列伺服系统响应频率为2.5kHz。编码器反馈脉冲为4194304pls/r（22bit）是目前现有产品中性能较高的产品。

参数PA09响应等级是伺服系统最重要的指标。如果响应等级不够，机械性能和加工性能都会很差。

响应等级与增益成正比，这就是要求增益高于某一数值的原因。响应等级与负载惯量比成反比，所以在负载惯量比—增益曲线图中，负载惯量比越大，增益也要越大，其目的就是要保持一定的响应等级，参见参数PA09。

2）调速范围在1∶1000以上。调速范围是指在额定负载下，伺服系统允许的最高速度和最低速度范围。调速比就是最高速度和最低速度之比。

3）转速不均匀度小于6%。（这个指标对于同步控制尤为重要）。

4）速度脉动，即转速的微小波动。引起速度脉动的两个因素为转速反馈的采样时间引起的检测滞后及转速反馈的分辨率。

提高速度环增益，能够降低速度脉动的变化，提高伺服系统的硬度。硬度是一种通俗的说法，表示伺服系统的抗干扰性——硬度越高，抗干扰性越强。

速度脉动过大，加工表面的粗糙度就过大。所以解决加工表面的粗糙度的问题首先必须提高速度环增益。在加工工件出现鱼鳞纹等现象时的最有效的方法是提高速度环增益。

5）稳态下的速度平稳性与转速反馈的分辨率有关，所以编码器的分辨率越高，速度越稳定。这就是厂家不断提高编码器分辨率的原因。

因此，当负载惯量比增大及负载摩擦转矩增大时，为保证响应性，必须提高速度环增益，为提高调节的稳定性必须加大积分时间。

当负载惯量比减小时或负载摩擦转矩减小时，可以减小速度环增益（仍然有响应性，但系统稳定），可减小积分时间快速定位。

19.1.4 位置控制特性及整定

位置环的稳态跟踪误差可以用稳态速度和位置环增益表示，计算公式如下：

$$E = V/K_p \tag{19-1}$$

$$V = E^* K_p \tag{19-2}$$

$$K_p = V/E \tag{19-3}$$

式中 E——跟踪误差；

V——稳态速度；

K_p——位置环增益。

式（19-1）中位置跟踪误差与速度成正比，与位置环增益成反比。而调节的目的是为了减少位置跟踪误差，这也就是尽可能提高位置环增益的目的。

由于位置跟踪误差的单位是滞留脉冲数（无量纲），所以位置环增益的单位就是速度的单位，常用 rad/s 表示。通常的位置环增益为 5～150rad/s。

位置环调节的特点是以滞留脉冲（位置跟踪误差）作为调节输入量。以速度作为输出量，这是所有伺服系统的基本概念。

这是将位置误差表示为速度指令的形式。滞留脉冲本是位置误差，现在将其转化为新的速度指令，通过调节速度消除位置误差。

19.1.5 过象限误差

1. 椭圆轨迹出现的原因

各轴的机械特性不同，导致位置跟踪误差各不相同。使得坐标轴合成的轨迹发生畸变，如果各轴位置控制参数相同，则跟踪误差导致的轨迹畸变与速度相关，速度越快，跟踪误差就越大。在系统执行一个圆弧加工指令时，由于构成圆弧轨迹的 2 个坐标轴的跟踪误差不同，某个轴的跟踪误差较大，使得实际轨迹为椭圆。

如果椭圆为 X 轴（水平轴）为长轴，表明 Y 轴的跟踪误差较大，X 轴走到了位而 Y 轴未到位。反之，如果椭圆为 Y 轴（垂直轴）为长轴，表明 X 轴的跟踪误差较大，Y 轴走到了位而 X 轴未到位。

2. 解决椭圆问题

1）先尽量调整各轴的机械特性使其一致（质量、惯量、摩擦）；

2）调整各轴的位置环增益、速度环增益使其匹配。先将速度环增益调得足够高，再调位置环增益。

3. 过象限误差出现的原因及调整方法

过象限误差如图 19-2 所示。过象限误差是由于机械的原因使得某一轴在极低的速度下出现爬行，实际轨迹在圆弧象限转换处出现过象限凸起或向内凹入。

1）过象限误差的形成机理：过象限误差的形成源于传动系统过大的静摩擦系数。所以消除过象限误差的关键是调整传动系统的机械部件（如镶条），最大程度地降低静摩擦。如果没有良好的机械配合，不可能彻底消除过象限误差。

2）过象限误差的消除：

① 调整机械，使静摩擦因素降至最小；

② 提高各轴的速度环增益（越高越好，振动为止）；

③ 使用系统的摩擦补偿功能进行过象限误差补偿。

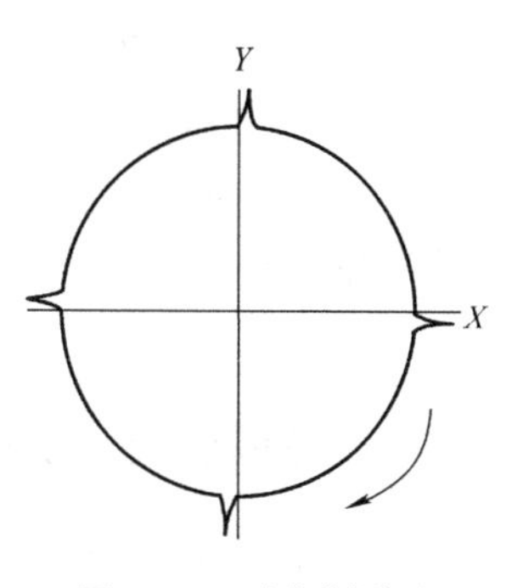

图 19-2 过象限误差

19.2 通用伺服系统的调试

19.2.1 调试模式的选择

调试模式的选择如图 19-3 所示。在进行伺服系统调试之前，首先必须判断工作机械的类型。

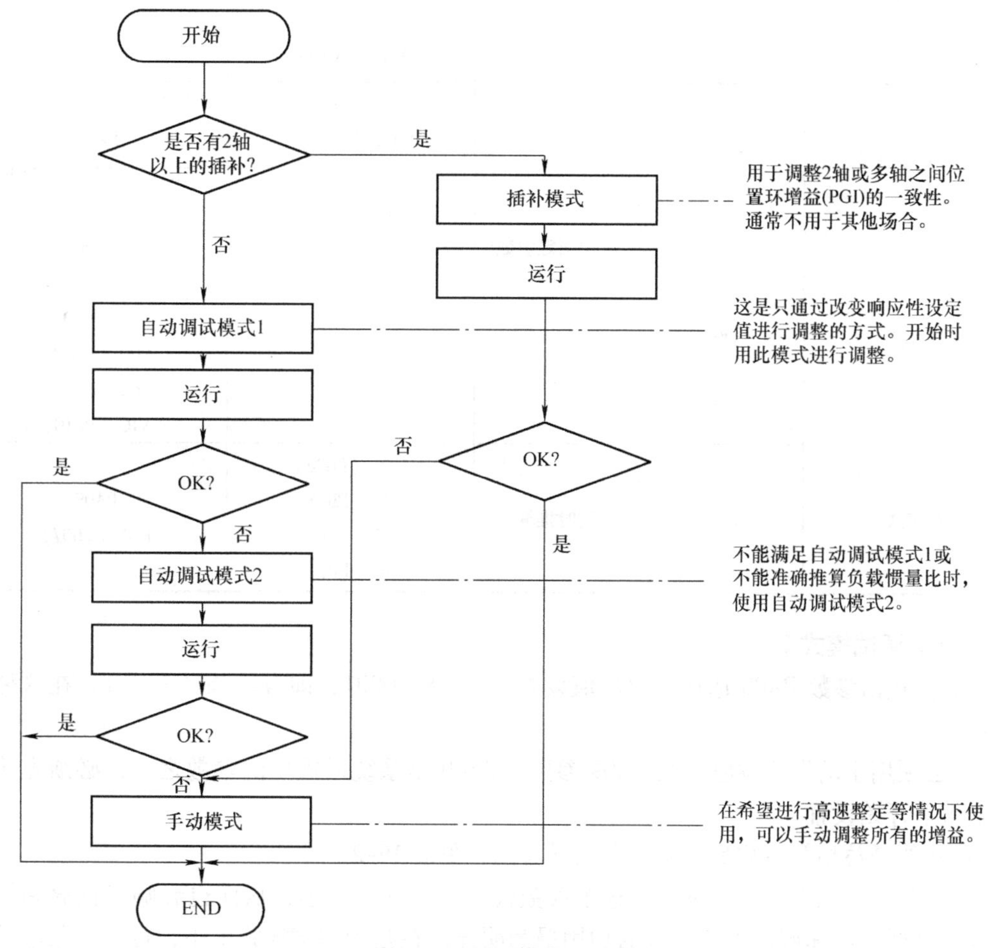

图 19-3 调试模式的选择

1）工作机械的各伺服轴是否有插补关系，是否对运行轨迹有严格要求。如果有插补关系，就选择插补调试模式。

2）如果各伺服轴没有插补关系，各轴独立运行，就选择单轴调试模式。

3）在单轴调试模式下，可依次选择①自动调试模式 1；②自动调试模式 2；③手动模式。

19.2.2 各调试模式功能概述

单轴进行增益调整时选择调试模式如下：①自动调试模式 1；②自动调试模式 2；③手动模式。

选择顺序为首先请采用自动调试模式 1。不能满足要求时再依次采用自动调试模式 2 或手动模式。各调试模式的相关参数设置见表 19-2。

表 19-2 各调试模式的相关参数

<table>
<tr><th>增益调试模式</th><th>参数 PA08</th><th>负载惯量比</th><th>自动设定的参数</th><th>手动设定的参数</th></tr>
<tr><td>自动调试模式 1</td><td>0001</td><td>实时推算</td><td>GD2（PB06）
PG1（PB07）
PG2（PB08）
VG2（PB09）
VIC（PB10）</td><td>PA09—响应性设置</td></tr>
<tr><td>自动调试模式 2</td><td>0002</td><td rowspan="2">使用固定参数 PB06</td><td>PG1（PB07）
PG2（PB08）
VG2（PB09）
VIC（PB10）</td><td>PA09
GD2（PB06）和 PA09</td></tr>
<tr><td>手动模式</td><td>0003</td><td></td><td>PA09
GD2（PB06）
PG1（PB07）
PG2（PB08）
VG2（PB09）
VIC（PB10）</td></tr>
<tr><td>插补模式</td><td>0000</td><td>实时推算</td><td>GD2（PB06）
PG2（PB08）
VG2（PB09）
VIC（PB10）</td><td>PA09
PG1（PB07）</td></tr>
</table>

1. 自动调试模式 1

调试模式由参数 PA08 选择。出厂值设置为 PA08 =0001，即自动调试模式 1，在这种模式下：

1）必须用手动设置响应等级 PA09 参数，PA09 是系统最重要的参数之一，必须先从中间级别偏下开始设置。

2）其他增益相关参数都是系统自动设置的，见表 19-2。

3）负载惯量比也是重要参数。这个参数代表了负载的大小，从而也影响了伺服系统响应等级的高低。实际调试中该参数的功用最为明显。在自动调试模式 1 中，可令对象电动机运行一段时间，负载惯量比由系统自动计算并设置。

2. 自动调试模式2

如果采用自动调试模式1进行调试不能得到满意的结果，特别是不能获得准确的负载惯量比时，就选择自动调试模式2。

设置为PA08 =0002，即选择自动调试模式2，在这种模式下：

1）必须用手动设置响应等级PA09。

2）必须用手动设置负载惯量比PB06。这是在系统自整定不理想的状态下，不能获得准确的负载惯量比，在这种情况下，必须根据计算、经验、测试获得负载惯量比。特别是对于滚筒型、摇臂型负载，其惯性很大，要通过实验逐步测试确定。水平运行类负载的负载惯量比基本不变化，垂直运行类负载的负载惯量比在上下行的状态不同。

3）其他参数由系统自学习后获得并自动设置。

3. 手动模式

如果采用自动调试模式1和自动调试模式2都不能获得满意的结果，可选择手动模式。

设置为PA08 =0003，即选择手动模式，在这种模式下，全部参数包括各PID调节参数都是手动设置。

4. 插补模式

设置PA08 =0000，即选择插补模式。插补模式是指多轴联动运行。其中负载惯量比由系统自行计算获得，参数PB07（模型环增益）由手动设置，其余PID调节参数都是自动设置。

在各模式下，响应等级PA09都是必须要手动设置的。在系统调试之初，首先要大致判断工作机械的负载类型，如果是水平运行类负载，可以采用自动调试模式1。如果负载类型是惯量比较大的滚筒型，必须考虑用自动调试模式2或手动模式。图19-3表示了调试模式选择流程。可以看出，手动模式是最后的方法。如果手动模式也解决不了问题，必须要考虑是否负载过大及电动机选择不当等问题。要特别注意负载惯量比的核算，一般通用伺服电动机规定的负载惯量比在5~30，要查阅各电动机的技术规格。

19.3 自动调试模式下的调试方法

伺服驱动器内置实时自动调试功能，能实时地推算机械特性（负载惯量比），并根据推算结果自动设置最优增益值。利用这个功能可快速调整伺服驱动器的增益。

19.3.1 自动调试模式1

设置PA08 =0001，选择自动调试模式1。

1）手动设置响应等级PA09，这是系统最重要的参数之一，必须先从中间级别偏下开始设置。

2）其他增益相关参数都是系统自动设置的。自动调试的参数见表19-3。

表 19-3　自动调试的参数

参数	简称	名　称
PB06	GD2	负载惯量比
PB07	PG1	模型环增益
PB08	PG2	位置环增益
PB09	VG2	速度环增益
PB10	VIC	速度环积分时间

3）自动调试模式 1 必须满足以下条件：（否则可能会无法正常动作）

① 从零速加速到 2000r/min，加减速时间常数小于 5s。

② 转速大于 150r/min。

③ 负载惯量比小于 100。

④ 加减速转矩大于额定转矩的 10%。

⑤ 加减速过程中如果有急剧的负载变化或机械间隙过大，自动调试不能正常进行。此时请采用自动调试模式 2 或手动模式进行增益调整。

19.3.2　自动调试模式 2

如果采用自动调试模式 1 进行调试不能得到满意的结果，特别是不能获得准确的负载惯量比时，就选择自动调试模式 2。

设置 PA08 = 0002，即选择自动调试模式 2，调试步骤如下：

1）手动设置响应等级 PA09。

2）手动设置负载惯量比 PB06。这是在系统自整定不理想的状态下，不能获得准确的负载惯量比，在这种情况下，必须根据计算、经验、测试逐步设置负载惯量比。

3）其他参数由系统自学习后获得并自动设置。

在自动调试模式 2 中，自动调试的参数见表 19-4。

表 19-4　自动调试的参数

参数	简称	名　称
PB07	PG1	模型环增益
PB08	PG2	位置环增益
PB09	VG2	速度环增益
PB10	VIC	速度环积分时间

19.3.3　自动调试模式的动作

实时自动调试的框图如图 19-4 所示。

1）在调试阶段，使伺服电动机加减速运行，负载惯量比计算模块会根据伺服电动机的电流和电动机速度实时计算负载惯量比，计算的结果被写入参数 PB06。

2）如果已知负载惯量比的数值或不能准确自动计算负载惯量比时，选择自动调试模式 2，如图 19-4 所示。负载惯量比自动计算 = OFF，此时，必须手动设置负载惯量比。系统根

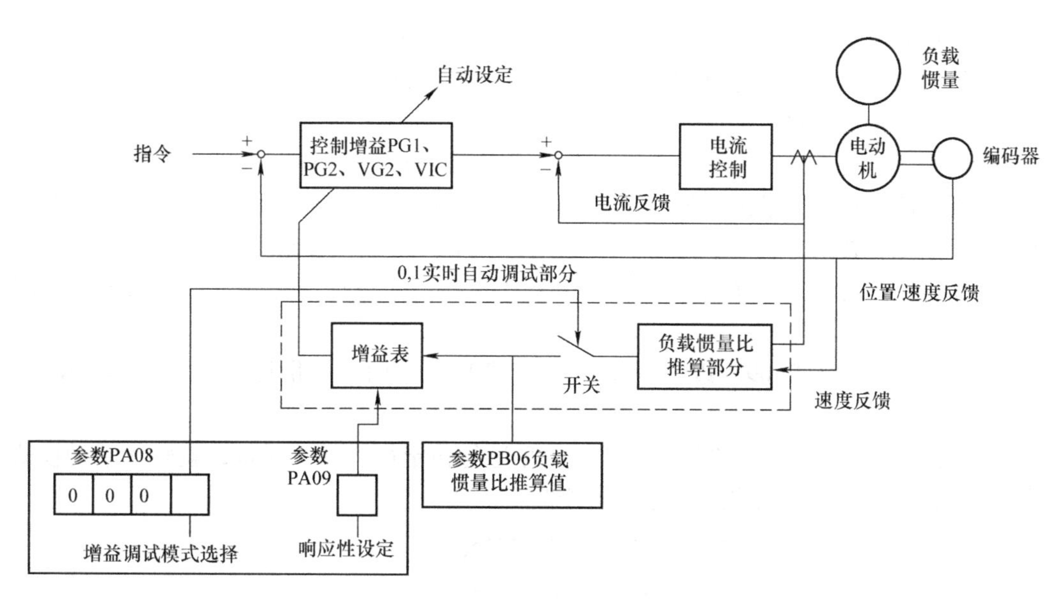

图 19-4　自动调试的框图

据手动设置的负载惯量比和响应等级（参数 PA09），自动设置最优增益。

3）电源接通后，每隔 60min 将自动调试的结果写入 EEP－ROM 中。电源接通时，已经保存在 EEP－ROM 中的各增益值将作为自动调试的初始值。

19.3.4　调试的注意事项

1）运行中负载剧烈变化时，无法正确进行负载惯量比的计算。这种情况下，应选择自动调试模式 2，手动设置负载惯量比。

2）当从自动调试模式 1 或自动调试模式 2 任一模式改为手动模式时，当前的增益和负载惯量比数值保存在 EEP－ROM 中。

19.3.5　自动调试模式的调试顺序

自动调试模式调试步骤如图 19-5 所示。

1）先选定自动调整模式 1。

2）用点动方式反复执行加减速运行，即反复进行启动—停止运行。加减速时间可暂用初始值，如果在初始参数值状态下运行不振动、不啸叫可以继续执行下列步骤。如果发生啸叫和振动，则要降低响应等级 PA09。

3）查看参数 PB06 负载惯量比的数值是否稳定。可以在调试软件上观察，也可以设置参数 PC36＝000E 在 LED 上直接显示负载惯量比。如果负载惯量比数值相对稳定，则可跳至第 6 步调节响应等级 PA09。

4）如果负载惯量比数值不稳定，跳动较大则判定系统无法准确测定负载惯量比。要选择自动调试模式 2 用手动方式设置负载惯量比。

5）手动设置负载惯量比。如果厂方有足够的计算资料，可根据资料先计算负载惯量比（电动机本身的转动惯量可查看电动机技术规格资料）。如果厂方不能提供足够的计算资料，则必须根据负载形式（滚珠丝杠、滚筒、齿轮齿条）、负载大小、转动半径计算并预设负载惯量比。然后点动运行伺服电动机，观察伺服电动机运行是否稳定，停机时是否有摇摆振动，停机状态下是否能够锁定负载。

一般伺服电动机规格中注明允许负载惯量比在 10 ~ 32。在选型时设计者已经计算过不会超出范围，所以负载惯量比的预设值可以取其中间值。先观察停机状态，如果停机时出现摇摆振荡，说明设置的负载惯量比偏小，应该提高 PB06 负载惯量比。

如果运行中出现啸叫，降低响应等级 PA09 也无法消除啸叫，说明设置的负载惯量比较大，应该降低 PB06 负载惯量比。

6）调节响应等级 PA09。以不发生振动和啸叫为原则，尽量提高响应等级 PA09 的数值。

7）反复进行点动加减速试验。如果不满足运行稳定性和加工质量，就转入手动模式。如果满足运行稳定性和加工质量，就结束调试。

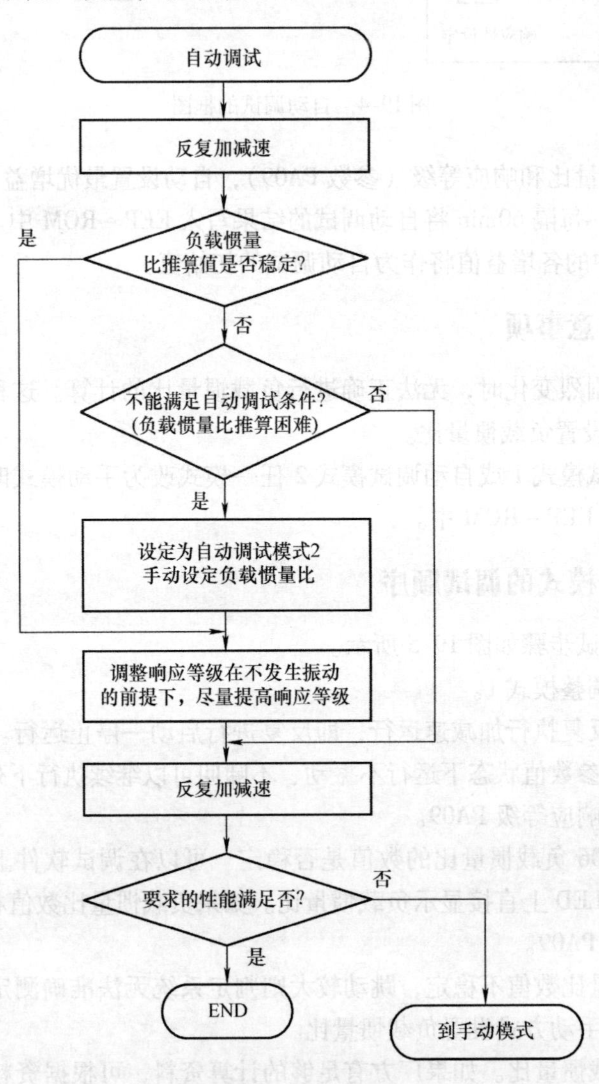

图 19-5　自动调试的顺序

19.3.6　伺服系统响应性设置

伺服系统的响应等级参数为 PA09，是很重要的参数，代表了伺服系统的整体性能。对伺服电动机的运行稳定性、定位时间、加工质量甚至静态锁定转矩都有极大影响。其设置值与机械类型、负载惯量比相关。见表 19-5，一般希望最好达到中间响应等级。

响应等级 PA09 设置值越大，系统对指令的跟踪性能越好，定位整定时间越短，但设置值过大会发生振动，所以应在不发生振动的范围内设置较高的响应等级 PA09。

如果发生振动无法设置希望的响应等级 PA09 时，可选择滤波器调节模式（参数 PB01）通过设置消振滤波器（PB13 ~ PB16 参数），消除振动。通过消除振动，就可以设置更高的响应等级 PA09。

响应等级与振动频率的关系见表 19-5。

表 19-5　响应等级与振动频率的关系

PA09 设置值	机械特性		PA09 设置值	机械特性	
	响应性	机械振荡频率基准/Hz		响应性	机械振荡频率基准/Hz
1	低响应	2.7	21	中响应	67.1
2		3.6	22		75.6
3		4.9	23		85.2
4		6.6	24		95.9
5		10	25		108
6		11.3	26	高响应	121.7
7		12.7	27		137.1
8		14.3	28		154.4
9		16.1	29		173.9
10		18.1	30		195.9
11		20.4	31		220.6
12		23	32		248.5
13	中响应	25.9	33		279.9
14		29.2	34		315.3
15		32.9	35		355.1
16		37	36		400
17		41.7	37		446.6
18		47	38		501.2
19		52.9	39		571.5
20		59.6	40		642.7

19.4 手动模式的调试方法

自动调试不能满足时，可以手动调试全部增益参数。

19.4.1 速度控制模式的调试

实际运行时，可能有速度的波动，如图 19-6 所示。

在系统运行模式为速度控制模式时，调试的目的是使实际运行速度与指令速度快速高度符合，运行速度平稳无振动无啸叫。如图 19-7 所示，经过调试后的实际速度与指令速度相当吻合。

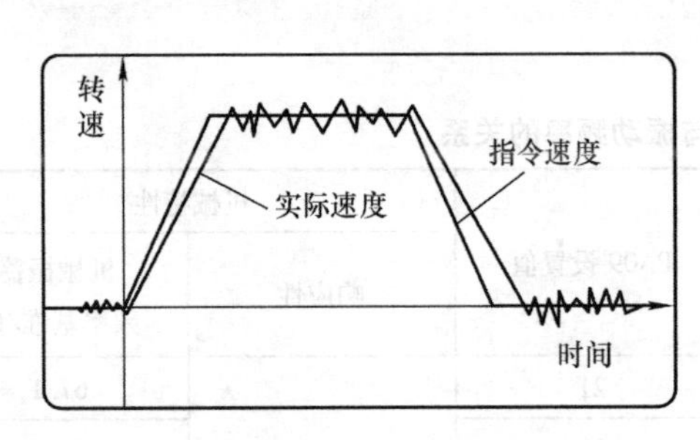

图 19-6 速度波动

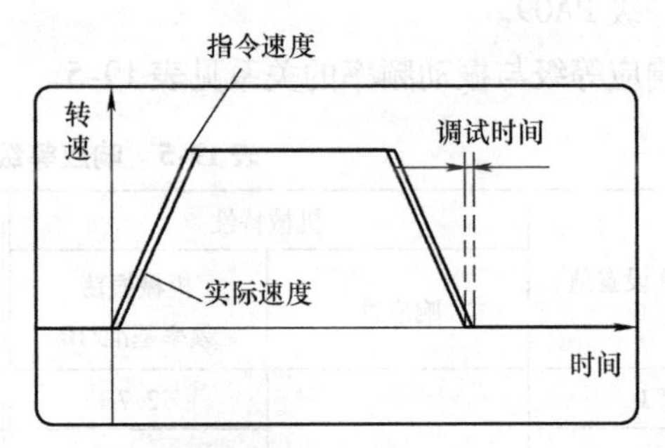

图 19-7 调试后的实际速度与指令速度

1. 调试用参数

用于增益调试的参数见表 19-6。

表 19-6 用于增益调试的参数

参数	简称	名　称
PB06	GD2	负载惯量比
PB09	VG2	速度环增益
PB10	VIC	速度环积分时间

2. 调试顺序

调试顺序见表 19-7。

表 19-7 调试顺序

顺序	操　作
1	通过自动调试模式进行初步调试
2	设置 PA08 =0003，改为手动模式
3	根据计算或经验逐步设置负载惯量比 PB06
4	设置模型环增益 PB07 为较小值，设置速度环积分时间 PB10 为较大值
5	试运行。逐步调高速度环增益 PB09，以不发生振动和啸叫为原则。如果发生振动，则降低速度环增益 PB09，以振动点增益的 70% ~80% 为宜

（续）

顺序	操　　作
6	调整PB10。方法是逐步减少速度环积分时间，直至出现振动。然后以振动点速度环积分时间为基准，延长速度环积分时间至1.2倍（速度环积分时间实质是调整过程的快慢程度）
7	调整模型环增益PB07。方法是逐步调高PB07直至出现振动后再降低PB07
8	如果因为出现振动而无法调高到预期的速度环增益时，可以通过设置消振滤波器消除振动，重复执行第2步、第3步再调高速度环增益
9	仔细观察运行状态，微调各参数

3. 调试内容

1）速度环增益（VG2，参数PB09）。本参数决定速度环的响应性。增大参数值会提高系统的响应性，但设置本参数值过高会导致机械系统振动。实际速度环响应频率可通过下式求出。

$$速度环响应频率（Hz）=\frac{速度环增益设定值}{（1+负载惯量比）2\pi}$$

速度环响应频率表示了实际速度对速度指令响应的快慢程度。快速响应是对系统的基本要求。从上式可以看出，速度环响应频率与速度环增益成正比，与负载惯量比成反比。很显然，负载越大，响应性越低。所以必须尽量提高速度环增益。这也是根据负载惯量比调整速度环增益的原因，就是要保证响应频率。

2）速度环积分时间（VIC，参数PB10）。为消除系统对指令的静态误差，速度环应设为比例积分控制。参数PB10设置值过大会使响应性变差，但在负载惯量比较大或机械系统中有振动因素的场合，如果PB10设置过小，会导致机械系统发生振动。建议按下式设置本参数：

$$速度环积分时间(ms)\geqslant\frac{2000\sim3000}{速度环增益/(1+负载惯量比\times0.1)}$$

19.4.2　位置控制模式的调试

由于速度误差可能导致位置误差的出现，如图19-8所示。在运行模式为位置控制模式时，调试的目的是使实际运行位置与指令位置快速高度符合，运行速度平稳无振动无啸叫。

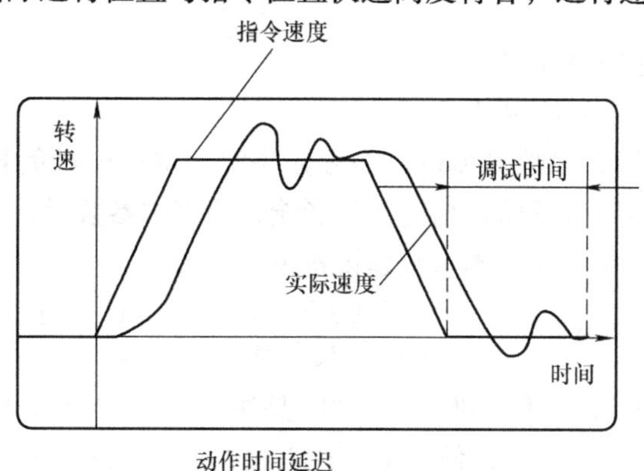

图19-8　动作时间的延迟导致位置误差

1. 调试用参数

调试用参数见表19-8。

表19-8 调试用参数

参数	简称	名 称
PB06	GD2	负载惯量比
PB07	PG1	模型环增益
PB08	PG2	位置环增益
PB09	VG2	速度环增益
PB10	VIC	速度环积分时间

2. 调试顺序

调试顺序见表19-9。

表19-9 调试顺序

顺序	操 作
1	通过自动调试模式进行初步调试
2	设置PA08=0003，改为手动模式
3	根据计算或经验逐步设置负载惯量比PB06
4	设置模型环增益PB07为较小值，设置位置环增益PB08为较小值，设置速度环积分时间PB10为较大值
5	试运行。逐步调高速度环增益PB09，以不发生振动和啸叫为原则。如果发生振动，则降低速度环增益PB09，以振动点增益的70%~80%为宜（注意：即使是位置控制模式也必须先调试速度环参数）
6	调整速度环积分时间PB10。方法是逐步减少速度环积分时间PB10，直至出现振动。然后以振动点速度环积分时间为基准，延长速度环积分时间至1.2倍（速度环积分时间实质是调整过程的快慢程度）
7	调整位置环增益PB08。方法是逐步调高PB08直至出现振动后再降低PB08
8	调整模型环增益PB07。方法是逐步调高PB07直至出现振动后再降低PB07
9	如果因为出现振动而无法调高预期的速度环增益时，可以通过设置消振滤波器消除振动，重复执行第3~第5步，以提高响应性
10	仔细观察运行状态，微调各参数

3. 调试内容

1）速度环增益。同19.4.1节。

2）速度环积分时间。同19.4.1节。

3）位置环增益（PG2，参数PB08）。本参数决定了位置环对负载变化的响应性。实际运行时负载的剧烈变化会对位置轨迹精度产生影响，提高本参数后，可减小这种影响。但设置过大会导致机械系统产生振动。本参数建议按下式设置：

$$位置环增益 \leqslant \frac{速度环增益}{(1+负载惯量比)} \times \left(\frac{1}{4} \sim \frac{1}{8}\right)$$

4）模型环增益（PG1，参数PB07）。PB07是决定对位置指令的响应性的参数。增大PB07，对位置指令的跟踪性变好，但设置PB07过高容易发生超调。建议按下式设置参数PB07：

$$模型环增益 \leqslant \frac{2000 \sim 3000}{(1+负载惯量比)} \times \left(\frac{1}{4} \sim \frac{1}{8}\right)$$

19.5　插补模式的调试方法

在多轴做插补运行的工作机械中，为了获得准确的运行轨迹，在伺服调试中，必须重点保证各轴的位置环增益匹配。在插补模式的调试中，必须手动调试各轴的响应等级 PA09、模型环增益 PB07。其他参数由自动模式调整。

19.5.1　相关参数

1. 自动调试的参数

以下参数通过自动模式调试，见表 19-10。

表 19-10　自动调试的参数

参数	简称	名　称
PB06	GD2	负载惯量比
PB08	PG2	位置环增益
PB09	VG2	速度环增益
PB10	VIC	速度环积分时间

2. 用手动方式设置的参数

手动方式设置的参数见表 19-11。

表 19-11　手动方式设置的参数

参数	简称	名　称
PA09	RSP	自动调试响应性
PB07	PG1	模型环增益

19.5.2　调试顺序

1. 调试步骤

1）先执行各轴分别调试；

2）选择自动试模式，PA08 = 0001；

3）伺服电动机运行，逐步增大 PA09 响应等级，发生振动时再降低至振动点增益的 70%；

4）预设模型环增益 PB07 和负载惯量比 PB06；

5）将自动试模式改为插补模式，PA08 = 0000；

6）负载惯量比与自动整定不一致时，改设为自动调试模式 2 PA08 = 0 0 0 4，用手动方式设置负载惯量比；

7）将所有插补轴的模型环增益 PB07 设为相同数值（各轴之间以最小值为准）；

8）边观察边调试。

2. 调试内容

模型环增益（参数PB07），这个参数决定位置环的响应性。调高模型环增益将改善对位置指令的跟随性能，减少滞留脉冲。但设置值过大容易产生超调。

滞留脉冲量可以用下式计算。

$$滞留脉冲数(pulse)=\frac{\frac{转速(r/min)}{60}}{模型环增益}\times 262144(pulse)$$

上式表示，滞留脉冲与模型环增益成反比。

第 20 章

消除振动的方法

机床运行中的振动与伺服系统的调试有较大关系，而且也是难以排除的顽症。本章主要介绍了机械振动的类型和消除振动的方法。本章内容简单地说，对应不同的振动类型使用不同的消振滤波器。

20.1　可能发生的振动类型

1. 振动的类型

图 20-1 所示的带伺服电动机的机床中，可能发生的振动有机床床身的振动、机械系统共振、旋转轴高频共振、滚珠丝杠振动、联轴器振动、工件端部振动、指令中的振动谐波、目视可见的低频振动（4 ~ 6Hz）、在定位点附近发生的振动和低速电动机转动不均匀。

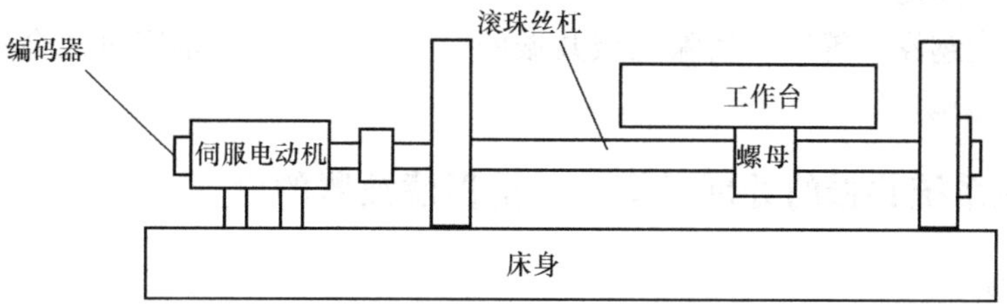

图 20-1　带伺服电动机的机床

2. 振动的实质

机床上的振动可以视为共振。所谓共振就是机床的固有频率与振源的频率相等。在机床系统中，振源就是伺服电动机。当伺服电动机的运行频率与机床机械系统的固有频率相等时，就发生共振。

3. 消振的方法

消振的方法就是使伺服电动机的运行频率避开机床系统的固有频率。避开的方法就是使用各种滤波器过滤掉共振频率，使伺服电动机以非共振频率工作。

20.2　滤波器的设置和使用

从指令脉冲发出到脉冲宽度调制（PWM），特别是在速度环调谐的环节，系统设计了多种滤波器用于过滤引起共振的频率。图 20-2 表示了这些滤波器所起作用的各个环节。

从指令脉冲开始，具有不同频率的速度指令被不同的消振滤波器过滤，最后只有不引起共振的频率。这些指令（频率）被送到 PWM 环节，最后令伺服电动机工作。

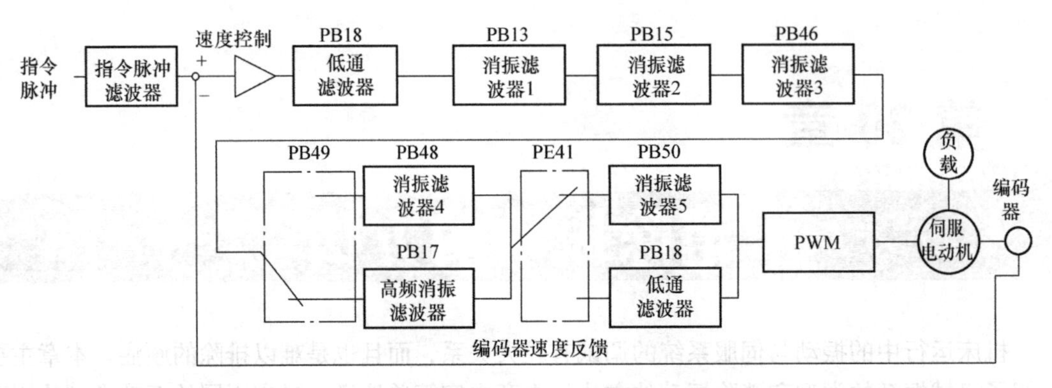

图 20-2　各消振滤波器的作用环节

如果用通俗的比喻，从速度指令发出的一系列指令脉冲，就像一群具有不同频率的小鱼，其中具有某些频率的小鱼是一些捣蛋鬼，各种滤波器就是河渠上的渔网，拦截了各种捣蛋的小鱼，最后把这群小鱼送到目的地。

使用消振滤波器的注意事项如下：

1）消振滤波器对伺服系统来说是滞后因素。因此，设置了错误的共振频率，或者设置陷波特性过深、过广时，振动可能会变大。

2）机械共振不确定时，可以按从高到低的顺序逐渐设置共振频率。振动最小时的陷波频率就是最优设置值。

3）陷波深度越深、越广，消除机械共振的效果越好。但是幅度过大会造成相位滞后，有时反而会加强振动。

20.2.1　机械系统共振的处理对策——消振滤波器的设置

1. 工作原理

机械系统有多个振动点，如图 20-3 所示。如在 10Hz 频段出现的床身振动点，在 30Hz 频段出现的机械系统振动点以及在高频段出现的滚珠丝杠振动点和联轴器振动点。

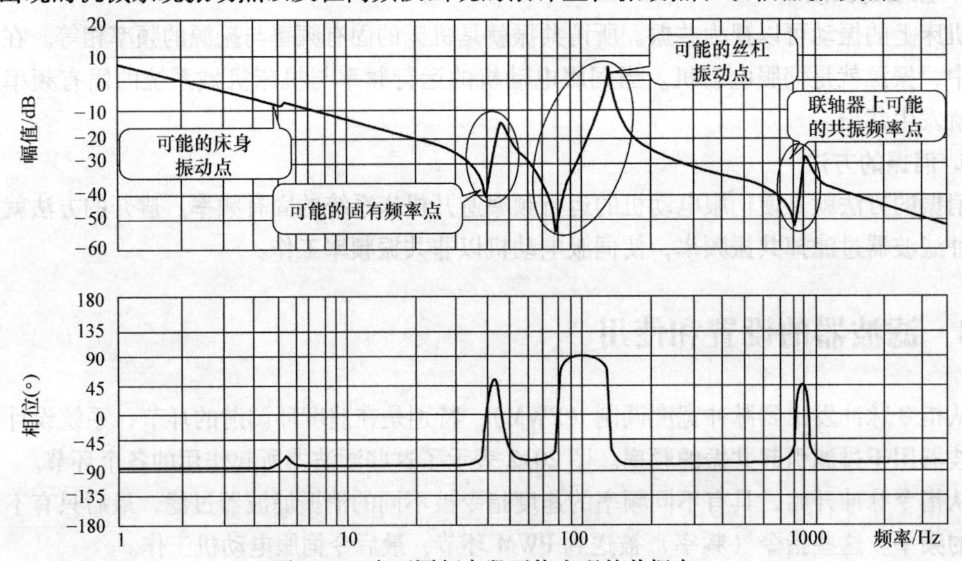

图 20-3　在不同频率段可能出现的共振点

在提高伺服系统的响应等级时，机械系统会发生振动或啸叫。为此使用消振滤波器（也称为陷波滤波器），能够消除机械系统共振。消振滤波器设置范围为 10～4500Hz。消振滤波器具有通过大幅降低固有频率的增益，从而消除机械系统共振的现象。对于消振滤波器，要设置：

1）陷波频率（被降低增益的频率）；

2）陷波深度和宽度（降低增益的宽度）。

简单地说，对引起共振的振源点频率做排除处理，如图 20-4 所示。

MR－J4 系列有 5 个消振滤波器可供使用，见表 20-1。

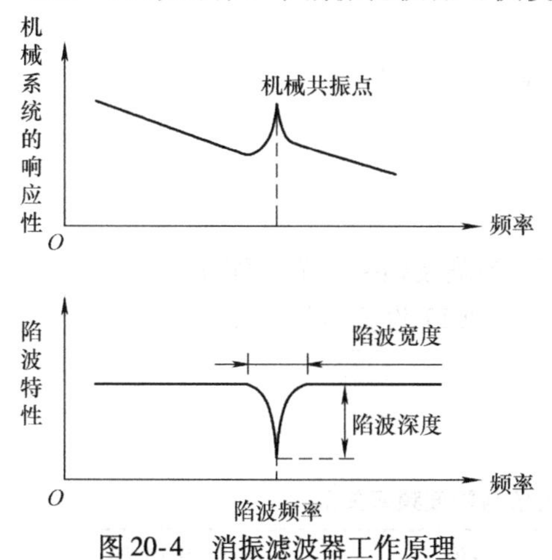

图 20-4　消振滤波器工作原理

表 20-1　消振滤波器一览表

滤波器	相关参数
消振滤波器 1	PB01、PB13、PB14
消振滤波器 2	PB15、PB16
消振滤波器 3	PB46、PB47
消振滤波器 4	PB48、PB49
消振滤波器 5	PB50、PB51

消振滤波器所在的位置如图 20-2 所示。

2. 相关参数

1）消振滤波器 1（对应参数 PB13 和 PB14）。参数 PB13 用于设置陷波频率，PB14 用于设置陷波深度及陷波宽度。设置 PB01＝0002 时，手动设置 PB13、PB14 有效。

2）消振滤波器 2（对应参数 PB15 和 PB16）。PB15 用于设置陷波频率，PB16 用于设置陷波深度、陷波宽度以及消振滤波器 2 是否有效。设置 PB16＝0001 时，消振滤波器 2 有效，可手动设置 PB15、PB16 参数。

3）消振滤波器 3（对应参数 PB46 和 PB47）。PB46 用于设置陷波频率，PB47 用于设置陷波深度、陷波宽度以及消振滤波器 3 是否有效。设置 PB47＝0001 时，消振滤波器 3 有效，可手动设置 PB46、PB47 参数。

4）消振滤波器 4（对应参数 PB48 和 PB49）。PB48 用于设置陷波频率，PB49 用于设置陷波深度、陷波宽度以及消振滤波器 4 是否有效。设置 PB49＝0001 时，消振滤波器 4 有效。可手动设置 PB48、PB49 参数。但消振滤波器 4 有效后，就不能设置高频消振滤波器了。

5）消振滤波器 5（对应参数 PB50 和 PB51）。PB50 用于设置陷波频率，PB51 用于设置陷波深度、陷波宽度以及消振滤波器 5 是否有效。设置 PB51＝0001 时，消振滤波器 5 有效。可手动设置 PB48、PB49 参数。但消振滤波器 5 有效后，就不能设置高频消振滤波器了。

20.2.2　高频共振的处理对策——高频消振滤波器的设置

1. 振动类型——高频共振

伺服电动机运行时，在高频段可能会发生机械振动，这种振动类型称为高频共振。

2. 工作原理

系统为了对应这一类型的振动，设计了专门的滤波器，即高频消振滤波器，用于消除高频共振。高频消振滤波器的相关参数可自动设置和手动设置。高频消振滤波器所在的位置如图 20-2 所示。

选择自动设置时，系统根据负载惯量比能够自动设置滤波器的陷波频率。

3. 参数

PB23 用于选择高频消振滤波器的设置方法：

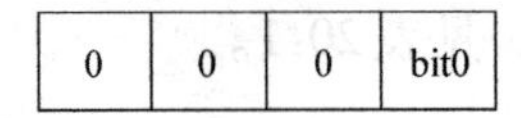

高频消振滤波器设置方法选择

0 表示自动设置；

1 表示手动设置；

2 表示无效。

选择自动设置时，自动进行 PB17 的设置。PB17 为陷波频率和陷波深度的设置。

选择手动设置时，能够通过手动设置 PB17 数值。PB17 设置值见表 20-2。

0	bit2	bit1	bit0

bit1 bit0 参数用来设置陷波频率，见表 20-2。

表 20-2　高频消振滤波器设置值与陷波频率关系

设置值	频率/Hz	设置值	频率/Hz
0	无效	10	562
1	无效	11	529
2	4500	12	500
3	3000	13	473
4	2250	14	450
5	1800	15	428
6	1500	16	409
7	1285	17	391
8	1125	18	375
9	1000	19	360
0A	900	1A	346
0B	818	1B	333
0C	750	1C	321
0D	692	1D	310
0E	642	1E	300
0F	600	1F	290

bit2 用来设置陷波深度，见表 20-3。

表 20-3　陷波深度设置

设置值	宽度	增益
0	标准	2
1		3
2		4
3	宽	5

实际使用中，设置陷波频率极为重要。注意，设置参数对应的频率是从高到低的。因为是高频滤波器。

20.2.3 滚珠丝杠类振动及处理对策

1. 振动类型——丝杠型振动

机械系统的传动方式为滚珠丝杠类型时，如果提高伺服系统响应等级，有时在高频段会产生机械共振，这种振动称为丝杠型振动，振动点频率约100Hz。

2. 处理对策

为消除这一类型的振动，系统采用设置低通滤波器的方法。低通滤波器的滤波频率按以下公式自动调整。

$$滤波器频率（rad/s）=\frac{VG2}{1+GD2}\times 10$$

简单地解释就是，高于此频率的信号不能够通过，所以消除了高频振动。

低通滤波器能够使低于截止频率的信号无损通过，而使高于截止频率的信号无限衰减。在幅频曲线上为矩形曲线。滤波器的功能就是允许某一部分频率的信号通过，而另一部分频率的信号不能通过。实质上是一种选频电路。

低通滤波器所在的位置如图20-2所示。

3. 相关参数

PB23用于设置如何使用低通滤波器：

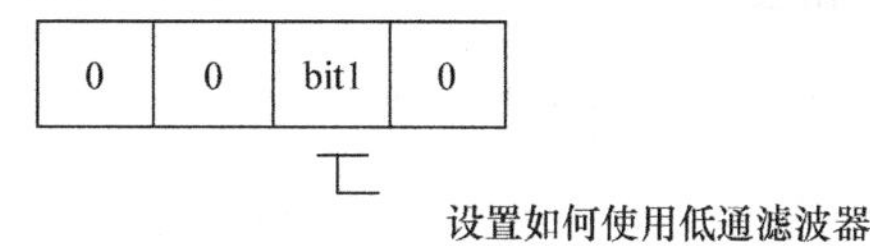

0表示自动设置；

1表示手动设置；

2表示无效。

如果设置PB23为手动设置（bit1 =1），能够对参数PB18进行手动设置。

PB18用于设置低通滤波器的滤波频率。

20.2.4 工件端部振动及支架晃动的处理对策1

1. 振动类型及对策

1）振动类型。运行期间发生的工件端部振动和支杆晃动，如图20-5所示，可以视为悬臂振动。

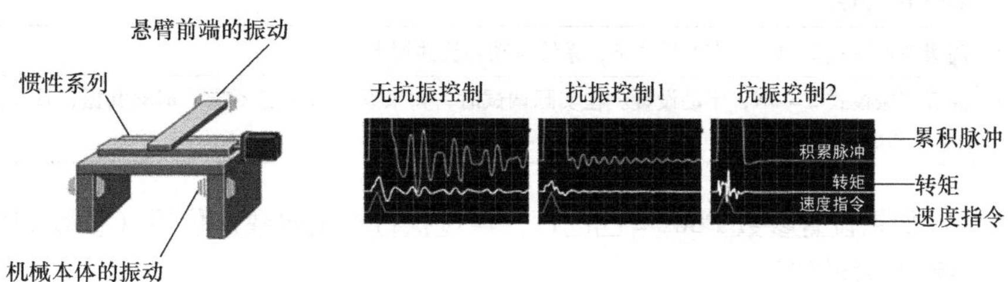

图20-5 工件端部振动和支杆晃动

2）处理对策。系统提供了高级消振模式1和高级消振模式2用于处理这种类型的振动。图20-6是启动和关闭高级消振模式2对系统运行的影响。

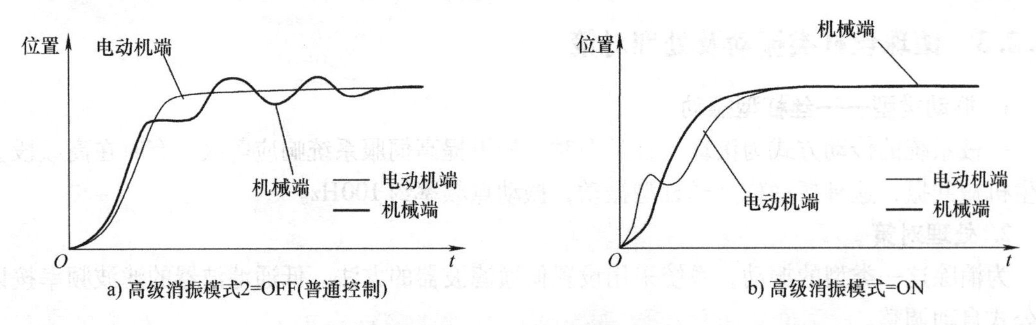

图20-6 “高级消振模式2”

启动高级消振模式2（用参数PB02选择）后，可选择自动设置陷波频率和手动设置陷波频率，最多可以设置2个振动点。

3）相关参数。参数PB02用于选择高级消振模式1和高级消振模式2。消除1个振动点时，设置高级消振模式1 = ON。消除2个振动点时，设置高级消振模式1 = ON和高级消振模式2 = ON。

如果自动设置方式不能满足要求，可采用手动设置。通过设置参数PB19 ~ PB22或PB52 ~ PB55可消除振动。

PB02设置方法见表20-4和表20-5。

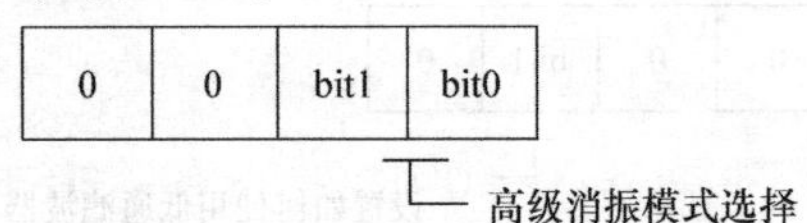

表20-4 PB02参数设置高级消振控制模式1的方法

bit0	调谐模式
0	高级消振模式1 = OFF
1	高级消振模式1 = ON，在此模式下，系统自动寻找共振点
2	高级消振模式1 = ON，手动设置。在实际调试时，如果系统自整定不能够消除共振，就要用手动设置PB19和PB20进行消振

表20-5 PB02参数设置高级消振控制模式2的方法

bit1	调谐模式
0	高级消振模式2 = OFF
1	高级消振模式2 = ON，在此模式下，系统自动寻找共振点
2	高级消振模式2 = ON，手动设置。在实际调试时，如果系统自整定不能够消除共振，就要用手动设置PB19和PB20进行消振

设置方法：如果设置参数PB02 = □□11，经过执行一定次数定位后（参数PB19、参数PB20）将会自动变为最佳值。

经过高级消振模式调试后的结果如图20-7所示。

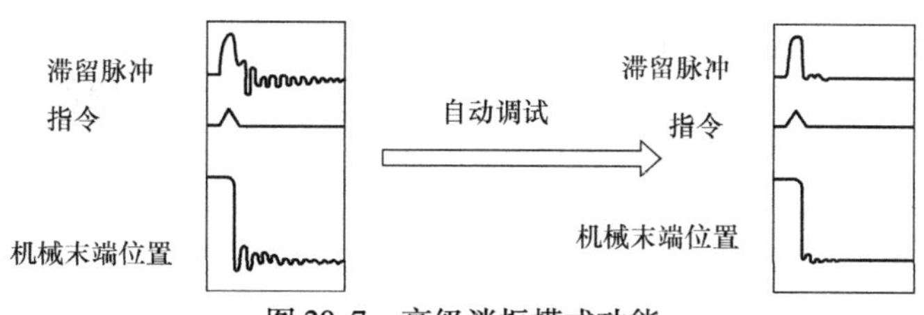

图 20-7 高级消振模式功能

4）调试流程。

图 20-8 是自动调试的流程图。调试的目的是要提高响应等级。由于提高响应等级会引起振动，所以通过设置消振滤波器来消除振动。

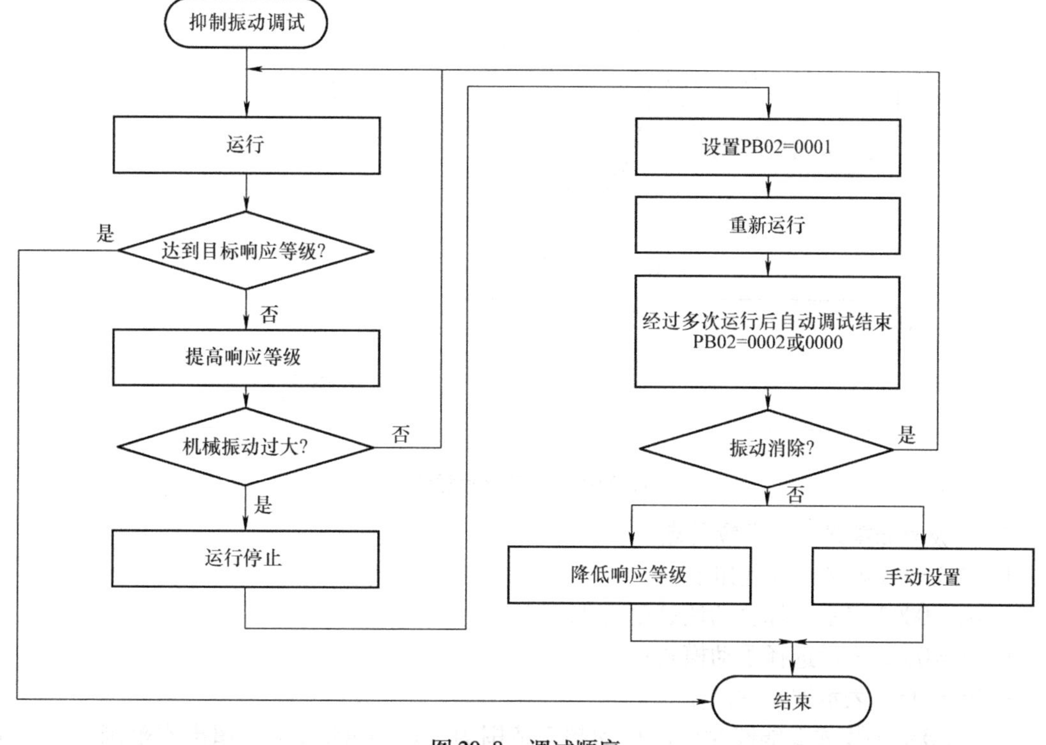

图 20-8 调试顺序

5）手动设置参数。如果通过仪器测定工件端部的振动频率和机械装置的晃动频率，则可以手动设置以下参数，调试消振效果（见表 20-6）。

表 20-6 陷波频率和陷波宽度对应的参数

设置项目	消振模式 1	消振模式 2	设置项目	消振模式 1	消振模式 2
陷波频率	PB19	PB52	陷波宽度	PB21	PB54
陷波频率	PB20	PB53	陷波宽度	PB22	PB55

① 选择消振模式和手动设置。

设置 PB02 = 0001 选择高级消振模式 1，设置 PB02 = 0002 选择手动设置；

设置 PB02 = 0010 选择高级消振模式 2，设置 PB02 = 0020 选择手动设置。

② 设置反向共振频率及共振频率。

使用仪器能够测定振动最大值时，手动设置 PB19 ~ PB22、PB52 ~ PB55。

图 20-9 中有 2 个振动点：PB19—反向共振频率，PB20—共振频率；PB52—反向共振频率，PB53—共振频率。反向振动指输出信号的幅值远低于指令信号幅值而出现的振动。

③ 对参数 PB19 ~ PB22、PB52 ~ PB55 进行微调。

6）手动设置要点。

① 机械端振动没有传递到伺服电动机轴端时，即使设置伺服电动机端的振动频率也无效。

② 通过仪器能够测定反向共振频率和共振频率时，不要设置为相同值。设置为不同数值，消除振动效果更佳。

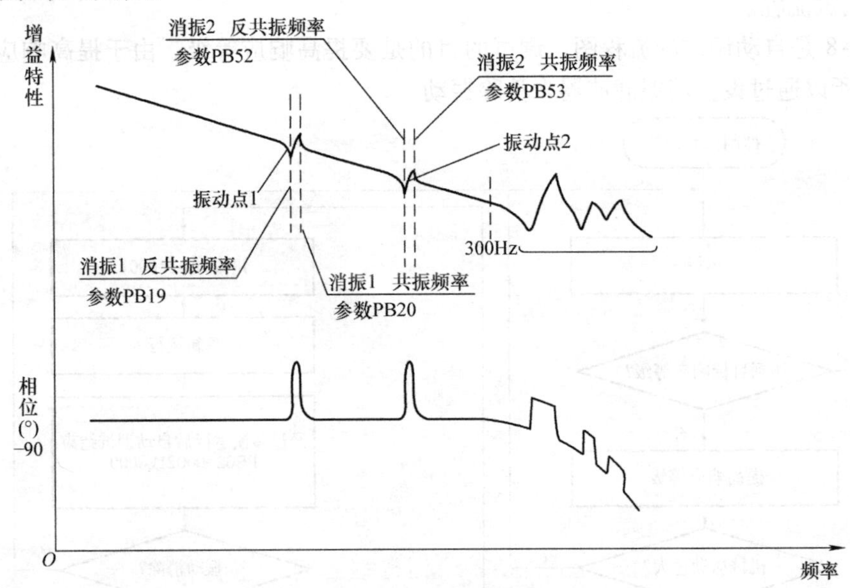

图 20-9 振动点示意图

2. 高级消振模式 2 的设置要点

1）参数 PA08 必须设置如下：

PA08 = 0002 表示选择自动调试模式 2；

PA08 = 0003 表示选择手动模式；

PA08 = 0004 表示增益调试模式 2。

2）高级消振模式 2 能够对应的振动频率范围为 1.0 ~ 4500.0Hz。超出本范围以外必须通过手动进行设置。

3）改变相关参数时，需停止伺服电动机运行，否则可能会发生危险。

4）在进行消振调整的定位运行中，必须设置振动从减弱到停止的时间。

5）在伺服电动机端的残留振动很小时，消振模式可能不起作用。

6）消振调整是以当前设置的控制增益为基准设置其他参数，提高响应等级时，必须对消振模式的相关参数进行重新设置。

7）使用高级消振控制 2 模式时，必须设置 PA24 = 0001。

20.2.5 对工件端部振动及支架晃动的处理对策 2—指令型陷波滤波器

1. 振动类型—3 点振动型

工作原理：如果悬臂振动类型的振动点有 3 个，用高级消振模式 2 不能够完全消除振动时，MR - J4 系统还提供了另一种解决方式，即指令型陷波滤波器。

指令型陷波滤波器的工作原理是通过降低包含在位置指令中的特定频率的增益，以消除悬臂振动。使用指令型陷波滤波器能够设置振动点频率和陷波深度与宽度。图20-10是使用指令型消振滤波器的效果图。

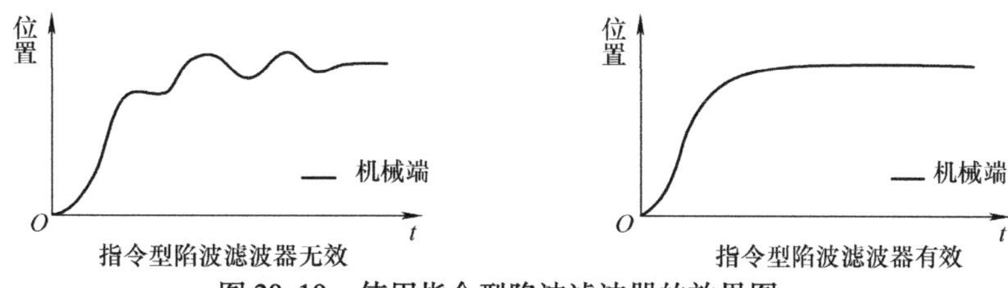

图20-10　使用指令型陷波滤波器的效果图

2. 相关参数

参数PB45用于设置振动点频率和陷波深度与宽度。振点频率以表20-7中机械端振动频率为基准进行设置。陷波深度见表20-8所示设置。

PB45

0	bit2	bit1	bit0

表20-7　指令型陷波滤波器设置值与振动频率关系

bit1bit0	振动频率/Hz	bit1bit0	振动频率/Hz	bit1bit0	振动频率/Hz
0		20	70	40	17.6
1	2250	21	66	41	16.5
2	1125	22	62	42	15.6
3	750	23	59	43	14.8
4	562	24	56	44	14.1
5	450	25	53	45	13.4
6	375	26	51	46	12.8
7	321	27	48	47	12.2
8	281	28	46	48	11.7
9	250	29	45	49	11.3
0A	225	2A	43	4A	10.8
0B	204	2B	41	4B	10.4
0C	187	2C	40	4C	10.0
0D	173	2D	38	4D	9.7
0E	160	2E	37	4E	9.4
0F	150	2F	36	4F	9.1
10	140	30	35.2	50	8.8
11	132	31	33.1	51	8.3
12	125	32	31.3	52	7.8
13	118	33	29.6	53	7.4
14	112	34	28.1	54	7.0
15	107	35	26.8	55	6.7
16	102	36	25.6	56	6.4
17	97	37	24.5	57	6.1
18	93	38	23.4	58	5.9
19	90	39	22.5	59	5.6
1A	86	3A	21.6	5A	5.4
1B	83	3B	20.8	5B	5.2
1C	80	3C	20.1	5C	5.0
1D	77	3D	19.4	5D	4.9
1E	75	3E	18.8	5E	4.7
1F	72	3F	18.2	5F	4.5

表 20-8 陷波深度设置

bit2	陷波深度/dB	bit2	陷波深度/dB
0	-40	8	-6.0
1	-24.1	9	-5.0
2	-18.1	A	-4.1
3	-14.5	B	-3.3
4	-12.0	C	-2.5
5	-10.1	D	-1.8
6	-8.5	E	-1.2
7	-7.2	F	-0.6

3. 设置要点

1）通过使用高级消振模式 2 和指令型陷波滤波器可以消除 3 个悬臂振动点。

2）指令型陷波滤波器能够适用的机械振动频率范围为 4.5～2250Hz。在该范围内不要设置与机械共振频率相近的频率。

第 21 章 制定运动控制型项目的解决方案

21.1 制定解决方案的流程

现在的项目一般分为新建项目和改造项目。在中小企业中还有很多仿造项目和升级项目，仿造项目、升级项目和改造项目常常是设备机械部分已经成型，需要配置控制系统或从低级系统升级为高级系统。客户只有样机或简单资料，需要设计工程师提出解决方案。图 21-1是制定解决方案及编制控制程序的流程图。

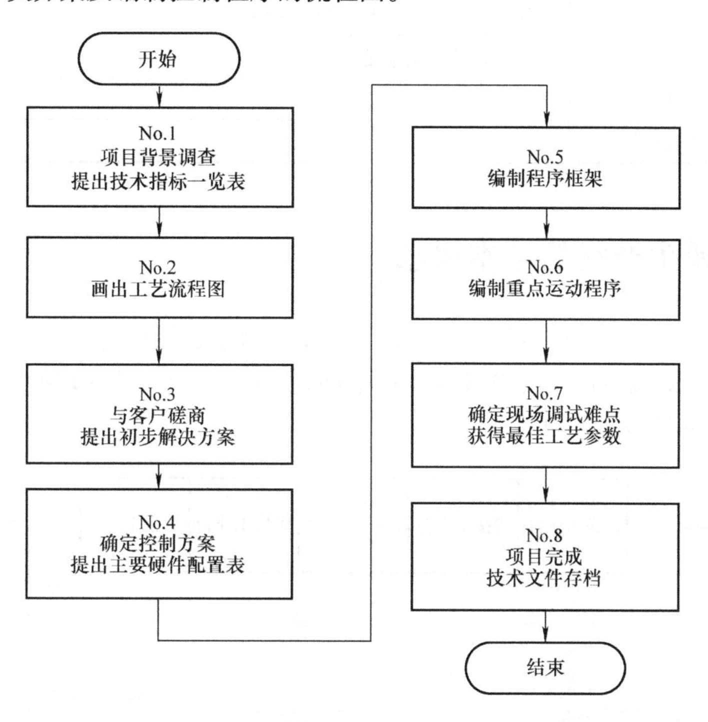

图 21-1　制定解决方案及编制控制程序的流程图

以下各节是对流程图中各步骤的详细说明。

21.2 项目背景调查

对于中小企业中的很多仿造项目和升级改造项目，其设备机械部分已经成型，需要配置控制系统，作为设计者，在项目考察阶段，不能仅仅凭经验看一次了事，而必须进行全面细致的考察、询问，要求客户尽可能地提供所有的原始资料。应制作一份项目调查表作为最原始的资料和设计依据，项目调查表中列出了应该调查询问的项目，见表 21-1。

表 21-1　项目调查表

序号	项目名称	项 目 内 容
1	机床（项目）名称	
2	设备布置示意图	草图及客户资料
3	工作流程图	描述工作流程
4	运动控制类型	单轴、插补、多轴插补、张力控制、速度控制、变频控制、伺服控制
5	I/O 点数量	输入/输出点数
6	A/D 和 D/A	模拟量输入/输出通道
7	电动机数量、功率	伺服电动机、普通电动机数量
8	机器人数量	
9	显示屏	大小、色彩
10	总线类型	PROFIBUS、MODBUS、CC - Link
11	通信及数据库	上位机、控制远程通信
12	完成工作时间	
13	联系方式及联系人	

21.3　机床或生产线的基本要求

要求客户列出机床或生产线的基本要求，提出设备的技术指标，这是制定控制系统方案的基础。以第 1 章焊接生产线为例（本章以下同），生产线如图 21-2 所示。由客户提出的焊接生产线的基本要求见表 21-2。

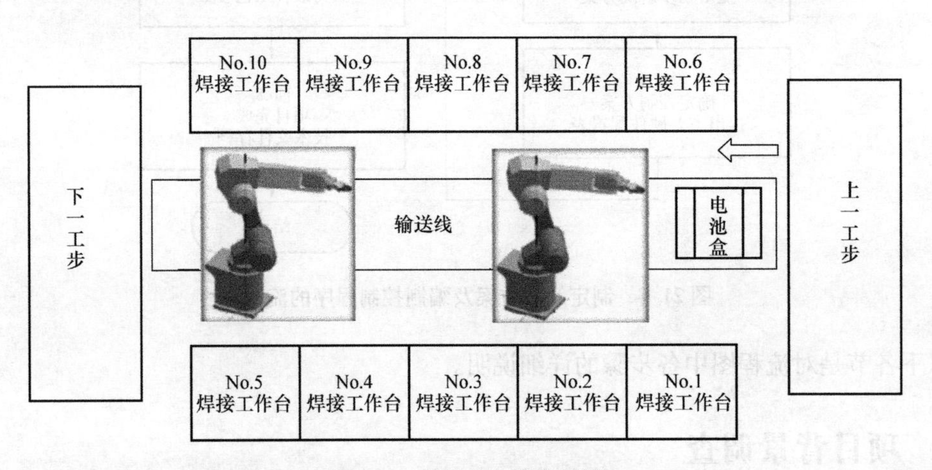

图 21-2　焊接生产线布置图

表 21-2 机床或生产线的基本要求

序号	设备工作内容
1	焊接生产线配置10个焊接工作台，工作台面为1000mm×1200mm。工作台对称布置，每边5个工作台，中间2条输送线，如图21-2所示
2	电池半成品由进料输送线运送，输送线速度为500mm/s
3	电池成品由出料输送线送至下一段生产线，输送线速度500mm/s
4	配置2台机器人执行电池半成品的搬运上下料
5	每个工作台均为小型龙门结构，各有4个运动轴，要求其中3个轴能够做插补运行，4台电动机功率均为0.75kW
6	焊枪被夹持在龙门上，执行点对点的定位运动。无精确运动轨迹要求，但对运动速度有要求，每个电池焊接时间为3s，其中焊接时间为1s，定位运动2s。如果焊接质量不合格，必须具备单点重新焊接、停机检查、重新启动等功能
7	每个工作台可放置两套电池盒，每盒电池有30~80个
8	电池型号最多达10种
9	每个工作台输入信号16点，输出信号16点
10	配置触摸屏2台，2个生产线则各配置1台
11	控制系统配置网络接口，可以由总控室监视生产线工作，并与上下段生产线通信

对主要控制设备硬件的汇总见表21-3。

表 21-3 控制设备硬件汇总

序号	名称	技术指标	数量
1	工作台电动机	0.75kW	40
2	输送线电动机	1.5kW	2
3	输入点	PLC	160
4	输出点	PLC	160
5	触摸屏	15寸	2
6	机器人		2

21.4 生产线工艺流程图

由客户提出或根据客户叙述画出工艺流程图是一项必要的工作。制作工艺流程图时，必须画出总的工艺流程图和各主要工步的工艺流程图。因为在研究工艺流程图的过程也是对控制方案的构建过程。

21.4.1 生产线的总工艺流程图

焊接生产线的总工艺流程图如图21-3所示。

说明：

1）上一工段将半成品送到进料输送线上。

2）输送线根据各工作台有料无料状态运行。

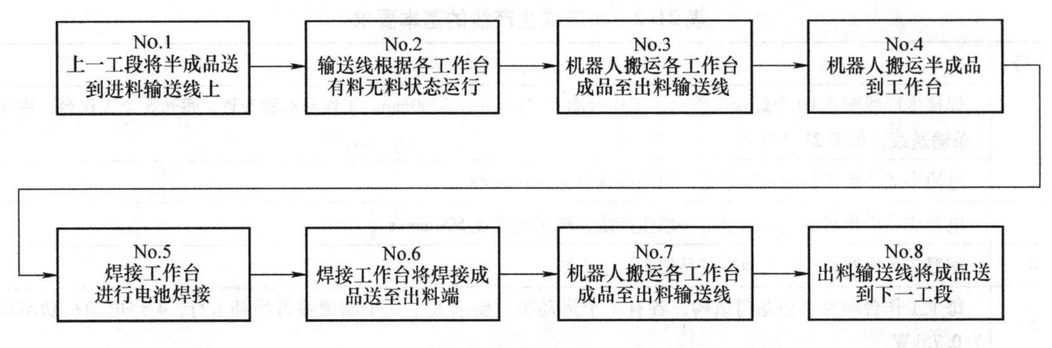

图 21-3　总工艺流程图

3）机器人卸料，将各工作台成品搬运到出料输送线上。

4）机器人上料，将半成品搬运到工作台上。

5）各焊接工作台执行焊接电池。

6）各工作台将焊接成品移动到出料端。

7）机器人卸料，将各工作台成品搬运到出料输送线上。

8）出料输送线将成品输送到下一工段。

21.4.2　焊接机工艺流程图

1. 产品对象

焊接工步的任务是将铜帽焊接在电池本体上。根据电池型号不同，每个电池盒内的电池数量从 30 ~ 80 不等，因此必须编制 10 步运动程序与其对应。装在电池盒内的半成品电池如图 21-4 所示。

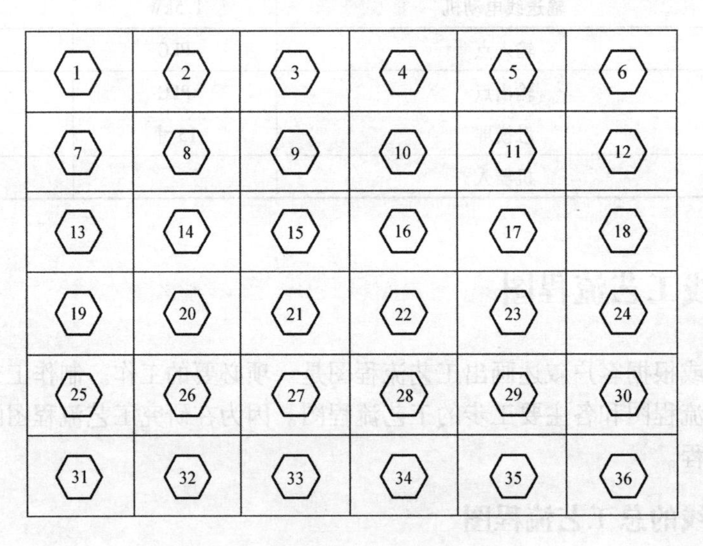

图 21-4　电池盒半成品电池示意图

2. 焊接机配置

焊接机配置有 4 个伺服轴，X、Y 轴执行定位，Z 轴上下运动，执行焊接，A 轴（第 4 轴）对电池盒工作台进行定位。

3. 工艺流程

焊接机的工艺流程如图 21-5 所示。

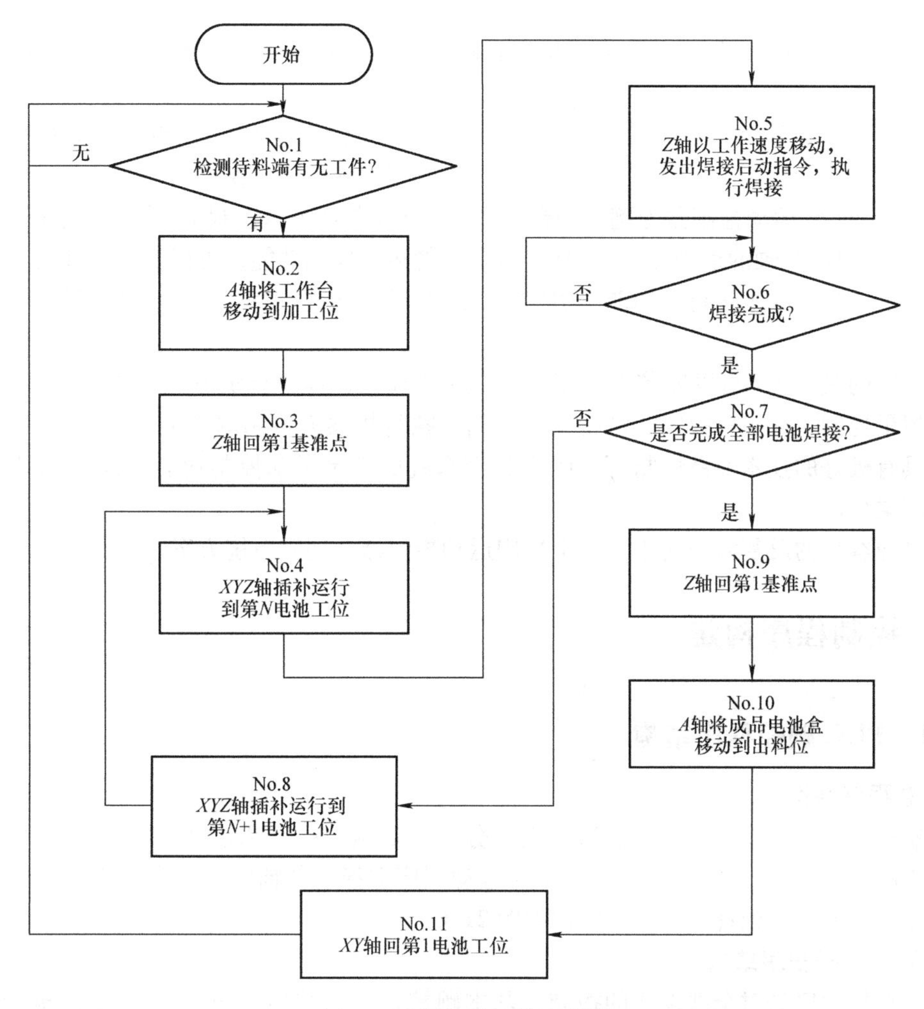

图 21-5　焊接机工艺流程图

对图 21-5 工艺流程图的说明：

1）各轴回原点，检测工作台进料工位有无工件。如果无工件，继续检测等待。如果有工件，则进入第 2 步。

2）*A* 轴将工作台移动到加工位。

3）*XYZ* 轴做插补运行，定位到第 *N* 电池工位。

4）*Z* 轴以焊接速度移动，同时发出焊接指令，执行焊接电池。

5）等待焊接工序完成。

6）判断是否执行完全部电池焊接，如果是，则执行第 7 步，如果否，则跳转到第 3 步。

7）*Z* 轴退回原点。

8）*A* 轴快速退回出料工位。

21.5 确定控制方案

根据焊接生产线的技术要求一览表和工艺流程图，可以提出控制系统方案：运动控制器+伺服系统方案。

由于焊接生产线项目运动轴有42个，机器人有2台，输入/输出点数为200~240点。如果考虑采用运动控制器+伺服系统方案，可以较好地满足项目要求。

以三菱QD77运动控制器为例，一台QD77运动控制器可以控制16轴，使用3台运动控制器就可以实现48轴的运动控制。QD77有强大的运动控制功能，可以实现4轴插补、多轴同时启动、中断、同步运行等功能。QD77易于编制复杂的运动程序，也可以预置50个运动程序。

更重要的是QD77可以安装在三菱中大型QPLC上，本身只负责运动程序，而输入/输出、模拟量控制、连接触摸屏、进行网络通信、执行机器人控制的功能全部由QPLC完成。这样就具有极好的技术经济性指标，既有数控系统的完善运动控制功能，也有PLC系统的逻辑控制柔性。

经过与客户的反复协商讨论，决定采用运动控制器+伺服系统方案。

21.6 控制程序构建

21.6.1 PLC顺控程序结构

1. 总程序结构

控制程序——PLC顺控程序包括两大部分：基本顺控程序和运动顺控程序（不是运动控制器内的运动程序）。运动顺控程序是对运动程序选择、各轴启动顺序、M指令、速度调节、控制模式转换的处理。总程序结构如图21-6所示。

2. 基本顺控程序结构

基本顺控程序是对全部设备的控制。基本顺控程序的结构如图21-7所示，至少包含3部分，即主程序、子程序、中断程序。要根据工艺流程来决定是否需要子程序和中断程序。

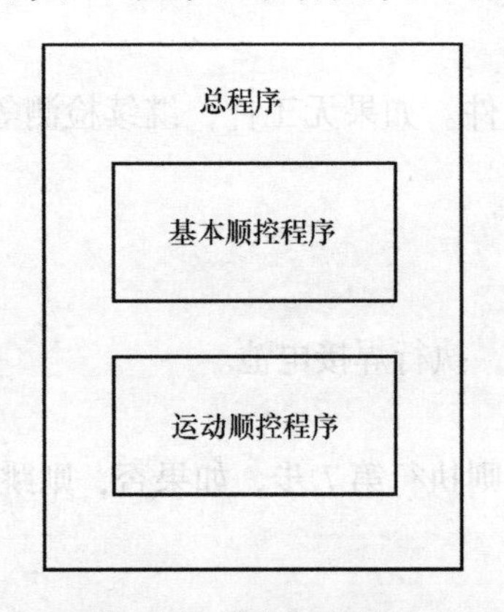

图21-6 总程序的结构

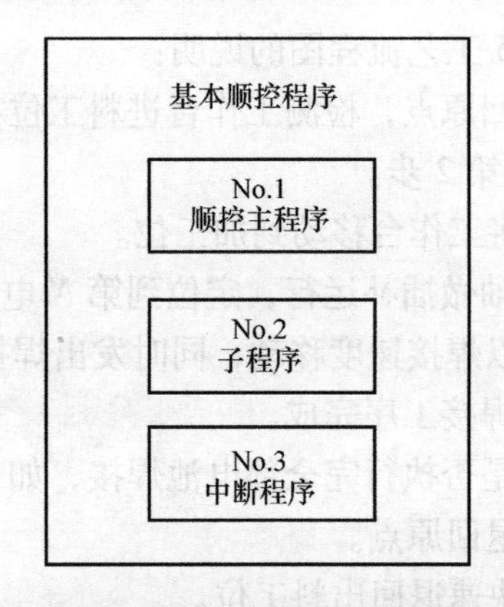

图21-7 基本顺控程序的结构

3. 顺控主程序结构

顺控主程序结构是PLC程序的主体部分。顺控主程序的框架构成及编制流程如图21-8所示。说明如下：

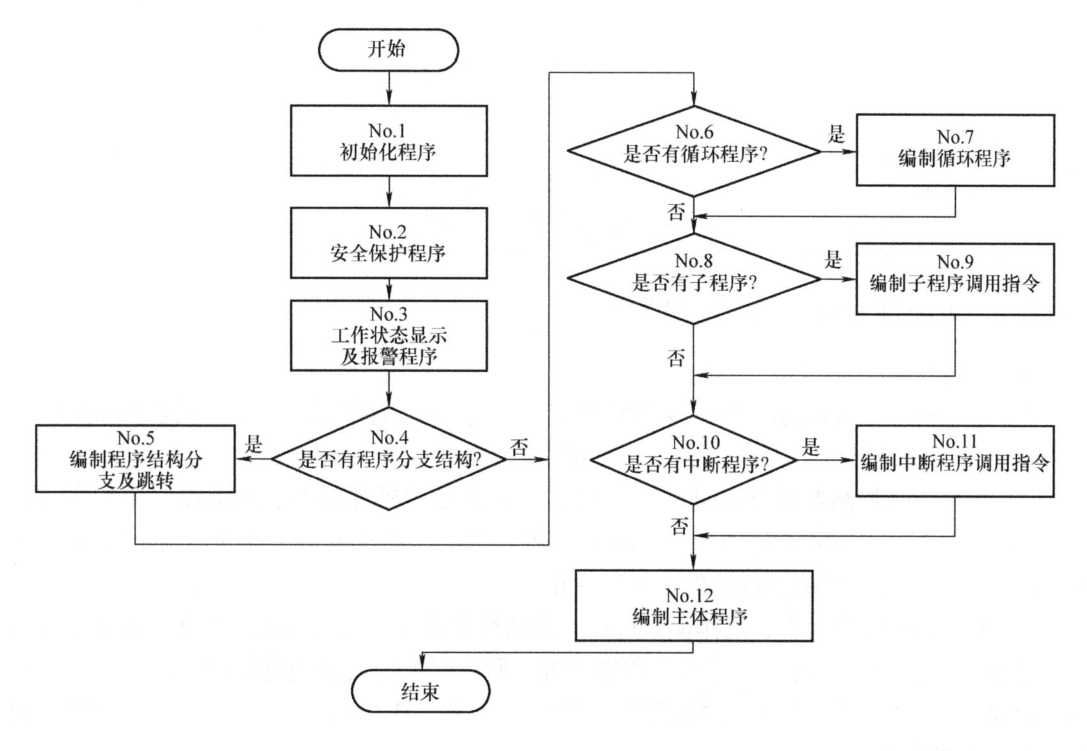

图21-8 顺控主程序结构

1）初始化程序。

2）安全保护程序。由于安全第一，必须编制安全保护程序，如急停、限位、速度限制、压力限制、运动部分的互锁要求等。

3）工作状态显示及报警程序。调试初期会出现大量的故障现象，因此预先编制工作状态显示及报警程序是很有必要的，可以大大减少调试工作量。

4）根据工艺流程判断程序结构是否需要建立分支、跳转。如果有需要，则建立分支结构。

5）判断工艺流程是否有循环动作，如果有循环动作，则建立循环程序。

6）根据工艺流程判断是否需要建立子程序，如果有子程序，必须编制子程序调用指令。

7）根据工艺流程判断是否需要建立中断程序，如果有中断程序，必须编制中断程序调用指令。

8）编制顺控主程序。根据控制对象的工作要求，编制逻辑控制程序，这是顺控主程序的主体部分。

顺控主程序的构成一览表见表21-4。

表 21-4　顺控主程序的构成

序号	程序块名称	功　能	项目工艺要求
1	初始化	网络、参数设置等	
2	安全保护	急停、限位、限制	
3	工作状态显示及报警	显示故障原因	
4	分支及跳转	改变程序流程，程序建立结构	Y
5	循环程序	循环工作	Y
6	调用子程序		Y
7	调用中断程序		Y
8	主体程序	对象设备的逻辑控制	
9	子程序	需要多次执行的同一程序	Y
10	中断程序	紧急保护程序	Y

21.6.2　运动部分的 PLC 程序结构

对于运动控制，首先要分清：

1）运动程序应该由运动控制器 CPU 负责。中高档运动控制器可以自行构建运动流程。PLC 程序只需要发出启动/停止指令，这是最简单的结构。

2）如果运动控制器编制运动程序有困难（如各轴的动作顺序比较复杂，限制条件较多），就可以由 PLC 顺控程序编制运动程序（各轴的动作仍然由运动控制器编制），PLC 编程指令有步进指令，是编制运动程序的常用方法。

3）对于运动程序而言，工作模式选择、运动程序选择、速度设置、M 指令处理、更改定位数据”等，也必须通过编制 PLC 程序实现。所以有关运动控制部分的 PLC 其结构和编程流程如图 21-9 所示。更详细的编程方法参看第 14 章。图 21-10 是在 GX－DEVELOP 上建立程序结构的方法。

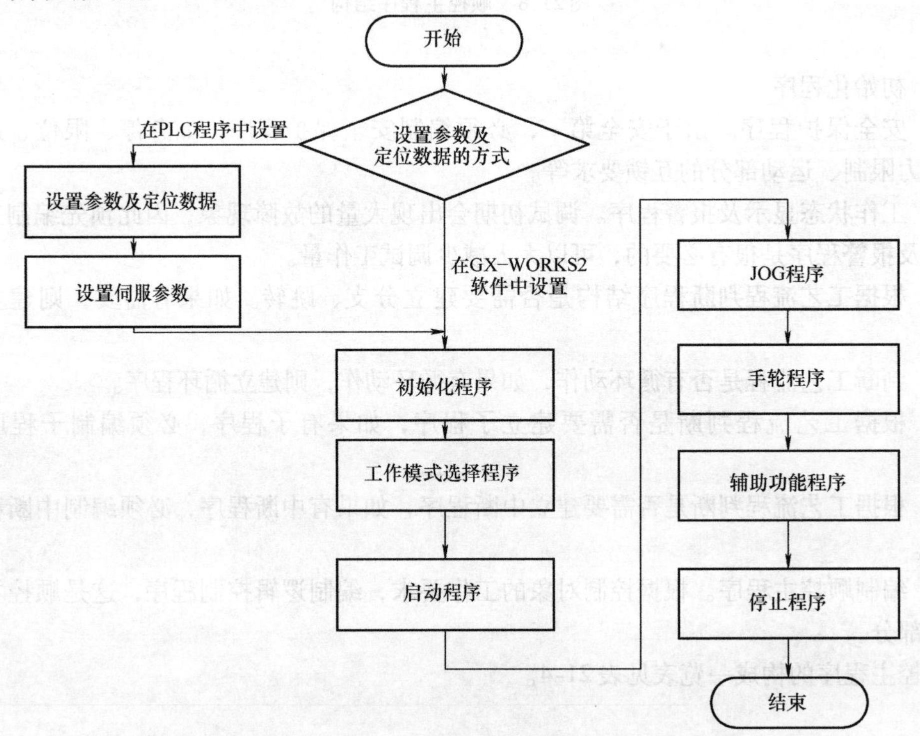

图 21-9　运动控制部分的 PLC 程序结构和编程流程

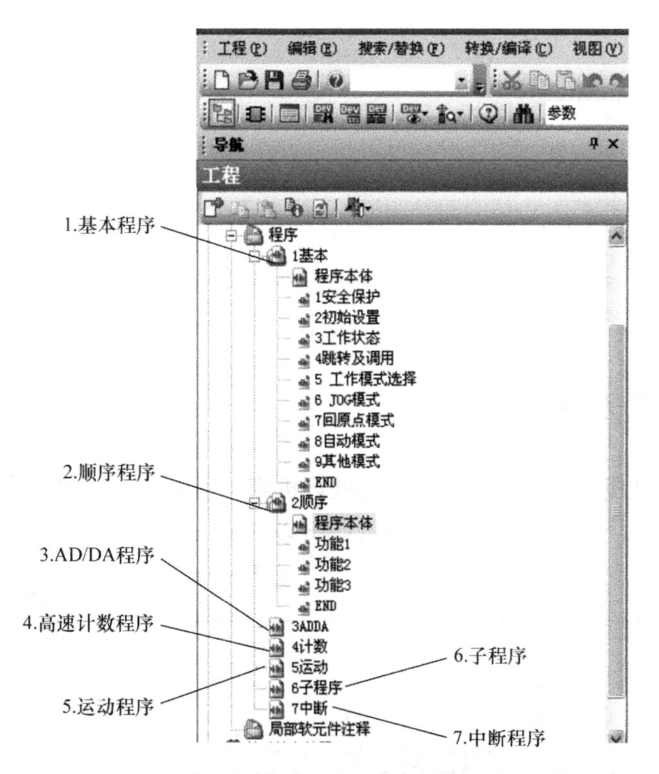

图21-10　在GX－DEVELOP上建立程序结构的方法

第 22 章

运动控制器在大型曲轴热处理机床上的应用

22.1 机床结构及功能

大型曲轴热处理机床是高端自动控制热处理机床，用于对曲轴类工件进行热处理。原为进口产品，后国内某厂家自行研制，其结构如图 22-1 所示。

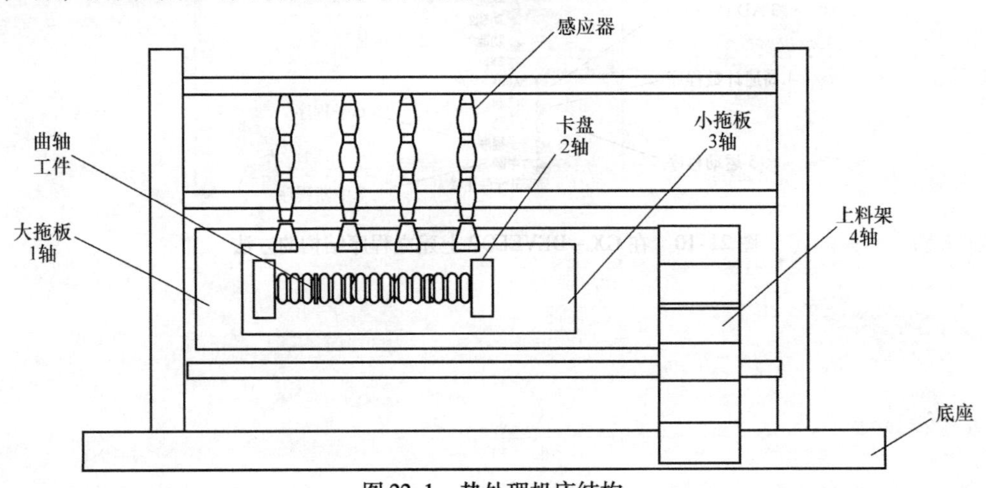

图 22-1 热处理机床结构

各部分的功能如下：

1）1 轴为大拖板轴（X）。负责运载工件做 X 方向运动。

2）2 轴为旋转轴（Y）。负责执行（带动曲轴）旋转和定位，因为热处理过程中需要均匀加热，所以需要工件以不同速度旋转，加热完毕则需要对连杆颈进行定位，所以第 2 轴需要有速度—位置控制。

3）3 轴为小拖板移动轴，用于在上下料时夹持曲轴。

4）4 轴为上料架轴。驱动上料架运动，用于上下料。

5）感应器悬挂在机床上部，当曲轴被定位完成后，下行卡夹在连杆颈上，然后执行加热、喷水，如图 22-2 所示。

图 22-2 曲轴热处理

22.2　热处理机床的工作流程

曲轴热处理机床是用于对曲轴的轴颈进行热处理的自动加工机床。通过运动控制将一个或数个感应器卡在轴颈上，然后加热、喷水进行热处理，到达规定的工艺时间后，提起感应器。完成1#工位的处理。然后运动到2#～N#工位进行同样处理，其工作流程如图22-3所示。

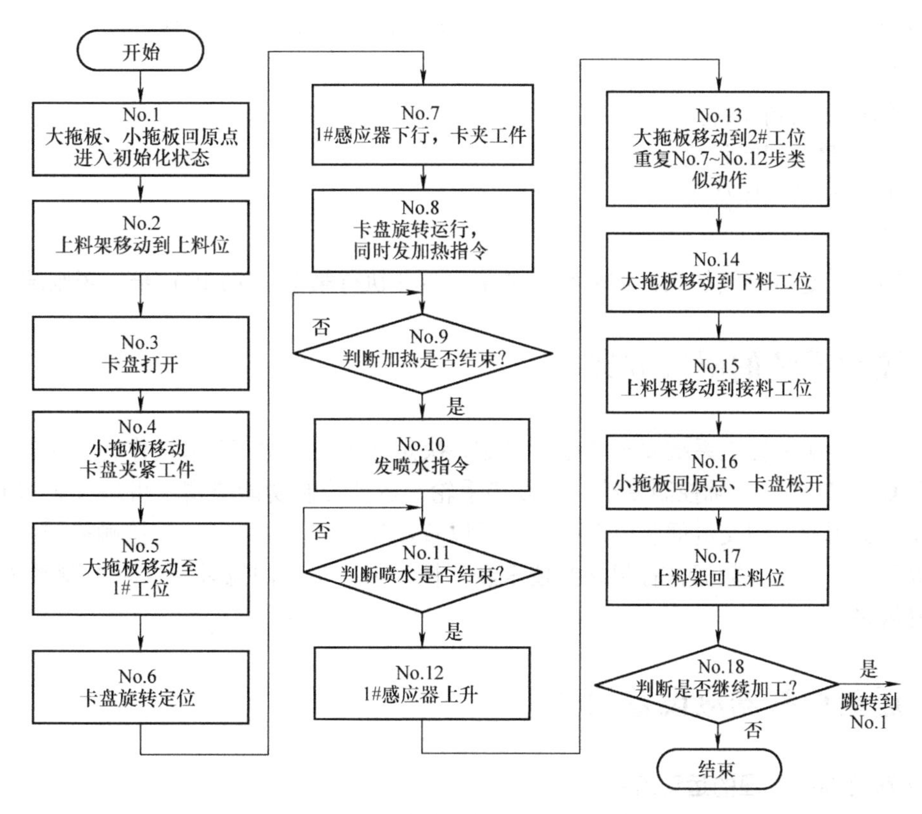

图22-3　热处理机床的工作流程

说明如下：

1）初始化工步。初始化工步为机床的上料做准备。动作如下：

① 全部感应器上升。

② 大拖板回到卸料位。

③ 卡盘打开。

④ 小拖板回原位。

2）上料架（带工件）移动到上料位。本工步为上料，由上料架将待加工的曲轴送到机床上料位，同时将已经加工完成的曲轴卸料下来，由卡盘、小拖板和大拖板的协调运动将曲轴夹紧。

3）大拖板移动到1#工位。本工步将曲轴移动到1#工位（某连杆颈部位）。

4）卡盘（2轴）旋转定位。本工步是对曲轴的分度定位。由于曲轴连杆颈之间呈

120°，所以必须进行定位。将连杆颈 1 定位到工位，便于感应器下行卡夹工件。

5）1 个或多个感应器下行，卡夹工件。

6）卡盘带工件旋转，发出加热指令，对工件加热，加热时间由工艺及电压、电流多因素决定。

7）加热完成，进行喷水冷却。喷水时间由工艺决定。

8）喷水完成，热处理结束后，曲轴停止旋转，提起感应器回到原位。大拖板带工件移动到 2#工位。

9）重复进行第 4）~第 8）步的工作，直到所有连杆颈部位处理完毕。

10）卸料。

① 大拖板移动到卸料位；

② 上料架移动到卸料位；

③ 小拖板移动到原位；

④ 卡盘松开。

11）判断，是否继续加工？如果继续加工，重新执行第 1）~第 10）步，否则结束。

22.3　控制系统的解决方案

经过对工作机械控制系统要求的综合考虑，决定选用三菱 QD77 系统作为其控制系统核心。三菱 QD77MS4 是 4 轴控制系统，可以接手轮，运动控制功能丰富，可以预置多套运动控制程序，配用通用型交流伺服电动机，又可以直接安装在 QPLC 上，连接触摸屏，利于修改和设置参数以及加工数据，有很好的技术经济性。客户最后同意采用这种控制系统方案，具体配置从略。

22.4　运动控制器应设置的数据

1. 运动控制器管理的运动流程

根据客户提供的工艺流程，编制运动控制器要执行的工作流程见表 22-1。

表 22-1　运动控制器执行的工作流程

序号	动　作	运动控制器控制的运动
1	全部感应器上升	发出 M21、M22、M23、M24 指令
2	大拖板回原点、上料轴移动到接料位，上料架气缸抬起	1 轴、4 轴同时启动，发出 M1 指令
3	小拖板回原位，卡盘松开	3 轴回原位，发出 M2 指令
4	上料架气缸落下，上料轴移动到上料位，上料架气缸抬起	发出 M3 指令，4 轴移动，发出 M2 指令
5	卡盘夹紧，小拖板回工位	3 轴移动，发出 M4 指令
6	大拖板移动到 1#工位	1 轴移动
7	工件旋转定位	2 轴旋转

（续）

序号	动　作	运动控制器控制的运动
8	1#～4#感应器下行卡夹工件	发出M5、M6、M7、M8指令
9	工件旋转，发出加热指令	2轴旋转，发出M9指令 2轴切换为速度模式
10	等待加热完毕	等待M9完成信号
11	发出喷水指令	发出M10指令
12	等待喷水完成	等待M10完成信号
13	工件停止旋转	2轴停止，切换到位置模式
14	1#～4#感应器上行回原位	发出M11、M12、M13、M14指令
15	跳转到第6步	设定2#位置（第2组数据） 根据工件型号，循环N次
16	根据不同型号工件预留工步	
17	大拖板回原点，上料轴移动到接料位，上料架气缸抬起	1轴、4轴同时启动 发出M1指令
18	小拖板回原位，尾顶回原位	3轴回原位，发出M2指令
19	上料架回原位	4轴回原点
20	判断是否连续工作？如果是，则回第1步；如果否，则结束	
21	等待下一次启动指令	

2. 定位点数据

经过对各轴动作的分析，各轴定位点的数量见表22-2。

表22-2　各轴定位点数量

轴号	名称	定位点数量	备　注
1	大拖板（1轴）	5	卸料位1、工位4
2	旋转轴（2轴）	3	工位3
3	小拖板（3轴）	2	卸料位1、工位1
4	上料架（4轴）	2	上料位1、卸料位1

从工艺流程看，各轴定位点都不是连续运行，而是单节运行。

3. 各轴定位点、定位数据的设置

（1）1轴（大拖板）定位点设置

1轴有多个定位点，设置样例如下：

①1轴定位点编号：No.1（卸料点）见表22-3。

②1轴定位点编号：No.2（1#工作位置点）见表22-4。

表 22-3　1 轴 No. 1 定位点设置

标识符	名称	设置数据	对应缓存器	缓存器及设置
Da. 1	运行模式	00	2000	2000 = 0100H
Da. 2	运动指令	01H		
Da. 3	加速时间编号	00H		
Da. 4	减速时间编号	00H		
Da. 5	插补对方轴			
Da. 6	定位地址	1000	2006/2007	1000
Da. 7	圆弧地址		2008/2009	0
Da. 8	运行速度	5000	2004/2005	5000
Da. 9	跳转目标		2002	
Da. 10	M 指令		2001	

表 22-4　1 轴 No. 2 定位点设置

标识符	名称	设置数据	对应缓存器	缓存器及设置
Da. 1	运行连续性	00	2010	2010 = 0100H
Da. 2	运动指令	01H		
Da. 3	加速时间编号	00H		
Da. 4	减速时间编号	00H		
Da. 5	插补对方轴			
Da. 6	定位地址	2000	2016/2017	
Da. 7	圆弧地址		2018/2019	
Da. 8	运行速度	5000	2014/2015	
Da. 9	跳转目标		2012	
Da. 10	M 指令		2011	

③ 1 轴定位点编号：No. 3（2#工作位置点）见表 22-5。

表 22-5　1 轴 No. 3 定位点设置

标识符	名称	设置数据	对应缓存器	缓存器及设置
Da. 1	运行模式	00	2020	2020 = 0100H
Da. 2	运动指令	01H		
Da. 3	加速时间编号	00H		
Da. 4	减速时间编号	00H		
Da. 5	插补对方轴			
Da. 6	定位地址	2500	2026/2027	
Da. 7	圆弧地址		2028/2029	
Da. 8	运行速度	5000	2024/2025	
Da. 9	跳转目标		2022	
Da. 10	M 指令		2021	

（2）2 轴定位点设置

① 2 轴定位点编号：No. 1（1#工作位置点）见表 22-6。

表 22-6 2 轴 No. 1 定位点设置

标识符	名称	设置数据	对应缓存器	缓存器及设置
Da. 1	运行模式	00	2600	2600 = 0100H
Da. 2	运动指令	01H		
Da. 3	加速时间编号	00H		
Da. 4	减速时间编号	00H		
Da. 5	插补对方轴			
Da. 6	定位地址	120	2606/2607	
Da. 7	圆弧地址		2608/2609	
Da. 8	运行速度	5000	2604/2605	
Da. 9	跳转目标		2602	
Da. 10	M 指令		2601	

② 2 轴定位点编号：No. 2（2#工作位置点）见表 22-7。

表 22-7 2 轴 No. 2 定位点设置

标识符	名称	设置数据	对应缓存器	缓存器及设置
Da. 1	运行模式	00	2610	2610 = 0100H
Da. 2	运动指令	01H		
Da. 3	加速时间编号	00H		
Da. 4	减速时间编号	00H		
Da. 5	插补对方轴			
Da. 6	定位地址	240	2616/2617	
Da. 7	圆弧地址		2618/2619	
Da. 8	运行速度	5000	2614/2615	
Da. 9	跳转目标		2612	
Da. 10	M 指令		2611	

③ 2 轴定位点编号：No. 3（3#工作位置点）见表 22-8。

表 22-8 2 轴 No. 3 定位点设置

标识符	名称	设置数据	对应缓存器	缓存器及设置
Da. 1	运行模式	00	2620	2620 = 0100H
Da. 2	运动指令	01H		
Da. 3	加速时间编号	00H		
Da. 4	减速时间编号	00H		
Da. 5	插补对方轴			

（续）

标识符	名称	设置数据	对应缓存器	缓存器及设置
Da. 6	定位地址	360	2626/2627	
Da. 7	圆弧地址		2628/2629	
Da. 8	运行速度	5000	2624/2625	
Da. 9	跳转目标		2622	
Da. 10	M 指令		2621	

（3）3 轴定位点设置

① 3 轴（小拖板）定位点编号：No. 1（卸料点）见表 22-9。

表 22-9　3 轴 No. 1 定位点设置

标识符	名称	设置数据	对应缓存器	缓存器及设置
Da. 1	运行模式	00	3200	3200 = 0100H
Da. 2	运动指令	01H		
Da. 3	加速时间编号	00H		
Da. 4	减速时间编号	00H		
Da. 5	插补对方轴			
Da. 6	定位地址	300	3206/3207	
Da. 7	圆弧地址		3208/3209	
Da. 8	运行速度	5000	3204/3205	
Da. 9	跳转目标		3202	
Da. 10	M 指令		3201	

② 3 轴定位点编号：No. 2（1#工作位置点）见表 22-10。

表 22-10　3 轴 No. 2 定位点设置

标识符	名称	设置数据	对应缓存器	缓存器及设置
Da. 1	运行模式	00	3210	3210 = 0100H
Da. 2	运动指令	01H		
Da. 3	加速时间编号	00H		
Da. 4	减速时间编号	00H		
Da. 5	插补对方轴			
Da. 6	定位地址	10	3216/3217	
Da. 7	圆弧地址		3218/3219	
Da. 8	运行速度	5000	3214/3215	
Da. 9	跳转目标		3212	
Da. 10	M 指令		3211	

（4）4 轴定位点设置

① 4 轴定位点编号：No. 1（上料点）见表 22-11。

表 22-11　4 轴 No. 1 定位点设置

标识符	名称	设置数据	对应缓存器	缓存器及设置
Da. 1	运行模式	00	3800	3800 = 0100H
Da. 2	运动指令	01H		
Da. 3	加速时间编号	00H		
Da. 4	减速时间编号	00H		
Da. 5	插补对方轴			
Da. 6	定位地址	800	3806/3807	
Da. 7	圆弧地址		3808/3809	
Da. 8	运行速度	5000	3804/3805	
Da. 9	跳转目标		3802	
Da. 10	M 指令		3801	

② 轴 4 定位点编号：No. 2（卸料点）见表 22-12。

表 22-12　4 轴 No. 2 定位点设置

标识符	名称	设置数据	对应缓存器	缓存器及设置
Da. 1	运行模式	00	3810	3810 = 0100H
Da. 2	运动指令	01H		
Da. 3	加速时间编号	00H		
Da. 4	减速时间编号	00H		
Da. 5	插补对方轴			
Da. 6	定位地址	1000	3816/3817	
Da. 7	圆弧地址		3818/3819	
Da. 8	运行速度	5000	3814/3815	
Da. 9	跳转目标		3812	
Da. 10	M 指令		3811	

4. 运动块的制作

如果要进行高级定位控制，构成运动流程，需要制作设置运动块。以下是对各轴设置的运动块。

（1）1 轴运动块设置

① 1 轴运动块编号：No. 1（卸料点）见表 22-13。

表 22-13　1 轴 No. 1 运动块设置

标识符	名称	设置数据	对应缓存器	缓存器及设置
Da. 11	运行连续性	1 连续	26000	26000 = 8001H
Da. 12	定位点编号	01H		
Da. 13	特殊启动指令	02H 等待启动	26050	26050 = 0201H
Da. 14	条件数据编号	01H		

（续）

标识符	名称	设置数据	对应缓存器	缓存器及设置
Da. 15	条件对象	02H（Y）	26100	26100 = 0207H
Da. 16	条件运算符	07H（ON）		
Da. 17	条件运算用地址		26102、26103	
Da. 18	条件运算用数据	200	26104、26105	
Da. 19	条件运算用数据		26106、26107	

② 1 轴运动块编号：No. 2（1#工位）见表 22-14。

表 22-14　1 轴 No. 2 运动块设置

标识符	名称	设置数据	对应缓存器	缓存器及设置
Da. 11	运行连续性	1 连续	26001	26001 = 8002H
Da. 12	定位点编号	02H		
Da. 13	特殊启动指令	02H 等待启动	26051	26051 = 0202H
Da. 14	条件数据编号	02H		
Da. 15	条件对象	02H（Y）	26110	26110 = 0207H
Da. 16	条件运算式	07H（ON）		
Da. 17	条件运算用地址		26112、26113	
Da. 18	条件运算用数据	201	26114、26115	
Da. 19	条件运算用数据		26116、26117	

（2）2 轴运动块设置

2 轴运动块编号：No. 1（1#工位）见表 22-15。

表 22-15　2 轴 No. 1 运动块设置

标识符	名称	设置数据	对应缓存器	缓存器及设置
Da. 11	运行连续性	1 连续	27000	27000 = 8001H
Da. 12	定位点编号	01H		
Da. 13	特殊启动指令	02H 等待启动	27050	27050 = 0201H
Da. 14	条件数据编号	01H		
Da. 15	条件对象	02H（Y）	27100	27100 = 0207H
Da. 16	条件运算式	07H（ON）		
Da. 17	条件运算用地址		27102、27103	
Da. 18	条件运算用数据	206	27104、27105	
Da. 19	条件运算用数据			

（3）3 轴运动块设置

3 轴运动块编号：No. 1（1#工位）见表 22-16。

表 22-16 3 轴 No. 1 运动块设置

标识符	名称	设置数据	对应缓存器	缓存器及设置
Da. 11	运行连续性	1 连续	28000	28000 = 8001H
Da. 12	定位点编号	01H		
Da. 13	特殊启动指令	02H 等待启动	28050	28050 = 0201H
Da. 14	条件数据编号	01H		
Da. 15	条件对象	02H（Y）	28100	28100 = 0207H
Da. 16	条件运算式	07H（ON）		
Da. 17	条件运算用地址		28102、28103	
Da. 18	条件运算用数据	210	28104、28105	
Da. 19	条件运算用数据		28106、28107	

（4）4 轴运动块设置

4 轴运动块编号：No. 1（上料位）见表 22-17。

表 22-17 4 轴 No. 1 运动块设置

标识符	名称	设置数据	对应缓存器	缓存器及设置
Da. 11	运行连续性	1 连续	29000	29000 = 8001H
Da. 12	定位点编号	01H		
Da. 13	特殊启动指令	02H 等待启动	29050	29050 = 0201H
Da. 14	条件数据编号	01H		
Da. 15	条件对象	02H（Y）	29100	29100 = 0207H
Da. 16	条件运算式	07H（ON）		
Da. 17	条件运算用地址		29102、29103	
Da. 18	条件运算用数据	220	29104、29105	
Da. 19	条件运算用数据		26106、26107	

22.5 运动流程的构成

22.5.1 运动流程的构成方案及比较

在设置完成定位点和运动块后，最后的问题是要将这些运动块连起来，形成连续的按工艺要求的运动。连接运动块的方案有以下两种：

1. 以等待条件启动运动块的方案

1）用运动块构成每一工步。在运动块中用条件等待构成启动条件。

2）条件用 Y 信号，而 Y 信号由运动块编号 + 定位完成信号发出来，由 PLC 程序编程。

2. PLC 程序的 SFC 方案

用 PLC 程序的 SFC 步进指令构成运动流程。各轴的定位运动由运动控制器编制。

3. 方案比较

经过分析，本机床的运动控制有以下特点：

1）各轴的定位运动都是单节定位，即一次定位后，没有连续的动作，而后是其他轴的运动或其他设备的动作。这样，实际上各轴虽然有多点的定位运行，但实质上，各点除了定位位置不同，其他各参数都相同。

2）各轴的运行没有轨迹的要求，只要定位准确。

3）客户要求使用触摸屏能够修改各轴的定位位置。

经过反复比较后，决定采用 PLC 程序的 SFC 步进指令构成运动流程的方案。而且为简化编程，各轴只需要设置一个定位点，编制 PLC 程序时，在不同的工步，送入不同的定位位置数据。于是就同时简化了运动程序和 PLC 程序。

22.5.2 编制 PLC 程序的关键要点

1. 简化

将各轴的多个定位点简化为 1 个定位点，PLC 程序如图 22-4 所示。

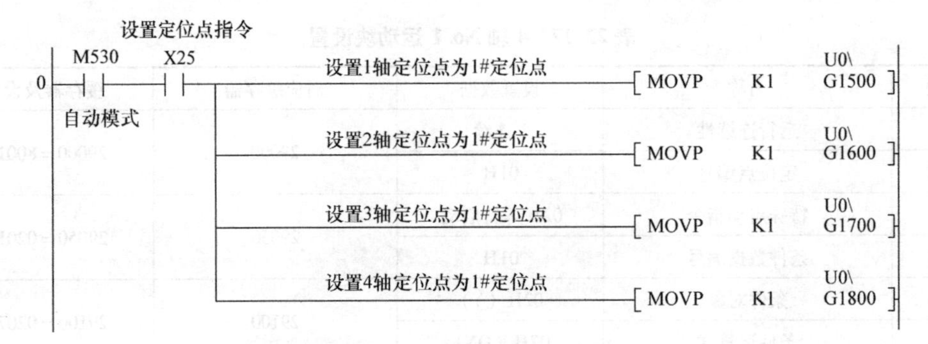

图 22-4 设置定位点的 PLC 程序

在图 22-4 中，设置各轴的定位点都为 1#定位点，程序简单明了，而且只需要进行一次设置。

2. 根据各工步设置不同的定位位置数据

在图 22-5 中，设置各轴的定位点的定位数据，其中 D1000 ~ D1006 是被定义的数据寄存器，用于存放定位数据。U0 \ G2006 ~ U0 \ G3806是运动控制器内的缓存器编号，对应 Da. 6。

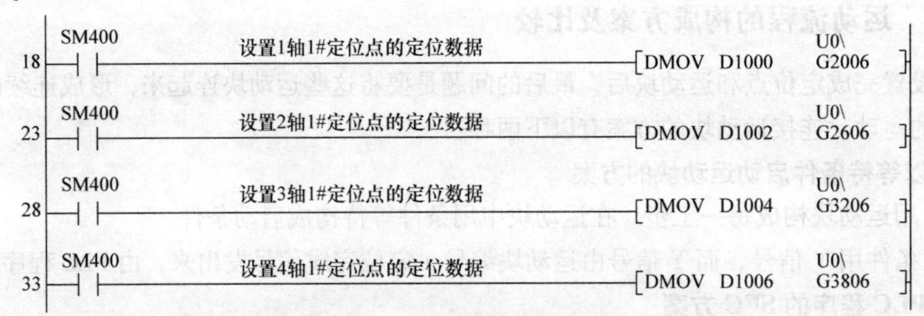

图 22-5 设置各轴 1#定位点数据

程序上电后就一直将 D1000 ~ D1006 数据送入运动控制器内的缓存器 U0 \ G2006 ~ U0 \ G3806。

在图 22-6 中，预置 1 轴的 1#定位点的定位数据，即根据不同的工位将最初设计的定位位置数据送入专用的被定义的数据寄存器 D1000 中。

```
      M401
38 ──┤ ├──── 预置1轴卸料位的定位数据 ────[DMOVP  K1000  D1000 ]
      M402
42 ──┤ ├──── 预置1轴1#工位的定位数据 ────[DMOVP  K2000  D1000 ]
      M403
46 ──┤ ├──── 预置1轴2#工位的定位数据 ────[DMOVP  K2500  D1000 ]
      M404
50 ──┤ ├──── 预置1轴3#工位的定位数据 ────[DMOVP  K2800  D1000 ]
```

图 22-6 预置各轴 1#定位点数据

为了能够方便地修改各工步的定位位置，机床操作使用触摸屏。为便于编程，再使用一组数据寄存器 D800 ~ D806 给触摸屏专用，程序如图 22-7 所示。在图 22-7 中，设置使用触摸屏预置 1 轴的 1# ~ 4#定位点的定位数据。

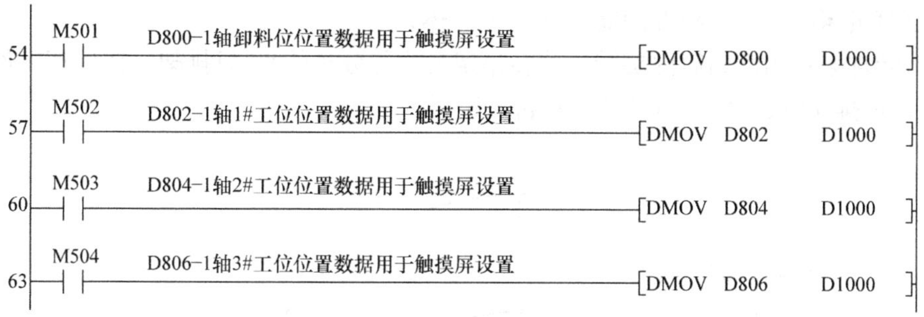

```
      M501
54 ──┤ ├──── D800-1轴卸料位位置数据用于触摸屏设置 ────[DMOV  D800   D1000 ]
      M502
57 ──┤ ├──── D802-1轴1#工位位置数据用于触摸屏设置 ────[DMOV  D802   D1000 ]
      M503
60 ──┤ ├──── D804-1轴2#工位位置数据用于触摸屏设置 ────[DMOV  D804   D1000 ]
      M504
63 ──┤ ├──── D806-1轴3#工位位置数据用于触摸屏设置 ────[DMOV  D806   D1000 ]
```

图 22-7 设置触摸屏用的 1 轴 1# ~ 4#工步定位点数据

第 23 章

电容老化滚筒机床运动控制系统的技术开发

本章介绍了基于三菱 MR－J4 交流伺服系统和运动控制器 QD77 控制系统的滚筒机床动态定位技术中应用的若干问题，比较了获得动态机械定位位置的几种方法，介绍了环形运动机床特殊原点位置的确定方法和限位开关的安全处理，论述了环形运动机床伺服电动机的参数调整，对环形运动机床有重要参考价值。

23.1 旋转滚筒机床的运动控制要求

旋转滚筒热处理机床（以下简称“滚筒机床”）是处理大量小型工件的热处理机床，其机床结构和运动过程有特殊要求，如图 23-1 所示。

1）滚筒机床的外圈是刚性圆筒（热处理炉体）。

2）旋转排架在刚性圆筒内旋转。旋转排架为均匀分布的 80 只排架，待处理工件装在旋转排架上，每排 50 只工件，由外部上料机械装料。

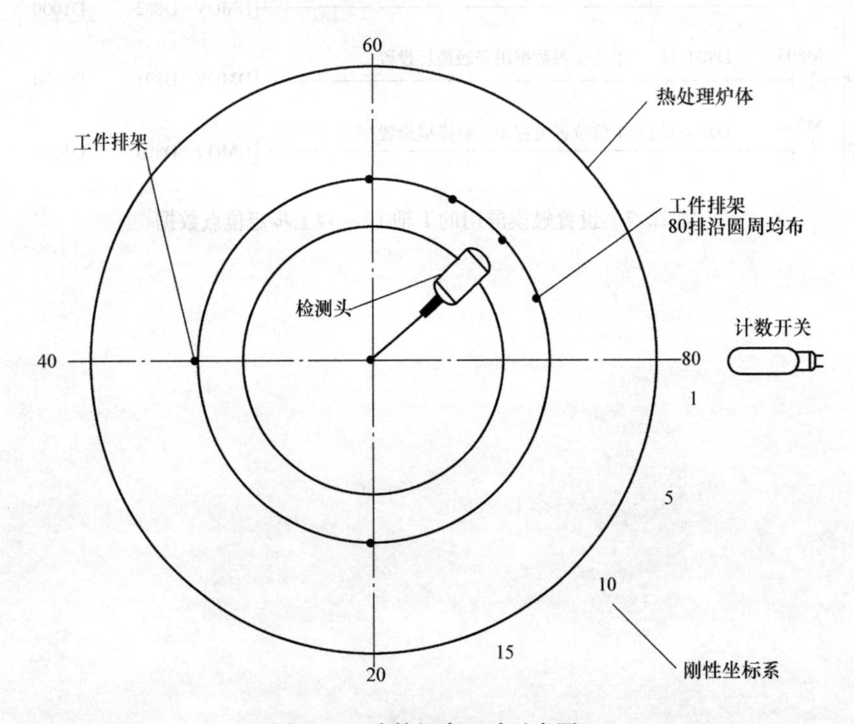

图 23-1　滚筒机床运动示意图

3）旋转排架按一定速度在加热炉内顺时针旋转运动，工艺要求对每一排进入加热炉的工件到达70min后必须立即进行检测，检测的数据送入PLC内处理。

由于检测的基准是进入热处理炉的时间，而旋转排架的转速受工艺的影响和外部送料或维修的影响可能不会匀。因此，在机床结构上设计由伺服电动机带动检测头运动，当旋转排架上任意一排的入炉时间到达工艺处理时间，PLC就发出指令启动伺服电动机带动检测头运动到时间到达排位置，由检测头进行数据检测。因此，伺服电动机的定位位置不是一个固定的位置，而是一个随时间变化的位置。这就是滚筒机床的工艺要求和运动控制的难点。

23.2 控制系统的配置

1. 控制系统配置

根据滚筒机床的控制要求，综合技术经济性指标，提出控制系统的配置，见表23-1。

表23-1 控制系统配置表

序号	名称	型号	数量	功能
1	主CPU	Q06CDH	1	系统总控制
2	运动控制器	QD77	1	运动控制
3	输入模块	QX42P	1	输入信号
4	输出模块	QY42	1	输出信号
5	通信模块	QJ71C24N	1	进行RS232/RS485通信
6	基板	Q38B	1	
7	电源	Q63P	1	
8	伺服驱动器	MR－J4－100A	1	额定输出1kW
9	伺服电动机	HG－KR153	1	功率为1kW

2. 对系统配置的说明

本控制系统以三菱QPLC为主体构成，如图23-2所示。

1）由主CPU做全部IO点的逻辑控制和数据处理。配置中有CPU模块、I/O模块、通信模块。

2）由QD77运动控制器做运动控制。QD77是一款运动控制功能很强大的运动控制器，可以做4轴插补和4轴同时启动，可以做圆弧直线插补，可以预设600个定位点，而且价格适中。

3）伺服系统选用三菱最新的MR－J4系列。

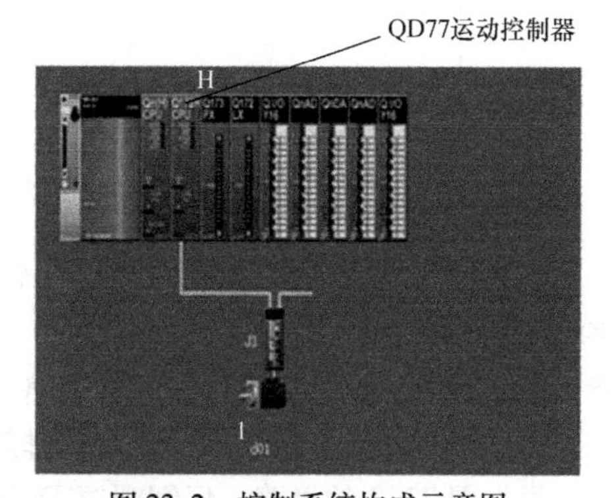

图23-2 控制系统构成示意图

23.3 运动控制方案的制定

23.3.1 基本刚性坐标系

在滚筒机床中，旋转排架每一排的间距为4.5°，由计数开关对各排入炉时间计数并启动计时。如果以炉体外圈为刚性坐标系，坐标值即1～80，通过对入炉排数计数，就可以计算出各排在刚性坐标系的位置，从而确定控制器的定位位置，刚性坐标系如图 23-1 所示。

23.3.2 旋转排架动态位置的确认

1. 方案 1：确定各排在刚性坐标系中的位置

1）用 80 个数据寄存器（程序中为 D9501 ~ D9580）代表 80 只排架，80 个数据寄存器中的数值就是各排在刚性坐标系中的位置坐标。

2）根据计数器的数值对排架数据寄存器进行赋值，由此确定各排的实际位置。根据此思路编制 PLC 程序，如图 23-3 所示。

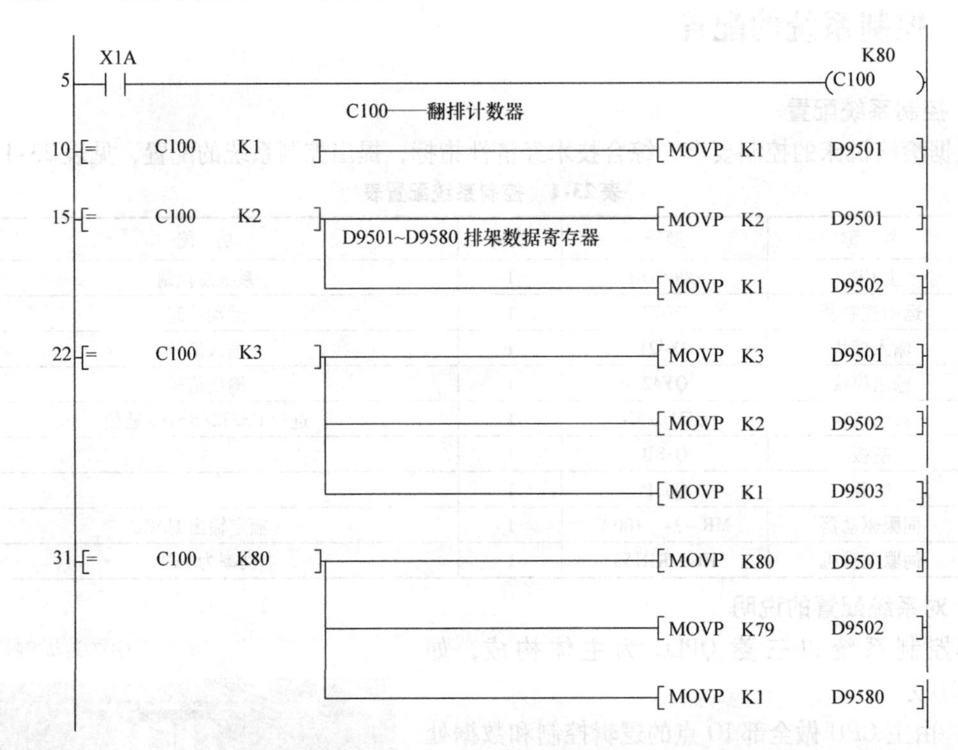

图 23-3 计算旋转排架坐标值的 PLC 程序（方案 1）

如果按图 23-3 编制程序，在每一个运行位置都需要为 80 个数据寄存器赋值，这部分程序将达到 6400 行。而且在计数器从 80 变为 1 循环计数时，其赋值方法也不好处理，所以不能采用这种方法，只能够作为一种思路。

2. 方案 2：采用移位指令对旋转排架动态位置进行编程

根据图 23-3 的思路，仔细观察 D9501 ~ D9580 的数据变化规律，发现可以用移位指令进行处理。移位指令的处理过程如图 23-4 所示。

在 DSFL 移位指令中，每发出 1 次指令，从 D ~ D +（$n-1$）内的所有数据均向左移动一个位置。这样的动作正好对应了旋转排架的位置数据变化。

根据这个思路，编制 PLC 程序如图 23-5 所示，在图 23-5 所示的程序中，第 804 步是移位指令 DSFL。以 D9501 ~ D9580 构成移位指令的本体，以计数信号作为移位指令的驱动信号，排架每旋转一次计数一次。关键是用计数信号将计数值送入移位指令的起始数据寄存器

n
Ⓓ+(n-1) Ⓓ+(n-2) Ⓓ+(n-3) … Ⓓ+2 Ⓓ+1 Ⓓ
555 120 325 100 50 40
Ⓓ+(n-1) Ⓓ+(n-2) … Ⓓ+3 Ⓓ+2 Ⓓ+1 Ⓓ
125 325 100 50 40 0
变为0

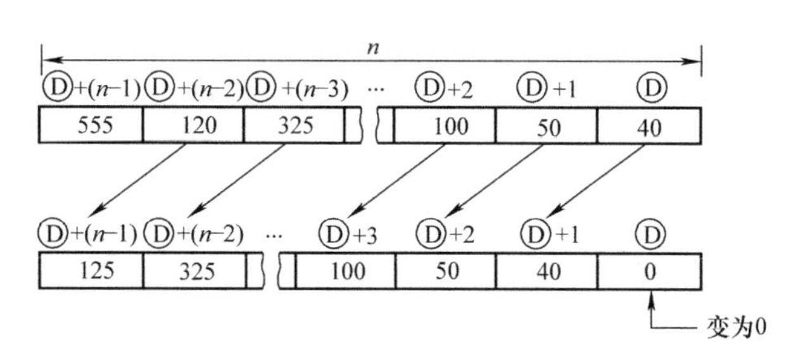

图 23-4　移位指令的处理过程

中，这样就完全模拟了旋转排架进入加热炉内的实际位置，从而获得了各排架的实际坐标值。

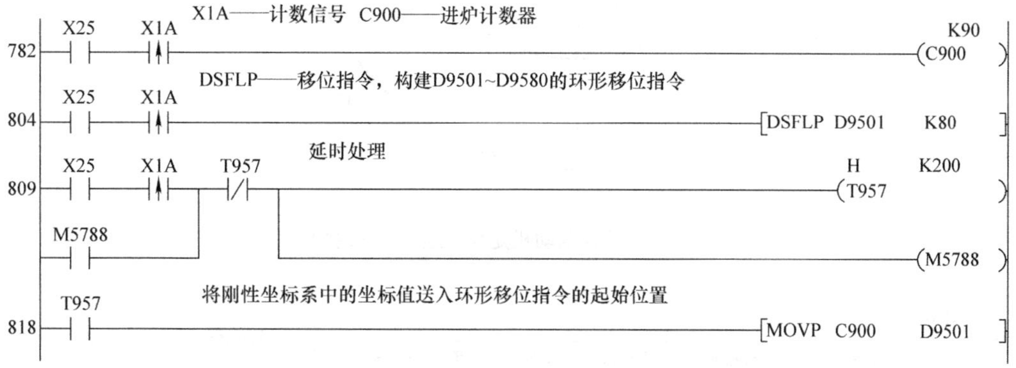

X1A——计数信号 C900——进炉计数器
782 X25 X1A K90 C900
DSFLP——移位指令，构建D9501~D9580的环形移位指令
804 X25 X1A DSFLP D9501 K80
延时处理
809 X25 X1A T957 H K200 T957
M5788 M5788
将刚性坐标系中的坐标值送入环形移位指令的起始位置
818 T957 MOVP C900 D9501

图 23-5　计算旋转排架坐标值的 PLC 程序（方案 2）

23.3.3　对定位程序的处理

QD77 有强大的定位功能，对单轴可以预先编制 600 点的定位程序，对于滚筒机床而言，虽然有 80 个点的定位，可以直接设置每一定位点的数据，但是这样编制程序很复杂。经过观察和实验，只使用一个定位点指令，而随定位位置不同给其传送不同位置的定位数据。用一条指令就解决 80 个定位点的定位，大大地简化了定位程序。图 23-6 是计算定位位置的示意图。

根据图 23-6，编制了计算定位位置的 PLC 程序，如图 23-7 所示。

在图 23-7 的 PLC 程序中：

D10910：检测头运行一圈所需的脉冲数。通过参数设置确定为 36000。

D10914：伺服电动机原点距离刚性坐标系原点的距离，由伺服电动机原点安装位置确定，用脉冲数表示。

D9581：当前检测排在刚性坐标系中的坐标值。

D10908：以刚性坐标系表示的定位位置。

D10930：以伺服系统原点为基准表示的定位位置。

经过 PLC 程序的计算，最终获得 D10930。

PLC 程序的第 391 ~ 398 步是对行程范围的限制。第 405 步就是将计算得出的定位位置

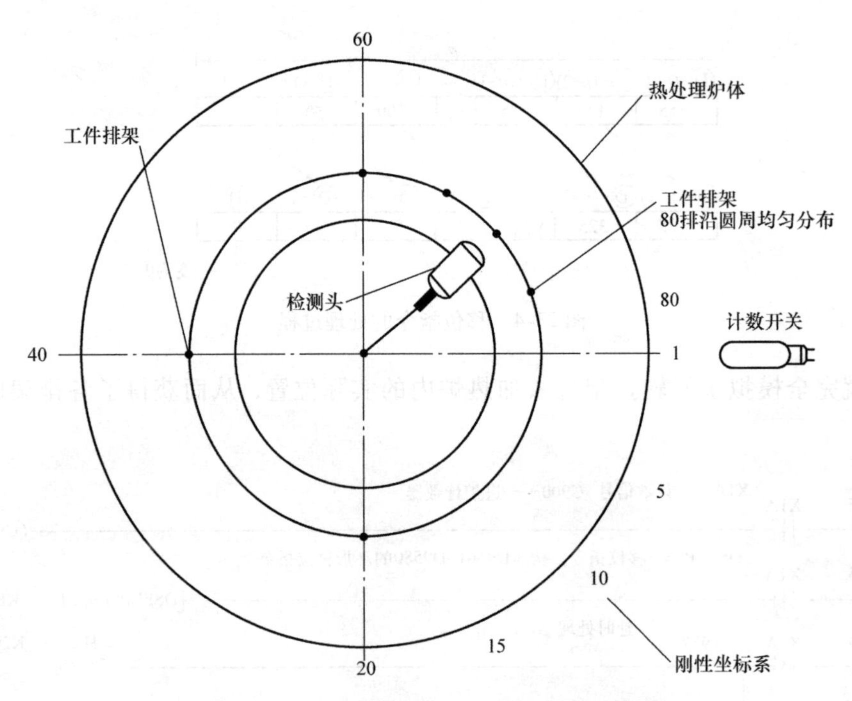

图 23-6　伺服电动机定位位置计算示意图

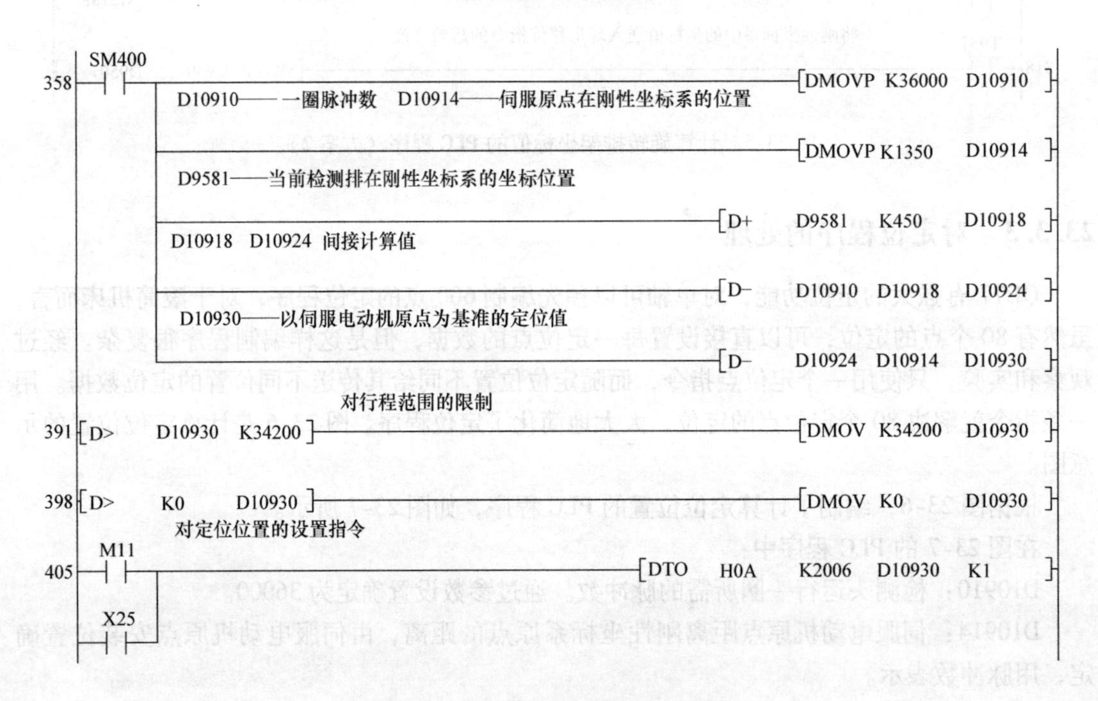

图 23-7　计算定位位置的 PLC 程序

送入 QD77。实现了定位控制的要求。

23.4　滚筒机床回原点的特殊处理

23.4.1　滚筒机床设置原点的要求

滚筒机床的机械结构要求原点位置必须与原点 DOG 开关的上平面对齐，如图 23-8 所示。而滚筒机床采用的 DOG 开关是微型光电开关。如果采用常规的方法回原点，无法达到客户的要求。QD77 具备 6 种回原点方式，同时还具备原点搜索功能和原点位移调节功能。因此，选用了计数型回原点方式，同时使用了原点位移调节功能。

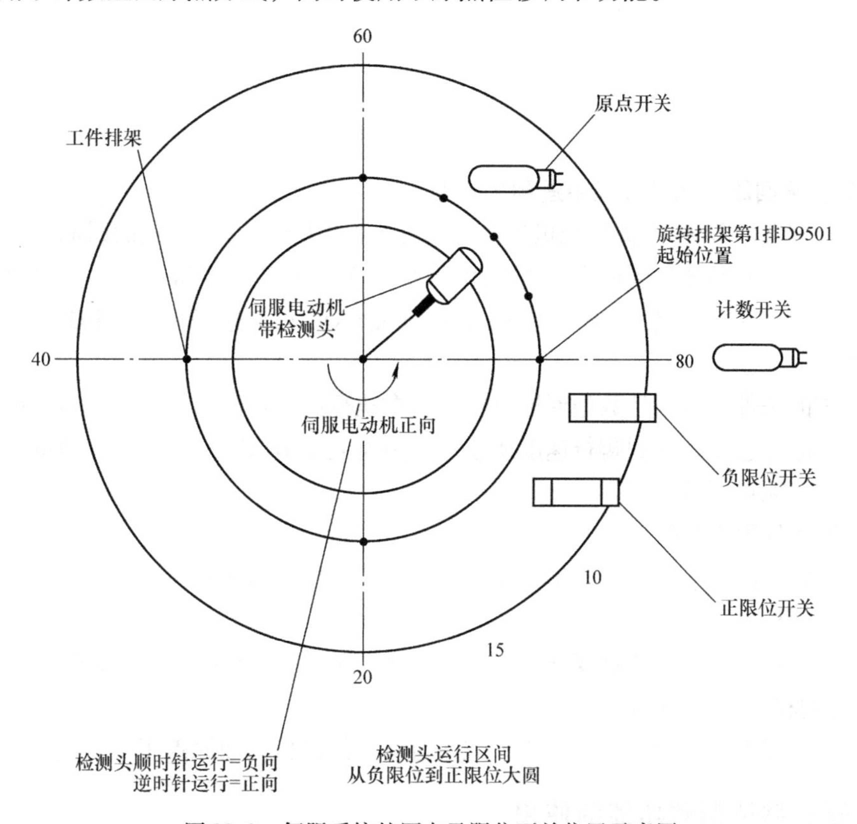

图 23-8　伺服系统的原点及限位开关位置示意图

23.4.2　计数型回原点方式

1. 计数型回原点方式的回原点过程

计数型回原点方式的回原点过程如图 23-9 所示。

1）发出回原点启动信号。

2）电动机以设置的方向、速度运行。

3）当检测到 DOG = ON 时，电动机开始减速到爬行速度，并以爬行速度移动。

4）在移动到参数 Pr. 50（DOG = ON 后的移动量）设置的距离后，QD77 停止输出指令脉冲，电动机运动停止，完成回原点（这是重点）。

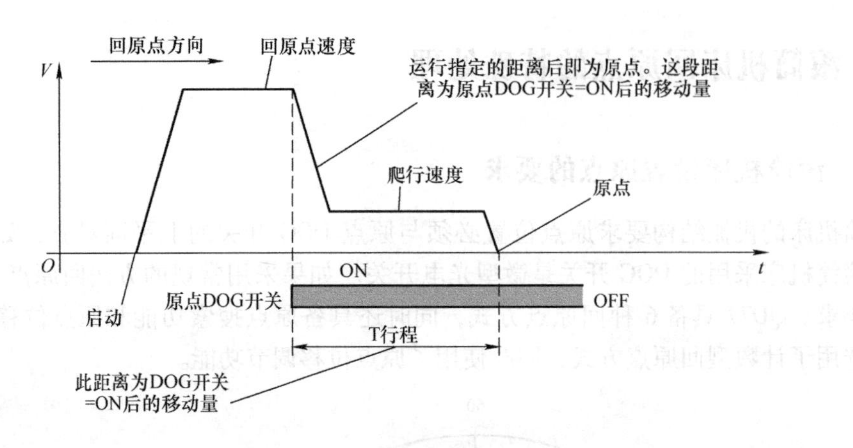

图 23-9 计数型回原点的过程

2. 滚筒机床回原点调试过程中遇到的问题

滚筒机床配置的 DOG 开关行程极短。最初选用如 10.3.1 节所叙述的回原点方式，电动机运动几乎旋转一圈后才找到原点，这是由 DOG 开关的安装位置所决定的。但滚筒机床的空间太小不能采用这一原点。用户要求在 DOG 开关 = ON 后快速停止，将 DOG 开关 = ON 这一点作为原点。

根据机床的条件，选用计数型回原点方式。在执行回原点时，屡屡发生 206 报警，该报警原因是从回原点速度减速到爬行速度所经过的距离大于 DOG = ON 后的移动量，即尚未减速完成就发出了原点到达指令。

为此修改了回原点参数：

1）原参数：回原点速度 = 3000pls/s；爬行速度 = 500pls/s；减速时间 = 1000ms，DOG = ON 后的移动量 = 650pls。

2）修改后参数：回原点速度 = 3000pls/s，爬行速度 = 2800pls/s，减速时间 = 100ms，DOG = ON 后的移动量 = 650pls。

修改内容是提高了爬行速度，减小了减速时间。修改后，回原点正常完成。

23.4.3 原点移位调整功能的使用

即使采用计数型回原点方式，这种方式确定的原点位置与 DOG = ON 的位置仍然相距一段距离。为了将原点位置调整到 DOG = ON 的位置点，使用了原点移位调整功能，即设置原点移位量。该参数有明显效用，能够准确地将原点调整到需要的位置。原点移位调整功能参看 13.2.2 节，其动作示意如图 23-10 所示。

1. 参数设置

参数设置如图 23-11 所示。

2. 调节原点移位量的 PLC 程序

在设备调试期间考虑到设备长期使用后的机械磨损，客户要求能够在 GOT 上调整原点移位量。为此。编制了相关的 PLC 程序，如图 23-12 所示。

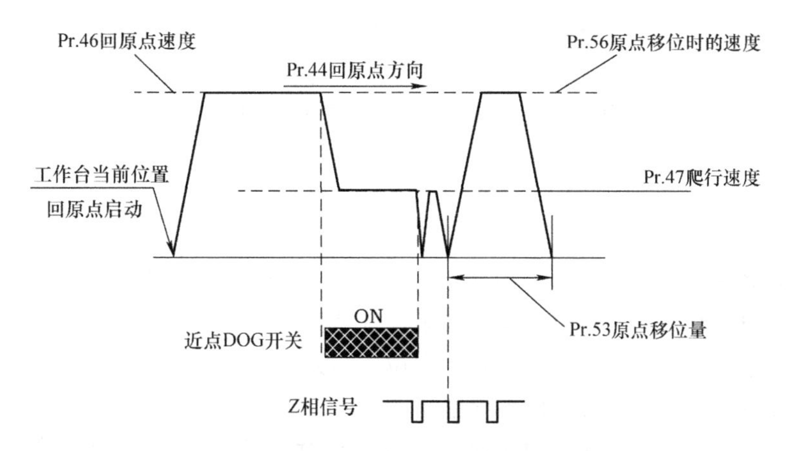

图 23-10　原点调整量的移位过程

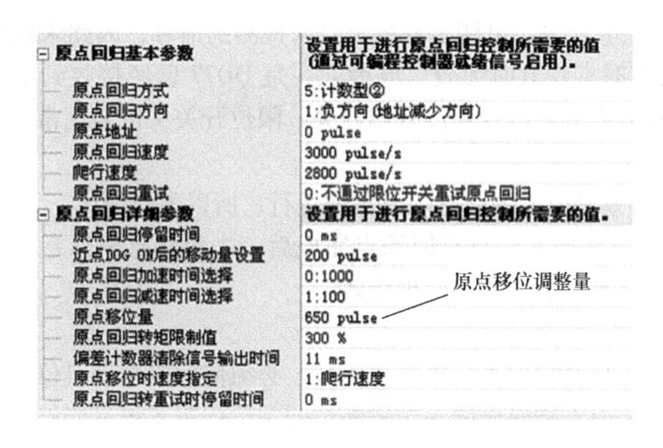

⊟ 原点回归基本参数	设置用于进行原点回归控制所需要的值(通过可编程控制器就绪信号启用)。
原点回归方式	5:计数型②
原点回归方向	1:负方向(地址减少方向)
原点地址	0 pulse
原点回归速度	3000 pulse/s
爬行速度	2800 pulse/s
原点回归重试	0:不通过限位开关重试原点回归
⊟ 原点回归详细参数	设置用于进行原点回归控制所需要的值。
原点回归停留时间	0 ms
近点DOG ON后的移动量设置	200 pulse
原点回归加速时间选择	0:1000
原点回归减速时间选择	1:100
原点移位量	650 pulse
原点回归转矩限制值	300 %
偏差计数器清除信号输出时间	11 ms
原点移位时速度指定	1:爬行速度
原点回归转重试时停留时间	0 ms

图 23-11　使用 GX WORKS2 设置回原点参数

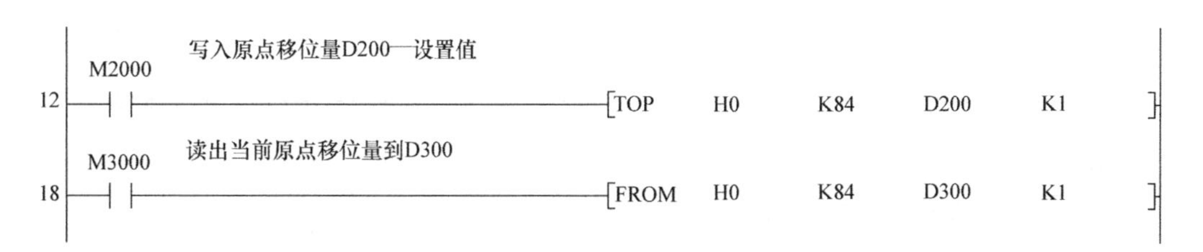

图 23-12　修改原点调整量的 PLC 程序

23.5　环形运动机械的行程限制

滚筒机床对检测头的运行区间有严格要求，如图 23-8 所示设置了正限位开关和负限位开关。检测头的运行区间被限制在正限位开关和负限位开关之间，从负限位逆时针运行到正限位而且不能够做整圈运行（整圈运行会损坏机床）。

滚筒机床的行程限制与平面机床运动有很大不同，特别是在滚筒机床上使用的限位开关是光电开关，光电开关为槽型，检测头带动感应片穿过槽型光电开关时才检测到限位信号，但检测头是做环形运动。槽型光电开关的厚度为15mm，而检测头的惯性运动很大，即使在槽型光电开关检测到限位信号后，检测头也可能因为惯性运动而越过了光电开关，限位信号恢复正常，系统又进入正常状态。这样限位开关失去了保护作用。

1. 在回原点运行时出现过下列现象

在图23-8中：

1）发出回原点指令，伺服电动机带动检测头负向（顺时针）运行。

2）越过DOG开关（未能够正常回原点，判断是DOG开关失效），继续顺时针运行。

3）越过负限位开关（也可能停止在负限位开关处）。

4）越过正限位开关（也可能停止在正限位开关处）。

5）继续顺时针运行，导致机械系统损坏。

最恶劣的情况是正、负限位开关都不起作用，继续运行，导致机械系统损坏。

2. 对故障原因的分析

1）DOG开关为光电开关。可能出现故障时未检测到信号，因此未执行回原点动作。

2）负限位开关有时有效有时无效，原因之一是QD77已经接收到限位信号。由于计算周期的影响，检测头因为惯性已经越过限位开关，限位开关又恢复正常，所以伺服电动机继续运行。

3）正限位开关无效是因为伺服电动机负向运行，所以不起作用。

4）就QD77的坐标系而言，只有回原点完成后，才建立起坐标系，软限位才有效。所以未完成回原点未建立坐标系，软限位也无效。

3. 排除故障的方法

解决问题的关键是只要收到正、负限位信号，必须使伺服电动机停止运行，必须记住收到的正、负限位信号，而不能使检测头越过限位开关后伺服系统又能够正常运行。

因此，使用限位信号驱动QD77的停止接口。根据此思路编制PLC程序如图23-13所示。

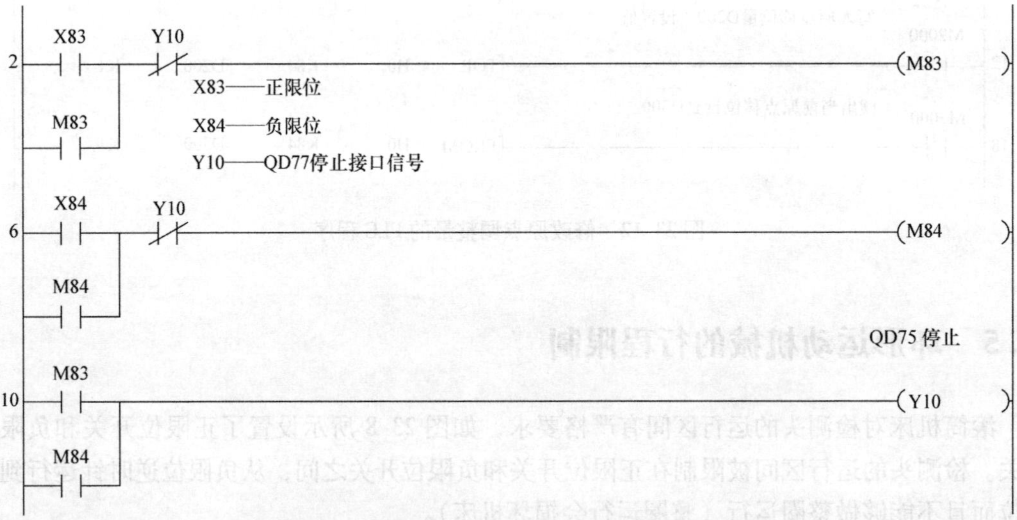

```
2   X83 ─┬─ Y10(常闭) ──────────(M83)
    M83 ─┘
         X83——正限位
         X84——负限位
         Y10——QD77停止接口信号

6   X84 ─┬─ Y10(常闭) ──────────(M84)
    M84 ─┘

                               QD75停止
10  M83 ─┬──────────────────────(Y10)
    M84 ─┘
```

图23-13 使用限位信号强制电动机停止的PLC程序

PLC程序中X83和X84是正、负限位信号，Y10是QD77系统的停止信号。经过以上处理，正、负限位开关能够正常工作，限制检测头的非正常运行。

23.6　伺服电动机调整的若干问题

23.6.1　伺服电动机上电后出现剧烈抖动

1. 现象

上电后，以初始参数点动运行，电动机负载为轻载，剧烈抖动。特别在停机时先是剧烈抖动，继而还是剧烈抖动，断电后抖动才停止。反复数次均是同样现象。

2. 分析

1）伺服系统响应等级是重要影响参数。查响应等级参数 PA09 = 16。改为 PA09 = 6 以后，抖动程度有所减弱，但停机时的振荡并未消除。

2）从停机振荡现象看：伺服电动机出力不够，所以在停机时，由于重力的影响，负载带着电动机偏离停机位置，而伺服电动机又带着负载回到停机位置，负载和电动机强烈地互相作用，由此造成振荡。这种现象是伺服电动机锁定功能的典型特征。在平面机床上不多见，对于这种立式环形机床（由于有重力的影响因素）则是重要特征。

3）在滚筒机床中。电动机功率为 1kW，负载很小。不是电动机功率不够的问题，显然是参数不当的问题。根据分析是负载惯量比有问题。查看负载惯量比，初始参数为 0.1，显然该参数太小，需要调整。

4）处理。仔细观察该负载，虽然负载本身不重，但是旋转半径较大，由于负载惯量与旋转半径的二次方成正比，所以其负载惯量较大。

修改负载惯量比为 7，抖动现象有了明显改善；修改负载惯量比为 20，抖动现象消除。因此，在伺服电动机带负载运行之前，必须对参数响应等级和负载惯量比做大致准确的设置。特别是负载惯量比这一参数表示了对负载的度量。必须予以尽量准确的设置。在负载对象特别大时，更须谨慎设置，避免剧烈振荡对设备和人身造成伤害。

使用软件设置伺服参数如图 23-14 和图 23-15 所示。

基本设置　　选择项目写入(I)　单轴写入(S)　更新至工程(U)

No.	简称	名称	单位	设置范围	轴1
PA01	*STY	运行模式		1000-1265	1000
PA02	*REG	再生选件		0000-00FF	0000
PA03	*ABS	绝对位置检测系统		0000-0002	0000
PA04	*AOP1	功能选择A-1		0000-2000	2000
PA05	*FBP	每转指令输入脉冲数		1000-1000000	10000
PA06	CMX	电子齿轮分子(指令脉冲倍率分子)		1-16777215	524288
PA07	CDV	电子齿轮分母(指令脉冲倍率分母)		1-16777215	1125
PA08	ATU	自动调谐模式		0000-0004	0001
PA09	RSP	自动调谐响应性		1-40	16
PA10	INP	到位范围	pulse	0-65535	100
PA11	TLP	正转转矩限制	%	0.0-100.0	100.0
PA12	TLN	反转转矩限制	%	0.0-100.0	100.0
PA13	*PLSS	指令脉冲输入形式		0000-0412	0100
PA14	*POL	旋转方向选择		0-1	0
PA15	*ENR	编码器输出脉冲	pulse/rev	1-4194304	4000
PA16	*ENR2	编码器输出脉冲2		1-4194304	1
PA17	*MSR	伺服电动机系列设置		0000-FFFF	0000
PA18	*MTY	伺服电动机类型设置		0000-FFFF	0000
PA19	*BLK	参数写入禁止		0000-FFFF	00AA
PA20	*TDS	Tough drive设置		0000-1110	0000

图 23-14　响应等级 PA09 的参数设置

增益·滤波器 选择项目写入(I) 单轴写入(S) 更新至工程(U)

No.	简称	名称	单位	设置范围	轴1
PB01	FILT	自适应调谐(自适应滤波器Ⅱ)		0000-0002	0000
PB02	VRFT	抑制振动控制调谐(高级抑制振动控制Ⅱ)		0000-0022	0000
PB03	PST	位置指令加减速时间常数(位置平滑)	ms	0-65535	0
PB04	FFC	前馈增益	%	0-100	0
PB05	FFCF	制造商设置用		10-4500	500
PB06	GD2	负载惯量比	倍	0.00-300.00	20.00
PB07	PG1	模型环增益	rad/s	1.0-2000.0	26.0
PB08	PG2	位置环增益	rad/s	1.0-2000.0	71.0
PB09	VG2	速度环增益	rad/s	20-65535	267
PB10	VIC	速度积分补偿	ms	0.1-1000.0	17.6
PB11	VDC	速度微分补偿		0-1000	980
PB12	OVA	过冲量补偿	%	0-100	0
PB13	NH1	机械共振抑制滤波器1	Hz	10-4500	4500
PB14	NHQ1	陷波波形选择1		0000-0330	0000
PB15	NH2	机械共振抑制滤波器2	Hz	10-4500	4500
PB16	NHQ2	陷波波形选择2		0000-0331	0000
PB17	NHF	轴共振抑制滤波器		0000-031F	0006
PB18	LPF	低通滤波器设置	rad/s	100-18000	3141
PB19	VRF11	抑制振动控制1 振动频率设置	Hz	0.1-300.0	100.0
PB20	VRF12	抑制振动控制1 共振频率设置	Hz	0.1-300.0	100.0

图 23-15 负载惯量比 PB06 的参数设置

23.6.2 伺服电动机上电和断电时负载突然坠落

1. 现象

在以上参数条件下，出现上电和断电时负载突然坠落的现象。由于本负载是环形运动负载，有重力作用，在任何位置（除最低点外）开机、停机都会出现坠落现象。

2. 分析

1）上电时，伺服 ON 信号虽然立即有效，但尚未建立静态转矩，因此环形运动负载受重力影响立即下坠。

2）断电时，伺服转矩消失，所以环形运动负载受重力影响立即下坠。

3. 处理

1）必须加上机械抱闸。在加上抱闸后，断电时，抱闸信号 = OFF，能够迅速制动，负载无抖动现象。

2）在上电后，以伺服准备完成信号控制抱闸，使用延时信号经过一段时间稳定后才打开抱闸，但是抱闸 = ON 后，负载有一下沉抖动的现象，显然是伺服出力不够，增加响应等级后改善了该现象。

23.6.3 伺服电动机定位时静态转矩不足

1. 现象

正常定位停止时，伺服转矩不足，有轻微地晃动，用手可以摇动检测头，影响了定位精度。

2. 分析

伺服静态转矩不足。

3. 处理

提高响应等级。

基本参数为 PA09 = 10，PB06 = 40。

调整：提高 PA09 到 12，刚性有提高；

提高 PA09 到 14，刚性有明显提高；

提高 PA09 到 16，刚性明显提高，达到工作要求；

提高 PA09 到 18，刚性很高。

23.6.4　全部加载后性能有明显变化

1. 现象

在对检测头加装全部电缆后伺服性能发生明显变化，刚性明显不足，定位时有微动。

2. 处理

1）提高 PA09 到 18 时，刚性很高，但是提高 PA09 到 18 时，引起振动啸叫，怎么调节 PB23（消振滤波器频率）都没有效果。调节 PB23 时选择 PB01 = 2（手动设置有效），但也没效果。

2）将负载惯量比 PB06 调低为 PB06 = 30，啸叫停止。在轻载时的负载惯量比与重载时的负载惯量比是不同的，而且与响应等级 PA09 有关。如果设置负载惯量比较大，则电动机主动出力的性能增强，电动机啸叫与此有关。

23.7　小结

1）QD77 具备丰富的运动控制功能，定位指令有较高的柔性，回原点模式有 6 种，能够适应特殊要求。

2）动态定位的处理还是应该转换为以静态刚性坐标系为基准进行处理。

3）环形运动机械的运行限位和平面运行机械有很大的不同。原点及限位开关应该采用强制接触型开关比较安全可靠。使用 PLC CPU 一侧的信号做停止处理更为快捷。

4）伺服系统在空载和满载时，参数设置有较大区别。环形运动机床如果旋转半径较大，负载惯量与旋转半径的二次方成正比，负载惯量将会增加很大，对伺服电动机运行性能有很大的影响。

第24章 运动控制器转矩限制技术在伺服压力机上的应用

本章介绍了基于三菱QD77运动控制器的伺服压力机压力控制的一种新方法，比较了不同的压力控制方案及使用情况，对压力机做压力控制时出现的问题提出了实用的解决方法。

24.1 压力机控制系统的构成及压力控制要求

某厂家的大型压力机为了实现精确的位置控制要求采用了伺服系统，经过综合技术经济指标的比较，采用三菱QPLC作为主控系统，其运动控制器选用QD77，伺服驱动器为三菱MR-J4，伺服电动机为HA-LP22K1M4，配用三菱触摸屏GT1585，控制系统构成，见表24-1。

表24-1 控制系统构成

序号	名称	型号	数量
1	CPU	Q06HCPU	1
2	基板	Q35B	1
3	电源单元	Q61P	1
4	运动控制单元	QD77	1
5	输入单元	QX41	1
6	输出单元	QY42	1
7	触摸屏	GT1585	1
8	伺服驱动器	MR-J4-22KB4	1
9	伺服电动机	HA-LP22K1M4	1

基于QD77运动控制器构成的运动控制系统有丰富的运动控制功能，能够执行多轴插补运行和多轴同时启动运行，即使对于单轴的伺服系统而言，也有精确的点到点控制、连续运动控制和手轮操作，很适合压力机的运动控制。

除了精确的位置控制，由于是大型压力机，所以客户要求进行压力控制，一方面是生产工艺的要求，另一方面是设备安全的要求。要求对不同的工件进行不同的压力控制，可以在操作屏上方便地进行设定压力控制值。这是压力机特殊的工作要求。

24.2　压力机工作压力与伺服电动机转矩的关系

压力机的机械传动结构一般是伺服电动机→减速机→丝杠→工作滑块。压力机工作压力的计算以做功相等为原则。

伺服电动机以额定转矩旋转 N 圈所做的功（N 为减速比）等于工作滑块以额定工作压力行进一个螺距所做的功。计算式如下：

设：电动机转矩为 Q，电动机工作扭力为 A，电动机轴半径为 R，压力机公称压力为 F，丝杠螺距为 L，减速比为 N。

基本公式为（做功相等）

$$2\pi ARN = FL \tag{24-1}$$

由于 $Q=AR$

$$2\pi QN = FL$$

则转矩 $$Q = FL/2\pi N$$

工作压力 $$F = 2\pi QN/L$$

经过单位统一（Q 单位为 N·m，F 单位为 t，L 单位为 mm）

$$Q = 10 \times F \times L/(2\pi \times N) \tag{24-2}$$

压力 $$F = Q \times 2\pi \times N/(10 \times L) \tag{24-3}$$

根据式（24-3）：工作压力与电动机转矩成正比，只要能够控制电动机转矩，就能够控制压力，因此对工作压力的控制就转换为对电动机转矩的控制。

24.3　实时转矩控制方案

24.3.1　实时转矩值的读取

在三菱伺服驱动器 MR－J4 中，其硬件带有模拟输出接口，通过参数设置，可以使其输出代表转矩值的模拟信号。

所以，实时转矩控制方案是：实时读取转矩值（模拟信号），将该模拟信号送入 PLC 的 A/D 模块，进行 A/D 转换后，与预先设定的数值进行比较，如果实际转矩值达到设定的限制值，就发出停机信号。

如图 24-1 所示，通过设置参数 PC14＝0002，在 MO1－LG 输出转矩值。其比例关系是最大转矩对应模拟输出电压为 8V。最大转矩对应模拟输出电压为 8V，将模拟信号送入控制系统处理，控制系统使用的 A/D 转换模块的转换率是 10V 转换为数字 2000，则 8V 转换为数字 1600。

24.3.2　实际自动工作状态转矩值的测试

在自动工作模式下，以不同的速度运行设定的工作距离，测得的转矩数据见表 24-2。

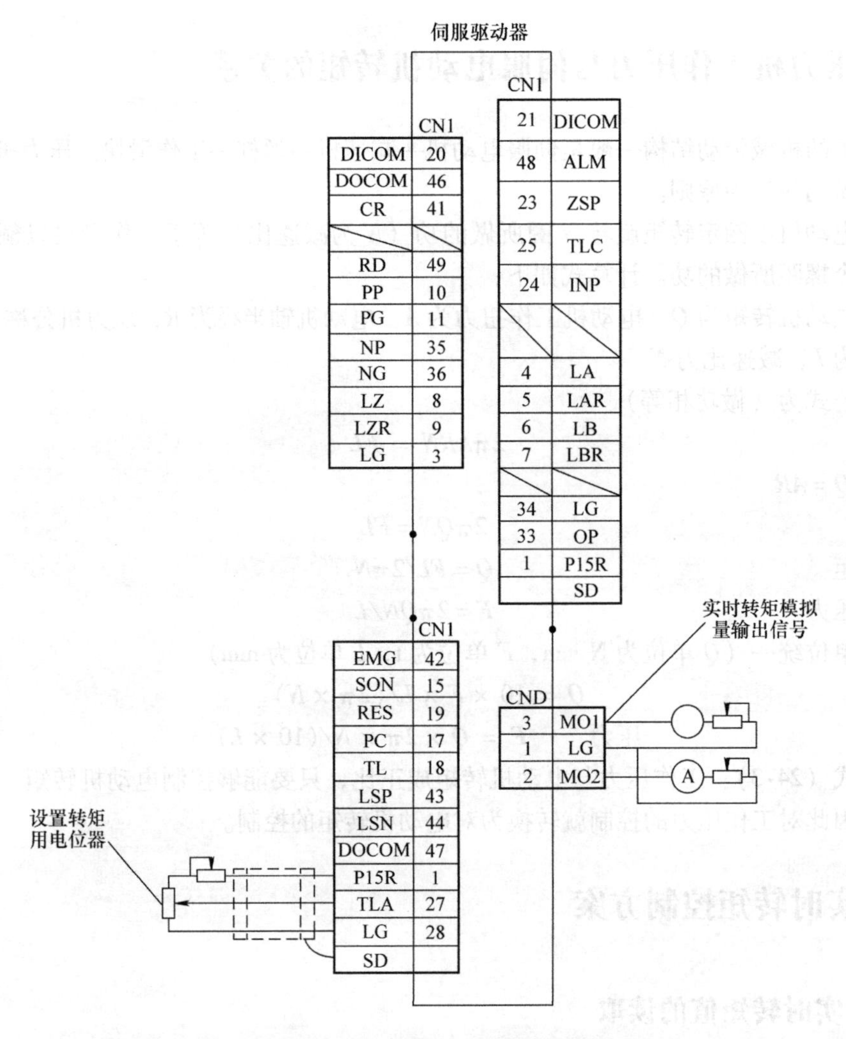

图 24-1　MR－J4 伺服系统的转矩输出信号

表 24-2　自动运行时的实际测量转矩数据

测试次数	工作行程/mm	模拟数字量	转矩（%）
1	0.5	650	120
2	0.2	798	135
3	0.1	844	144
4	0.1	891	153
5	0.1	965	159
6	0.1	981	166
7	0.1	1060	178
8	0.1	1082	185
9	0.1	1149	196
10	0.1	1208	205
11	0.1	1240	210
12	0.1	1315	225
13	0.1	1370	235

从测试数据看，伺服电动机工作转矩在144%～235%范围内未出现报警，而自动工作模式是压力机正常工作模式，所以这组数据有实际意义。

24.3.3　实时转矩控制的PLC程序

在PLC程序中，如果设置120%转矩为安全工作状态，对其经过A/D转换后存放在D800中，则停机信号程序如图24-2所示。图中，D500为实际工作转矩，D800为限制转矩，当实际工作转矩D500大于等于限制转矩D800时，就发出停机指令信号Y100=ON。

图24-2　停机信号程序

在实际应用中，这种转矩控制方式从转矩到达限制值到停机信号发出的这一时间段由于受到PLC程序扫描周期的影响和机械惯性作用，在停机之前，压力继续上升，可能对机械及工件会造成损坏，未能够达到压力控制的效果，所以放弃了。

24.4　转矩限制方案

24.4.1　作为控制指令的转矩限制指令

再仔细与厂家设计方探讨，厂家要求的功能是：为了保护机械设备及工件，必须根据加工工艺设定最大的工作压力，一旦机械工作压力到达最大值，必须使工作压力不超过该设定值。而且应该能够不停机设定，设定后立即有效。

仔细分析运动控制器QD77的控制指令，在其控制指令中有新转矩限制值写入指令。在QD77中，新转矩限制值对应为Cd.22。Cd.22是设置新转矩限制值。Cd.22在QD77的BFM（缓存）中的地址是第1轴=1525。

在QD77中，为改变转矩限制值必须向Cd.22中写入新的数据。在PLC程序中，有两种方法写入Cd.22。一种是TO指令，另一种是智能指令。图24-3中的PLC程序表示了这两种方法。D512是可以从触摸屏上设定的转矩限制值。在使用该指令时，最初启动信号使用的是脉冲信号，结果该指令不起作用，仔细查看资料，该指令的接通时间要求大于100ms，将启动信号改用常闭信号SM400后，该指令有效。

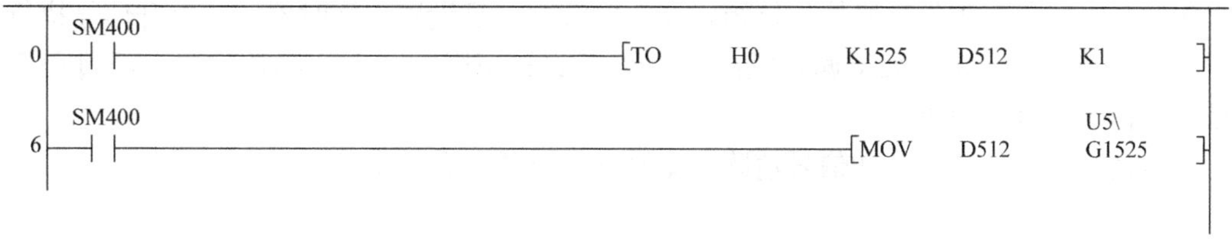

```
   SM400
0 ─┤ ├──────────────────[TO   H0   K1525   D512   K1 ]
   SM400                                      U5\
6 ─┤ ├──────────────────[MOV   D512   G1525 ]
```

图24-3　设置转矩限制指令的PLC程序

在连续工作中设置更改不同的转矩限制值，实际试压时（用压力测试仪测试）压力被限制在相应的级别，不再上升。而 QD77 本身并不报警，证明了转矩限制功能的有效。表 24-3 是实际测量的转矩限制值与压力的关系。

表 24-3　实际测量转矩限制值与压力的关系

转矩限制值（%）	实际压力/t	转矩限制值（%）	实际压力/t
50	9	110	48
60	9	120	50
70	9	130	47
80	10	140	51
90	34	150	53
100	35		

24.4.2　使用转矩限制指令的若干问题

1. 实际试压时出现的问题

在进入转矩限制阶段后，实际位置与指令位置出现偏差。显然是在进入转矩限制阶段后，电动机被负载外力顶住不能运动，而指令脉冲照样发出。所以出现指令位置和实际位置不一致。

2. 压力突然增加的问题

1）现象。

在试压时出现下列现象：在做定位运行时

① 在滑块向下做压制工件运动时，一直使转矩限制有效，压力就被限制在设定的级别上。

② 在滑块向上运行时，解除了转矩限制，使 Cd.22 = 0，这时滑块突然有一向下运动，压力值突然增加到 160t（原设置值为 50t），反复多次均是同一动作。

③ 在不解除转矩限制时，则没有上述现象。

2）分析。

经过仔细观察和分析，结论如下：

① 在进入转矩限制阶段后，滑块实际位置与指令位置出现偏差。伺服系统的特性是一直要强制使实际位置与指令位置一致。所以一旦转矩限制被解除，伺服电动机就运动到指令位置压制工件，因此就会产生很大的压力。

② 如果不解除压力限制，则在上升期间，设置较高运行速度时，会出现位置偏差报警（加速度越大，所需转矩就越大，而转矩又被限制住）。

用户要求仅仅在工作阶段执行转矩限制。对策之一是设置一计时器，在上升信号执行某一时间后（待到上升距离大于偏差距离后）再解除转矩限制。在实际执行中，经过程序上的处理获得了较好的效果。

对策之二是用上升的脉冲信号清除滞留脉冲，这是一种安全的做法。

24.4.3 关于报警

在进入转矩限制阶段很短时间后，系统出现 52 号报警。该报警是在伺服系统上出现的报警。其含义是位置偏差过大，即指令位置与实际的伺服电动机位置间的偏差超过 3 转。

QD77 本身并没有出现报警，而是伺服系统报警，这证明了 QD77 只限制转矩量级。

24.5 小结

在基于三菱 QD77 运动控制器构成的运动伺服控制系统中，利用其特有的转矩限制值改变指令，可以随时限制伺服系统的工作压力，保护设备和工件，特别适合于不同的工件和加工工艺。而且可以将转矩限制值作为工艺条件的函数，对冷挤压工艺具有重要意义。实际使用时要注意用上升的脉冲信号清除滞留脉冲，避免转矩突然增加造成对操作人员和设备的伤害。

第25章

多辊彩印刷机运动控制系统的设计及伺服系统调试

本章论述了基于三菱运动控制器构建多轴高精度同步运行系统的技术方案，特别介绍了在实际由运动控制器和伺服电动机构成的控制系统中，对伺服电动机的性能调试和排除影响系统稳定性因素的过程，对使用运动控制器和伺服电动机有很实际的帮助。

25.1 项目要求及主控制系统方案

25.1.1 项目要求

某机床厂客户生产的大型印刷机其主要功能及动作要求如下：

1）印刷机有8个运动工步，每工步均配置有1运动轴，8轴要求同步运行。

印刷机的核心技术是要求在各种工作模式（点动、手轮、自动模式）下，8个工步辊筒的线速度一致，不仅线速度一致，而且要求在整个自动运行中的相位也一致，即各轴的相对位置始终一致，即使在加减速过程中也必须一致。由于加减速过程中实际速度有滞后于指令速度的现象，各轴的相对位置会发生变化，这就可能严重影响印刷质量，所以相位一致是必需的技术要求。

2）印刷机由于工步多，分布长，每个工步都有不同的I/O点，还有模拟量输入信号和高速计数信号。

3）在主操作屏上，要求采用触摸屏进行数据输入和显示。

4）控制系统采用上位机进行生产管理和远程监控。8轴印刷机示意图如图25-1所示。

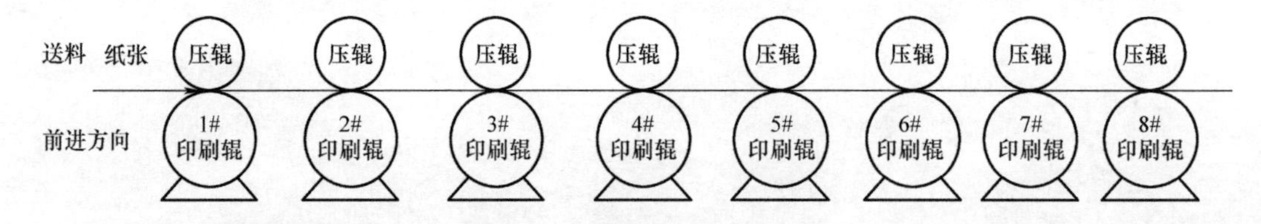

图25-1 8轴印刷机工作示意图

25.1.2 主控制系统方案

为了满足大型印刷机完成复杂动作的要求，经过综合技术经济分析，决定以三菱运动控制器为核心，以三菱QPLC为主控，以CC-Link总线为网络，构建大型印刷机的控制系统。

控制系统方案如下：

1）8 轴的运动控制采用三菱 Q173 运动控制器 + 伺服电动机。由于包装机的核心技术要求是 8 轴同步运行，而在三菱的运动控制单元中，Q173 运动控制器有同步运行控制功能，所以采用 Q173 运动控制器。

2）顺序控制部分采用三菱 Q02UCPU，Q02UCPU 负责处理来自 CC－Link 现场总线传送的各工步的输入/输出信号、A/D 和 D/A 信号及高速计数信号。

3）Q02UCPU 与触摸屏 GOT 连接，实现对外部开关信号和数据信号的处理。

25.2　同步控制设计方案

1. 伺服系统硬件的构成

为了构成 8 轴同步运行系统，在三菱产品序列中，只有运动控制器 + SSCNET + MR－J4 的构成方式。这种方式有以下优点：

1）MR－J4－B 伺服系统是可以使用光纤电缆构成的 SSCNET3 高速串行通信伺服系统。运动控制器通过 SSCNET3 与各伺服系统相连，通信速度为 50Mbit/s（相当于单向 100Mbit/s）。系统响应能力很高。

2）通信周期高达 0.44ms，使运行更加平滑。

3）光纤抗干扰能力强，并且减少布线误差，最长布线距离为 800m。

4）控制器和伺服放大器之间可进行大量数据的实时发送与接收，伺服驱动器的信息可在运动 CPU 中处理。

2. 虚模式

为了实现多轴同步运行控制，三菱运动控制器提供了一种虚模式系统构建方式，用于实现多轴的同步运行。

1）在虚模式下，实际伺服电动机由一套电子软元件构成的机械传动系统所驱动，而这个电子软元件是运动控制器内部所特有的软元件。这套电子软元件构成的机械传动系统由以下元件构成：

① 驱动源——虚电动机及同步编码器；

② 传动元件——齿轮、离合器、差速齿轮；

③ 输出模块——圆筒、丝杠、圆盘、凸轮。

必须注意，这些元件都是电子软元件。

2）电子软元件构成的机械传动系统与实际伺服电动机的关系由虚模式中输出模块的参数来设定。

3）由于实际中没有这套机械传动系统，所以就称为虚模式。

4）主要利用虚模式构建同步运行系统。

由于电子软元件代表的机械部件具有足够的柔性，所以其构成的机械传动系统也具有足够的柔性，可以满足实际需要的运动要求。

3. 使用虚模式构成的同步系统

图 25-2 是根据印刷机的实际运行要求，用虚模式中的电子软元件构成的一套多轴机械传动系统。图 25-2 中的电动机、传动轴、齿轮、辊筒（输出模块）全部是电子软元件，但这些电子软元件全部可以设置参数而赋予其工作性能（如齿轮比）。

通过设置输出模块的参数建立起输出模块与实际伺服电动机的关系。

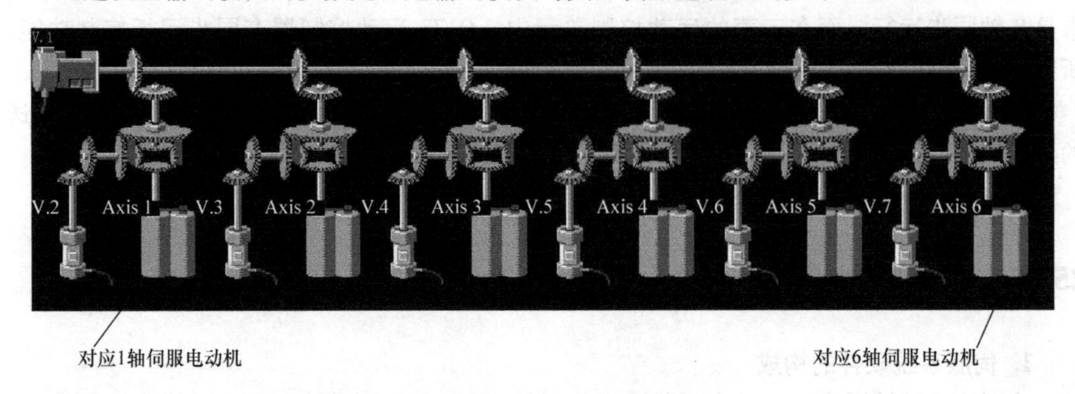

图 25-2　用虚模式构成的多轴机械传动系统

在图 25-2 中，只要通过运动程序向主虚拟电动机发出指令，各实际伺服电动机就能够按照图 25-2 中这套机械传动系统运行。在设定了机械系统参数后，各伺服电动机就能够实现同步运行。由于 MR - J4 - B 伺服系统是使用 SSCNETⅢ高速串行通信，运动控制器通过 SSCNET3 与各伺服系统相连，通信周期为 0.44ms，从而保证了同步运行的要求。

在这套虚模式电子机械传动系统的驱动下，可以实现 JOG 运行、手轮运行和自动运行。

25.3　伺服系统的调试

在大型印刷机项目中，伺服电动机所驱动的对象是大型辊筒。辊筒这类负载对象运动起来不像滚珠丝杠驱动的工作台负载有所约束，而是辊筒直径越大惯性越大，旋转速度越快电动机负载越大。这类负载对伺服电动机的工作性能要求很高，在实际调试中会遇到诸多问题。

25.3.1　同步运行精度超标

在驱动 8 轴做同步运行时，遇到最严重的问题是同步运行精度超标。为了分清是机械系统还是电气系统引起的问题，在显示屏上应仔细地观察正常运行时各轴的速度（运动控制器内有专门软元件显示伺服电动机的速度）。观察发现第 1 轴速度波动很大，在不同的速度段都存在 3 ~ 10 转的速度波动。而其他轴未出现速度波动。显然是第 1 轴的速度波动引起了同步运行精度误差。

1. 对第 1 轴速度波动的原因分析

1）电动机基本性能不足；

2）机械负载过大；

3）伺服电动机运行参数未优化。

2. 对电动机工作状态的测试

1）电动机工作负载测量。首先对电动机工作状态做了测试，测试采用了专门的测试软件 MR - Configrator，测试结果见表 25-1。

表 25-1 电动机工作负载测量表

	A	B	C	D	E	F	G	H	I	J
1				电动机工作负载测量表						
2										
3										
4	**1轴**	60r/min	120r/min	300r/min	600r/min	900r/min	1200r/min	1400r/min	1500r/min	1500r/min
5	PA08	3	3	3	3	3	3	3	3	3
6	PA09	9	9	9	9	9	9	9	9	9
7	PB06	7	7	7	7	7	7	7	7	7
8	转矩	3%~9%	6%~14%	6%~31%	3%~32%	4%~47%	10%~60%	11%~55%	20%~60%	5%~66%
9	峰值负载率	11%	14%	31%	41%	54%	70%	77%	82%	80%
10	速度波动					898~902				
37	**5轴**	60r/min	120r/min	300r/min	600r/min	900r/min	1200r/min	1400r/min	1500r/min	
38	PA08	2	2	2	2	2	2	2	2	
39	PA09	15	15	15	15	15	15	15	15	
40	PB06	10	10	10	10	10	10	10	10	
41	转矩	15%~20%	17%~27%	29%~35%	32%~42%	32%~52%	35%~54%	36%~54%	33%~48%	
42	峰值负载率	25%	29%	40%	46%	56%	59%	60%	63%	
43	速度波动									

2）对电动机工作负载测量表中的数据进行分析。

① 电动机负载（转矩）随运行速度的增加而增加；

② 电动机负载始终在额定范围之内；

③ 电动机峰值负载未超过额定值。电动机峰值负载是指在加减速过程中出现的最大值。实际工作区域是不含加减速阶段的。

在不同速度下，观察到实际工作区域的电动机速度都有 3 ~ 10 转的波动。

从测试数据分析，电动机的工作负载在额定范围内，所以得出结论，电动机选型没有问题。

3. 对机械负载进行分析

第 1 轴的机械负载有下列特点：

1）辊筒质量不大，比其他轴辊筒质量小。

2）带有偏心齿轮箱。

3）带有间歇性凸轮机构。

虽然有偏心齿轮箱和间歇性凸轮机构等不利因素，但这些不利因素已综合反应在工作负载上。而且本机的第 5 轴配用同功率的伺服电动机，辊筒质量比 1 轴大两倍，但实际运行中没有速度波动，所以出现的问题令人迷惑。

25.3.2 对伺服电动机工作参数的调整

伺服电动机工作参数也是影响电动机正常运行的因素，为此必须优化工作参数。印刷机在正常工作时主要是做速度控制运行，相关的伺服参数调整如图 25-3 所示。

1. 负载惯量比的设置与调节

参数响应等级 PA09 和负载惯量比 PB06 是确定整个伺服系统响应等级的主要参数。

1）在系统自动调试时，负载惯量比 PB06 由反馈电流和反馈速度所确定，即反馈电流越大，说明负载越大——负载惯量就越大。反馈速度低于指令值，说明负载越大即负载惯量越大。

在实际调试中，观察到有实际速度高于指令速度的现象，这说明设定的负载惯量比大于

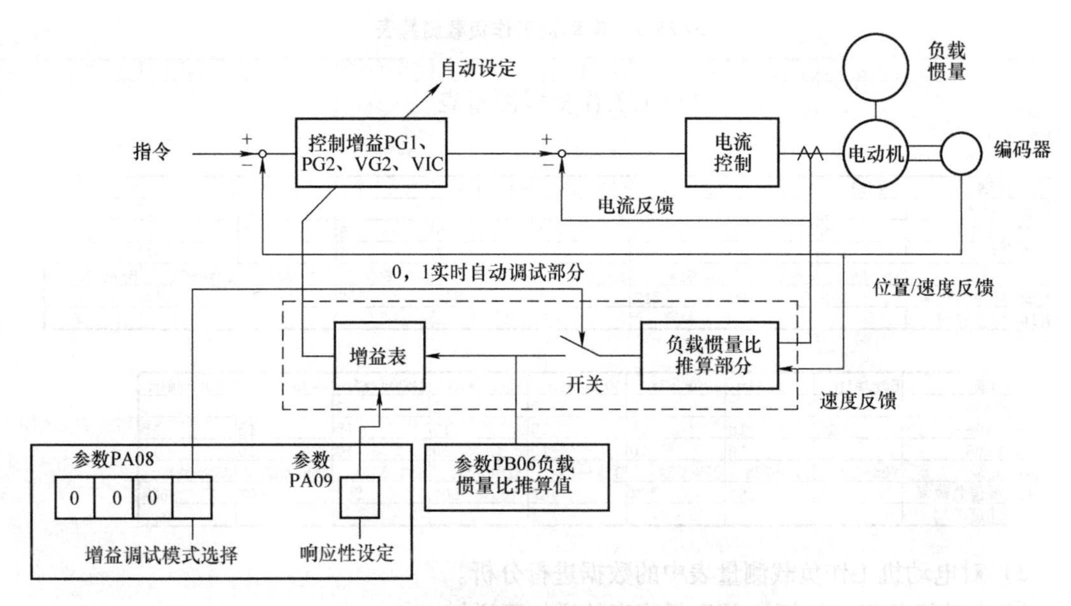

图 25-3 伺服参数的调试

实际机械的负载惯量比，伺服系统加大了对伺服电动机的驱动，所以导致了伺服电动机的速度变大。

2）当实际速度低于指令速度时，说明设定的负载惯量比小于实际机械的负载惯量比，伺服系统对伺服电动机的驱动不足，所以导致了伺服电动机的速度变小。

3）调试的第一步是正确估算负载惯量比。先降低响应等级 PA09（7～9），然后逐步升高负载惯量比。

4）1 轴带两辊筒和 1 齿轮箱，齿轮箱在偏心位置。电动机功率为 15kW。额定速度下的电流在 20%～40%。设置负载惯量比 = 28.8 时，尚可运行，设置负载惯量比 = 33.6 时，电动机出现鸣叫。所以选择负载惯量比 = 28.8 是可以的。根据速度的超前和滞后再减小惯量比。

5）调试时逐步降低负载惯量比 PB06，先向下调至抖动后再向上调，在 1500r/min 时不抖。因为电动机要求的负载惯量比在 10 以下，因此要逐步测定负载惯量比，负载惯量比设定过小，运行抖动。负载惯量比设定过大，则实际速度超过指令速度。

2. 系统响应等级 PA09 参数的设置与调节

响应等级 PA09 是最重要的参数之一，对系统运行影响最大。1 轴 PA09 = 12 时振荡很大，PA09 = 7 时振荡消除，因此应该逐步增大响应等级 PA09。其设置范围为 0～300，出厂设置为 7。

3. 伺服参数

1）PB07（模型环增益）。PB07 参数是用于设置到达目标位置的响应增益。增加 PB07 参数值可以提高指令响应性以改善运动轨迹性能。PB07 参数还是属于改善位置控制功能的参数，简称 PG1。PB07 参数在消除加减速过程中各轴的相位误差有重要作用。

2）PB08（位置环增益）。PB08 参数用于增加位置控制响应级别，以抵抗负载干扰的影响。PB08 参数设置较大时，响应级别增大，但可导致振荡以及噪声。本参数不能用于速度

控制模式。

3）PB09（速度环增益）。PB09 是最重要的参数之一，PB09 参数设置较大时，响应级别增大，可导致振荡以及噪声。本参数对速度控制尤为重要，调节范围为 1 ~ 3000。应逐步向上调，直至振动为止；然后向下调，遇有振动，设置共振频率抑制。PB09 参数单位为 rad/s。

4）PB10（速度环积分时间），用于设置速度环的积分时间常数。PB10 参数设置较小时，响应级别增大，可导致振荡以及噪声。调试也以不振动为原则，从大到小调节。

在系统做速度控制时，参数为 PB06、PA09、PB09、PB10。

25.3.3　总结

对以上所有参数在可能的范围内进行了调节，但是仍然无法消除 1 轴的速度波动，因此可以判断不是伺服电动机运行参数的问题。

25.4　对系统稳定性的判断和改善

对伺服电动机驱动的机械系统而言，影响系统稳定性的因素除了机械负载的大小以外，还有负载惯量比这一因素。

三菱 MR－J4 系列的伺服电动机要求负载惯量比小于 10。印刷机系统能够满足这一指标吗？由于印刷机传动系统复杂，机械制造厂家本身未计算每一轴的机械系统负载惯量，而是比照经验来选取伺服电动机。既然第 5 轴在大负载的情况下能够稳定运行，为何第 1 轴不能够稳定运行？而且第 1 轴一直出现速度波动的现象，所以一定是有固定因素在起作用。

25.4.1　机械减速比的影响

再一次检查机械电气配置及参数时，发现第 1 轴的减速比为 2.4，而其余各轴的减速比为 6，显然这是问题的根源。由于减速比对负载转矩及惯量比影响极大，特别对于负载惯量是成二次方反比的关系。以下详述减速比的影响。

惯量比的计算，假设负载惯量为 J_0，负载惯量折算到电动机轴的惯量为 J_L，减速比为 n，则

$$J_L = J_0 \times (1/n)^2 \tag{25-1}$$

因此，假设 5 轴和 1 轴的负载惯量 J_0 相同，由于减速比不同，则 J_0 折算到电动机轴的负载惯量：

对 5 轴，$J_{L5} = J_0 \times (1/n)^2 = (1/36)J_0 = 0.0278J_0$　　(25-2)

对 1 轴，$J_{L1} = J_0 \times (1/n)^2 = J_0 \times (1/2.4)^2 = J_0 \times (1/5.76) = 0.17J_0$　　(25-3)

比较式（25-2）与式（25-3）。

1 轴的负载惯量是 5 轴负载惯量的 6.1 倍或 5 轴的负载惯量是 1 轴负载惯量的 16.4%。所以 1 轴有偏心负载和间歇性负载的共同作用，负载不大而负载形式恶劣，间歇性负载也是引起波动的原因之一。但关键是减速比的影响，实际负载折算到电动机轴的负载惯量较大。所以 5 轴电动机实际上的负载惯量小，而 1 轴电动机实际上的负载惯量大。由于三菱伺服电动机要求转动惯量比小于 10。超出该指标后系统不稳定，这就是造成 1 轴速度不稳的原因。

25.4.2 改变机械系统减速比提高系统的稳定性

为了消除速度波动，对机电系统做了如下改善：

1）将1轴齿轮箱减速比改为5；

2）更换1轴伺服电动机为HA－LP15K24，电动机功率为15kW，额定转速为2000r/min。

在以上的机电配合下，原转动惯量为$0.17J_0$，改换减速比后的转动惯量为$0.04J_0$，转动惯量下降为76%，这样就大大改善了电动机的负载状况。而1500r/min电动机的转动惯量为295，2000r/min电动机的转动惯量为220。

假设

当前惯量比$=0.17J_0/(295\times0.0001)=5.76J_0$；

更换后的惯量比$=0.04J_0/(220\times0.0001)=1.82J_0$；

更换后的惯量比仅仅为原来的31.5%。

选择额定速度为2000r/min的电动机是为了提高整机的运行速度。经过机电部分的同时改善，整机系统的稳定性得到大大提高，消除了第1轴的速度波动，保证了包装机的同步运行精度。

25.5 小结

采用三菱Q173运动控制器通过虚模式可以构成高精度多轴同步运行系统。在进行伺服系统调试时，要充分注意检查机电配合，判断机电系统的稳定性。然后，通过调整伺服系统的参数可以使伺服系统在最佳状态下运行。

第 26 章

运动控制器及交流伺服系统在钢条分切机生产线上的应用

本章介绍了基于 QD77 控制器和 MR－J4 伺服系统构成的薄膜分切生产线控制系统的一个案例，介绍了控制系统方案及硬件构成，如何编制 PLC 程序框架和张力调节及控制的过程。

26.1 项目综述

薄膜分切机是将原料大卷分切为商品小卷的机械，实质上是一收放卷的过程，其工作示意图如图 26-1 所示。

整机工作流程包括：放卷工步、压痕封切及计长工步、稳速工步、张力检测及控制工步、收卷工步、切断工步、卸料及上料工步。

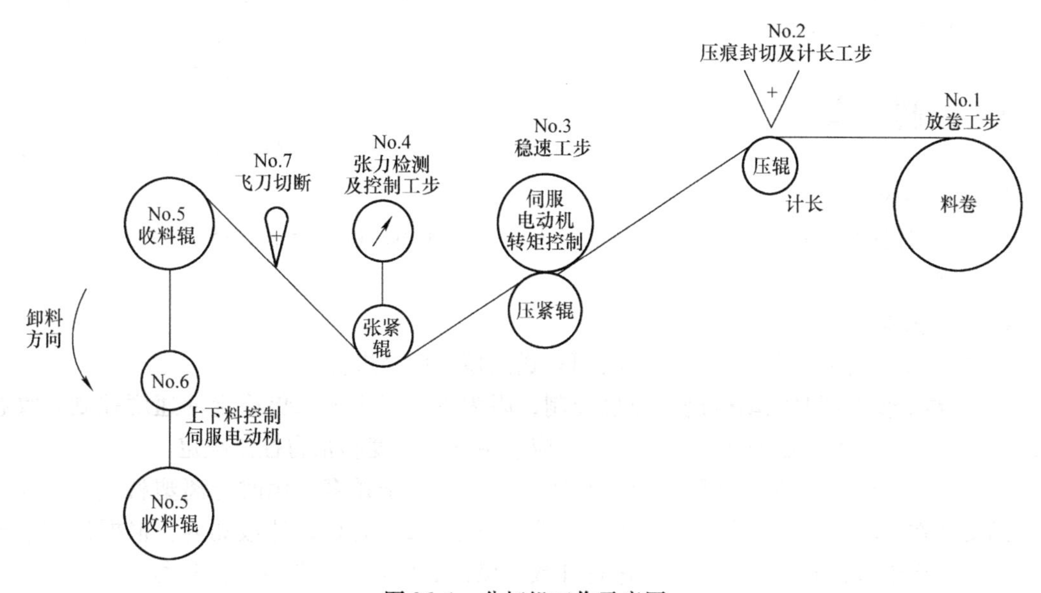

图 26-1　分切机工作示意图

26.2 各工步工作内容详述

分切机工作流程如图 26-2 所示。

1）No. 1 放卷。放料卷用变频器控制，速度可调。

2）No. 2 压痕封切及计长。在 No. 2 工步，先做长度计算，然后进行封切压痕，压痕刀由气缸驱动。长度计算由压轮所配置的编码器脉冲计数，计数信号送入 PLC 计算。

3）No. 3 稳速控制。在稳速控制工步，采用一伺服电动机做速度控制，以伺服电动机的线速度作为整条生产线的基准速度，放卷速度和收卷速度都以此为基准。

4）No. 4 张力检测及控制。在张力控制工步，由张力检测仪进行张力检测，检测信号进入 PLC A/D 模块。由 PLC D/A 模块提供模拟控制信号控制收卷伺服电动机做速度控制，从而控制薄膜张力。

5）No. 5 收卷。由伺服电动机驱动，做速度控制，速度指令根据放卷速度和张力确定，也可手动调节。

6）No. 6 上下料。No. 6 工步是上下料工步，上下料工步卸料架旋转 180°由伺服电动机控制上下料动作，由封切计数器发出卸料启动信号。

7）No. 7 飞刀切割。定位完成后发出飞刀启动信号，飞刀切割薄膜。

8）No. 8 离合器切换。在适当时时间点发出切换离合器信号，空辊开始旋转卷绕薄膜。

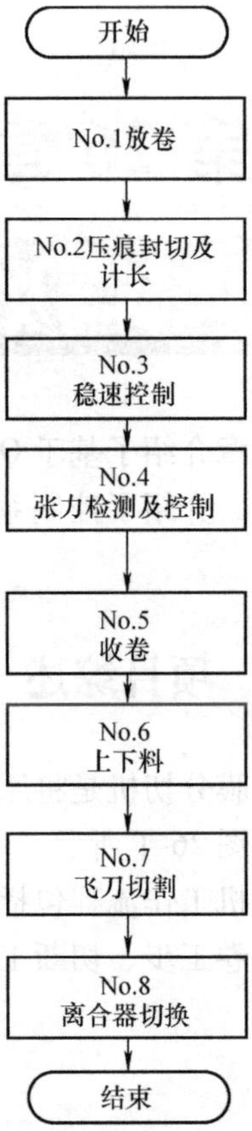

开始
No.1放卷
No.2压痕封切及计长
No.3 稳速控制
No.4 张力检测及控制
No.5 收卷
No.6 上下料
No.7 飞刀切割
No.8 离合器切换
结束

图 26-2　分切机工作流程示意图

26.3 控制方案

1. 控制对象

薄膜分切机的实质是收放卷。控制重点为薄膜运动的速度、计长、张力控制、上下料及切换离合器动作。

2. 控制方案

① 放卷速度由变频器控制，由主控 PLC 送入模拟信号进行速度控制。

② 收卷工步由伺服电动机进行速度控制，因为收卷工步要求更稳定的速度控制。收卷电动机同时承担张力控制的功能。收卷速度应该由基准速度和张力控制决定。

③ 定长封切。封切是在薄膜袋上进行压痕打孔，便于顾客使用时分离塑料袋。长度检测使用安装在压辊上的编码器，编码器信号送入主控 PLC 的高速计数器内，根据计数信号发出压刀动作信号，同时对压刀动作进行计数，该计数信号作为收卷切割信号。

④ 张力控制：由 A/D 模块接收张力检测仪的模拟电压信号。由 D/A 模块输出模拟信号给收卷电动机做速度控制从而实现对张力的控制。

⑤ 上下料的运动由一伺服电动机做位置控制。飞刀切割由定位完成信号发出。离合器动作由飞刀完成信号控制。卸料→飞刀→切换离合器是一顺序流程。

要保证在飞刀切割时，收卷电动机速度为零，这样切割时才不会发生拉扯，保证切割质量。

26.4　控制系统硬件配置（见表26-1）

表26-1　控制系统硬件配置一览表

序号	名称	型号	数量	功能
1	CPU	Q02CPU	1	
2	电源	Q63P	1	
3	基板	Q38B	1	
4	I/O	QX41	1	
5	I/O	QY40	1	
6	高速计数器	QD62	1	
7	运动控制器	QD77	1	运动控制
8	A/D模块	Q64AD	1	张力检测
9	D/A模块	Q64DA	1	转矩、速度、变频控制
10	变频器	A740-11kW	1	放卷控制
11	伺服驱动器	MR-JE--15	3	
12	伺服电动机	HF-KR153	3	
13	编码器		1	长度计数
14	张力检测仪		1	
15	触摸屏	GT1585	1	

26.5　PLC程序结构

对于生产线这样的大型设备，必须全面综合地规划程序结构，基本程序结构见表26-2。

表26-2　PLC程序结构

序号	程序块名称	功　能	项目工艺要求
	安全	急停：停止运动轴	安全第一
		部分对象停止工作（限位等）	
		报警及显示	
	初始设置	网络等	
	工作状态显示		
	程序结构	改变程序流程，转移分支等	
	调用中断程序		
	调用子程序		
	工作模式选择	运动设备必须	
0	手动模式（主控）	手动控制内容	

（续）

序号	程序块名称	功　能	项目工艺要求
1	自动模式（主控）	自动控制内容 步进梯形图 M 指令	无
2	回原点模式（主控）	回原点控制	
3	其他模式	手轮等模式	
4	通用逻辑控制程序	除运动控制外的其他逻辑控制（包括循环）	
5	子程序	需要多次执行的同一程序	
6	中断程序	紧急保护程序	

1. 第一级程序目录

图 26-3 是在编程软件上的第一级程序结构。在第一级程序目录中有：

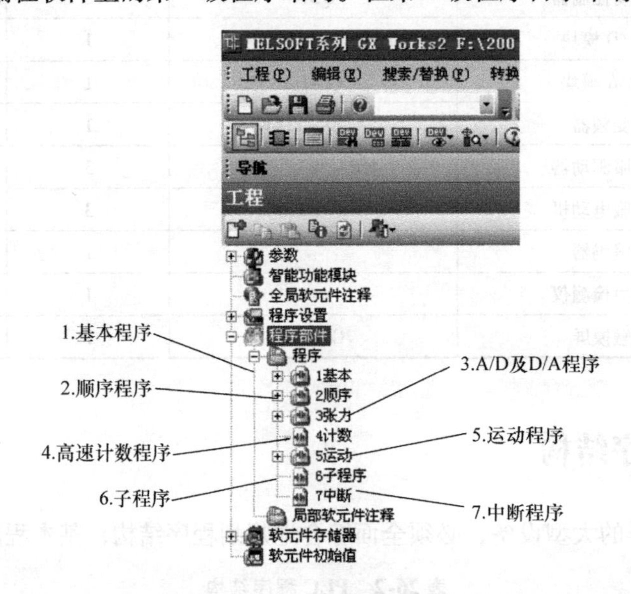

图 26-3　第一级程序结构示意图

1）基本程序；

2）顺序程序；

3）张力控制（A/D，D/A）程序；

4）高速计数程序；

5）运动程序；

6）子程序；

7）中断程序。

2. 第二级程序目录

图 26-4 是在编程软件上的第二级程序结构。在第二级程序目录中，以运动程序为例，有：

1）程序本体；

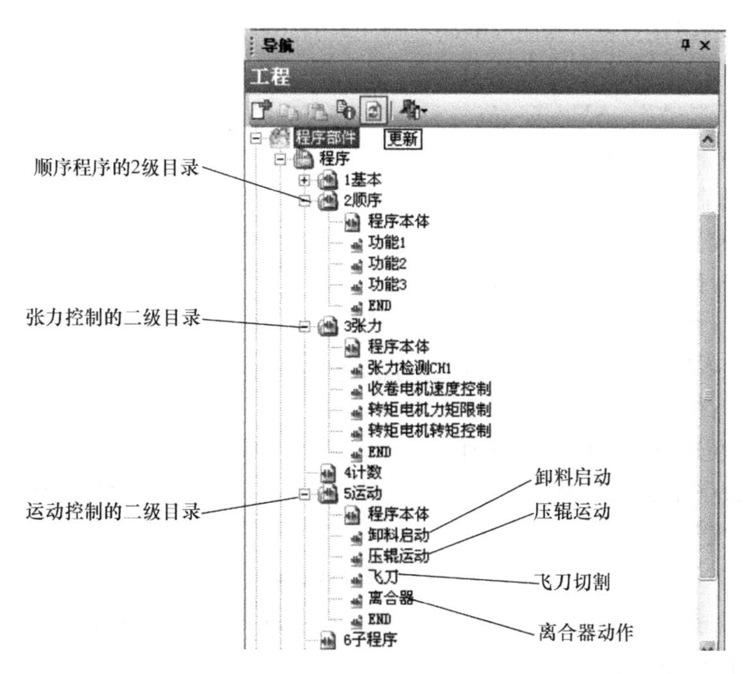

图 26-4 二级程序结构示意图

2）卸料启动；

3）压辊运动；

4）飞刀切割；

5）离合器动作。

在编程前应考虑周到，算无遗策，才能事半功倍。

26.6 张力控制过程

1. 张力控制过程

张力检测仪：薄膜越松弛，模拟电压越大，A/D 转换后数字量越大。

在图 26-5 中，薄膜越松弛，检测仪测得的模拟电压越大，输入 PLC A/D 模块后，转换的数字量也越大，由此控制收卷电动机的速度。

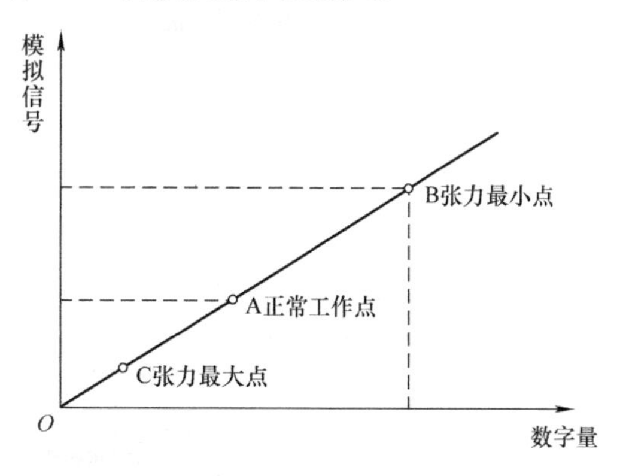

图 26-5 张力检测模拟电压与数字量的变换关系

假设 A/D 转换后的寄存器为 D900。首先测定张力正常标准点（A 点）的数据，设置在 D800；再测定张力最小点（B 点）的数据，设置在 D700，D/A 转换数字量设置在 D3000；首先测定张力正常时的数据，设置在 D3500；再测定张力最小时的数据，设置在 D3600。

2. 调节速度的线性方程（见图 26-6）

在控制过程中：代表速度的数字量为 Y，张力测量值是 ΔX，$\Delta X = X - X_0$，其中，X_0 是张力正常点的数据（标准点数据），X 是当前张力测量值。

以当前张力测量值与张力标准点数据的差值 ΔX 作为自变量，速度（数字量）为被调节量，建立线性方程

$$Y = K\Delta X + b \qquad (26\text{-}1)$$

b 物理意义是在正常工作点时对应的速度数字量。在这一工作点，测量值为 X_0，而速度数字量必须达到 Y_0，Y_0 就对应了正常速度值。

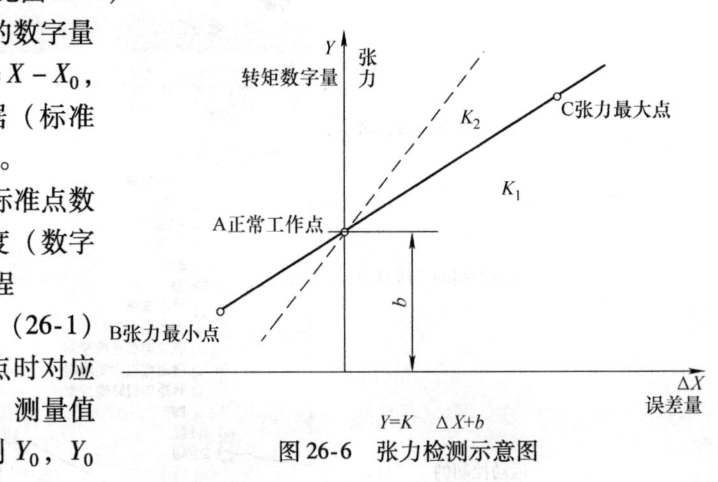

图 26-6　张力检测示意图

$$Y_0 = b, \quad Y = K\Delta X + Y_0$$

式中，K 为斜率，斜率大小表示了调节的强度。斜率越大调节也越大，它根据调节效果确定，可在 0.8～1.2 范围内设置。

3. 测量方法

1）电动机速度的测量。在实际测量时，用手动电位器测量实际电压—速度曲线时，加在电位器两端的是给定电压，目测观测的张紧程度就是速度。应至少测定 3 点，即标准点、最大速度点和最小速度点。这样得出的曲线是（模拟电压）数字量—速度曲线，只要 PLC 程序中给出数字量，就可获得实际速度（张力）。

2）张力检测仪的测量。要实际测量张力检测仪的张紧程度—电压（数字量）的关系，也要得出张紧程度—数字量的实际工作曲线，但要注意，这是两组不同的工作曲线，最终是要求出 ΔX—Y 曲线，ΔX—Y 曲线是人为做出来的，多段折线可构成 ΔX—Y 曲线。

如果张力调节比较复杂，则可以考虑使用多段折线，在不同的区间，使用不同斜率的 ΔX—Y 曲线，这样也可以符合复杂的工况。图 26-7 是三段折线控制图，图 26-8 是第 1 段折线对应的 PLC 程序。

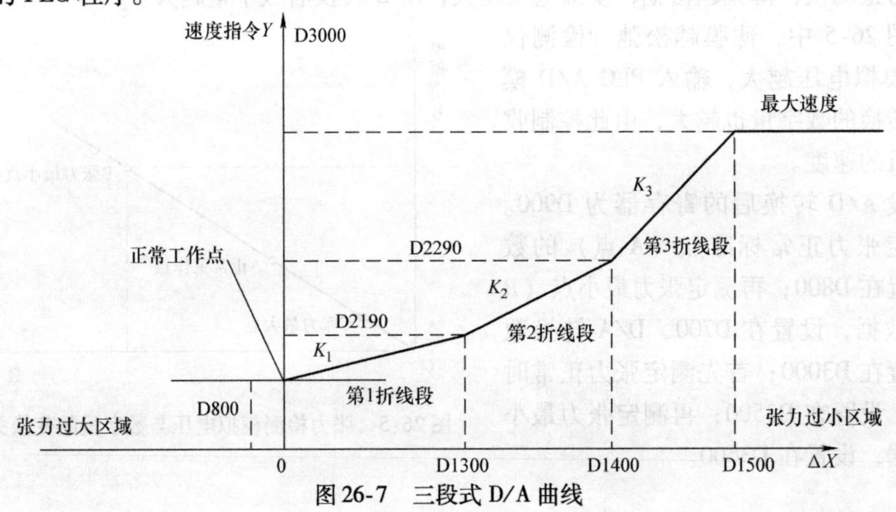

图 26-7　三段式 D/A 曲线

从圆滑控制的要求来看：第 1 折线段斜率（角度）为 10°～20°，第 2 折线段斜率为 25°～35°，第 3 折线段斜率大于 45°。

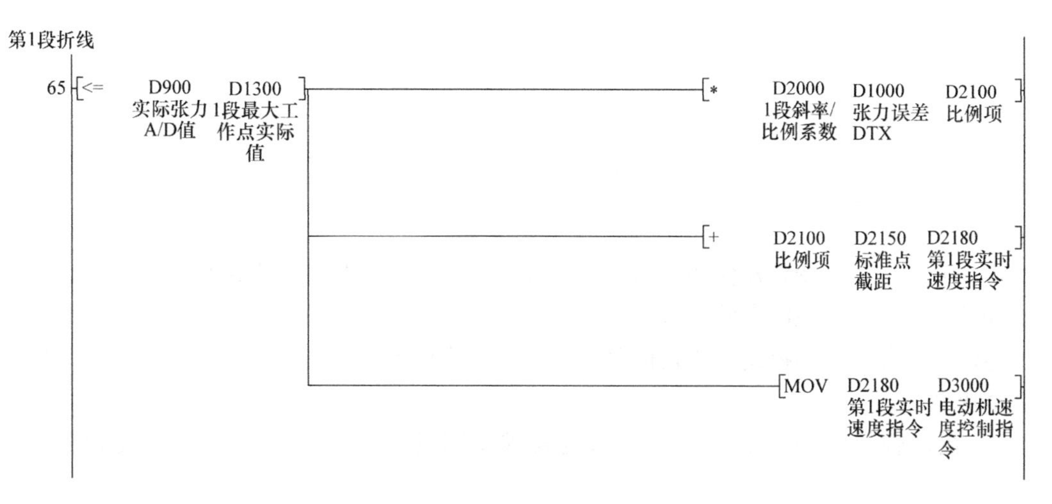

图 26-8 与 $\Delta X—Y$ 曲线对应的 PLC 程序

3）二次曲线型的调节曲线。如果工况过于复杂，也可以将 $\Delta X—Y$ 曲线模拟成为二次曲线。图 26-9 是多段逐点模拟的二次曲线型的调节曲线。

这种曲线的特点是当 ΔX 在较小的区间时，Y 值变化量不大，当 ΔX 在较大的区间时，Y 值上升变化较大。

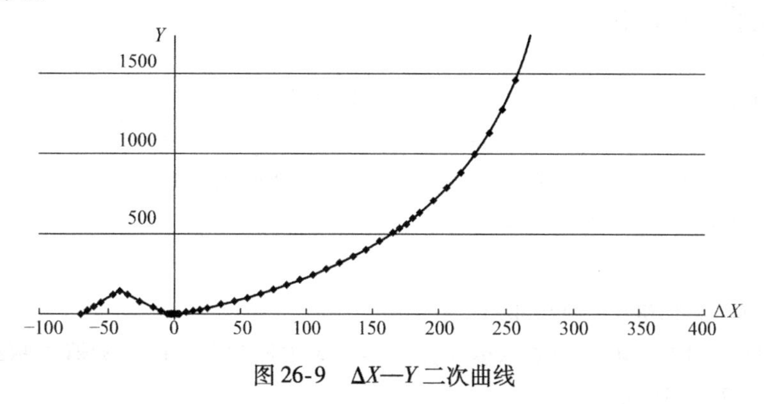

图 26-9 $\Delta X—Y$ 二次曲线

26.7 小结

对于大型项目，控制内容较多，在考虑控制方案前应全面了解工作机械的要求，确定周到的控制方案，切忌先钻入某个具体的控制环节而迷失方向。在本项目中，控制对象是生产线的速度，技术难点是张力控制。所以在规划好程序结构及内容后，再具体攻克技术难点。

第 27 章

变频器伺服运行技术开发

本章介绍了使用变频器代替伺服驱动系统构成一套运动控制系统的方法和要求。这是提高运动控制系统经济性的有效方法。

运动控制器一般的控制对象是伺服系统。为了节约成本，在下列情况下也可以使用变频器做伺服系统运行：

1）在多轴控制中，某些轴定位精度要求不高的场合（变频器运行重复定位精度：±1.5°）。

2）在多轴控制中，某些轴定位精度要求不高并要求有插补功能的场合（运动控制器具备 4 轴插补功能）。

3）要求多轴同步运行的场合。

本章说明了以运动控制器作为主控制器，以变频器作为驱动单元的方法。

27.1 对硬件的要求

1）Q172/Q173 运动控制器（具备 SSCNET Ⅲ功能）。

2）三菱 A700 系列变频器/V500 系列变频器。（FR－A700 系列变频器配用 QD 系列的运动控制器，FR－V500 系列变频器配用 QN 系列的运动控制器）。

3）FR－A7NS SSCNET Ⅲ专用通信卡。

4）FR－A7AP 定位控制卡。

5）旋转编码器（1000～4096pls/r）。

在以上硬件基础上，可以构成以运动控制器作为主控制器，以变频器为驱动单元的运动控制系统，如图 27-1 所示。

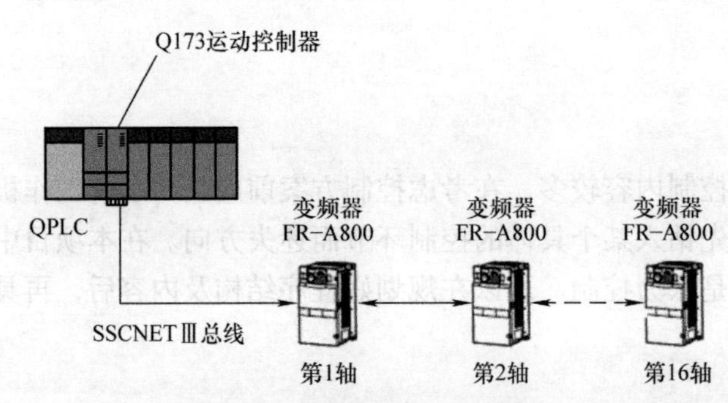

图 27-1　变频器驱动系统构成

27.2　FR－A7NS SSCNET Ⅲ通信卡的技术规格及使用

SSCNET Ⅲ是Servo System Controller NETwork Ⅲ（伺服系统控制网Ⅲ）的缩写，采用光纤电缆连接，构成运动控制器与伺服系统的控制网。

1. FR－A7NS SSCNET 通信卡

FR－A7NS SSCNET 通信卡（简称 FR－ATNS 卡）是变频器在 SSCNET Ⅲ网络中的通信卡。通过 FR－A7NS 卡，运动控制器的指令传送到变频器，变频器在其控制下可进行速度控制、位置控制、转矩控制。这样变频器在 SSCNET Ⅲ构成的以运动控制器为主控器网络中，就完全成为一伺服轴。FR－A7NS 卡各接口如图 27-2 所示。

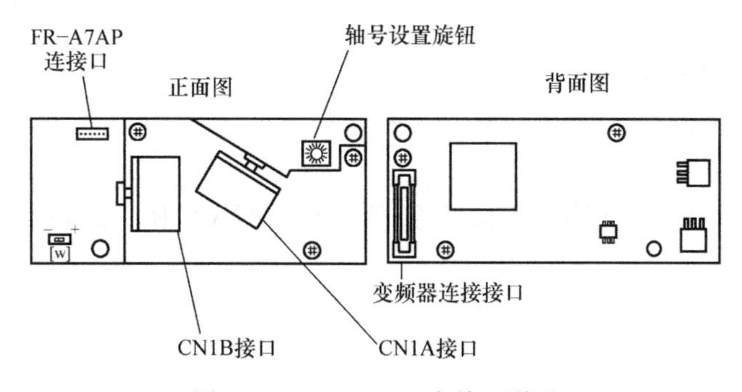

图 27-2　FR－A7NS 卡接口说明

2. FR－A7NS 卡各接口的说明和连接

（1）安装

如图 27-3 所示。

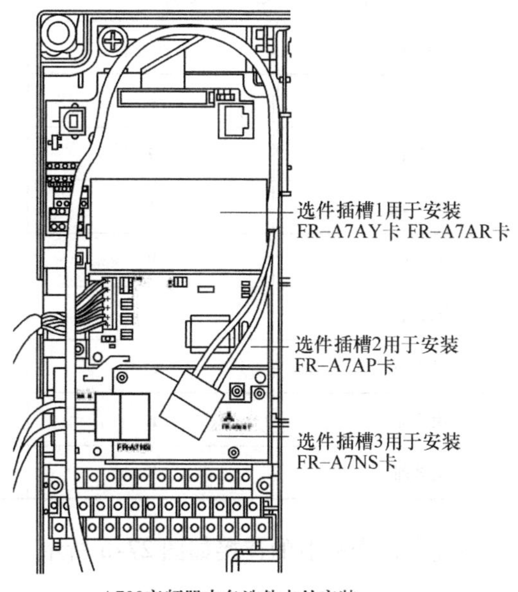

图 27-3　FR－A7NS 卡安装在变频器上的“第 3 选件插槽”

1）FR－A7NS 卡必须安装在变频器上的第 3 选件槽。

2）FR－A7AP 卡必须安装在变频器上的第 2 选件槽。

3）FR－A7NS 卡必须与 FR－A7AP 卡通过排缆连接，如图 27-4 所示。

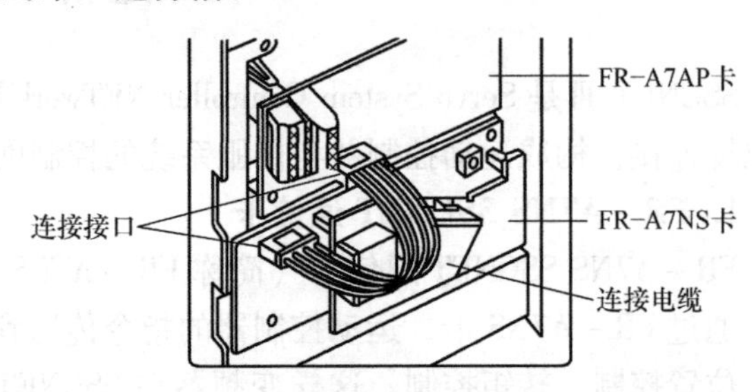

图 27-4　FR－A7NS 卡与 FR－A7AP 卡通过排缆连接

（2）FR－A7NS 卡各接口及用途

如图 27-2 所示。

1）CN1A 用于接上一台伺服放大器/变频器/运动控制器。

2）CN1B 用于接下一台伺服放大器/变频器。

3. 使用 FR－A7NS 卡的注意事项

1）FR－A7NS 卡必须与 FR－A7AP/FR－A7AL 卡同时使用。此时变频器进入矢量控制模式，可以进行 SSCNET Ⅲ通信。

2）如果只安装 FR－A7NS 卡而未安装 FR－A7AP 卡，变频器会出现选件异常（E. OPT）报警。

3）如果 FR－A7NS 卡与 FR－A7AP 卡之间未连接专用电缆，变频器会出现选件异常（E. OPT）报警。

4. 轴号设置

FR－A7NS 卡上的轴号设置如图 27-5 所示，设置方法与伺服驱动器的轴号设置方法相同。

图 27-5　轴号设置

如变频电动机是第 4 轴，旋转开关拨到 3，见表 27-1。

表 27-1　轴号的设置

旋钮指针	轴号	旋钮指针	轴号
0	第 1 轴	8	第 9 轴
1	第 2 轴	9	第 10 轴
2	第 3 轴	A	第 11 轴
3	第 4 轴	B	第 12 轴
4	第 5 轴	C	第 13 轴
5	第 6 轴	D	第 14 轴
6	第 7 轴	E	第 15 轴
7	第 8 轴	F	第 16 轴

这样，在整个运动控制系统中，变频器的连接如图 27-6 所示。

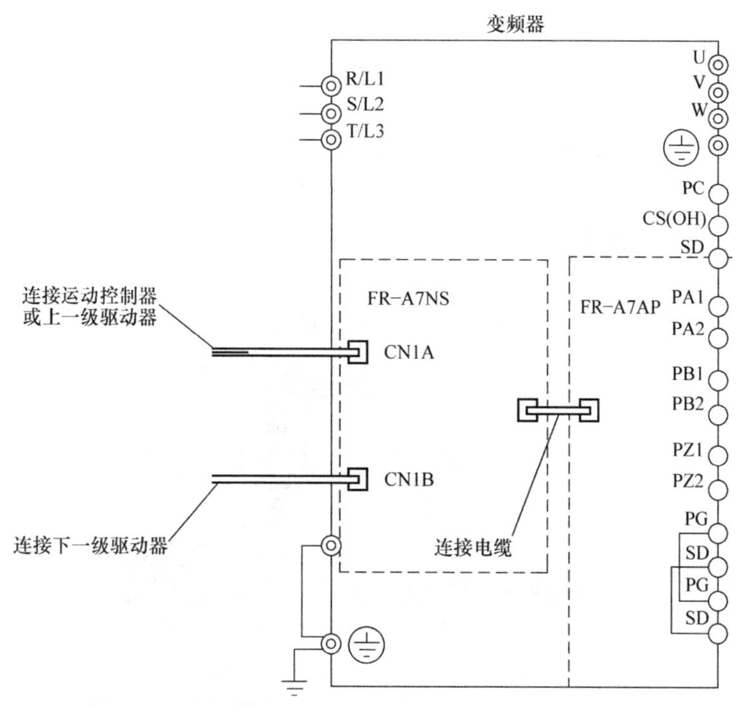

图 27-6　变频器及 FR－A7NS 卡/FR－A7AP 卡的连接图

27.3　变频器相关参数的设置

1）Pr. 499 SSCNET Ⅲ动作选择。本参数用于选择 SSCNET Ⅲ通信的有效或无效，选择发生通信切断时的动作以及报警解除方法。本参数是重要参数，通常设置 Pr. 499＝0。

2）Pr. 379 电动机旋转方向选择。本参数设定时要参考 Pr. 359（PLG 旋转方向设定值），其关系见表 27-2。

表 27-2　参数设置

Pr. 359	Pr. 379	电动机旋转方向	
		当前值增加	当前值减少
1	0（初始值）	CCW	CW
	1	CW	CCW
0	0（初始值）	CW	CCW
	1	CCW	CW

通常设置 Pr. 379＝0。

3）Pr. 800 控制模式选择，用于选择控制模式。

Pr. 800＝0 为速度控制，Pr. 800＝1 为转矩控制，Pr. 800＝3 为位置控制。

4）Pr. 449 输入滤波器时间。通常设置 Pr. 449＝4。

5）Pr. 52 PU/DU 主面板显示选择。设置 Pr. 52＝39，PU 面板显示 SSCNET Ⅲ的通信状态。

6）行程上限、行程下限、DOG 开关的设置方法。

① 设置 Pr. 178 =60、STF 端子 = 行程上限开关；

② 设置 Pr. 179 =61、STR 端子 = 行程下限开关；

③ 设置 Pr. 185 =76、JOG 端子 = DOG 开关。

27.4 运动控制器系统构成及设置

1）设置系统结构如图 27-7 所示。运动控制器排在主控 CPU 右侧。

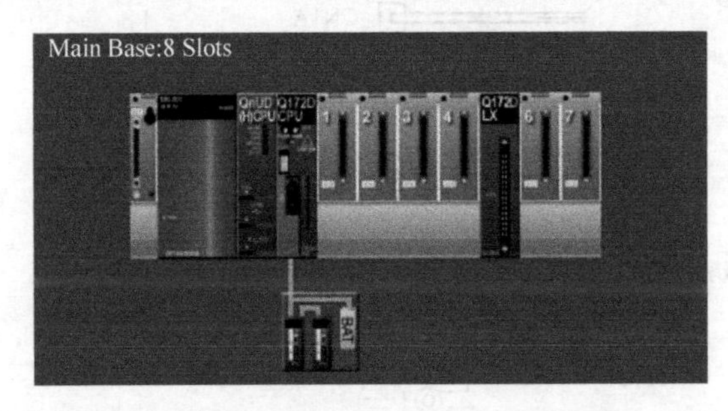

图 27-7 运动控制器系统结构设置

2）设置 SSCNET Ⅲ结构，如图 27-8 所示。伺服系统与变频器通过 SSCNET Ⅲ总线连接于运动控制器上。

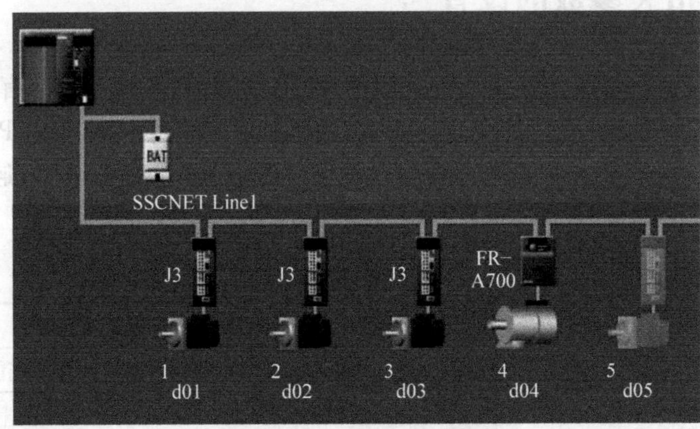

图 27-8 SSCNET Ⅲ结构

3）伺服参数设置。4 轴系统的伺服参数设置见表 27-3，其中轴 4 为变频器。

表 27-3 伺服参数设置

参数	轴 1	轴 2	轴 3	轴 4（变频器）
每转脉冲数/pls	262144	262144	262144	4096
每转行程/pls	20000	20000	20000	4096
正限位/pls	2147483647	2147483647	2147483647	2147483647
负限位/pls	-2147483647	-2147483647	-2147483647	-2147483647
定位精度/pls	100	100	100	100

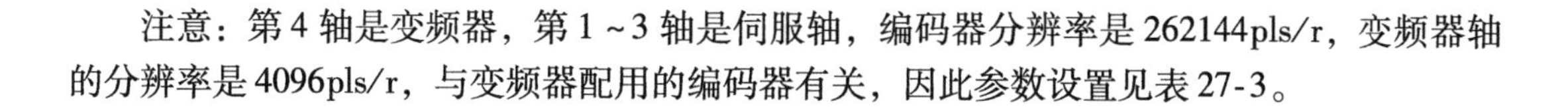

注意：第 4 轴是变频器，第 1 ~3 轴是伺服轴，编码器分辨率是 262144pls/r，变频器轴的分辨率是 4096pls/r，与变频器配用的编码器有关，因此参数设置见表 27-3。

27.5 运动程序的编制

经过以上设置后，变频器轴就完全成为一伺服轴，运动控制器中所有的指令对变频器轴同样有效。

通过运动控制器的 SFC 程序，可以执行包括 JOG、定位、回原点、虚模式运行和实模式运行。

27.5.1 回原点

如图 27-9 所示，使用近点 DOG1 方式回原点，SFC 程序的编写与伺服轴一样。其中 G15 的条件为第 4 轴的定位信号和通过原点状态信号。

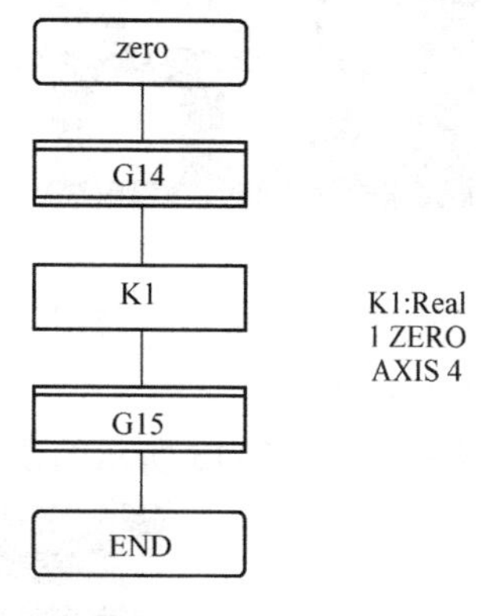

图 27-9　回原点程序

27.5.2 定位

图 27-10 为定位程序，其中 K7 为变频器轴的定位。在实模式下执行定位，根据图 27-10 的设置，定位行程为 2048pls，速度为 1024pls/s。

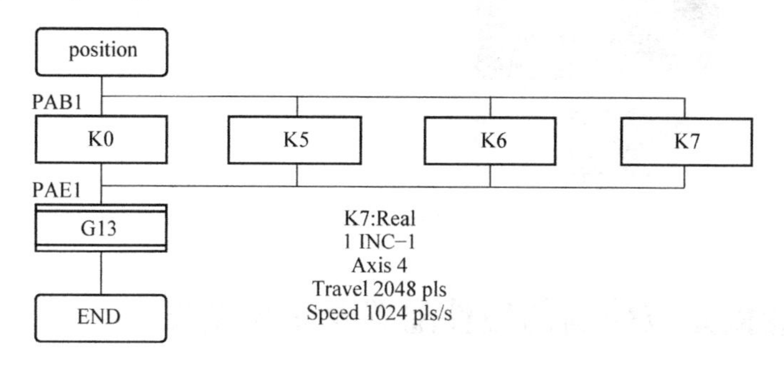

图 27-10　定位程序

27.6 虚模式下的同步运行

在虚模式下，4 轴同步运行的机械结构如图 27-11 所示。

虚模式的运行方式为给虚轴发送运动控制指令，同步控制 4 个轴。如图 27-12 所示的 SFC 程序中 K100 指令是对虚轴发出的速度运行指令。

由于虚轴默认为虚拟编码器分辨率为 262144pls/r，而变频器轴的分辨率是 4096pls/r，是伺服轴的 1/64，即给虚轴发一个 2621440pls/s 速度指令时，在变频器轴上速度指令也是 2621440pls/s。伺服轴的速度为 10r/s，变频器轴的速度则为 640r/s。速度相差很大，实际调试运行时必须特别注意。

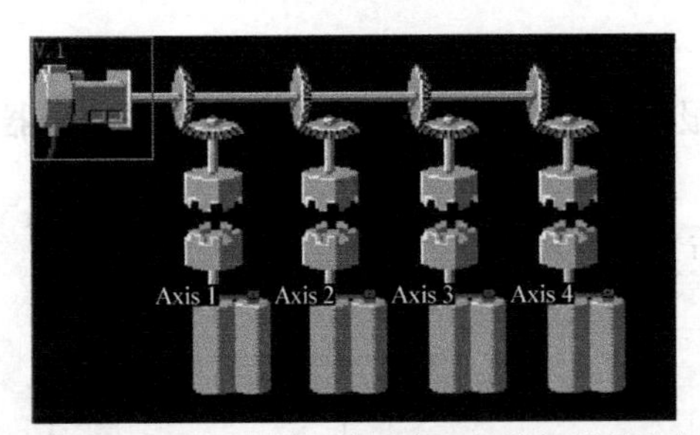

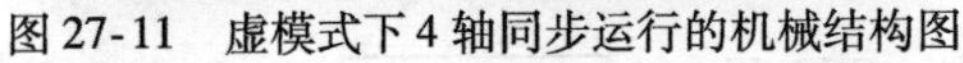

图 27-11　虚模式下 4 轴同步运行的机械结构图

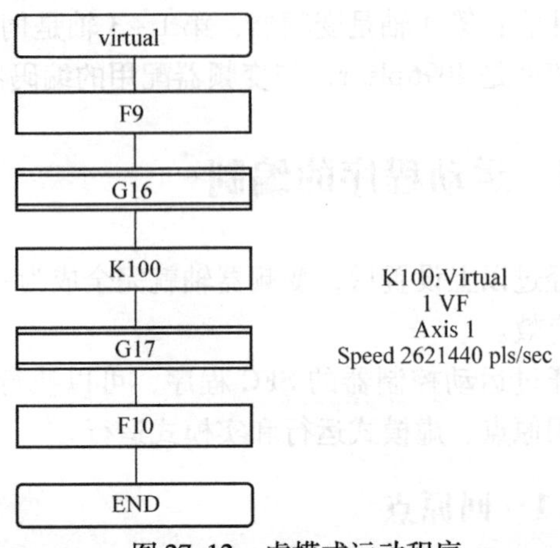

图 27-12　虚模式运动程序

为了在同一指令下获得同样的转速，必须在机械结构图的齿轮比上做适当的设置，如图 27-13所示。

经过如图 27-13 所示的设置后，4 轴就以同步速度运行。

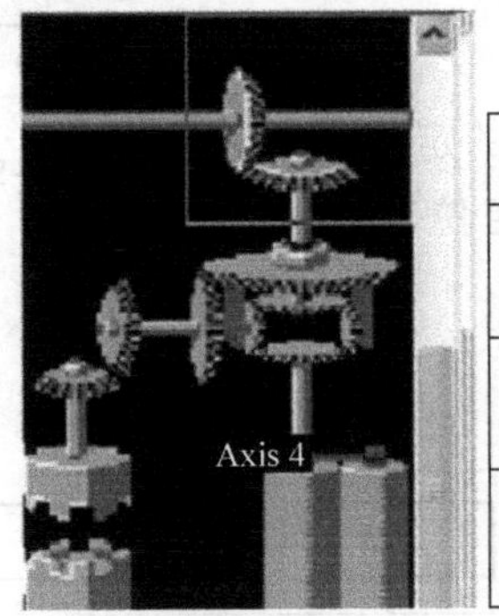

齿轮比设置

参数	设置值
输入轴齿数	1
输出轴齿数	64
旋转方向	正向

图 27-13　对变频器轴的齿轮比设置

27.7　变频器做定位控制的硬件配置及定位精度

三菱变频器做定位控制必须配置以下硬件：

1）变频器。变频器必须是三菱 A 系列的变频器，其他系列变频器不适用。

2）FR－A7AP 卡。

3）旋转编码器。必须在电动机轴或机械轴上安装编码器。编码器技术规格为：

① 差动型：A 相、A 非相、B 相、B 非相、Z 相、Z 非相；

② 集电极开路型：A 相、B 相、Z 相；

③ 脉冲数范围：1000～4096pls/r。

4）变频器定位运行的重复定位精度：±1.5°。

27.8　FR－A7AP 卡的安装与接线

FR－A7AP 卡是用于变频器定位和速度控制的专用模块，属于选配件。FR－A7AP 卡的功能在于接收编码器发出的脉冲，根据参数的设定，发出定位信号，使电动机停止在设定的位置。

FR－A7AP卡在变频器中的安装如图27-14所示。

FR－A7AP卡模块端子排列如图27-15所示。

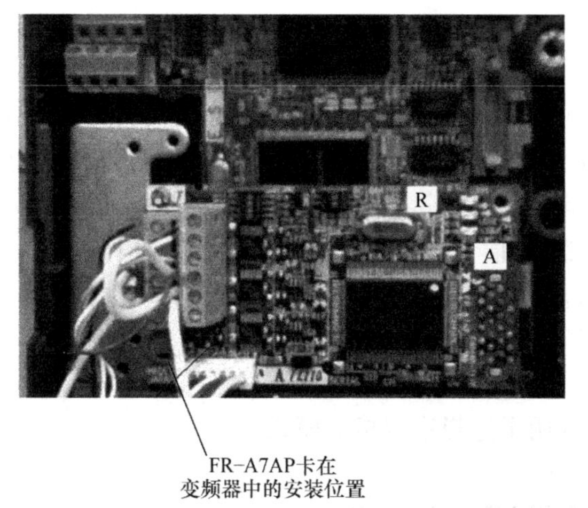

图27-14　FR－A7AP卡在变频器中的安装位置

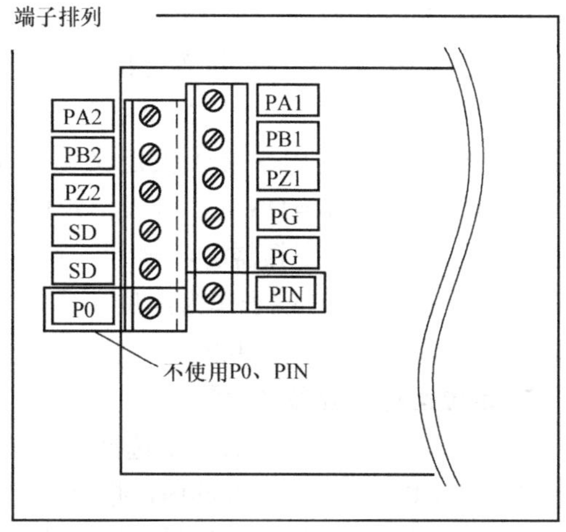

图27-15　FR－A7AP卡端子排列

必须按照FR－A7AP卡说明书上的接线图进行接线。以使用欧姆龙公司的编码器E6B2－CWZ1X为例，编码器分辨率为1024pls/r，具体接线见表27-4，表中第1行为FR－A7AP卡的端子，第2行为编码器的接线端子，FR－A7AP卡的端子中PIN与P0不接任何线，FR－A7AP卡接线端子中的2个PG短接，2个SD要进行短接，PG与SD之间接DC 5V电源供电，PG为正，SD为负。具体的接线图如图27-16所示。

表27-4　FR－A7AP卡接线表

PA1	PB1	PZ1	PG	PG	PA2	PB2	PZ2	SD	SD
A	B	Z	+5V		A非	B非	Z非	0V	

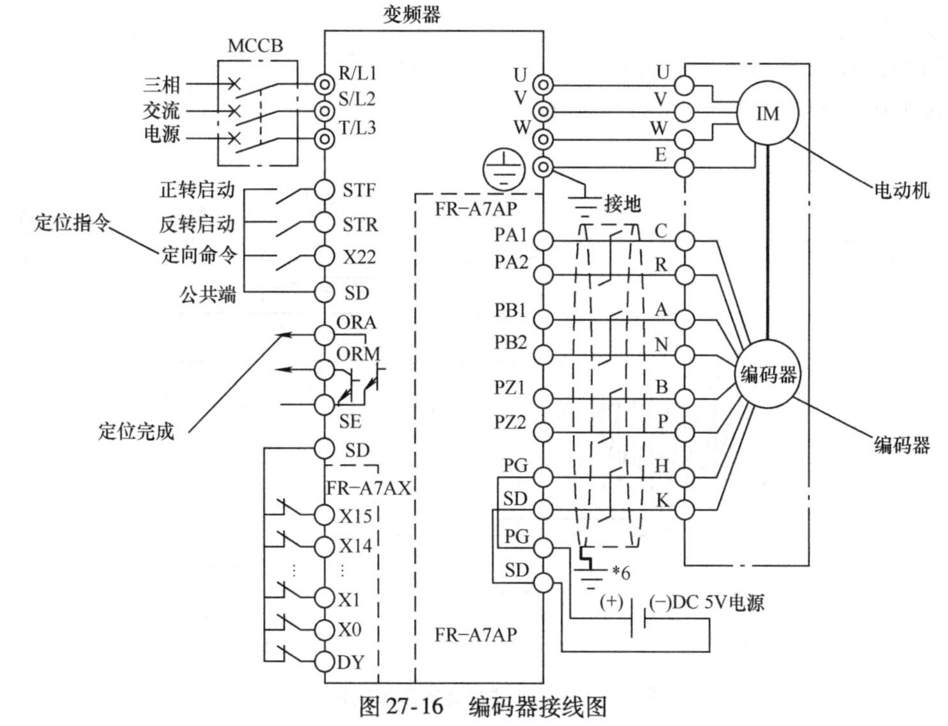

图27-16　编码器接线图

27.9 变频器参数的设定

1. 定位启动信号

要执行定位运行，必须设置定位启动指令端子。具体方法为将变频器的某个输入端子通过参数重新定义其功能。设定如下：选定变频器的 RES 端子作为定位启动指令端子。设置参数 Pr. 189 = 22。（RES 端子被定义为定位启动指令端子，即图 27-16 中的 X22）参照图 27-3连线，当 X22 = ON 时，即发出定位启动指令。

当定位完成后，变频器需要输出一个定位完成信号。定位完成信号的设置如下：

选定变频器的 FU 端子作为定位完成信号端子。设置参数 Pr. 194 = 27（FU 端子被定义为定位完成端子 ORA）参照图 27-3 连线，当定位完成时，即发出 ORA = ON 信号。

2. 定位运行主要参数设置

1）Pr. 350——定位模式指令选择，本参数用于选择定位指令模式。

Pr. 350 = 0——使用变频器内部指令进行定位；

Pr. 350 = 1——使用外部信号进行定位（配用 FX – A7AX 卡）；

Pr. 350 = 9999——定位功能无效（初始设置）；

执行定位运行时，设置 Pr. 350 = 0。

2）Pr. 351——定位速度，进行定位运行时的速度，见图 27-17，设定范围为 0.5 ~ 30Hz。

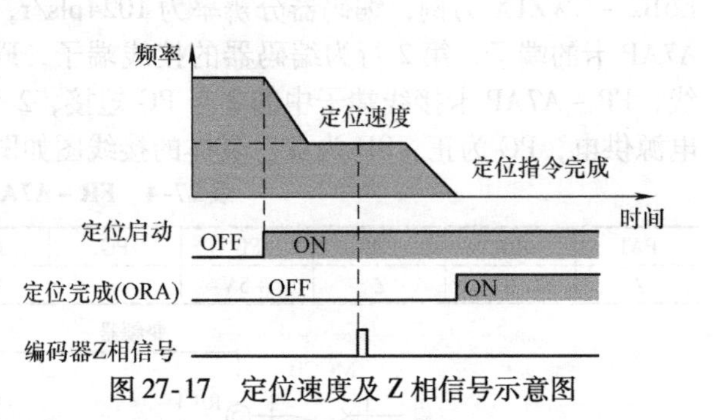

图 27-17　定位速度及 Z 相信号示意图

3）Pr. 352——爬行速度，见图 27-5，设定范围为 0.5 ~ 10Hz。

4）Pr. 353——爬行速度切换点，从定位速度切换到爬行速度的位置点。参数单位为脉冲，根据当前位置脉冲数设定，设定范围为 0 ~ 9999，见图 27-18，即当前位置脉冲数 = Pr. 353，即开始爬行。

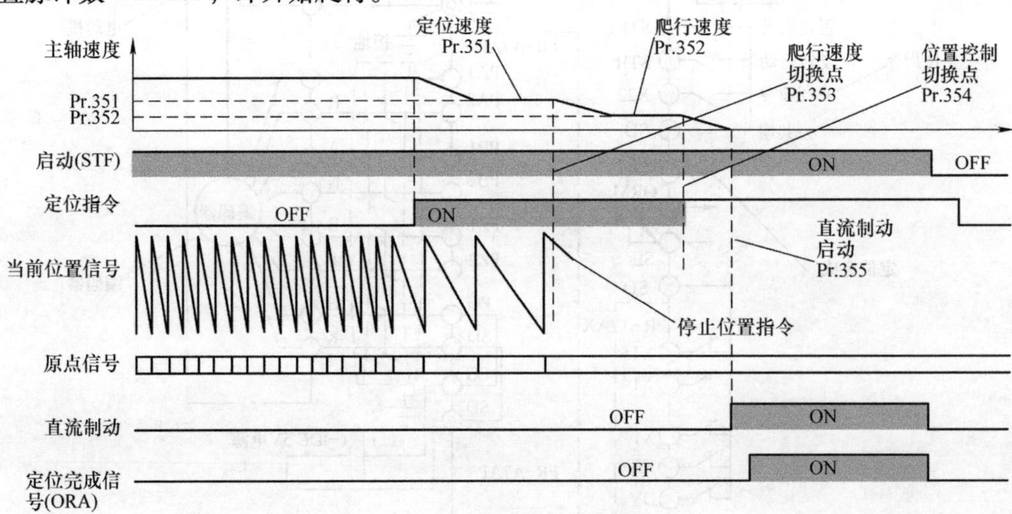

图 27-18　定位过程及各参数的定义

5）Pr. 354——位置控制切换点（见图 27-18）。在该位置点，变频器内部进入位置控制，前面都是速度控制。参数单位为脉冲，根据当前位置脉冲数设定（设定范围为 0 ~ 8191），即当前位置脉冲数 = Pr. 354，即开始进入位置控制。

6）Pr. 355——直流制动启动。在位置控制时，执行直流制动的起始位置，参数单位为脉冲（设定范围为 0 ~ 255）。根据当前位置脉冲数设定，即当前位置脉冲数 = Pr. 355，即开始执行直流制动。

7）Pr. 356——定位距离，单位为脉冲数（设定范围为 0 ~ 9999），这是最重要的参数之一。本参数决定定位位置，定位位置从原点起计数。

8）Pr. 359——PLG 转动方向，是指从编码器方向看，顺时针方向转为 0，逆时针方向转为 1，如图 27-19 所示。

9）Pr. 369——PLG 脉冲数，是指编码器铭牌上标定的 PLG 脉冲数。

10）Pr. 357——定位精度。本参数用于设置定位完成区域，单位为脉冲（设定范围为 0 ~ 255）。

11）Pr. 361——定位位置调节量。在定位完成后，如果需要对定位位置进行调节（增加或减少），使用本参数设置调节量。

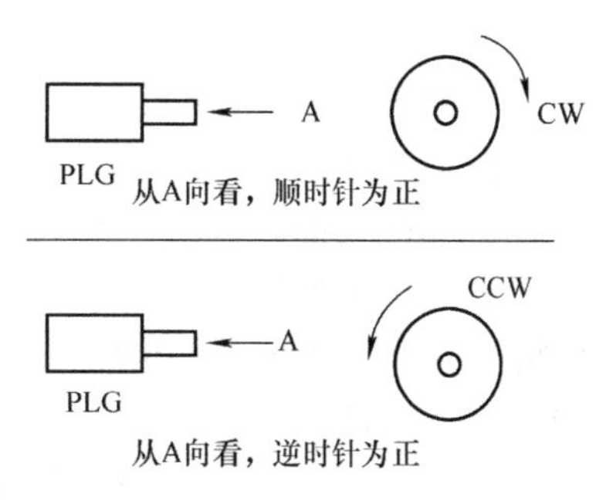

图 27-19　编码器旋转方向

27.10　定位过程

定位过程分为在运行过程中的定位、从停止状态启动的定位和连续多点定位。

1. 在运行过程中的定位

在图 27-18 中：

1）发出定位启动信号（X22 = ON），电动机减速至定位速度（Pr. 351 设定值）。当 X22 = ON 后，变频器内部开始检测 X22 = ON 后编码器发出的第 1 个 Z 相信号，以该点作为定位运行的原点。定位运行的当前值以此原点为基准。

2）用参数 Pr. 353 设定爬行速度切换点。当前值等于参数 Pr. 353 设定值时，从定位速度切换到爬行速度。

3）在当前值等于参数 Pr. 354 设定值（位置控制切换点）时，变频器切换到位置控制模式，电动机继续减速。

4）在当前值等于参数 Pr. 355 设定值（直流制动启动点）时，变频器进入直流制动状态，电动机制动停止。

5）在当前值与 Pr. 356 定位距离之差（绝对值）小于定位精度时，即为定位完成。定位度 $\Delta\theta$ 及其计算公式如图 27-20 所示，定位完成后，变频器输出定位完成信号（ORA）。

2. 从停止状态启动的定位

1）发出定位启动信号（X22 = ON），电动机加速到定位速度（Pr. 351 设定值）。

2）其余与上部分 2）~ 5）步相同。

注意：如果设定的定位距离小于直流制动启动点则直接进入直流制动，使电动机停止。

3. 连续多点定位

执行连续多点定位必须配置A7AX卡，通过外部信号不断改变定位位置，从而实现连续多点定位。

4. 关于定位原点的确定方法

1）设置直流制动启动点 Pr.355=0；

2）设置定位距离 Pr.356=0；

3）设置 Pr.369 为编码器的分辨率；

4）定位启动 X22=ON；

5）电动机停止的位置即为原点。

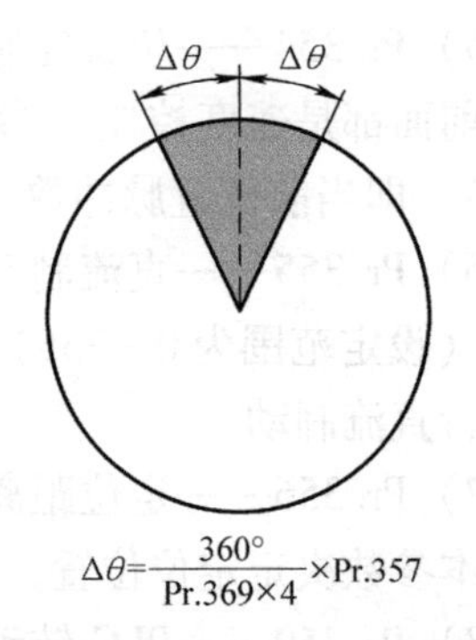

图 27-20　定位精度及其计算公式

5. 关于编码器脉冲的4倍频

（1）关于4倍频

参数 Pr.369 为编码器的分辨率，根据编码器铭牌值设定。如铭牌值为1024pls/r，则设置值为1024。在变频器内部自动将设置值扩大4倍，按照4倍频即4096pls/r进行定位计算，即定位精度为360/4096=0.087°/pls。

（2）定位位置

关于 Pr.356，根据编码器分辨率和 Pr.359 进行停止位置确定。当编码器分辨率为1024pls/r时，Pr.369设定为1024。按照4倍频即4096pls/r进行计算定位，如图27-21所示。

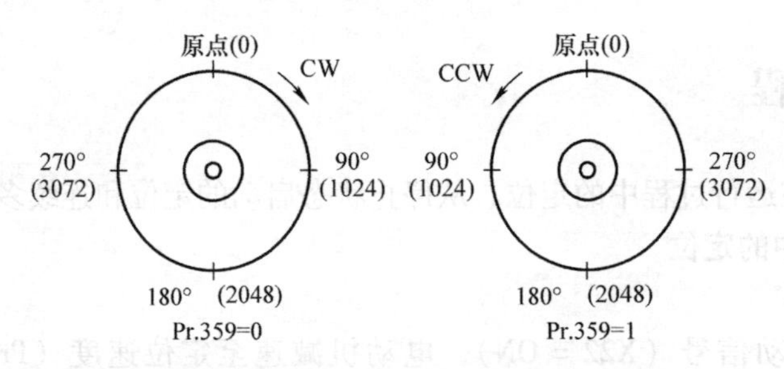

图 27-21　定位位置与4倍频脉冲的关系

27.11　小结

使用变频器做定位运行，使变频器具备伺服系统的功能，大大降低了控制系统的成本，特别是在电动机功率较大的工作机械中，成本降低的效果尤其明显，在精度要求不太高的场合是完全可以使用的。

第 28 章

简易运动控制器在专用机床控制系统上的应用

在本章将要学习使用简易运动控制器作为专用机床控制系统的案例，学习如何建立绝对位置检测系统的一种新方法，学习如何排除定位不准的故障方法。

28.1 项目背景

某客户的专用机床工作要求如下：

1）有一运动轴用伺服电动机控制，要求实现精确位置控制。

2）要求实现绝对位置检测，即不需要每次上电后回原点。

3）能够实现连续多点定位。

4）能够做速度控制，也能够实现位置控制。

5）加工零件对象固定，工作程序固定。

6）控制系统成本低。

28.2 控制系统方案及配置

28.2.1 方案及配置

经过对客户专用机床动作要求和性能指标的详细了解，根据综合技术经济指标，提出了下列控制系统方案：

1）主控系统采用三菱 FX2N－80MR PLC；

2）运动控制单元采用 FX2N－1PG 位置控制单元；

3）伺服驱动器为 MR－J3－350A（AC 200V 级）；

4）伺服电动机为 HF－SP352，额定功率为 3.5kW，额定转速为 2000r/min。

28.2.2 简易运动控制单元 FX2N－1PG 丰富的功能

选用 FX2N－1PG 做运动控制器是因为其具备丰富的功能，其功能简述如下：

1）FX2N－1PG（以下简称 1PG）是一个简单的运动控制器，它通过发送脉冲给伺服驱动器或步进电动机实现运动控制。

2）FX2N－1PG 不能独立地实现运动控制，它只是作为 FX PLC 的一个智能单元使用，必须通过主控制 FX PLC 对 1PG 进行读、写指令操作（FROM/TO 指令）实现运动控制。

3）FX2N－1PG 作为一个运动控制器其内部也有接收运动指令的接口和表示运动状态的

接口。由于它必须与主 PLC 交换信息，所以这些接口都在其缓冲区——BFM。在 BFM 区内规定了各指令接口和状态接口的位置。

4）所有与运动相关的参数全部在 BFM 内，通过 PLC 的写指令进行设置。

5）1PG 具备回原点模式、JOG 模式、自动模式，没有手轮模式。

6）在自动模式中，其运动指令有单速定位、（带工艺完成功能的）单速定位、外部信号指令定位、双速定位和变速运行（速度可任意变化，类似于变频器）。

28.3 基于 1PG 的自动程序编制

对 1PG 只能设置定位位置、定位速度和定位方式。要构成连续的自动运行方式必须在 PLC 一侧编制步进程序，如图 28-1 所示。

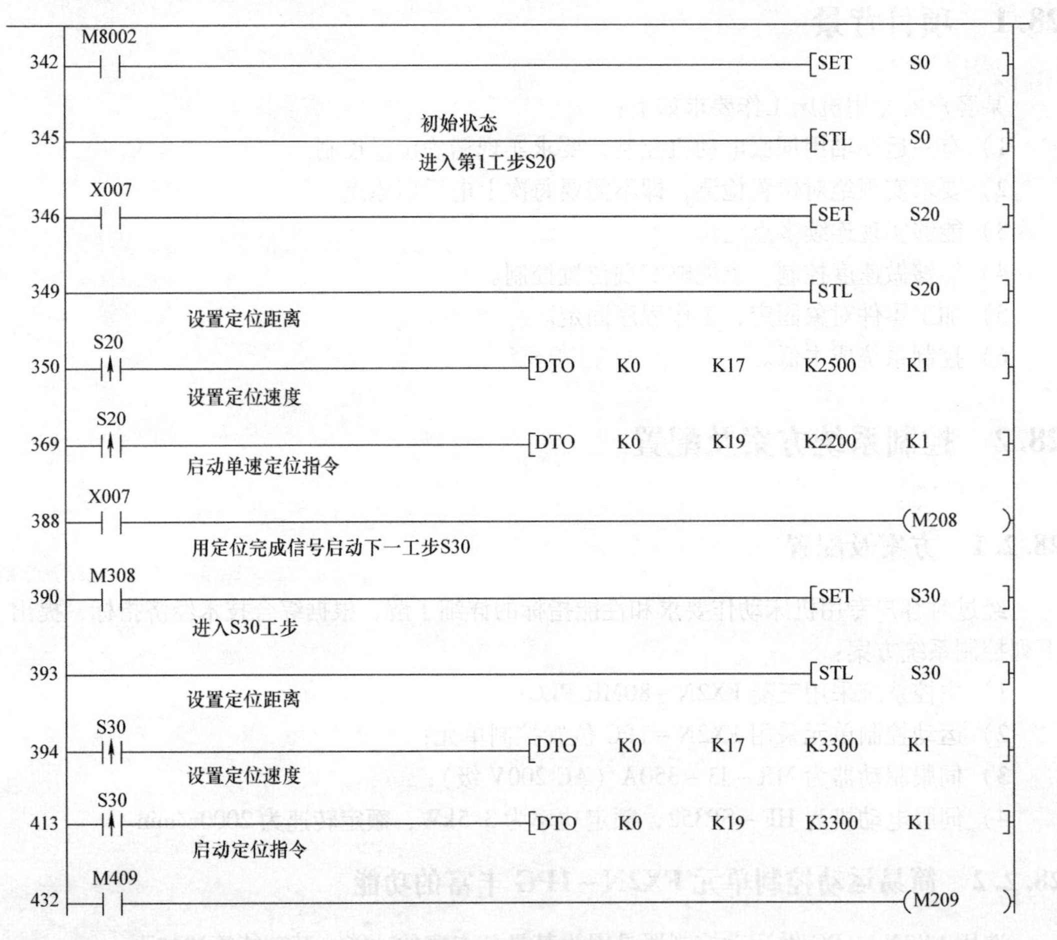

图 28-1 步进程序

在图 28-1 所示的 PLC 程序中，在第 342 步，用上电脉冲信号 M8002 设置初始状态。在 346 步，自动启动指令 X007 = ON，进入第 1 工步 S20，在这一工步中，用脉冲信号设置定位距离和定位速度。

用 X007 发出单速定位指令。当定位完成后，用定位完成信号启动进入下一工步 S30。

在 S30 工步中，重新设置定位距离和定位速度。由此构成整个运动程序。

在实际的各工步转换过程中，根据经验，加一计时器做延迟更利于稳定的转换。延迟时间应根据工步运行状态确定。

28.4　绝对位置检测系统的建立

1PG 没有专门建立绝对位置检测系统的功能，但客户要求在这套控制系统上采用绝对位置检测系统。经过分析，要建立绝对位置检测系统，必须采用以下两种方法：

1）通过主 PLC 的绝对值读取指令。这种方法要做硬件电缆连接，比较复杂。

2）采用数控系统的简易绝对位置检测系统建立方法。即在运动过程中一直读取系统当前值，并将当前值送到断电保持寄存器中，在系统关机时，能记住当前数据。在重新上电后将保存的数据送回 1PG。

按照此思路，编制程序如图 28-2 所示。但断电又重新上电后，读出的数据为零。当前值数据丢失了，错误在什么地方呢？这种方法有问题吗？经过仔细分析，在如图 28-2 所示程序的第 233 步，如果一上电就读取数据，当前值还为零，读出的数据为 0。

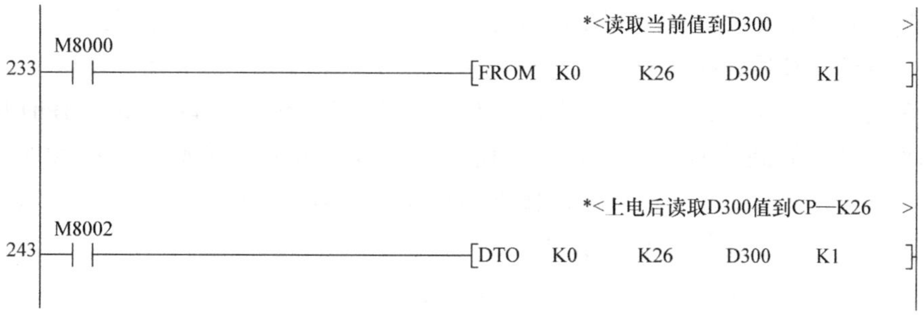

```
                                          *<读取当前值到D300              >
     M8000
233 ─┤ ├──────────────────────────────[FROM  K0    K26    D300    K1    ]

                                          *<上电后读取D300值到CP—K26      >
     M8002
243 ─┤ ├──────────────────────────────[DTO   K0    K26    D300    K1    ]
```

图 28-2　保存当前值的 PLC 程序

结果 D300 = 0。到第 243 步又将 D300（D300 = 0）写入当前值寄存器，所以当前值 = 0。

解决这一问题的方法：上电后延迟一段时间再读取当前值数据。改进后的程序如图28-3所示。在图 28-3 中的第 213 步，在上电脉冲 M8002 之后，经过 50ms 才发出 SET M10 指令。用 M10 控制第 202 步的读取当前值指令。这样就可以读到在断电时所保存的数据了。

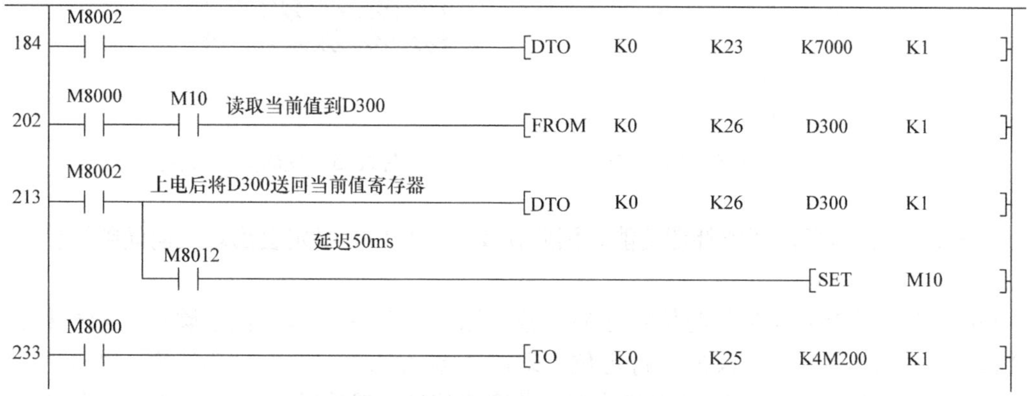

```
     M8002
184 ─┤ ├──────────────────────────────[DTO   K0    K23    K7000   K1    ]

     M8000     M10   读取当前值到D300
202 ─┤ ├───────┤ ├────────────────────[FROM  K0    K26    D300    K1    ]

     M8002    上电后将D300送回当前值寄存器
213 ─┤ ├──┬───────────────────────────[DTO   K0    K26    D300    K1    ]
          │                延迟50ms
          │  M8012
          └──┤ ├──────────────────────────────────────[SET       M10    ]

     M8000
233 ─┤ ├──────────────────────────────[TO    K0    K25    K4M200  K1    ]
```

图 28-3　建立简易绝对值检测系统的方法

这种简易绝对值位置检测系统的建立方法是最简便的方法，推而广之，可以在其他控制系统中使用。只是在最初时还需要一个输入信号作为 DOG 信号建立原点。在对原点位置没有严格要求时，可定义操作面板上任意一个信号作为 DOG 信号，这是建立原点的一个简化方法。

使用这种方法应特别注意：如果在断电以后，机械发生了移动，控制系统则无法检测到断电期间机械移动的情况，这种情况下必须在上电后重新执行回原点操作。在建立了正确的坐标系以后，再进行自动运行。

28.5 定位不准的问题及解决方法

本专机的工作要求是做速度/位置切换控制运行，即先以某一速度运行，在接收到工艺完成信号后再进行定位。

1. 定位不准的现象

现场运行时发现经过多次运行后，出现定位运行有时准、有时不准的现象。技术人员感到迷惑，同一套控制系统同一套程序，为什么会出现定位运行有时准、有时不准?

工作机械的动作要求如下，在图 28-4 中，以 A 点为原点，顺时针为正向，工件从 A 点开始运行，经过 N 转后，在 C 点接收到工艺完成信号，要求从 C 点开始定位运行到 A 点。

作者在现场仔细观察了工作过程，发现最后的定位运行有时正转，有时反转。以图 28-4为例，当圆筒到达 C 点时，要求圆筒定位运行到 A 点。圆筒可能按顺时针回到 A 点，也可能按逆时针回到 A 点。如果圆筒在速度运行阶段按顺时针运行，在接收到工艺完成信号后逆时针运行，就会出现反向间隙误差。

因此判断是反向间隙在起作用。反向间隙示意图如 28-5 所示。

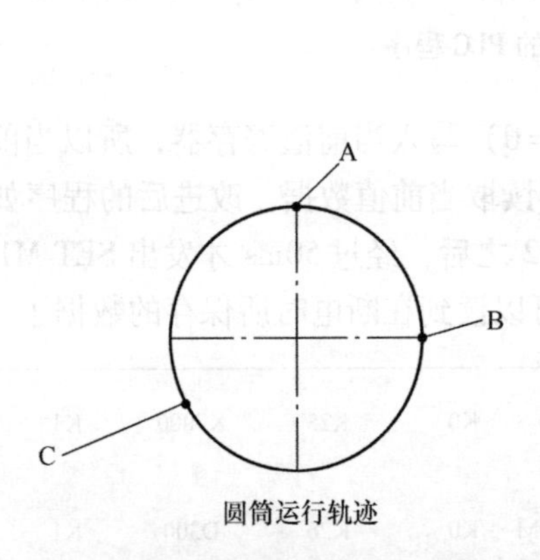

图 28-4 工作机械的定位运行

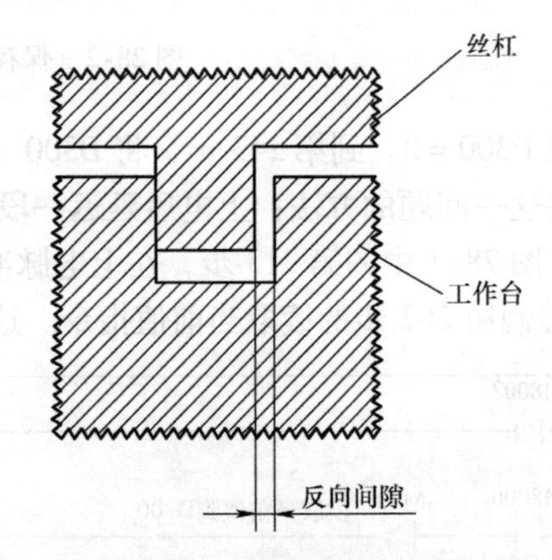

图 28-5 反向间隙示意图

由于 1PG1 没有反向间隙补偿功能，因此在反向运行后，必定会出现反向间隙误差。

2. 解决问题的方法

解决方法：强制定位运行与旋转方向一致。原 PLC 程序为以当前值除以一圈行程，取其余数，以余数作为定位值反向运行定位。即以 A 点为原点，顺时针为正向，当工件从 A 点开始运行，经过 N 转后，在 C 点接收到工艺完成信号，然后经过 C→B→A 定位到 A 点。

改进后的 PLC 程序如图 28-6 所示。

求出工件 C 点在一圈中的当前值（以当前值除以一圈行程，取其余数，图 28-6 中的 D502 为余数）。

计算 C 和 A 之间的距离（一圈行程减余数，D550 为 C 到 A 之间的距离），求出定位点 A 点的绝对数值（C 点绝对当前值 + C 和 A 之间的距离，D580 为 A 点绝对位置），以此数值作为工艺完成定位指令的数值。

PLC 程序如下：

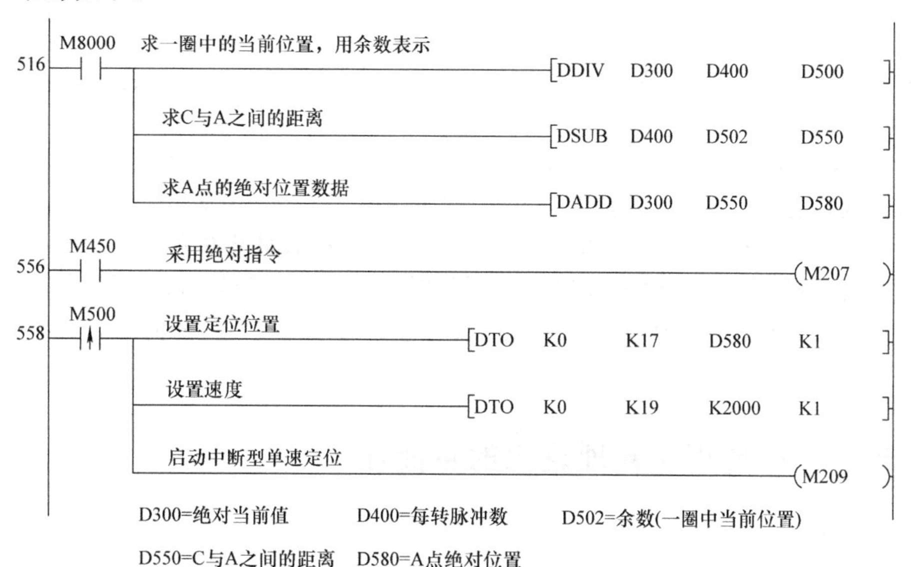

图 28-6 单向定位 PLC 程序

第 516 步就是计算 A 点绝对位置的过程。计算 A 点绝对位置的目的就是要在下一步的定位运行中给出一目标值，保证下一步是继续向前正转运行而不会反转运行。这样就避免了反向间隙的影响。经过这样的 PLC 程序处理之后，整机才能够准确定位。

由于 1PG 没有反向间隙补偿功能，所以在选型时必须注意，对要求精确定位，有换向运动的机床是不适合的。但是，要求一般的定位精度，并且动作简单或动作固定的机床还是适用的。

对于动作简单的机床可以将动作规定为一个方向运动，而且应该与最初的回原点方向一致。

对于要求换向动作复杂的机床，如果其运动程序固定，则可以在运动程序中编制一个换向子程序，每次运动换向前就调用一次换向子程序。这就相当于执行了一次反向间隙补偿，只是要求每套机械对应于一套程序，否则编程的工作量就太大了。

28.6 小结

1PG 是一个功能足够丰富的位置控制单元，适合于控制动作固定的工作机械。实际中一台主 PLC 可以带 8 台 1PG，所以可低成本构成一套多轴控制系统。

经过处理，1PG 系统也可以构成绝对位置检测系统。

但 1PG 毕竟是简易低成本位置控制系统，没有反向间隙补偿功能，没有手轮功能，选型时必须注意。

第 29 章

PLC 位置控制系统中手轮的应用技术开发

本章介绍了如何在使用 FX PLC 做定位运行时，接入手轮做手轮运行，并提出了解决方案。

三菱 FX3U PLC 本身具备 3 个高速脉冲输出口，可以连接 3 套伺服系统，构成精密定位工作机械，其高速脉冲输出口具备 100kHz 的输出频率。这样，由 FX3U 构成定位控制系统时就可以省略原来需要的脉冲发生单元 FX2N－1PG 或 FX10GM 定位单元，以比较低的成本组成多轴运动控制系统。实际构成定位控制系统时，很多工作机械要求用手轮进行精确的定位，但是单独由 PLC 构成的运动控制系统内没有独立的手轮接口，如何才能满足这类工作机械的要求呢?

29.1　FX PLC 使用手轮理论上的可能性

1. 运动控制指令

三菱 FX PLC 内关于运动控制的指令有回原点指令、相对定位指令和绝对定位指令。其程序指令如图 29-1 所示。

```
    M0    回原点指令
0 ──┤├──────────────────[ZRN   K1000  K100   X003  Y000 ]
    M1    相对定位指令
10──┤├──────────────────[DRVI  K5000  K1000  Y000  Y004 ]
    M2    绝对定位指令
20──┤├──────────────────[DRVA  K4000  K1200  Y000  Y004 ]
```

图 29-1　FX PLC 具有的定位控制指令

2. 运动模式

可以构成的运动模式有回原点模式、点动（JOG）模式和自动（定位）模式。其点动（JOG）模式实际上是使用了相对定位指令。而手轮模式与 JOG 模式类似，如果要加入手轮模式，也必须在现有的可以使用的指令基础上加以开发。要使用手轮模式必须具备下列条件：PLC 输入接口必须能接收手轮的高速输入脉冲，并且识别正反向脉冲，这个输入的脉冲值就作为定位的数据。而且，随着手轮输入脉冲的变化，能相应地发出相对定位指令或绝对定位指令，使伺服电动机跟随运动。

29.2 PLC 程序的处理

基于以上考虑，对 PLC 程序做了如下处理：

1）使用 FX PLC 内部的高速计数器 C251 接收来自手轮的脉冲信号。高速计数器 C251 具有双相双输入，手轮的 A/B 相脉冲信号接入 PLC 的两个输入点，这样能及时检测到手轮的正反转脉冲信号，高速计数器 C251 内的计数值随之增加或减少，而 C251 内的数值正可以作为定位的数据。

2）使用手轮的目的一是为了获得足够慢的速度，二是为了获得准确的位置数据，为最终的自动程序提供位置数据。因此，在手轮模式下驱动电动机必须使用绝对定位指令，这样，通过监视当前值寄存器的数值就能获得准确的位置数据。

29.2.1 手轮的输入信号

选用的手轮是带 A/B 相脉冲的手轮，工作电压为 DC 12～24V，集电极开路输出，A/B 相脉冲信号分别接入 PLC 的 X0、X1 端。手轮的 DC 0V 端与 PLC 输入信号的 COM 端相连。与其相关的 PLC 程序如图 29-2 所示。

连线完毕上电后，可以监视到 C251 的值随着手轮的正反转而变化。

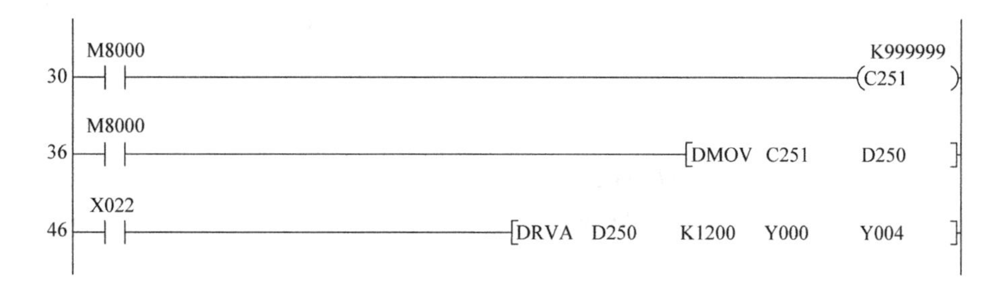

图 29-2 用于处理手轮信号的 PLC 程序

使用绝对定位指令，以高速计数器 C251 的数据 D250 作为定位数据，保持启动指令 X22＝ON 一直接通，摇动手轮，可以监视到定位数据一直变化，但实际电动机并未动作，是什么原因？难道该指令失效了？

经过实验，这条指令（即绝对定位指令）在一次定位完成后，即使定位数据发生变化，其指令也无效，必须重新启动触发条件（X22）后，该指令才重新执行一次。

这样在用手轮给出定位数据后，还必须给出一启动信号，电动机才能运行。实验中，单独给出一启动信号，电动机确实能随手轮给出的数据运动，但电动机的运动一方面显得迟钝。另一方面，其速度忽快忽慢，其迟钝的原因是启动信号总是在手轮停止后才发出，不可避免地要出现迟钝，这种效果不能进入实用阶段。那么，怎样才能具有手轮模式的边摇边动的效果呢？

29.2.2 对手轮模式下启动信号的处理

问题的关键是处理启动信号。由于 PLC 内的高速计数器 C251 表示了手轮输入脉冲数据的状态，当 C251 不等于零时表示有脉冲输入，可以用这个状态作为启动信号，当定位完成后用 PLC 内部的定位完成标志 M8029 对 C251 置零，按照这个思路编制了 PLC 程序，未能得到良好效果，电动机时转时不转，也不能进入实用阶段。

那么，直接用脉冲信号作为启动信号可以吗？从手轮的 A/B 相输入的脉冲已经接入 PLC 的 X0、X1 端作为计数信号，再将 A/B 相脉冲信号连接在 PLC 的输入端 X6、X7 上，用其做绝对定位指令的启动信号，效果会怎样呢？按此思路编制了 PLC 程序，如图 29-3 所示。

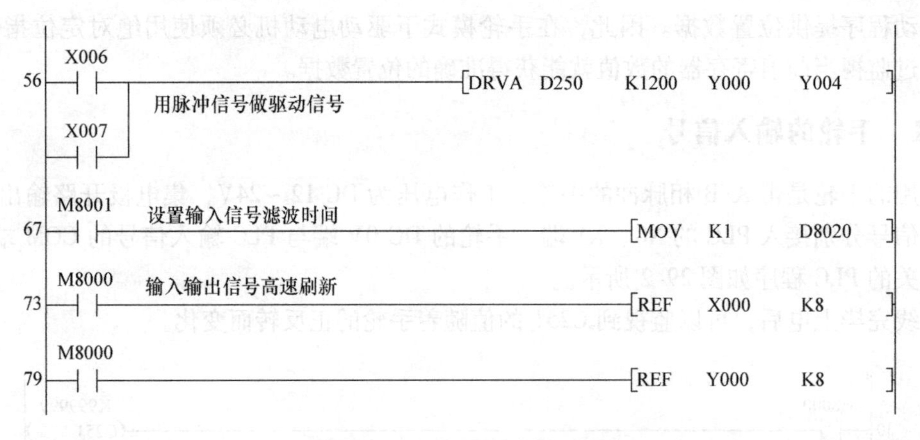

图 29-3 启动信号的处理

实验结果为摇动手轮后，电动机能随之正反向运动，但快速摇动手轮时，电动机不能随之快速运动，有时甚至不动，只有慢速摇动手轮时，电动机才能正常运行，这是什么原因呢？

经过分析，其原因是当输入信号的频率高到一定数值，超过 PLC 程序的扫描周期时，PLC 检测不到手轮 A/B 相脉冲信号的低电平，只检测到高电平，于是定位指令一直保持接通 ON 状态，没有 OFF 到 ON 的变化，所以定位指令就没有执行。从 PLC 程序上监视到的情况确实是输入信号 X6 或 X7 一直保持 ON 状态。

如果 PLC 程序的扫描周期为 2ms，输入信号滤波延迟时间为 10ms，则允许的手轮脉冲信号频率为 1000/12ms，约 90Hz。在实验中，用手轮每转发出 100 脉冲，在 2r/s 时可以观察到电动机已经不能正常运行。

29.2.3 提高 PLC 处理速度响应性的方法

为了提高 PLC 输入信号的响应性，必须使用其高速输入/输出功能，及缩短输入信号的滤波时间，按此思路编制的 PLC 程序如图 29-3 所示。

1）REF 指令是输入/输出刷新指令，该指令不受程序扫描周期的影响，直接检测输入信号并立即输出运算结果。使用该指令后，情况有所改善，但效果并不明显。这是因为扫描周期的时间本身也很短，扫描周期不是主要因素。

2）输入信号的滤波时间是重要影响因素，输入信号的滤波时间较长，所以还必须缩短输入信号的滤波时间。

一般的滤波时间为10ms，经过图29-3所示的程序处理后，滤波时间可缩短到1ms。

经以上处理后，输入信号不受PLC扫描周期的影响，输入滤波时间仅为1ms，综合其他方面的影响，其响应频率可达到300Hz。手轮的输入脉冲频率可达到300Hz，实际实验时，以每3r/s的速度摇动手轮，可以驱动电动机运行，这样在伺服驱动器一侧再设定适当的电子齿轮比，就能获得适当的电动机运行速度，对于由PLC直接构成的定位系统而言，这样使用手轮便满足了实用工作机械的要求。

小结：在由FX PLC构成的定位系统中，可以使用手轮并且可以获得令人满意的实用效果。

第 30 章 电阻生产线电气控制系统的技术开发

30.1 项目综述

电阻机老化及检测生产线的工作流程如图 30-1 所示。

1）成品电阻上线后，由输送链送入老化炉。

2）经过工艺规定的老化时间后，在炉内由检测仪逐个检测电阻的性能并记忆保存在工作日志或数据库内。

3）老化处理完毕的电阻重新被送到输送线上，并且对其技术指标进行分类。

4）进行电磁性能检测并记录。

5）最后进入打料分拣工序，将各电阻按性能指标分类打料进入装料箱。

6）生产线上配置一触摸屏用于显示和保存工作日志。

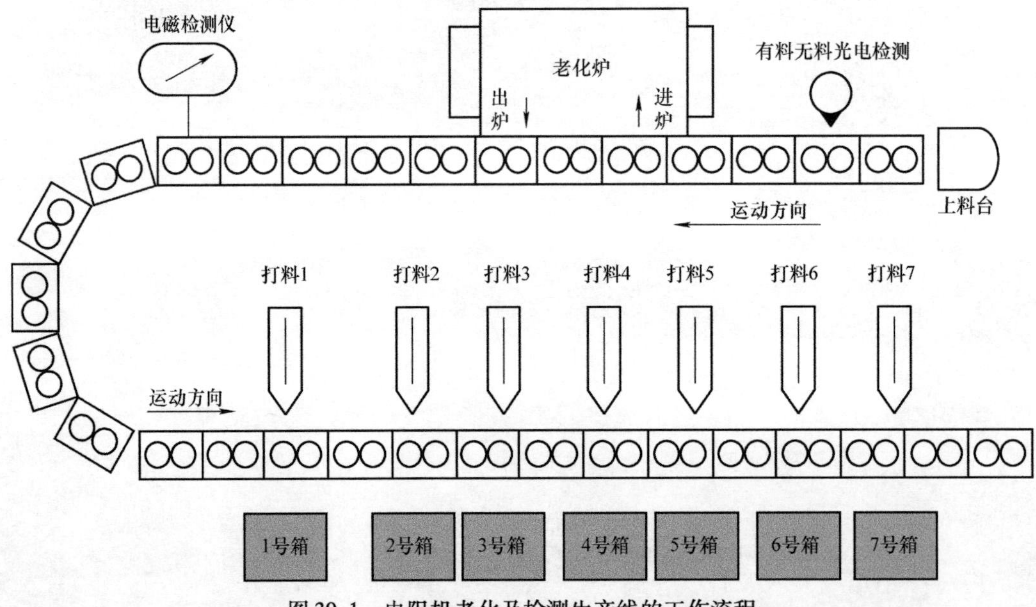

图 30-1 电阻机老化及检测生产线的工作流程

30.2 工艺流程和各工步内容详述

电阻机老化及检测生产线的工艺流程如图 30-2 所示。

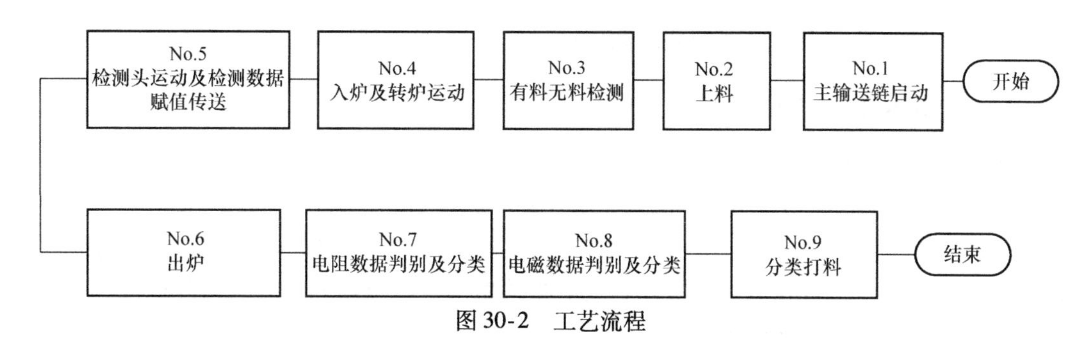

图 30-2 工艺流程

No. 1 工步：主输送链启动。主输送链运送电阻进入上料→入炉→打料全部过程。由主电动机起动，步进方式运动，（每一步均由接近开关发出一信号）。由外部信号控制主电动机的起动和停止。

No. 2 工步：上料。上料工步包括振动筛振动、电阻头脚识别及调整、将电阻送入输送链。

No. 3 工步：有料无料检测。在入炉前配置一光电开关检测输送链上有料无料。检测有料无料的目的是为了避免在后续的电阻性能指标检测时，造成数据异常。

No. 4 工步：入炉及转炉运动。输送链输送的产品到达入炉位置，每排 80 只送入转炉。输送链与转炉的联动由机械结构确定。

No. 5 工步：检测头运动及检测数据赋值传送。进入转炉后，经过规定时间，启动检测头检测某一排的数据。每一排每一只电阻的检测数据需要记录作为生产数据，同时作为后续分类打料的数据。

No. 6 工步：出炉。转炉内共 80 排，转炉旋转一圈后，将处理后的电阻出炉，又置于输送链上。全部动作由机械自行完成，无须控制。在转炉外侧有接近开关可以计数转炉内各排架的运动，这时每链位上的电阻都被赋予了检测的数据（包括有料无料信号）。

检测的数据由单片机通过 RS485 通信送入主控 PLC，再赋值到各电阻对应的数据寄存器内。

No. 7 工步：电阻数据判别分类（分为 N 类）。将每只电阻所带的数据分类（分为 N 类）。每只电阻对应的数据已经赋值数据寄存器内，需要对电阻数据进行分类，相当于设置一检测所。

No. 8 工步：电磁数据判别及分类。对每只电阻再进行电磁性检测并分类（分 2 类），相当于设置一检测所。

No. 9 工步：分类打料。按分类性质设立 7 个打料机构，分别将电阻打入不同的料箱内。

30.3 程序设计及控制方案

30.3.1 主要控制对象

电阻机老化及检测生产线的运动部分主要有上料部分、老化炉内的检测头运动部分及分类打料部分。

上料部分和分类打料部分属于顺序逻辑控制，检测头运动部分属于伺服电动机所做的运动控制。本项目的难点在于数据的处理和传送。

30.3.2 数据采集及传送保存

数据采集及传送的流程如图30-3所示，关键是建立各种数据的移位指令输送链。主要数据采集工步如下：

1）有料无料检测。由于上料工步的影响，不是每一链位上都有电阻，这样会给炉内数据的采集造成误判。所以在每排电阻入炉之前必须判别每一位置上的有料无料状态。

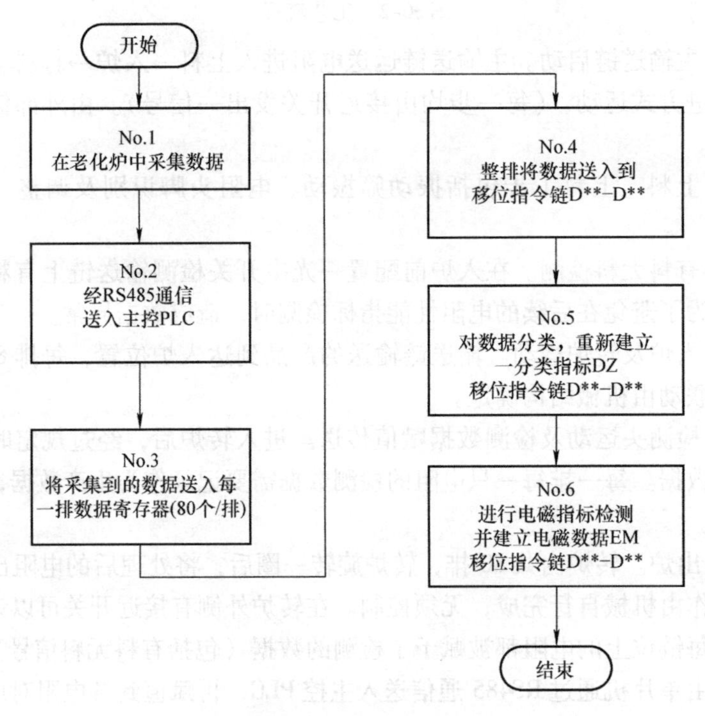

图30-3 数据采集流程

2）炉内数据采集。老化炉内均分为80排，每排80只电阻，每只电阻的数据都要采集记录。

3）出炉后的数据处理。老化完成后出炉，这些电阻又被置于输送链上，每一电阻的数据均要被识别分类（分成5类）。

4）电磁性能检测。随输送链运动的电阻经过电磁性能检测点又被检测电磁性（两种）。

这样，一只电阻就带有7种数据指标，在最后的分类打料工步根据7种数据指标进行打料。

30.3.3 数据识别方案

1. 移位指令的应用

凡是有数据流动时，都可以（必须）采用移位指令。本项目中的数据流动是一种典型数据流动，况且输送链每动作一次，均可以由计数器计数，相当于发一次移位指令。

移位指令就像在一列有编号的车厢里，每一节车厢均有不同身份标记的旅客。每发一次移动指令，所有客人都向前移动一节车厢。同时只要向指定的任一车厢里送入新的客人，就可以参加移动。

这样只需要判别固定车厢号里的内容，就可以识别在这节车厢客人的身份，这样就可以进行分类抓捕。移位指令的动作如图 30-4 所示。

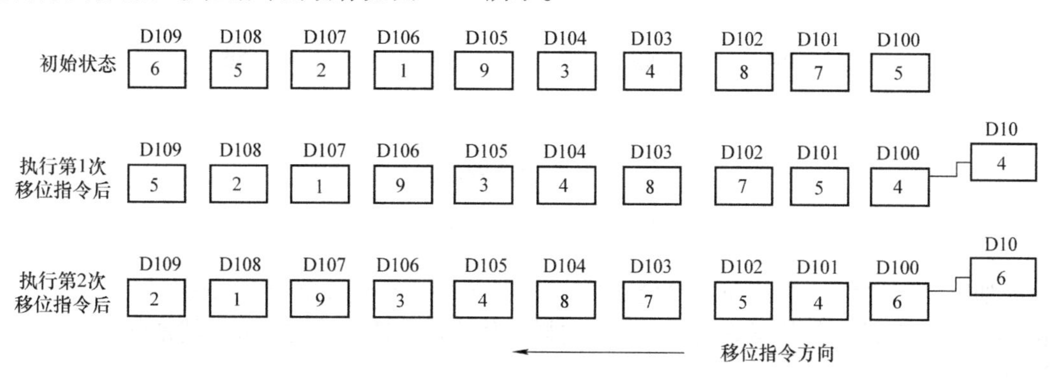

图 30-4　移位指令动作示意图

在本项目中，需要识别的数据指标有两大类 7 种。建立移位指令时，必须至少建立 4 条移位指令链。（就像使用 4 列车厢）有利于最后的分类识别。

在最后的打料环节，有两类需要判断打料，所以必须建立 2 组移位寄存器。通常有 *N* 组分类要求，建立 *N* 组移位指令链。

要诀是：有数据流动就使用移动指令，有 *N* 组数据类型就使用 *N* 组移位指令链。

2. 有料无料的识别

有料无料的检测如图 30-5 所示。从检查点起建立一列移位寄存器组（D100 ~ D200），如果有料就向（检查点 D100）送入“1”信号，无料就送入“0”信号。

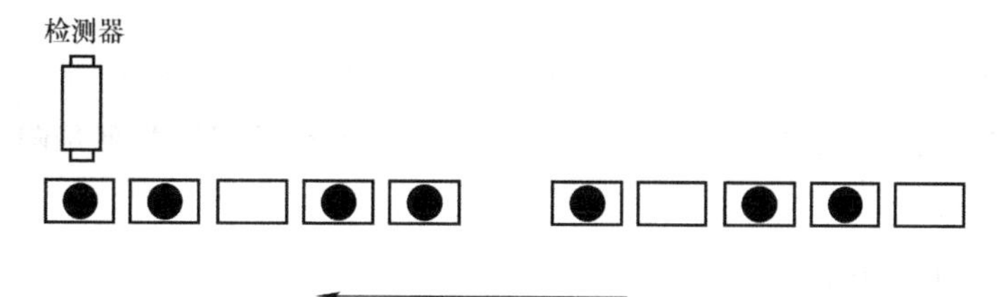

图 30-5　有料无料的检测示意图

于是构成了有料无料的排列。因为进入老化炉中的数据只有 80 个，所以只布置了一列移位寄存器组（D100 ~ D200）。

3. 老化炉中的数据

老化炉中的数据在老化处理完成后整体送入到输送链上。在老化炉中采集的数据（包括有料无料信息）随机械动作，当电阻被整体（80 件）送到输送链上时，数据也必须整体（80 个）送到输送链上。并且应注意左右顺序不能颠倒，如图 30-6 所示。

4. 对输送链上的数据分类

对置于输送链上的数据必须进行分类（原始数据是自然数据，不分类后续无法打料处

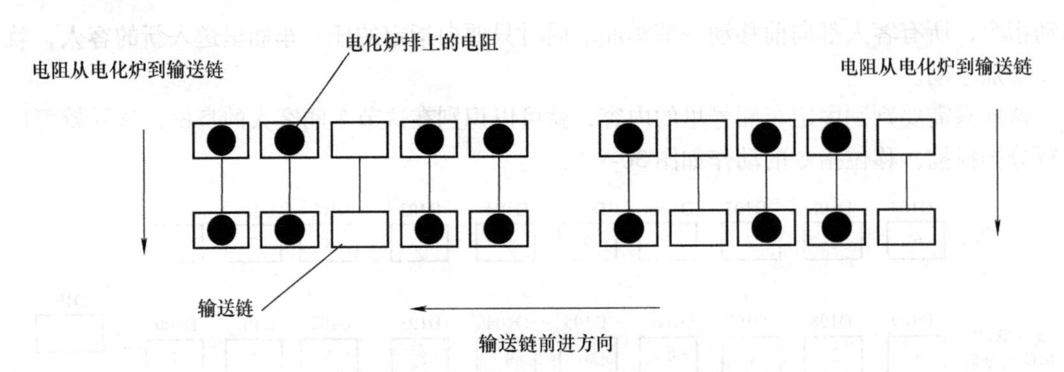

图 30-6　老化炉中的数据整体移送到输送链上

理)，如图 30-7 所示，在移位指令链上的某一点（D＊＊＊），对该点数据进行判断分类，同时建立一条新的分类数据移动指令链，这样在移位指令链上移动的数据就是分类完成的数据（1、2、3、4、5）。

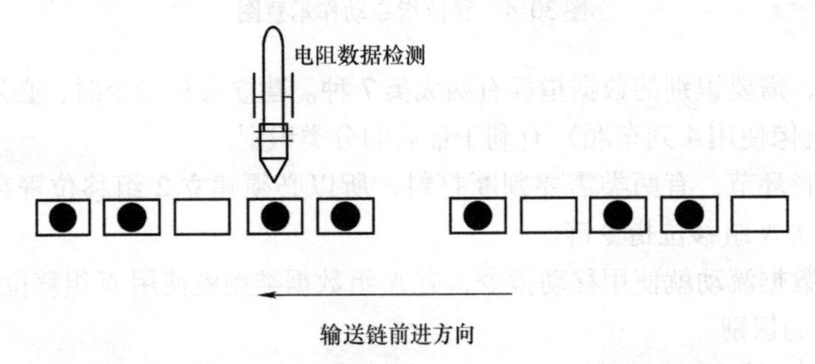

图 30-7　对老化炉出来的数据判断分类并建立新的移位指令链

5. 电磁性能检测

根据工艺要求，需要进行电磁性能检测，如图 30-8 所示。根据检测结果建立一组移位指令链，用于检测和传送电磁性能数据。注意电磁性能数据与电阻数据是两大类数据，必须用不同的移位指令链传送。

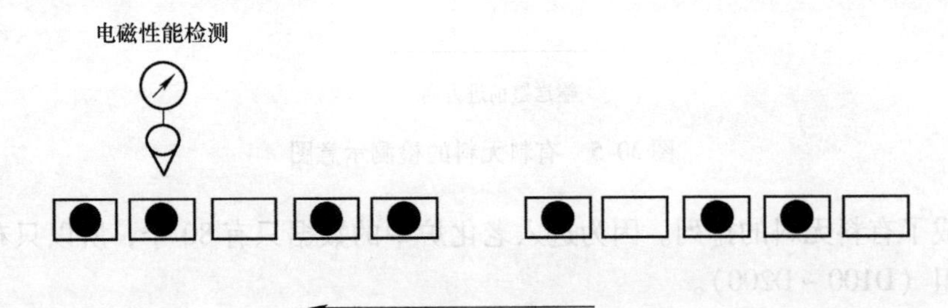

图 30-8　对电阻进行电磁性能检测

进行到打料工步前，至少需要建立两条移位指令链，传送两类不同性能的数据。

6. 打料

打料工步如图 30-9 所示。根据两条移位指令链传送的数据，对各打料位置对应的数据寄存器 D＊＊＊进行判断，然后进行打料。

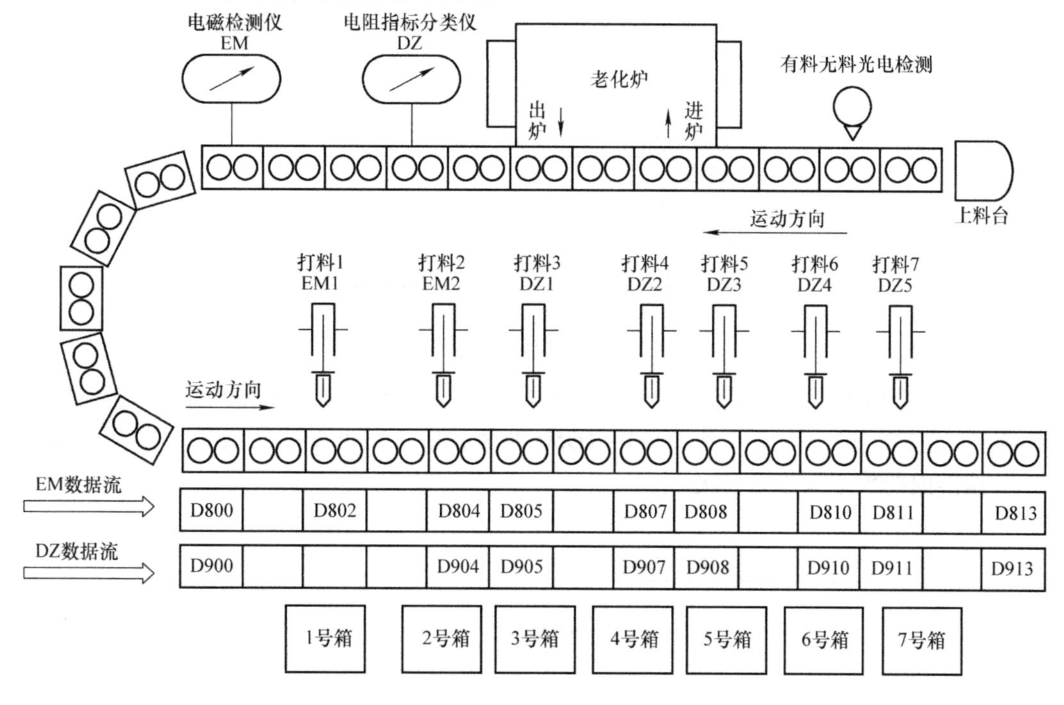

图 30-9　打料工步

30.4　主要 PLC 程序结构

1. 主程序 PLC 结构

主程序 PLC 结构如图 30-10 所示。在构建 PLC 程序前应全面通盘考虑，分级列出程序框架目录。

在图 30-10 中：

1）一级程序目录为基本程序、顺序程序、485 通信程序、运动程序。

2）二级目录，在顺序程序目录下，有上料、打料、有料无料测量移位、各排电阻数据赋值、电阻数据移到输送链及判断、电磁数据测量赋值移位。

在建立像生产线这类大型程序框架时要做到耐心细致，算无遗策，才能事半功倍。

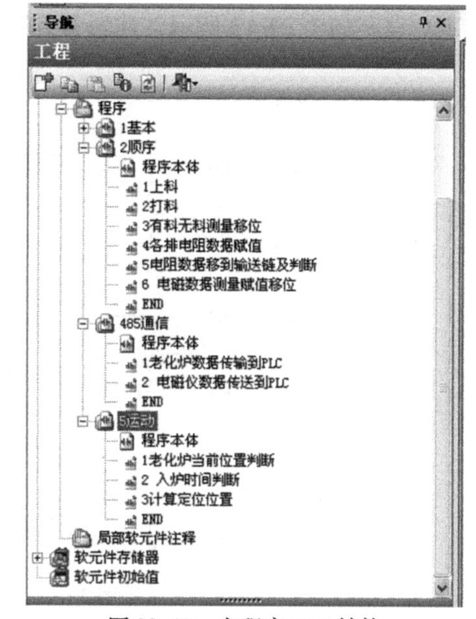

图 30-10　主程序 PLC 结构

2. 移位指令

移位指令示意图如图 30-11 所示。在数据寄存器构成的数据链条中，每发出一次移动指令，各数据寄存器内的数据全体向左移动一次。

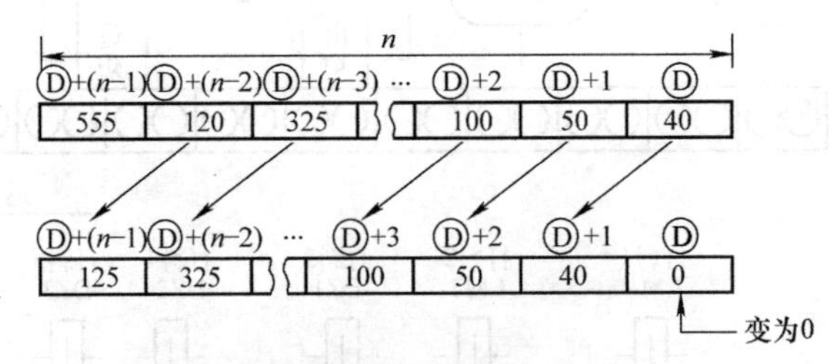

图 30-11 移位指令示意图

图 30-12 是具体的移位编程指令。在第 4 步，构成一条 D800 ~ D850 的数据链，X30 为移动指令。在第 8 步，构成一条 D900 ~ D950 的数据链，X30 为移动指令。每次当 X30 = ON，数据链内的数据就移动一次。

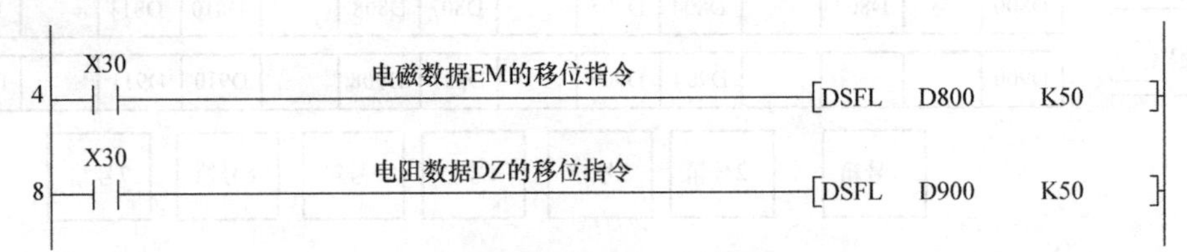

图 30-12 移位指令编程

3. 打料程序

打料的工作要求是在不同的打料位推下不同性能的电阻。编制 PLC 程序是一个判断过程，如图 30-13 所示。因为在图 30-9 已经创建了两条数据链，而各打料位对应的数据寄存器如图 30-9 所示，所以只需要判断各数据寄存器内的数值，就可以指示推料杆是否动作，打料 PLC 程序如图 30-13 所示，注意各判断对象的不同。

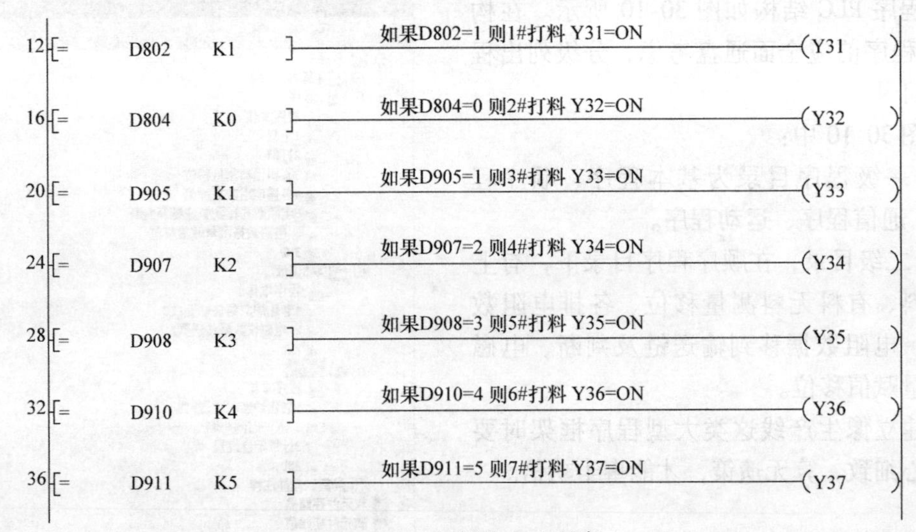

图 30-13 打料的 PLC 程序

30.5 小结

电阻机老化及检测生产线的典型移位动作，在电子行业有一定代表性，关键是要建立移位指令输送链。要诀是：有数据流动就使用移动指令，有 N 组数据类型就使用 N 组移位指令输送链。

参考文献

[1] 李友善. 自动控制原理［M］. 3版. 北京：国防工业出版社，2005.
[2] 陈先锋. 伺服控制技术自学手册［M］. 北京：人民邮电出版社，2011.
[3] 颜家男. 伺服电动机应用技术［M］. 北京：科学出版社，2011.
[4] 石岛胜. 小型交流伺服电动机控制电路设计［M］. 薛亮，祝建俊，译. 北京：科学出版社，2013.
[5] 龚仲华. FANUC - OIC数控系统完全应用手册［M］. 北京：人民邮电出版社，2009.
[6] 陈先锋. 西门子数控系统故障诊断与电气调试［M］. 北京：化学工业出版社，2012.
[7] 黄风. 三菱数控系统的调试与应用［M］. 北京：机械工业出版社，2013.